U0371154

《数学机械化丛书》获国家基础研究发展规划项目“数学机械化方法及其在信息技术中的应用”与“数学机械化应用推广专用经费”资助

数学机械化丛书 8

复杂非线性波的构造性理论及其应用

闫振亚　著

科学出版社
北京

内 容 简 介

本书主要从构造性、算法化的角度系统地研究非线性波、孤立子、可积系统、对称以及混沌同步与控制等有关课题. 全书共分五个部分：第一部分介绍孤立子与可积系统、混沌系统、数学机械化和符号计算的研究背景和发展历史；第二部分讨论构造性求解非线性波方程(包括连续和离散)的理论、算法及应用，还研究了非线性波方程的 Darboux 变换、Painlevé分析和 Bäcklund 变换，最后讨论了构造近似解的 Adomian 分解方法及应用；第三部分系统地分析了微分方程的古典对称法、非古典对称法、它们的拓展方法、直接约化法和应用；第四部分讨论与孤子方程有关的可积系统；第五部分研究连续和离散混沌的控制与广义型同步的格式.

本书可作为高等院校数学、物理学、力学和计算机等专业的高年级本科生和研究生的教材和参考书，也可供相关领域的研究人员和工程技术人员参考.

图书在版编目（CIP）数据

复杂非线性波的构造性理论及其应用／闫振亚著. —北京：科学出版社，2007

（数学机械化丛书；8／吴文俊主编）

ISBN 978-7-03-018641-6

Ⅰ. 复…　Ⅱ. 闫…　Ⅲ. 非线性波-复杂性理论　Ⅳ. 0534　TP301.5

中国版本图书馆 CIP 数据核字（2007）第 023769 号

责任编辑：赵彦超　吕　虹／责任校对：赵燕珍

责任印制：徐晓晨／封面设计：陈　敬

科学出版社出版

北京东黄城根北街 16 号

邮政编码：100717

http://www.sciencep.com

北京京华虎彩印刷有限公司 印刷

科学出版社发行　各地新华书店经销

*

2007 年 3 月第　一　版　开本：B5（720×1000）

2016 年 5 月第二次印刷　印张：21 1/2

字数：396 000

定价：128.00 元

（如有印装质量问题，我社负责调换）

《数学机械化丛书》前言[①]

十六七世纪以来，人类历史上经历了一场史无前例的技术革命，出现了各种类型的机器，取代各种形式的体力劳动，使人类进入一个新时代．几百年后的今天，电子计算机已可开始有条件地代替一部分特定的脑力劳动，因而人类已面临另一场更宏伟的技术革命，处在又一个新时代的前夕．数学是一种典型的脑力劳动，它在这一场新的技术革命中，无疑将扮演一个重要的角色．为了了解数学在当前这场革命中所扮演的角色，就应对机器的作用，以及作为数学的脑力劳动的方式，进行一定的分析．

1．什么是数学的机械化

不论是机器代替体力劳动，或是计算机代替某种脑力劳动，其所以成为可能，关键在于所需代替的劳动已经“机械化”，也就是说已实现了刻板化或规格化．正因为割麦、刈草、纺纱、织布的动作已经是机械化刻板化了的，因而可据此造出割麦机、刈草机、纺纱机、织布机来．也正因为加减乘除开方等运算这一类脑力劳动，几千年来就已经是机械地刻板地进行的，才有可能使得 17 世纪的法国数学家 Pascal，利用齿轮传动造出了第一台机械计算机——加法机，并由 Leibniz 改进成为也能进行乘法的机器．数学问题的机械化，就要求在运算或证明过程中，每前进一步之后，都有一个确定的、必须选择的下一步，这样沿着一条有规律的、刻板的道路，一直达到结论．

在中小学数学的范围里，就有着不少已经机械化了的课题．除了四则、开方等运算外，解线性联立方程组就是一个很好的例子．在中学用的数学课本中，往往介绍解线性方程组的各种“消去法”，其求解过程是一个按一定程序进行的计算过程，也就是一种机械的、刻板的过程．根据这一过程编成程序，由电子计算机付诸实施，就可以不仅机器化而且达到自动化，在几分钟甚至几秒钟之内求出一个未知数多

---

① 20 世纪七八十年代之交，我尝试用计算机证明几何定理取得成功，由此提出了数学机械化的设想．先后在一些通俗报告与写作中，解释数学机械化的意义与前景，例如 1978 年发表于《自然辩证法通讯》的“数学机械化问题”以及 1980 年发表于《百科知识》的“数学的机械化”．二文都重载于 1995 年由山东教育出版社出版的《吴文俊论数学机械化》一书．经过 20 多年众多学者的努力，数学机械化在各个方面都取得了丰富多彩的成就，并已出版了多种专著，汇集成现在的数学机械化丛书．现据 1980 年的《百科知识》的“数学的机械化”一文，稍加修改并作增补，以代丛书前言．

至上百个的线性方程组的解答来，这在手工计算几乎是不可能的. 如果用手工计算，即使是解只有三四个未知数的方程组，也将是繁琐而令人厌烦的. 现代化的国防、经济建设中，大量出现的例如网络一类的问题，往往可归结为求解很多未知数的线性方程组. 这使得已经机械化了的线性方程解法在四个现代化中起着一种重要作用.

即使是不专门研究数学的人们，也大都知道，数学的脑力劳动有两种主要形式：数值计算与定理证明(或许还应包括公式推导，但这终究是次要的). 著名的数理逻辑学家美国洛克菲勒大学教授王浩先生在一篇有名的《向机械化数学前进》的文章中，曾列举了这两种数学脑力劳动的若干不同之点. 我们可以简略而概括地把它们对比一下：

计算	证明
易	难
繁	简
刻板	灵活
枯燥	美妙

计算，如已经提到过的加、减、乘、除、开方与解线性方程组，其所以虽繁而易，根本原因正在于它已经机械化. 而证明的巧而难，是大家都深有体会的，其根本原因也正在于它并没有机械化. 例如，我们在中学初等几何定理的证明中，就经常要依靠诸如直观、洞察、经验、以及其他一些模糊不清的原则，去寻找捷径.

2. 从证明的机械化到机器证明

一个值得提出的问题是：定理的证明是不是也能像计算那样机械化，因而把巧而难的证明，化为计算那样虽繁而易的劳动呢?事实上，这一证明机械化的设想，并不始自今日，它早就为 17 世纪时的大哲学家、大思想家和大数学家 Descates 和 Leibniz 所具有. 只是直到 19 世纪末，Hilbert(德国数学家，1862～1943)等创立并发展了数理逻辑以来，这一设想才有了明确的数学形式. 又由于 20 世纪 40 年代电子计算机的出现，才使这一设想的实现有了现实可能性.

从 20 世纪二三十年代以来，数理逻辑学家们对于定理证明机械化的可能性进行了大量的理论探讨，他们的结果大都是否定的. 例如 Gödel 等的一条著名定理就说，即使看来最简单的初等数论这一范围，它的定理证明的机械化也是不可能的. 另一面，1950 年波兰数学家 Tarski 则证明了初等几何(以及初等代数)这一范围的定理证明，却是可以机械化的. 只是 Tarski 的结果近于例外，在初等几何及初等代数以外的大量结果都是反面的，即机械化是不可能的. 1956 年以来美国开始了利用电子计算机做证明定理的尝试. 1959 年王浩先生设计了一个机械化方法，用计算机证明了 Russell 等著的《数学原理》这一经典著作中的几百条定理，只用了 9 分钟, 在数学与数理逻辑学界引起了轰动. 一时间, 机器证明的前景似乎非常乐观. 例如 1958 年时就有人曾经预测: 在 10 年之内计算机将发现并证明一个重要的数学新定理. 还有人认为, 如果这样, 则不仅许多著名哲学家与数学家如 Peano、Whithead、Russell、Hilbert 以及 Turing 等人的梦想得以实现, 而且计算将成为科学的皇后, 人类的主人!

然而, 事情的发展却并不如预期那样美好. 尽管在 1976 年, 美国的 Hanker 等人, 在高速计算机上用了 1200 小时的计算时间, 解决了数学家们 100 多年来所未能解决的一个著名难题——四色问题, 因此而轰动一时, 但是, 这只能说明计算机作为定理证明的辅助工具有着巨大潜力, 还不能认为这样的证明就是一种真正的机器证明. 用王浩先生的说法, Hanker 等关于四色定理的证明是一种使用计算机的特例机证, 它只适用于四色这一特殊的定理, 这与所谓基础机器证明之能适用于一类定理者有别. 后者才真正体现了机械化定理证明, 进而实现机器证明的实质. 另一面, 在真正的机械化证明方面, 虽然Tarski在理论上早已证明了初等几何的定理证明是能机械化的, 还提出了据以造判定机也即是证明机的设想, 但实际上他的机械化方法非常繁, 繁到不可收拾, 因而远远不是切实可行的. 1976 年时, 美国做了许多在计算机上证明定理的实验, 在Tarski的初等几何范围内, 用计算机所能证明的只是一些近于同义反复的“儿戏式”的“定理”. 因此, 有些专家曾经发出过这样悲观的论调: 如果专依靠机器, 则再过 100 年也未必能证明出多少有意义的新定理来.

3. 一条切实可行的道路

1976 年冬, 我们开始了定理证明机械化的研究. 1977 年春取得了初步成果, 证明初等几何主要一类定理的证明可以机械化. 在理论上说来, 我们的结果已包括在 Tarski 的定理之中. 但与 Tarski 的结果不同, 我们的机械化方法是切实可行的, 即使用手算, 依据机械化的方法逐步进行, 虽然繁复, 也可以证明一些艰深的定理.

我们的方法主要分两步, 第一步是引进坐标, 然后把需证定理中的假设与终结部分都用坐标间的代数关系来表示. 我们所考虑的定理局限于这些代数关系都是多项式等式关系的范围, 例如平行、垂直、相交、距离等关系都是如此. 这一步可以叫做几何的代数化. 第二步是通过代表假设的多项式关系把终结多项式中的坐标逐个消去, 如果消去的结果为零, 即表明定理正确, 否则再作进一步检查. 这一步完全是代数的, 即用多项式的消元法来验证.

上述两步都可以机械与刻板地进行. 根据我们的机械化方法编成程序, 以在计算机上实现机器证明, 并无实质上的困难. 事实上数学所某些同志以及国外的王浩先生都曾在计算机上试行过. 我们自己也曾在国产的长城 203 台式机上证明了像 Simson 线那样不算简单的定理. 1978 年初我们又证明了初等微分几何中主要的一类定理证明也可以机械化. 而且这种机械化方法也是切实可行的, 并据此用手算证明了不算简单的一些定理.

从我们的工作中可以看出, 定理的机械化证明, 往往极度繁复, 与通常既简且妙的证明形成对照, 这种以量的复杂来换取质的困难, 正是利用计算机所需要的.

在电子计算机如此发展的今天, 把我们的机械化方法在计算机上实现不仅不难, 而且有一台微型的台式机也就够了. 就像我们曾经使用过的长城 203, 它的存数最多只能到 234 个 10 进位的 12 位数, 就已能用以证明 Simon 线那样的定理. 随着超大规模集成电路与其他技术的出现与改进, 微型机将愈来愈小型化而内存却愈来愈大, 功能愈来愈多, 自动化的程度也愈来愈高. 进入 21 世纪以后, 这一类方便的小型机器将为广大群众普遍使用. 它们不仅将成为证明一些不很简单的定理的武器, 而且还可用以发现并证明一些艰深的定理, 而这种定理的发现与证明, 在数学研究手工业式的过去, 将是不可想象的. 这里我们应该着重指出, 我们并不鼓励以后人们将使用计算机来证明甚至发现一些有趣的几何定理. 恰恰相反, 我们希望人们不再从事这种虽然有趣却即是对数学甚至几何学本身也已意义不大的工作, 而把自己从这种工作中解放出来, 把自己的聪明才智与创造能力贯注到更有意义的脑力劳动上去.

还应该指出, 目前我们所能证明的定理, 局限于已经发现的机械化方法的范围, 例如初等几何与初等微分几何之内. 而如何超出与扩大这些机械化的范围, 则是今后需要探索的长期的理论性工作.

4. 历史的启示与中国古代数学

我们发现几何定理证明的机械化方法是在 1976 至 1977 年之间. 约在两年之后我们发现早在 1899 年出版的 Hilbert 的经典名著《几何基础》中, 就有着一条真正的正面的机械化定理: 初等几何中只涉及从属与平行关系的定理证明可以机械化. 当然, 原来的叙述并不是以机械化的语言来表达的, 也许就连 Hilbert 本人也并没有对这一定理的机械化意义有明确的认识, 自然更不见得有其他人提到过这一定理的机械化内容. Hilbert 是以公理化的典范而著称于世的, 但我认为, 该书更重要处, 是在于提供了一条从公理化出发, 通过代数化以到达机械化的道路. 自然, 处于 Hilbert 以及其后数学的一张纸一支笔的手工作业时代里, 公理化的思想与方法得到足够的重视与充分的发展, 而机械化的方向与意义受到数学家的忽视是完全可以理解的. 但电子计算机已日益普及, 因而繁琐而重复的计算已成为不足道的事情, 机械化的思想应比公理化思想受到更大重视, 似乎是合乎实际的.

其次应该着重指出, 我们从事机械化定理证明工作获得成果之前, 对 Tarski 的已有工作并无接触, 更没有想到 Hilbert 的《几何基础》会与机械化有任何关系.

我们是在中国古代数学的启发之下提出问题并想出解决办法来的.

说起来道理也很简单：中国的古代数学基本上是一种机械化的数学. 四则运算与开方的机械化算法由来已久. 汉初完成的《九章算术》中, 对开平、立方与解线性联立方程组的机械化过程, 都有详细说明. 宋代更发展到高次代数方程求数值解的机械化算法.

总之, 各个数学领域都有定理证明的问题, 并不限于初等几何或微分几何. 这种定理证明肇始于古希腊的 Euclid 传统, 现已成为近代纯粹数学或核心数学的主流. 与之相异, 中国的古代学者重视的是各种问题特别是来自实际要求的具体问题的解决. 各种问题的已知数据与要求的数据之间, 很自然地往往以多项式方程的形式出现. 因之, 多项式方程的求解问题, 也就自然成为中国古代数学家研究的中心问题. 从秦汉以来, 所研究的方程由简到繁, 不断有所前进, 有所创新. 到宋元时期, 更出现了一个思想与方法的飞跃：天元术的创立.

"天元术"到元代朱世杰时又发展成四元术, 所引入的天元、地元、人元、物元实际上相当于近代的未知元或未知数. 将这些未知元作为通常的已知数那样加减乘除, 就可得到与近代多项式与有理函数相当的概念与相应的表达形式与运算法则. 一些几何性质与关系很容易转化成这种多项式或有理函数的形式及其关系. 这使得过去依题意列方程这种无法可循需要高度技巧的工作从此变成轻而易举. 朱世杰 1303 年的《四元玉鉴》又给出了解任意多至四个未知元的多项式方程组的方法. 这里限于 4 个未知元只是由于所使用的计算工具 (算筹和算板) 的限制. 实质上他解方程的思想路线与方法完全可以适用于任意多的未知元.

不问可知, 在当时的具体条件下, 朱世杰的方法有许多缺陷. 首先, 当时还没有复数的概念, 因之朱世杰往往限于求出 (正) 实值. 这无可厚非, 甚至在 17 世纪Descartes的时代也还往往如此. 但此外朱世杰在方法上也未臻完善. 尽管如此, 朱世杰的思想路线与方法步骤是完全正确的, 我们在20世纪70年代之末, 遵循朱世杰的思想路线与方法的基本实质, 采用美国数学家 J.F.Ritt 在 1932, 1950 年关于微分方程代数研究书中所提供的某些技术, 得出了解任意复多项式方程组的一般算法, 并给出了全部复数解的具体表达形式. 此后又得出了实系数时求实解的方法, 为重要的优化问题提供了一个具体的方法.

由于多种问题往往自然导致多项式方程组的求解, 因而我们解方程的一般方法可被应用于形形式式的问题. 这些问题可以来自数学自身, 也可以来自其他自然科学或工程技术. 在本丛书的第一本书, 吴文俊的《数学机械化》一书中, 可以看到这些应用的实例. 在工程技术方面的应用, 在本丛书中已有高小山的《几何自动作图与智能 CAD》与陈发来和冯玉瑜的《代数曲面拼接》两本专著. 上述解多项式方程组的一般方法已推广至代微分方程的情形. 许多应用以及相应论著正在酝酿之中.

5. 未来的技术革命与时代的使命

宋元时代天元术与四元术的创造, 把许多问题特别是几何问题转化成代数方程与方程组的求解问题. 这一方法用于几何可称为几何的代数化. 12 世纪的刘益将新法与"古法"比较, 称"省功数倍", 这可以说是减轻脑力劳动使数学走上机械化的道路的一项伟大的成就.

与天元术的创造相伴, 宋元时代的数学又引进了相当于现代多项式的概念, 建立了多项式的运算法则和消元法的有关代数工具, 使几何代数化的方法得到了系统的发展, 见于宋元时代幸以保存至今的杨辉、李冶、朱世杰的许多著作之中. 几何的代数化是解析几何的前身, 这些创造使我国古代数学达到了又一个高峰. 可以说, 当时我国已到达了解析几何与微积分的大门, 具备了创立这些数学关键领域的条件, 但是各种原因使我们数学的雄伟步伐就在这些大门之前停顿下来. 几百年的停顿, 使我们这个古代的数学大国在近代变成了数学上的纯粹入超国家. 然而, 我国古代机械化与代数化的光辉思想和伟大成就是无法磨灭的. 本人关于数学机械化的研究工作, 就是在这些思想与成就启发之下的产物, 它是我国自《九章算术》以迄宋元时期数学的直接继承.

恩格斯曾经指出, 枪炮的出现消除了体力上的差别, 使中世纪的骑士阶级从此销声匿迹, 为欧洲从封建时代进入到资本主义时代准备了条件. 近年有些计算机科学家指出, 个人用计算机的出现, 其冲击作用可与枪炮的出现相比. 枪炮使人们在体力上难分强弱, 而个人用计算机将使人们在智力上难分聪明愚鲁. 又有人对数学的未来提出看法, 认为计算机的出现, 将使数学现在一张纸一支笔的方法, 在历史的长河中, 无异于石器时代的手工方法. 今天的数学家们, 不得不面对计算机的挑战, 但是, 也不必妄自菲薄. 大量繁复的事情交给计算机去做了, 人脑将仍然从事富有创造性的劳动.

我国在体力劳动的机械化革命中曾经掉队, 以致造成现在的落后状态. 在当前新的一场脑力劳动的机械化革命中, 我们不能重蹈覆辙. 数学是一种典型的脑力劳动, 它的机械化有着许多其他类型脑力劳动所不及的有利条件. 它的发扬与实现对我国的数学家是一种时代的使命. 我国古代数学的光辉, 鼓舞着我们为实现数学的机械化, 在某种意义上也可以说是真正的现代化而勇往直前.

吴文俊

2002 年 6 月于北京

序　言

随着对科学的深入理解和研究，人们发现很多个体之间并不是简单的线性关系，而是非线性的．正是由于非线性关系的客观存在，自然界和社会生活才显得复杂多变，那么，如何来揭示和利用它们内在的规律是非常重要的课题．如今非线性科学已经涉及几乎所有学科领域．孤子(soliton)、混沌(chaos)和分形(fractal)作为非线性科学中的重要分支，研究它们不仅仅有理论意义，而且具有重要的应用价值，如光纤孤子通信、混沌保密通信和海岸线的长度等．

1834 年，Russell 最先发现孤立波(solitary wave)现象，1895 年，Korteweg 和 de Vries 提出了著名的 KdV 方程，特别是 1965 年，Zabusky 和 Kruskal 提出孤立子之后，孤立子理论及其应用的研究得到了迅速发展．1963 年，Lorenz 提出蝴蝶效应的 Lorenz 系统．1975 年，Li 和 Yorke 提出"周期 3 意味着混沌"，且首次在科技文献中使用"chaos"一词．特别是 1990 年，Ott, Grebogi 和 Yorke 提出混沌控制以及 Carroll 和 Pecore 提出混沌同步之后，混沌理论和应用得到了蓬勃发展．1967 年，Mandelbrot 提出"英国海岸线有多长?" 1973 年，提出分形几何以及 1975 年提出分形．如今，分形和分形几何受到人们的重视．非线性科学作为一门交叉性的学科，已经深入到很多科学分支，如数学、物理学、化学、生物学、大气动力学、海洋学、力学、等离子物理、电子学、经济学、医学、神经网络、天体宇宙、社会学等．非线性科学已成为国际上热门且前沿的课题．

孤立子和混沌表面上看是两种不同的现象，但它们具有很多相似的特点．事实上，它们都与非线性系统有关：孤立子与非线性偏微分、常微分、微分–差分、差分、微分–积分方程(组)等有关，而混沌与非线性常微分、差分方程(组)等有联系．它们是非线性波中两种特殊且重要的情况．另外，分形和混沌也是相互联系、密不可分的．受吴文俊院士数学机械化思想的启发，本书主要从构造性、算法化的角度来研究复杂非线性波的一些问题，如精确解的构造性代数微分方法、Bäcklund 变换、Darboux 变换、Painlevé分析、对称、可积系统、混沌同步与控制等方面．

本书的主要内容为作者近十年来从事该领域研究工作的总结．全书共分为五个部分．

第一部分(即第一章)简单地介绍了孤立子与可积系统(包括 Bäcklund 变换、Darboux 变换、Painlevé分析、守恒律、对称分析、可积系统和精确解的很多构造性算法等)、混沌(包括混沌系统、超混沌系统、混沌控制、反控制、同步和应用等)、数学机械化和计算机代数等方面的背景和发展历史.

第二部分(包括第二至第六章)主要讨论非线性波方程(包括非线性微分方程和非线性微分差分方程两大类)的构造性求解的原理和算法. 第二章首先重点研究了求解非线性波方程的构造性代数微分原理和若干算法; 其次研究了高维非线性波系统中的改进的齐次平衡原理、Bäcklund 变换和非行波解; 还提出了非线性和线性波方程之间、变系数和常系数非线性波方程之间的特殊映射. 事实上, 这些约化形式就是特殊的对称, 在第七章详细讨论; 最后讨论了 NLS(m, n)方程和 GNLS(m, n, p, q)方程的新包络解和守恒律.

第三章主要利用 Darboux 变换来构造非线性波方程的解. 第一, 基于变系数 KdV 方程的 Riccati 形式的 Lax 对, 构造了变系数等谱 Darboux 变换和精确解. 并且可以应用于带有外力项的广义 KdV 方程. 第二, 基于带有外力项的变系数 KdV 方程的非等谱 Lax 对, 构造了非等谱 Darboux 变换和叠加公式, 获得了带有外力项的变系数 KdV 方程和广义 KP 方程的非行波解.

第四章重点考虑非线性波方程的 Painlevé 分析和 Bäcklund 变换, 特别是线性化变换. 证明了两个(2+1)维广义 Burger 方程和耦合的反映混合物模型的 Painlevé 可积性, 并且给出了它们的双线性化和线性化的 Bäcklund 变换和新的精确解. 最后, 通过 Painlevé 分析中 Laurent 级数截断展开, 首次获得了(2+1)维 KdV 方程的可积耦合系统的显式的自 Bäcklund 变换, 并且给出了非行波解.

第五章研究非线性微分差分方程(特别是离散孤子方程)的精确解. 首先提出了 sine-Gordon 约化的离散展开法, 该算法比已知的离散 tanh 函数法更有效; 然后提出了离散的推广的 Jacobi 椭圆函数展开算法, 并且给出了离散饱和的 NLS 方程的多种类型的双周期解.

第六章讨论了非线性波方程的近似解法, 将著名的 Adomian 分解方法推广到修正的 KdV 方程和高维 Boussinesq 方程的初值问题, 用于获得它们的近似双周期解, 并且用数值仿真和图像来分析近似解与精确解的区别.

第三部分(即第七章)研究非线性微分方程的对称. 首先系统论述了微分方程的古典和非古典对称方法以及它们的拓展方法, 如(古典)势方程/势系统对称法、非古典势方程/势系统对称法. 然后, 通过著名非线性热传导方程的势方程的非古典对称, 获得它的两族新的非古典势对称, 结果推出非线性热传导方程新的非古典势解; 最后讨论直接约化法, 该方法并不需要群论的思想. 将直接约化法推广到高维和高次非线性波方程, 获得了它们的对称和条件对称.

第四部分(即第八章)讨论可积系统. 首先介绍了可积系统的一些基本理论. 然后, 1)基于含有五个位势的等谱问题, 得到了含有任意函数的 Lax 可积的方程族, 并且构造了它的特殊形式的 Liouville 可积的 Hamilton 结构; 2)构造了一个 Loop

代数及其一组基所满足的对易关系, 从其中一个隐式的等谱问题, 得到新的 Lax 可积的方程族, 并且证明了它是著名 TC 族的可积耦合; 3)研究 G 族的高阶约束流、Lax 表示和 Liouville 可积性.

第五部分(包括第九至第十一章)主要研究混沌系统的同步与控制. 第九章讨论连续混沌系统的同步. 一方面提出了连续的广义 Q-S 型同步的 Backstep 自动推理格式, 借助于符号计算, 将该格式应用于研究两个一致超混沌系统和两个不同超混沌系统的广义 Q-S 型同步. 另一方面, 利用三种反馈方法: 1)线性反馈控制法; 2)自适应反馈控制法; 3)线性和自适应反馈控制的组合法来研究 LC 混沌系统的全局(滞后)同步. 第十章研究离散混沌系统的同步. 给出了一种广义 Q-S 同步的 Backstep 离散格式, 该格式用于一大类具有严格反馈形式的离散混沌系统的广义同步. 借助于符号–数值计算, 该格式可以在计算机上实现自动推理, 并且将该格式应用于二维和三维离散混沌系统. 第十一章主要研究连续超混沌系统的控制. 首先, 利用几种不同的反馈方法, 研究了超混沌 Chen 系统的控制, 并且数值仿真证明了控制器的有效性. 然后, 基于已知的 Chen 系统, 通过引入新的状态变量及其反馈, 获得了一个新的超混沌系统. 另外, 研究它的平衡点控制问题.

本书的主要内容已经发表在国内外的数学物理期刊上, 在作者从事该领域的研究和撰写本书的过程中, 参考了大量的书籍和文献资料, 也得到了很多人提供的材料, 在此一并表示感谢. 研究工作得到了国家“973”项目“数学机械化方法及其在信息科学中的应用”、国家自然科学基金和教育部留学回国科研启动基金的支持. 感谢复旦大学范恩贵教授、大连理工大学张鸿庆教授、宁波大学陈勇教授和李彪博士、上海交通大学楼森岳教授、首都师范大学吴可教授、中国科学院应用数学研究所王世坤研究员、清华大学曾云波教授和林润亮副教授、华东师范大学李志斌教授等的热心帮助. 感谢加拿大不列颠哥伦比亚大学 Bluman 教授和西安大略大学 Yu 教授的指导和帮助. 感谢中国科学院数学机械化重点实验室李洪波研究员以及其他成员的热心帮助. 感谢高小山研究员在百忙之中阅读了本书的初稿并提出了宝贵的建议. 最后, 特别感谢吴文俊院士和高小山研究员以及他们主持的国家“973”项目“数学机械化方法及其在信息科学中的应用”对作者的大力支持.

由于作者水平有限, 书中难免存在不妥之处, 敬请读者不吝赐教.

闫振亚

2006 年 10 月于北京

目　　录

第一部分　发 展 历 史

第二部分　构造性求解原理与算法

第三部分　对 称 分 析

第四部分　可 积 系 统

第五部分 混沌同步与控制

第一部分

发 展 历 史

第一章 绪 论

在自然科学和社会科学领域中, 个体 (研究对象) 之间的关系是错综复杂、千变万化的, 存在着各种各样的关系和联络, 如控制、反控制、同步、正反比、平方、同构、并联、串联、等价、买卖、投入产出、贸易进出口等等, 这其中很多复杂的关系可以归结为非线性关系. 正是由于个体之间非线性关系的存在, 自然科学和社会科学的研究才显得复杂多变. 从另一个角度来看, 目前复杂性科学 (complex science) 的研究 (特别是复杂网络 (complex network)) 也已经受到人们的高度重视. 作为非线性科学的重要分支, 孤立子 (soliton)、混沌 (chaos) 和分形 (fractal) 的研究具有重要的理论意义, 并且与现实生活也是密切相关的. 这一章主要介绍孤立子和混沌的研究背景及发展历史情况, 另外介绍数学机械化和计算机代数的发展情况.

§1.1 孤立子与可积系统

§1.1.1 孤立子的背景和发展历史

大约一百七十多年前, 苏格兰年轻的工程师 J.S. Russell (1808—1882) 最先发现孤立波 (solitary wave) 现象. 他在 1844 年 9 月英国科学促进会第 14 次会议上作了《论波动》的报告 [1]: "我正在观察两匹马拉着一条船沿狭窄的河道迅速向前运动, 当船突然停下时, 河道中因船前进所推动的水团并没有停止, 积聚在船头的水团猛烈地翻动着, 然后突然离开船头, 并以巨大的速度向前推进, 这是一个很大的、孤立凸起的、具有轮廓清晰的、圆滑的水团. 沿着河道继续前行, 在行进过程中其形状与速度并没有明显变化. 我骑马跟随着, 它仍保持其最初的大约 30 英尺长、1~1.5 英尺的高度的形状, 并以大约每小时 8~9 英里的速度向前滚动. 后来它的高度逐渐降低, 当我追赶 1~2 英里后, 水团消失在河道的拐弯处. 这就是 1834 年的 8 月, 第一次有机会见到这样一个异常且美丽的现象, 这种现象称之为平移波".

报告讲述了他于 1834 年 8 月在运河里发现了一个波形不变的水团, 该水团在一两英里之外的河道转弯处消失了. 凭借物理学家的敏锐的观察力, 他意识到这种现象绝非一般的水波运动, 之后他为了更加仔细地研究这种现象, 在实验室里进行了很多实验. 也观察到了这样的孤立波. 该水波具有浅长的性质. 另外在深度为 h 的河道中, 该孤立波行进的速度 c 满足 $c^2 = g(h+\eta)$, 其中 η 为波的振幅, g 为重力加速度. 因此这种波是一种重力波.

随后, 1845 年, Airy[2] 提出了非线性浅水波理论, 并预言: 具有有限振幅的波不可能保持陡峭和最终不破裂地传播. 1847 年, Stokes[3] 表明：具有有限振幅的波可以保持波形持久地传播, 但这种波应该是周期波. 之后, Boussinesq[4,5] 和 Rayleigh[6] 对这种波作了进一步的研究. 假设一个孤波很长且大大超过了水深, 他们也推导出了上面的关系式, 并且给出了孤波波形的函数：

$$u(x,t) = a\ \mathrm{sech}^2[\beta(x-ct)], \tag{1.1.1}$$

其中, a 为振幅, c 为波速, β 为波数, 且 $\beta = \sqrt{3a/[4h^2(h+a)]}$ $(a>0)$. 虽然他们给出了孤波剖面, 但并没有提出什么样的方程拥有这样的孤波.

Russell 所观察到的孤立波到底存在于什么样的数学模型中? 或者说什么样的水波方程拥有那样的孤波解? 这个问题一直困绕着人们. 直到 1895 年, D.J. Korteweg (1848—1941) 和他的博士生 G. de Vries (1866—1934)[7] 提出了一个非线性水波方程 —— 著名的 Korteweg-de Vries (KdV) 方程：

$$\eta_t = \frac{3}{2}\sqrt{\frac{g}{h}}\left(\eta\eta_x + \frac{2}{3}\varepsilon\eta_x + \frac{1}{3}\sigma\eta_{xxx}\right), \tag{1.1.2}$$

这里 $\eta = \eta(x,t)$, 下标为对 t, x 的偏导数, $\sigma = h^3/3 - Th/(g\rho)$, h 是水道的高度, T 为表面张力, g 为重力加速度, ρ 是密度, ε 为小任意常数且与流体的运动有关. 该方程用来模拟浅水槽中的水波, 且用该方程的显式闭形式的孤波解来解释 Russell 所观察到的孤波现象. 但没有发现该方程新的应用. 在当时这似乎说明发现 KdV 方程并没有太大的价值, 到了“山穷水尽疑无路”的地步.

直到 20 世纪 50 年代以后, 随着计算机的发展, 1955 年, 著名物理学家 Fermi, Pasta 和 Ulam[8] 提出了著名的 FPU 问题, 即将 64 个质点用非线性弹簧连接成一条非线性振动弦. 初始时, 这些谐振子的所有能量都集中在一质点上, 即其他 63 个质点的初始能量为零. 经过相当长的时间后, 几乎全部能量又回到了原来的初始分布, 这与经典的理论相矛盾. 当时, 由于只在频率空间来考虑问题, 未能发现孤立波解. 因此该问题未能得到正确的解释. 另外, 他们研究的模型与 KdV 方程的离散后的形式密切相关.

1962 年, Perring 和 Skyrme[9] 在研究基本粒子模型时, 研究了 sine-Gordon 方程的扭型孤波解. 计算机实验和解析解表明：这种类型的波碰撞之后, 仍保持扭型和波速不变. 应该指出：1953 年, Seeger, Donth 和 Kochendörfer[10] 研究了 sine-Gordon 方程的孤波解之间的碰撞问题.

为了解释 FPU 问题中的现象, 1965 年 Zabusky[1] 和 Kruskal(1925—)[11] 从连续统一体的观点来考虑 FPU 问题. 在连续的情况下, FPU 问题近似地可用 KdV 方程

[1] Norman J. Zabusky, 2003 年获美国物理学会 Otto LaPorte 奖.

来描述. 他们考虑了如下具有周期边值的 KdV 方程：

$$\begin{cases} u_t + uu_x + \delta^2 u_{xxx} = 0, \\ u(x,0) = \cos(\pi x), \quad 0 \leqslant x < 2. \end{cases} \tag{1.1.3}$$

取 $\delta = 0.022$, 可知开始时 $\dfrac{\max|\delta^2 u_{xxx}|}{\max|uu_x|} = 0.004$, 所以色散项 $\delta^2 u_{xxx}$ 可以被忽略. 因此 KdV 方程约化为 $u_t + uu_x = 0$, 其有隐式解 $u = \cos(x - ut)$. 观察发现：

- 最初, KdV 方程 (1.1.3) 的前两项起主要作用, 波形变得陡峭, 并且有一个负斜坡;
- 在波形充分陡峭之后, 色散项 $\delta^2 u_{xxx}$ 显得很重要, 并且阻止不连续波形的形成, 取而代之的是小的波长的振荡与前面左侧的波有关. 振幅增加最后形成一个几乎稳定的波, 并且具有与 KdV 方程 (1.1.3) 的单个孤波解几乎一致的波形;
- 最后, 每一个那样的孤波脉冲或孤子开始以同样的速度统一传播, 且速度与振幅成正比, 因此孤立子分离开. 由于周期性, 两个或更多的孤立子最终相互作用. 短暂的相互作用后, 这些孤子在尺度和波形方面并没有受到影响.

换句话说, 若两个孤波开始分开且波速大的在左边, 那么在相互碰撞后, 波速大的在右边且保持最初的高度和速度, 仅仅发生变换的是相位的转移. 这两个孤波的碰撞是弹性碰撞, 又类似于粒子, 因此他们称它为孤立子. 它是指一大类非线性波方程的许多具有特殊性质的解, 以及与之相应的物理现象, 用物理的语言来说, 这些性质是：(i) 能量比较集中于狭小的区域;(ii) 两个孤立子相互作用时出现弹性散射现象, 即波形和波速能恢复到最初. 这揭示了孤立波的本质. 从此以后, 孤立子理论的工作得到蓬勃的发展, 呈现在人们面前的是 "柳暗花明又一村" 的灿烂景象. 1995 年, 国际上很多孤立子研究的科学家在爱丁堡附近的一条运河上重新见证了 1834 年 Russell 所观察到的孤波现象, 这一新闻发表在 1995 年 8 月的 Nature 期刊上.

孤立子已经渗透到了很多领域, 如物理学的许多分支 (基本粒子、流体物理、等离子体物理、凝聚态物理、超导物理、激光物理、生物物理、大气物理等)、生物学、化学、流体力学、光学、天文学、海洋学等. 在世界范围内掀起了孤立子研究的热潮 [12~52]. 孤立子理论的发展大致分为以下四个阶段：

- 第一阶段从 1834 年至 1954 年. 主要成就为：(1) Russell 发现孤立波 (1834); (2) 古典方法 (1881); (3) sine-Gordon 方程的 Bäcklund 变换 (1885); (4) Boussinesq 方程的提出 (1872); (5) KdV 方程及其孤波解的提出 (1895); (6) Cole-Hopf 变换 (1950, 1951).
- 第二阶段从 1955 年至 1970 年. 主要贡献为：(1) FPU 问题 (1955); (2) 孤立子的发现 (1953, 1962, 1965); (3) 反散射法 (1967); (4) Toda 格子方程 (1967); (5) Benjamin-Ono(B-O) 方程 (1966, 1967, 1975); (6) Miura 变换 (1968); (7) Lax 对 (1968); (8) 非古典方法 (1969); (9) KP 方程提出 (1970).

- 第三个阶段从 1971 年至 1989 年. 主要贡献为：(1) Hirota 双线性方法 (1971); (2) 光孤子发现 (1973); (3) 双线性形式的 Wronskian 解 (1979, 1983); (4) 双线性形式的 Pfaffian 解 (1981); (5) PDE 中的 Painlevé 分析方法 (1983); (6) 势对称 (1988); (7) C-K 直接约化法 (1989); (8) Lax 非线性化 (1987); (9) Tu 格式 (1989).
- 第四阶段从 1990 年至今. 主要贡献为：(1) 三线性方法 (1990); (2) 孤子元胞自动机 (1990); (3) K(m,n) 方程和 compacton 解 (1993); (4) Camassa-Holm 方程 (1993) 等. 由于符号计算的发展, 促进了孤立子理论的研究, 很多仅仅靠手工在短时间内无法完成的符号推导, 借助于符号计算可以迎刃而解, 这个阶段发展的特别迅速. 提出了求解非线性波方程的算法, 并且很多软件包用于研究非线性波方程的精确解、Painlevé 分析、Bäcklund 变换、守恒律、对称等.

§1.1.2 Bäcklund 变换和 Darboux 变换

1876 年, 瑞典几何学家 A.V. Bäcklund (1845—1922)[53] 在研究常负曲率曲面时, 发现 sine-Gordon 方程 $u_{\xi\eta}=\sin u$ 的不同解 u 和 u' 之间有关系式：

$$u'_\xi = u_\xi - 2\beta\sin\left(\frac{u+u'}{2}\right),\quad u'_\eta=-u_\eta+\frac{2}{\beta}\sin\left(\frac{u-u'}{2}\right). \tag{1.1.4}$$

此即为 Bäcklund 变换. 另外还得到了一个非线性叠加公式：

$$u_{12}=4\arctan\left[\frac{\beta_1+\beta_2}{\beta_1-\beta_2}\tan\left(\frac{u_1-u_2}{4}\right)\right]+u_0, \tag{1.1.5}$$

其中 u_0 为 sine-Gordon 方程的解. 这个公式在非线性理论中具有重要的作用. 但由于这个变换没有别的应用, 因此被冷落了近百年. 直到 20 世纪 60 年代, 由于非线性光学, 晶体位错等许多领域的研究都与 sine-Gordon 方程有关, 这时 Bäcklund 变换才受到重视.

1973 年, H. D. Wahlquist 和 F. G. Estabrook[54] 发现 KdV 方程 $u_t-6uu_x+u_{xxx}=0$ 的自 Bäcklund 变换 $(u_i=w_{i,x}\ (i=n,n+1))$：

$$\begin{cases}(w_{n+1}+w_n)_x=2\lambda+\dfrac{1}{2}(w_{n+1}-w_n)^2,\\ (w_{n+1}-w_n)_t=3(w_{n+1,x}^2-w_{n,x}^2)-(w_{n+1}-w_n)_{xxx},\end{cases} \tag{1.1.6}$$

也有类似的叠加公式：

$$w_{n,n+1}=w_0-\frac{4(\lambda_n-\lambda_{n+1})}{w_n-w_{n+1}}, \tag{1.1.7}$$

其中 (w_n,w_0,λ_n) 和 $(w_{n+1},w_0,\lambda_{n+1})$ 分别为自 Bäcklund 变换 (1.1.6) 的解. 1976 年, 他们提出了求非线性方程的 Bäcklund 变换的延拓结构法, 将 Bäcklund 变换、守恒律及反散射变换统一在一个拟位势中.

1983 年, Weiss, Tabor 和 Carnevale[55,56] 推广了常微分方程的 Painlevé可积的判定法, 提出了偏微分方程的 Painlevé可积的判定法, 并用其来获得可积方程的 Bäcklund 变换. 另外, 对于不可积的方程, 利用 Laurent 级数截断展开或许也可以得到 Bäcklund 变换 [57~59]. 1998 年, Fan[60~62] 利用改进的齐次平衡法来研究非线性波方程的 Bäcklund 变换.

与 Bäcklund 变换具有同等重要的是 Darboux 变换, 1882 年, 法国科学家 J. G. Darboux (1842—1917)[63] 研究了一维 Schrödinger 方程的特征值问题 ($\lambda_t = 0$):

$$-\phi_{xx} - u(x,t)\phi = \lambda\phi. \tag{1.1.8}$$

Darboux 发现：若 u 和 ϕ 是满足 (3) 的两个函数, 对任意给定的常数 λ_0, 令 $f(x) = \phi(x,\lambda_0)$, 即 f 是 (3) 当 $\lambda = \lambda_0$ 的一个解, 则由

$$\begin{cases} u' = u + 2(\ln f)_{xx}, \\ \phi'(x,\lambda) = \phi_x(x,\lambda) - (\partial_x \ln f)\phi(x,\lambda), \quad f \neq 0 \end{cases} \tag{1.1.9}$$

所定义的函数 u', ϕ' 一定满足 (1.1.8). (1.1.9) 就称为原始的 Darboux 变换. Darboux 变换的基本思想为：利用非线性方程的一个解及其 Lax 对的解, 用代数算法及微分运算来获得非线性方程的新解和 Lax 对相应的解. 有时人们将 Darboux 变换也称为 Bäcklund 变换, 或者称为求 Bäcklund 变换的 Darboux 方法. 关于 Bäcklund 变换, 也有很多早期的工作 [43,44]. 1975 年, Wadati 等人将 Darboux 变换推广到 mKdV 和 sine-Gordon 方程 [64]. 1986 年, Gu 等人 [47,65,66] 将 Darboux 变换推广到 KdV 族、ANKS 族及 (1+2) 维、高维方程组, 并且将 Darboux 变换应用到微分几何中的曲面论和调和映照中. J.J.C. Nimmo 引入了双 Darboux 变换的方法. 双 Darboux 变换已经应用于一些方程族 [43]. 最近, Zeng 等人 [67] 研究了具有外力项的孤子方程的双 Darboux 变换. 另外, 延拓法及局部高阶切丛法等也能获得 Bäcklund 变换 [46,65,66]. 最近关于有限维可积系统的的 Bäcklund 变换有引起了人们的高度重视 [68~70].

§1.1.3 对称与相似解

自从 I. Newton (1643—1727) 时代以来, 寻找方程的精确解在自然科学的数学描述中是一个最基本且重要的课题. 三百多年来, 很多有效的方法用于解方程, 如变量分离法、Poisson(S.D.Poissson, 1781—1840) 法、Fourier(J.B.J. Fourier, 1768—1830) 级数法、Bäcklund 变换等. 若从群论的观点来研究这些方法, 不难发现它们都是基于“对称”. 关于微分方程的对称性质, 很多大数学家都曾使用过, 如 J. Bernoulli(1654—1705), L. Euler (1707—1783), P.-S. Laplace (1749—1827), J.L.d'Alembert(1717—1783), J.B.J. Fourier (1768—1830), G.F.B. Riemann (1826—1866) 及 J. Liouville

(1809—1882) 等. 但是直到 19 世纪后期才由 M. Sophus Lie(1842—1899)[71] 给出微分方程对称的理论基础, 即连续群 (或称对称群, Lie 群, 不变群). Lie 主要是受 P.L.M. Sylow (1832—1918) 和 N.H.Abel(1802—1829) 的工作启发. 为了推广并统一以前各种解常微分方程的方法, 引入连续群的概念. Lie 证明: 一个常微分方程, 若在点变换的单参数 Lie 群的作用下不变, 则其阶次可降低一次. Lie 还做了与常微分方程有关的其他工作, 如积分因子、可分方程、齐次方程、线性方程的阶次约化、待定系数和参数变易法、Euler 方程的解及 Laplace 变换的应用. 对于线性偏微分方程, Lie 表明: Lie 群作用下的不变性借助变换可直接得到解的叠加. 另外, K.W.J. Killing (1847—1923) 在非欧几何中独立地引入半单纯李群的分类问题. E.J. Carton (1869—1951) 于 1990 完成了半单纯李群的分类.

1905 年, H. Poincaré (1854—1912) 第一次证明 Lorentz (1853—1928) 变换构成一个 Lie 群, 并且这个变换保证 Maxwell 方程在该变换作用下保持不变, 这一工作开辟了 Lie 群的新局面. 1909 年, H. Bateman (1882—1946)[72] 和 E.Cunningham(1881—1977)[73] 证明 Maxwell 方程在以 Lorentz 群作用为子群的共形群作用下保持不变. 1918 年, 继德国女数学家 E. Noether (1882—1935)[74] 之后, Kiev, Ermakov(1890—1900), Pfeifer(1920—1935) 和 Kurensky (1930) 发展了 Lie 群. 真正用 Lie 群来研究偏微分方程开始于 1958 年 Ovsiannikov 和 Kostenko 的工作 [75~77].

1969 年, Bluman 和 Cole[78] 推广了 Lie 群法, 提出了非古典 Lie 群方法 (也称为条件对称 [79] 或第一型的偏对称 [80]). Olver 和 Rosenan[81] 扩展了该方法. 1977 年, P.J. Olver[82] 证明了如何由递推算子来获得偏微分方程的无穷多个对称. 这一工作及 Lie-Bäcklund 变换的详细讨论可参见文献 [83~85]. 1980 年, Olver[86] 又发现 KdV 方程存在以方程的解 u 及自变量 (x,t) 组合而成的两个对称. 1981 年和 1982 年, Fokas 和 Fuchsseiner[87] 及 Chen 等人 [88] 分别利用不同的方法得到了 KdV 方程更多新对称及新对称的 Lie 代数结构. 之后, Li 和 Tian 等人系统地研究很多发展方程的对称、强对称、遗传对称及其 Lie 代数结构 [89,90]. 关于对称与守恒量, 强对称与 Lax 对的关系及 Miura 变换在对称的应用可参考相关文献. 虽然 Lie 群有强大的功能, 但它有一个弊端就是计算量太大. 1988 年, Bluman 等人 [79,80] 提出了常微分方程和偏微分方程的势对称的概念, 用来获得新的非局部对称.

1989 年, Clarkson 和 Kruskal[81] 提出了约化微分方程的直接法. 该方法没有用到群论思想且简单, 可以获得用古典 Lie 群方法得不到的新的相似约化. 1990 年, Lou[91] 完善了这种方法, 并且推广到 (2+1) 维 KP 方程中. 这种直接法 (包括 CK 法及其被改进的方法) 已用于一大批非线性方程 [92~102]. 虽然直接法有自身的优点, 但也有其不足之处. 1992 年, Nucci 和 Clarkson[103] 证明: 对于 Fitzhugh-Nagumo 方程, 用非古典 Lie 群方法可得到 CK 直接法得不到的相似解. 关于 CK 直接法与 Bluman 和 Cole 的非古典 Lie 群法之间的区别与联系, 可参考文献 [104 ~ 106].

1993 年, 楼森岳教授提出了用形式级数法来考虑这样方程 $u_{xt} = f(u, u_x, \cdots)$ 的对称, 结果获得了一族含有仅与时间 t 有关的任意函数的广义对称及其 Lie 代数结构 [107], 这种方法已用于寻找很多方程的对称. 1998 年, 范恩贵对齐次平衡法进行改进, 提出了一种新的约化方法 [60,61], 该方法在某些条件下属于直接法 [108].2000 年, Lou 提出条件相似约化的概念 [109], 利用直接约化法的思想获得了 (2+1) 维 KdV 方程的六种新的条件相似约化. 该条件相似约化不能由非古典现有理论推得. 另外, 还有广义对称 [85]. 最近, Bluman 和 Yan[110] 利用非古典势方程对称方法, 研究了非线性热传导方程, 并且得到新的非古典势对称和非古典势解. 另外, Lie 群和 Lie 代数结构在一般的完整约束系统和非完整约束系统中也有很好的应用 [111].

§1.1.4 非线性波方程解的构造算法

对自然科学中很多问题的研究大致分为两大类：一是定性研究; 二是定量研究. 在定量研究中又可细分为数值或近似研究和精确构造性研究两个方面. 对于出现在非线性科学领域很多分支 (如物理学、化学、光学、生物学、力学海洋学、大气动力学等) 中非线性波方程 (组)(特别是孤立子方程) 的许多性质的精确构造性研究.

自从 1895 年 KdV 方程被提出以来, 在非线性科学领域的很多分支中, 出现了大量的非线性波方程, 如 mKdV 方程、Burger 方程、sine-Gordon 方程、sinh-Gordon 方程、KP 方程、mKP 方程、KS 方程、色散长波方程、AKNS 方程簇、NLS 方程、广义 NLS 方程、K(m,n) 方程、B(m,n) 方程、E(m,n) 方程、NLS(m,n) 方程、Toda 格子方程、Toda 分子方程、离散 KdV 方程等等. 虽然许多数学家和理论物理学家等研究者对于这些方程的精确解和其他性质做了大量的工作, 但所用的方法各有千秋, 由于每个或每类非线性波方程的非线性特性不同, 使得研究它们的性质 (特别是精确解) 变得非常复杂, 至今没有一种方法能囊括四海、包罗万象. 目前谁都无法用自己的 “神功” 一统 “天下” 而 “笑傲江湖”. 正如 Klein 所说：微分方程求解只是技巧的汇编. 一般来说, 直接寻找非线性波方程的精确解是非常困难的. 往往首先需对原方程进行变换, 将原方程变为简单易解的方程. 例如上面所谈到的 Bäcklund 变换、Darboux 变换、对称约化等.

寻求方程的解 (包括数值解和精确解) 是一个非常古老且很重要的课题. 有时为更准确地研究物体变化的性质, 我们需要寻求其对应方程的精确解. 自从 Russell 发现孤立波及 Korteweg 和他的博士生 de Vries 提出 KdV 方程并获得其精确孤波解以来, 孤立子及一大批非线性方程的解的构造引起了人们的极大兴趣. 由于非线性发展方程的自身复杂性, 用现有的方法无法求出其所有的解, 即使获得了方程的精确解, 也只是很少的一部分解. 并且对不同类的方程, 用的方法可能不一样, 至今还没有任何一种方法可以包容其他方法, 除非这种方法能求出所有方程的所有解, 这看起来不太可能. 这就需要人们发现更新更有效的方法来研究微分方程的求解问题.

虽然 Bäcklund 变换已很早于 1885 年被提出，但直到 20 世纪 70 年代以后才受到重视，并且用构造方程的孤子解. Darboux 变换也同样可以构造解. 1950 和 1951 年, E. Hopf (1902—1983)[112] 和 J.D. Cole (1925—1999)[113] 分别独立地提出了著名的 Cole-Hopf 变换, 它将非线性 Burger 方程与线性热方程联系起来. 后来人们发现很多 Bäcklund 变换, 可以将非线性微分方程线性化 [60,114~118]. Kumei 和 Bluman[84] 利用群论的方法使得非线性微分方程线性化.

1967 年, Gardner, Greene, Kruskal 和 Miura(简称 GGKM)[2] 利用 Schrödinger 方程的反散射论证（正散射问题和反散射问题）将 KdV 方程的初值问题转化为三个求解线性方程的问题. 结果得到了 N 孤子解，这种处理问题的方法称为反散射法 [119]. 由于求解过程中用到 Fourier 变换及逆变换, 有时也称该方法为非线性 Fourier 变换法. 1968 年, P.D. Lax[3] (1926—) 对 GGKM 用于求解 KdV 方程的上述思想进行分析、整理, 提出了用反射散方法求解其他 PDE 方程的更一般的框架. 并且指出用反散射方法求解方程的前提是找到该方程的 Lax 表示 (Lax 对)[120]. 1972 年, Zakharov 和 Shabat[11] 利用 Lax 的思想, 用反散射求解了非线性 Schrödinger 方程. 第一次用事例证明了反散射方法的更一般性. 1975 年, Wadati[121] 用类似的方法来求解 MKdV 方程. Kruskal 用它求解 sine-Gordon 方程. 1973 年, Ablowitz, Kaup, Newell 和 Segur[122] 编了一个软件包，通过反散射来求解大批方程的解. 1975 年, Wahlpuist 和 Estabrook[123] 提出了含有两个独立变量的非线性 PDE 的延拓结构方法. 该方程的一个重要应用是：借助于 Lie 代数，可以得到方程的线性表示 (Lax 表示), 这为用反散射求解方程提供了必要条件. 另外指出该方法与其他方法的关系 [13], 但是利用 W-E 方法求解太复杂. 利用 Lu 建立的非线性联络理论, 1982 和 1983 年, Wu, Guo 和 Wang[124,125] 简化了 W-E 方法, 完整地建立了非线性方程主延拓结构的理论和方法. 利用该方法, 他们研究了一些孤子方程, 更简单地获得了 Lax 对、代数结构和解的变换.

1973 年, Case 和 Kac[126] 给出了反散射方法在离散情况下的计算步骤, 并应用于求解带有势的离散 Schrödinger 方程. 1974 年, Flaschka[127] 用离散的反散射方法求解 Toda 方程的初值问题. 1975 年, Ablowitz 和 Ladik[128] 用离散反散射求解非线性自对偶网络方程.

1968 年, Miura[129] 发现了 KdV 方程和 mKdV 方程之间存在一个 Miura 变换. 每一个 mKdV 方程的解通过 Miura 变换可以变成 KdV 方程的解. 反之不成立，这已由 Ablowitz 等人证明 [130]. Miura 变换的另一个重要应用是证明了 KdV 方程有无穷多守恒律.

---

[2]Gardner, Greene, Kruskal 和 Miura2006 年获 Leroy P. Steele 奖.

[3]P. D. Lax, 2005 年获 Albert 奖, 1987 年获 Wolf 奖, 1986 年获美国国家科学奖章.

1971 年, Hirota (1932—)[131] 引入了双线性方法，用于构造很多方程(包括连续和离散孤子方程) 的双线性形式、N孤子解、周期解、双线性 Bäcklund 变换、Wronskian 解、Pfaffian 解和 Grammian 解等. 另外利用双线性形式, 可以产生新的非线性方程 (包括连续孤子方程和微分 – 差分方程)[131,132]. 1979 年, Satsuma[133] 利用 Wronskian 行列式表示 KdV 方程的解, 1983 年, Freeman 和 Nimmo[134~136] 基于双线性形式, 系统地给出了 KP 等方程的 Wronskian 解. 1990 年, Satsuma 等人 [137] 提出非线性波方程的三线性化. 同年, Satsuma 等人 [138] 提出了超离散 (ultradiscrete) 孤子方程, 也称孤子元胞自动机(soliton cellular automation, SCA). 最近, Hu等 [139] 很好地发展了该方法, 并且给出解的互换定理和解的非线性叠加公式, 用于研究非线性波方程和离散孤子方程的求解. 1988 年, Boiti 等人 [140~143] 研究了 (2+1) 维模型, 提出了孤子解的一种特例 ——Dromion 结构. 随后，人们证明其他 (2+1) 维方程也拥有 Dromion 结构 [144~147]. 1996 年, Lou [145] 用 Hirota 方法研究了一个 (3+1) 维 KdV 型方程，证明了该方程拥有丰富的类 Dromion 结构.

1993 年, Rosenau 和 Hyman[148] 为了研究非线性色散模型的影响，提出了 K(m, n) 模型, 并且给出了该方程在分段连续情况下的 compacton 解和孤波斑图 (solitary pattern) 解 [148~151]. 最近, Wazwaz[152] 和 Yan[153~160] 已经证明很多其他非线性色散方程也拥有这两种形式的解. 并且证明具有线性色散项的非线性波方程也拥有 Compacton 解和 solitary pattern 解. 2002 年, Kevrekidis 等人 [161] 提出了离散模型 (Klein-Gordon 型微分差分方程) 的离散 compacton 解. 最近, Yan 引入了 NLS(m, n) 方程和 GNLS(m, n, p, q) 方程, 并且给出了波包 compacton 解和波包孤波斑图解, 而且还得到了一些守恒律 [162].

1995 年, Wang 等人 [163] 提出了齐次平衡法, 来求解很多方程 [163~165], 1996 年, Gao 和 Tian[58,59] 改进了该方法，来研究 (2+1) 维方程的解，1998 年, Fan[60,166] 将这一方法给以充分的发展，用于获得 Bäcklund 变换, 相似约化及更多形式的精确解. 之后, Zhang 进行了指数形式解扩充 [167]. Yan 等也研究了无穷多有理形式和其他组合形式的推广 [168]. 2000 年, Lou 等人提出多线性分离变量法 [169], 并且被推广到很多 (2+1) 维和 (3+1) 维非线性波方程, 如 Davey-Stewartson 方程、NNV 方程、BK 方程、广义 AKNS 方程族.

关于拟周期解 (也称代数几何解), 很多人做了大量的工作，如 Novikov[170], Dubrovin[171], Lax[172], Marchenko[173], Its 和 Matveev[174], Kac[175] 等. 系统的方法有：代数几何法 [176]、交错初等代数法 [177]、Lax 对非线性法 [178]. 还有其他的最近的工作 [179~183]. 对于 (2+1) 维方程的代数几何解, 人们研究的较少. 最近 Cao 等人提出了一种有效的方法来考虑这个问题 [184,185].

另外还有很多非线性波方程解析解的构造性算法 [186~192], 如 tanh 函数法、推广的 tanh 函数法、sine-cosine 法、Riccati 方程展开法、广义映射 Riccati 方程展开法、Jacobi 函数展开法、推广的 Jacobi 函数展开法、广义的双曲函数法、代数方法、sine-Grodon 方程约化展开法、sinh-Grodon 方程约化展开法、Weierestrass 椭圆函数法等, 这些方法将在第二章具体讨论.

§1.1.5 Painlevé 分析与守恒律

我们知道，用反散射法求解方程的初值问题的前提是寻找该方程的 Lax 对. 但拥有 Lax 对的方程不一定可用反散射法求解. 1978 年, Ablowitz, Segur 和 Raman 发现：对于可以用反散射方法求解的非线性演化方程来说，其相似约化的所有常微分方程都具有 Painlevé 性质. 因此他们给出一种猜测 ——Painlevé 猜测或 Painlevé ODE 检验：一个完全可积的偏微分方程的每一个相似约化的常微分方程具有 Painlevé 型，或者约化的 ODE 经过变量变换之后具有 Painlevé型. 这个猜测提供了一个证明一个 PDE 是否完全可积的必要条件 [13~15]. 1983 年, Weiss, Tabor 和 Carnevalé[55] 引入了的 PDE 的 Painlevé 性质 (或称 Painlevé PDE 检验) 的概念, 并且提出了一个与 Ablowitz[193] 用于判定的 ODE 的 Painlevé 性质类似的算法. 利用 PDE 的 Painlevé 检验可导出 Lax 对和 Bäcklund 变换.

1983 年, Weiss[56] 为了扩大 Painlevé 的 PDE 检验使用范围，引入了条件 Painlevé 性质的概念. 1982 年, Kruskal 等人将奇异流形上的函数 (不妨设两个变量 x, t) 假设为其中一个变量的线性关系, 即 $(x, t) = x + \phi(t)$. 这大大简化了计算的复杂性. 一般说来，Painlevé ODE (或 PDE) 检验不研究负共扼点的性质. 1991 年, Jimbo[194],Fordy 和 Pickering[195] 研究了负共扼点的重要意义. 并且指出 Chazy 方程是有负共扼点 $(-1, -2, -3)$. Zeng[196] 改进 Painlevé 截尾展开, 导出了 Toda 方程的 Bäcklund 变换，给出了从给定具有 Painlevé 性质的方程出发去构造具有 Painlevé 性质的一族方程的一般方法.

在寻找 KdV 方程的解的一般方法的过程中, 人们发现 KdV 方程有无穷多守恒解. 前两个为动量守恒和能量守恒, 第三个守恒律被 Whitham[197] 于 1965 年发现，1963 年, Kruskal 和 Zabusky[198] 发现了第四、第五个守恒. 之后人们又发现了四个守恒律, Miura[17] 发现第十个守恒律，并且利用 Miura 变换证明了 KdV 方程有无穷多守恒律. 1970 年, Kruskal[199] 对更一般 KdV 方程守恒律的个数进行猜测, 后被 Tu 等人 [200] 证实. 1979 年, Tu 发现了守恒律与对称之间的联系，利用无穷多对称来构造无穷多守恒律. 1981 年, 他又利用 Bäcklund 变换来获得无穷守恒律 [201]. 之后，人们利用不同的方式研究了很多孤子方程的无穷守恒律 [202~204].

§1.1.6 可积系统

继 Newton 力学和 Lagrange 力学之后, Hamilton 力学成为经典力学发展过程中非常重要的体系. Hamilton 对光学和力学之间深刻联系的思想, 促使了他对经典动力学作出了创造性的成果. 其成就概括为两点：第一, 力学的原理不仅可以按

Newton 的方式来描述, 也可以按某种作用量的逗留值方式来描述; 第二, 力学的状态描述和力学方程可以找到一种优秀的正则形式以及等价的 "波动形式", 这些形式有着极好的数学性质, Jacobi 继续了 Hamilton 的工作. Hamilton-Jacobi 方法不仅仅开辟了解决天体力学及物理学中一系列重要的动力学问题的途径, 同时作为波动力学的先导, 启发了量子力学的发展.

著名数学家 Arnold 说过: "很多数学方法和概念都在经典力学中得到应用, 如微分方程和相流、光滑映射和流形、Lie 群和 Lie 代数、辛几何和各态历纪理论". 1978 年, Arnold[205] 在其专著《经典力学中的数学方法》中, 从辛几何角度阐述了 Hamilton 系统, 使得 Hamilton 系统理论得到进一步的发展和完善. 经典力学中有限维 Hamilton 系统中的著名 Liouville 定理表示为: 若一个自由度为 n 的 Hamilton 系统具有 n 个相互对合的首次积分, 则该 Hamilton 系统是可积的, 即其解可用积分表示.

但是, 经典力学中有限维 Hamilton 系统中著名的 Liouville 定理并不能推广到无限维 Hamilton 系统中, 在无限维 Hamilton 系统中, 即使存在无穷多个彼此对合的首次积分, 也不能将其解显式表示 [46]. 到目前为止, 人们还没有完全从整体上把握无穷维 Hamilton 系统的完全可积性, 只是局部地研究无穷维 Hamilton 系统的一些性质. 通常采用两种可积性: Lax 可积性和 Liouville 可积性. 若一个非线性方程拥有 Lax 表示 (Lax 对) 或零曲率表示, 则称该方程是 Lax 可积的. 很显然, 可得出结论: 一个可以用反散射求解的非线性方程是 Lax 可积的. 1976 年, Wahlquist 和 Estabrook[206] 利用 Lie 代数结构提出了求解方程的 Lax 对的延拓结构法, 该方法用于构造方程的 Lax 表示是很有效的. 但其与李代数结构联系在一起, 需要做大量的运算. 1981 年, Date 等人 [207] 发展了 τ 函数法. 1985 年, 基于曲面论的基本方程, Gu 和 Hu[208] 提出了一类方程的可积性准则. 1988 年, Cao[209] 提出了保谱发展方程换位表示的新框架. 在此基础上, 很多人做了一系列推广和发展工作, 给出了很多发展方程族的 Lax 表示及零曲率表示 [210~213].

若一个非线性演化方程可写成广义 Hamilton 方程形式, 且存在可数个两两对合的守恒密度, 则称该方程在 Liouville 意义下是可积的. 1988 年, Tu 和 Boiti[214~216] 从等谱问题出发, 提出一种用研究孤子方程族的可积 Hamilton 结构的方法. 1989 年, Tu[217,218] 提出了用迹恒式来构造孤子方程族的 Liouville 可积 Hamilton 结构. 这一方法已被应用于很多方程族 [217~222]. 1992 年, Ma 命名这种方法为屠格式 [222]. 1990 年, Tu 将屠格式推广到离散谱问题的研究 [217]. 1997 年, Hu[223] 将屠格式推广到 Lie 超代数中, 1997 年, Guo[224] 将屠所考虑的 Loop A_1 代数推广到 A_2. 1989 年, Cao[225] 从孤立子方程的无反射位势与特征函数的关系, 提出了一个从无限维可积系统来系统地构造有限维可积系统的有效方法 ——Lax 非线性化方法, 并提出了在位势函数和特征函数的两种约束 (Bargman 约束和 Neuman 约束), 进而利用该约束得到系统的可换的对合解 [226]. 之后, Zeng 和 Li[227] 发展了该方法. 提出了高阶对称约束方法, 处理了许多位势不能从约束中解出的情形, 这需要引入 Jacobi-Ostrogradsky 坐标来完成. 2000 年, Shirendaoerji[228] 提出了修正的 Jacobi-Ostrogradsky 坐标来获得高阶约束流. 1994 年, Ma[229,230] 提出了 Lax 对和辅助 Lax 对的双非线性化方法, 并应用到 AKNS 族和 Dirac 族. 1997 年, Zhou[231] 进一步发展了 Lax 对的非线性化方法, 提出了反向对称约束方法, 并应用到著名的 Harry-Dym 谱问题和 Schrödinger 谱问题. r 矩阵也具有重要的意义 [40,228,232～235], 基于 r 矩阵来研究约束流的可分离性有重要的意义 [40,236,237], 它可为寻找有限滞势解提供基本的数据. Zeng 提出了一种可分离的方法 [238]. 利用 r 矩阵和 Lax 表示, 可以获得一些约束流的分离变量和 Jacobi 反问题, 然后借助于 Jacobi 反演坐标, 可得到方程族的解 [239]. 另外, 量子可积系统也受到人们的关注 [240,241].

§1.2 混沌系统与复杂网络

§1.2.1 混沌的发展历史

Chaos(混沌) 一词来源于希腊语 Xaoς, 意味着非预测性. 在哲学意义下, 它是相对于规律和有序而言的, 但并不是说混沌是杂乱无章的、无序的. 混沌是有序和无序的统一; 确定性与随机性的统一. 目前对于混沌, 人们并不陌生. 它存在于非线性科学领域的很多分支, 如物理学、化学、生物学、工程技术、电子学、医学、生命科学、神经网络、复杂网络、金融学、经济学及社会学等系统中. 可以说混沌无处不在、无时不有. 很多书籍从多个角度来研究混沌系统的性质及其在非线性科学中的应用 [242～259].

从自然科学角度来说, 混沌理论的研究可以追溯到大约 1900 年 Poincaré 关于三体 (three-body) 问题的研究, 发现它的轨迹是非周期的, 并且永远不递增, 也不趋于固定点. 1963 年, 美国气象学家 E.N.Lorenz (1917—) 在 “J. Atmos. Sci.” 期刊上发表了 “Deterministic Nonperiodic Flow”(决定性的非周期流) 一文 [260], 提出了著名的具有蝴蝶效应的 Lorenz 混沌系统. 1975 年, 华裔数学家李天岩 (1945—) 和美国数学家 J. A. Yorke (1941—)[261] 在 “Amer. Math. Monthly” 上发表了 “Period Three Implies Chaos”(周期 3 意味着混沌) 的著名文章, 并且首次在科学著作中使用 “Chaos” 一词. “周期 3 意味着混沌”, 换句话说, 如果 $f:\mathrm{R}\rightarrow\mathrm{R}$ 是连续的, 并且 F 具有一个最初的周期 3 的点, 那么它也拥有其他周期的点. 利用数学语言描述 Li-Yorke 定理如下 [261]:

定理 1.2.1[261] 令 $f:\mathrm{R}\rightarrow\mathrm{R}$ 是连续函数, 并且 f 有一个周期 3 的点, 则

(a) 对任何一个正整数 n, 都存在一个周期 n 的点 x_n;

(b) (i) 存在一个不可数的子集合 S, 对 $\forall x,y\in S$ 且 $x\neq y$, 有

$$\lim_{n\to\infty}\inf|f^n(x)-f^n(y)|=0,\quad \lim_{n\to\infty}\sup|f^n(x)-f^n(y)|>0,$$

(ii) 对任一周期点 $y\in \mathrm{R}$ 和 $x\in S$, 有 $\lim\limits_{n\to\infty}\inf|f^n(x)-f^n(y)|\neq 0$, 其中 $f^n(x)=f\circ f^{n-1}(x)$.

事实上, 早在 Li-Yorke 定理之前, 1964 年, A. N. Sarkovskii[262] 已经提出了一个更广义的 Sarkovskii 定理, 为了描述该定理, 首先给出自然数的 Sarkovskii 序列 (奇怪的序列)[262~264]:

$$\begin{aligned}&3\rhd 5\rhd 7\rhd 9\rhd\cdots\rhd 2\cdot 3\rhd 2\cdot 5\rhd 2\cdot 7\rhd 2\cdot 9\rhd\cdots\\&\rhd 2^2\cdot 3\rhd 2^2\cdot 5\rhd 2^2\cdot 7\rhd 2^2\cdot 9\rhd\cdots\rhd 2^3\cdot 3\rhd 2^3\cdot 5\rhd 2^3\cdot 7\rhd 2^3\cdot 9\rhd\cdots\\&\rhd\cdots\rhd 2^n\cdot 3\rhd 2^n\cdot 5\rhd 2^n\cdot 7\rhd 2^n\cdot 9\rhd\cdots\\&\rhd\cdots\rhd 2^n\rhd 2^{n-1}\rhd\cdots\rhd 2^3\rhd 2^2\rhd 2^1\rhd 1.\end{aligned}$$

定理 1.2.2(Sarkovskii 定理) 如果 $f:\mathrm{R}\to\mathrm{R}$ 是连续的, 且 F 具有一个最初的周期 n 的点, 并且在Sarkovskii序列中满足 $n\rhd k$, 那么也拥有周期 k 的点.

很显然, Li-Yorke 定理是 Sarkovskii 定理的特例. 但是, Sarkovskii 用俄语发表的该定理, 当时在西方并不知道该定理, 直到 10 年后 Li-Yorke 定理发表后, Sarkovskii 定理才被人重新认识 [263].

在物理学领域, 混沌是继相对论和量子力学之后, 20 世纪的第三次科学革命. 像孤立子一样, 混沌也没有确切的定义, 不同领域的研究者对混沌有不同描述. 事实上, 也不可能给出混沌的一个确切的定义, 或许 Devaney 给出了一个较恰当的定义 [265].

定义 1.2.3 映射 $F:X\to X$ 是混沌的, 如果满足下面条件:

(i) F 的周期点在 X 中稠密;

(ii) F 在 X 上是拓扑传递的: 对任意非空集合 $Y,Z\subset X$, 存在正整数 k 以至于 $F^k(Y)\cap Z$ 是非空的;

(iii) F 对初始条件具有很强的敏感性: 假设存在常数 $\beta>0$, 以至于对 $\forall x\in X$, 在 x 的 $\varepsilon>0$ 的邻域内存在一个点 $y\in X$, 结果有 $F^k(x)$ 和 $F^k(y)$ 之间的距离至少为 β, 其中 $k\geqslant 0$.

事实上, 第三个条件可以从前两个条件推导出 [266].

表面上来看, 分形与混沌并没有直接的联系: 混沌研究目标的运动规律, 而分形研究目标的静态图形的几何结构. 但是, 大部分混沌区域具有分形性质. 因此为了更好地研究混沌系统, 研究分形的几何结构也是必须的. 例如, Cantor 集、Sierpinski 三角、Koch 雪花、Julia 集、Mandelbrot 集等都是分形. 这里仅仅给出分形的一个定义, 并不作进一步的介绍.

定义 1.2.4[263]　对于 R^n 中的一个子集 S, 如果它是自相似的, 并且其分形维数大于拓扑维数. 则 S 构成分形.

从数学上, 存在一些方法来研究混沌系统的动力性质, 如分形维数、Lyapunov 指数、Bifurcation 表、Poincaré 截面、时间序列、平衡点稳定性等. 其中 Lyapunov 指数是一个区分混沌系统和超混沌系统的重要的工具, 如果非线性动力系统有一个正的 Lyapunov 指数, 那么它就是混沌系统; 如果非线性动力系统有两个以上正的 Lyapunov 指数, 那么它就是超混沌 (hyperchaotic) 系统 [242].

混沌的发展大致分为以下四个阶段：

- 第一阶段从 1900 年至 1974 年, 主要贡献为：(1) 三体问题研究 (1900); (2) KAM 定理的提出 (1954, 1962, 1963); (3) 蝴蝶效应的 Lorenz 混沌吸引子的发现 (1963); (4) Hénon 映射 (1964).
- 第二阶段从 1975 年至 1989 年, 主要贡献为：(1) 混沌首次在科技文献中出现 (1975); (2) Logistic 模型 (1976); (3) Rössler 混沌系统 (1976); (4) 超 Rössler 混沌系统 (1979); (5) 混沌同步的理论 (1983); (6) Chua 电路的提出 (1983).
- 第三阶段从 1990 年至 1999 年, 主要贡献为：(1) 混沌控制的 OGY 方法的实现 (1990); (2) 混沌系统同步的实现 (1990); (3) 混沌保密通信 (1990); (4) 混沌化 (混沌反控制) (1995); (5) Chen 系统的提出 (1999).
- 第四阶段从 2000 年至今, 随着复杂网络的研究发展, 进一步推动了混沌的发展, 主要贡献为复杂网络的同步(2002), 另外混沌在其他很多方面的应用等[242~259].

§1.2.2　混沌和超混沌系统

自从 1963 年 Lorenz 提出蝴蝶效应的 Lorenz 混沌系统以来, 已经存在很多混沌和超混沌系统：

■ **Lorenz 系统** [260]

$$\begin{cases} \dot{x} = \sigma(y - x), \\ \dot{y} = x(r - z) - y, \\ \dot{z} = xy - bz. \end{cases} \tag{1.2.1}$$

当 $\sigma = 10,\ r = 28,\ b = \dfrac{8}{3}$ 且初值取 $[x(0), y(0), z(0)] = [-0.1, 0.2, -0.5]$ 时, 图 1.1 为系统 (1.2.1) 所表示蝴蝶效应的混沌吸引子.

■ **Chen 系统** [267]

$$\begin{cases} \dot{x} = a(y - x), \\ \dot{y} = (c - a)x - xz + cy, \\ \dot{z} = xy - bz. \end{cases} \tag{1.2.2}$$

当 $\sigma = 35,\ c = 28,\ b = 3$ 且初值取 $[x(0), y(0), z(0)] = [-0.1, 0.2, -0.5]$ 时, 图 1.2 为系统 (1.2.2) 所表示混沌吸引子.

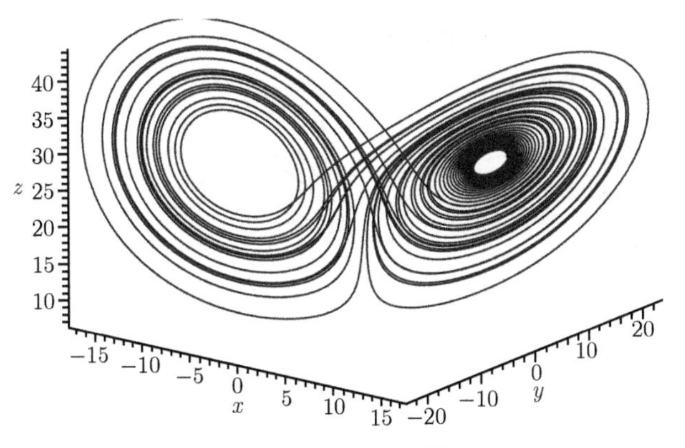

图 1.1 Lorenz 系统

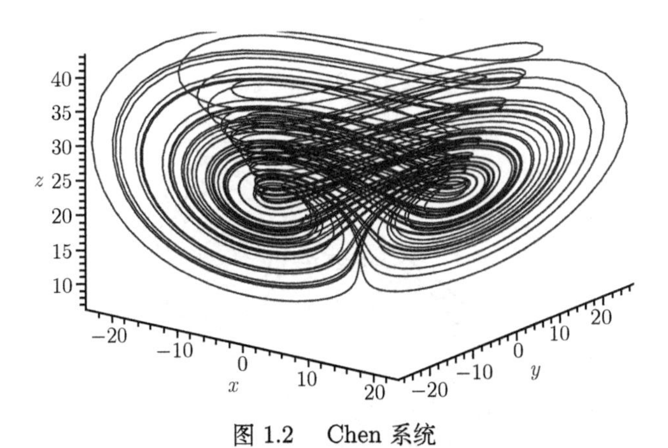

图 1.2 Chen 系统

2002 年, Lü和 Chen[268] 提出了 Lorenz 系统和 Chen 系统之间的过度混沌系统 (简称为 Lv 系统), 即删去 (1.2.2) 中的 $(c-a)x$ 项, 并且取 $a=36, b=3, c=20$.

■ **Rössler 系统** [269]

$$\begin{cases} \dot{x} = -y - z, \\ \dot{y} = x + ay, \\ \dot{z} = b - cz + xz. \end{cases} \tag{1.2.3}$$

当 $a=b=0.2$, $c=5$, 且初值取 $[x(0),y(0),z(0)]=[1,0.2,0.3]$ 时, 图 1.3 为系统 (1.2.3) 所表示混沌吸引子.

■ **Chua 电路** [270]

$$\begin{cases} \dot{x} = p[x + y - z + f(x)], \\ \dot{y} = x - y + z, \\ \dot{z} = -qy, \end{cases} \tag{1.2.4}$$

其中, $f(x)=bx+0.5(a-b)(|x+1|-|x-1|)$. 当 $p=10$, $q=14.87$, $a=-1.127$, $b=$

-0.68, 当 $a=b=0.2$, $c=5$, 且初值取 $[x(0),y(0),z(0)]=[1,0.2,0.3]$ 时, 图 1.4 为系统 (1.2.4) 所表示混沌吸引子.

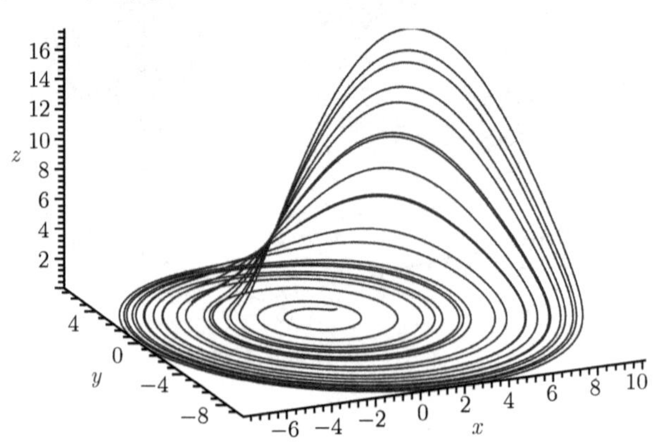

图 1.3　Rössler 系统

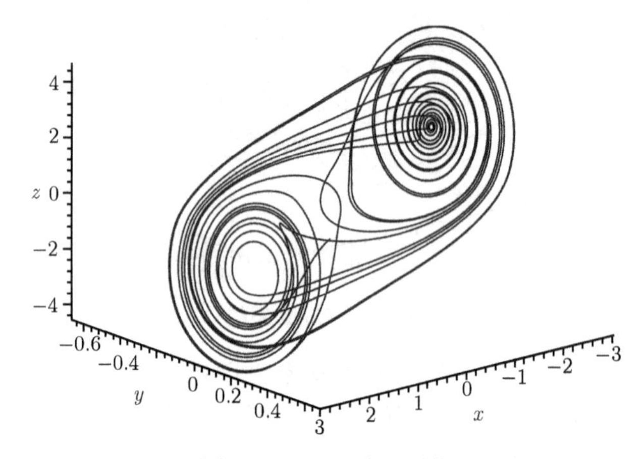

图 1.4　Chua 电路系统

■ **广义 Lorenz 系统** [271]

$$
\begin{cases}
\dot{x}=a_{11}x+a_{12}y,\\
\dot{y}=a_{21}x+a_{22}y-xz,\\
\dot{z}=a_{33}z+xy.
\end{cases}
\tag{1.2.5}
$$

■ **超混沌 Rössler 系统** [272]

$$
\begin{cases}
\dot{x}=-y-z,\\
\dot{y}=x+ay+w,\\
\dot{z}=b+xz,\\
\dot{w}=-cz+dw.
\end{cases}
\tag{1.2.6}
$$

■ **超混沌 MCK 电路系统** [273]

$$\begin{cases}\dot{x} = -y - g(x,z),\\ \dot{y} = 0.7y,\\ \dot{z} = -10w + 10g(x,z),\\ \dot{w} = 1.5z,\end{cases}\tag{1.2.7}$$

其中

$$g(x,z) = \begin{cases}-0.2 + 3(x - z + 1), & x - z < -1,\\ -0.2(x - z), & -1 \leqslant x - z \leqslant 1,\\ -0.2 + 3(x - z - 1), & x - z > 1.\end{cases}$$

■ **超混沌 Chen 系统** [274]

$$\begin{cases}\dot{x} = a(y - x) + w,\\ \dot{y} = dx - xz + cy,\\ \dot{z} = xy - bz,\\ \dot{w} = ew + yz.\end{cases}\tag{1.2.8}$$

■ **Logistic 映射** (虫口模型)[275]

$$x_{n+1} = rx_n(1 - x_n), \quad r > 0.\tag{1.2.9}$$

当 $r = 3.8$ 时, 图 1.5 为系统 (1.2.9) 所表示混沌吸引子.

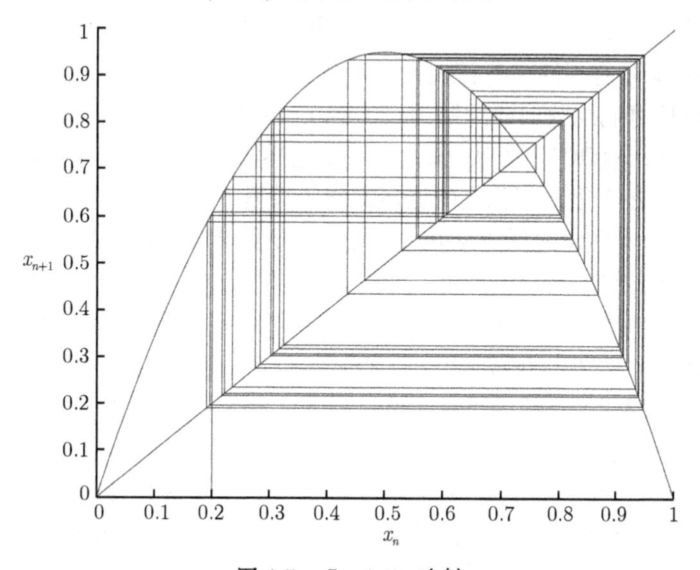

图 1.5 Logistic 映射

■ **Hénon 映射** [276]

$$
\begin{cases} x_{n+1} = 1 - \alpha x_n^2 + y_n, \\ y_{n+1} = \beta x_n. \end{cases} \tag{1.2.10}
$$

当 $\alpha = 1.2$, $\beta = 0.3$ 时, 图 1.6 为系统 (1.2.10) 所表示混沌吸引子.

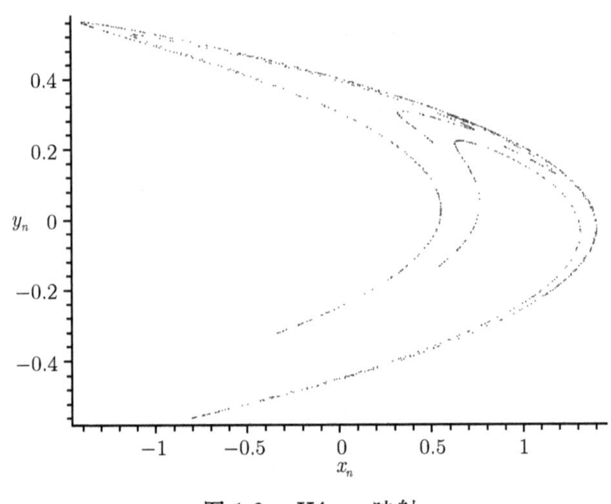

图 1.6 Hénon 映射

§1.2.3 混沌控制和反控制

由于混沌系统对初始条件的敏感性, 混沌曾经被认为是不可控制、不可驾驭、也不可预见的. 混沌之所以要控制是因为 [242~259,265]: (i) 表面上看来, 杂乱无章的混沌系统不可能是有用的; (ii) 混沌能够导致有害甚至是灾难性的情形. 在这些情况下, 混沌应该尽可能地削弱或抑制. 1990 年, Ott, Grebogi 和 Yorke[277] 提出所谓的 Ott-Grebogi-Yorke (OGY) 方法, 该方法基于这样的观察: 一个混沌集 (混沌轨道所组成的集合) 镶嵌于很多不稳定的低周期的轨道里. 该方法可表述为: 首先确定嵌入在混沌集中的不稳定的低周期轨道, 然后检查稳定轨道的位置, 并且选择可以产生所要求系统的轨道, 最后应用小的控制稳定被要求的周期轨道. 之后, 很多混沌控制方法被提出 [242,278]. 现在混沌不仅可以长期可控制, 而且在短时间内是可预见的, 另外在现实的生活中得到应用. 通常的混沌控制意味着稳定混沌系统中的不稳定的周期轨道, 特别是系统的平衡点或所要求的某一点 (曲线).

从哲学上来看, 任何事物都是具有两面性的, 同样混沌也有好的一面. 在某些情况下, 混沌是有用的, 如流体搅拌 [279]. 混沌在其中不仅仅是有用的, 而且是很重要的. 如果要求在能量消耗最少的情况, 使得两种液体充分混合, 那么两种液体的运动是混沌的话, 可以更快地达到此目的. 这已经成为流体混合中的重要课题, 称为 "混沌水平对流". 混沌混合具有重要的应用价值, 如核熔化反应堆中的等离子体加

热 [265].

为了利用混沌系统有益的一面, 人们往往对没有混沌的动力系统实行控制使之产生混沌, 或加强已知的混沌系统. 这种控制方式称为混沌反控制 (anticontrol) 或混沌化 (chaotication)[242]. 目前存在一些方法研究混沌反控制问题, 如小控制摄动方法 [280]、岔分界鞍方法 [281]、工程反馈控制法 [282] 等.

§1.2.4 混沌同步和保密通信

"同步 (synchronization)" 一词在现实生活中并不陌生, 意思为不同进程中的一致性. 最早的同步问题研究可以追溯到 17 世纪钟摆问题. 1988 年, Fujisaka 和 Yamada[282] 对混沌同步进行了理论研究. 1990 年, Pecora 和 Carroll[283] 对混沌同步的进行了实验研究. 之后, 混沌同步已经吸引了更多不同学科领域研究者的广泛重视, 很多类型的同步被研究. 混沌完全同步可以认为是混沌控制的一种特殊且重要的类型. 如今混沌同步已经被推广为很多类型, 包括完全同步 (一致同步)、广义同步、相同步、滞后同步, 预期同步、射影同步、部分同步、脉冲同步、全局指数同步、广义滞后同步等 [242~259,284]. 由于混沌对初始条件的很强的敏感性, 人们已经研究如何将混沌应用于保密通信中, 基于混沌同步, 混沌将在保密通信具有重要的作用 [247~259,285,286].

另外, 混沌已经被应用到神经网络、复杂网络、经济学、金融学、大气动力学、心脏系统、天气预报等领域 [247~259].

§1.2.5 复杂网络

随着对事物认识的不断深入, 人们发现自然科学和社会科学中存在着一种很普遍的现象 —— 复杂网络. 复杂网络没有一个明确的定义, 简单地说, 复杂网络就是一个群体中很多事物 (研究对象) 之间的复杂关系将这些事物组成一个关联网. 可以说复杂网络无处不在, 无时不有. 如社会网络、信息网络、知识网络、生物网络、WWW 网, Internet 网、细胞神经网络、高速公路网、航空路线网、贸易网、联合国 (网)、引文网络、电视网络、广播网络、家谱网等.

但被科学家用来研究的复杂网络确是近五十年的事. 1959 年, Erdos 和 Renyi 提出的随机图. 1998 年, Watts 和 Strogatz 在 Nature 上发表论文, 并提出小世界 (small-world) 网络模型. 1999 年, Barabasi 和 Albert 在 Science 上发表论文, 且提出无尺度 (scale-free) 网络模型等. 关于复杂网络的论述已经有很多文献, 另外复杂网络的同步问题也越来越被重视 [287].

§1.3 数学机械化与计算机代数

一般来说, 计算可以分为两大类：一是数值计算 (numerical computation); 二是符号计算 (symbolic computation). 数值计算对人们来说是很熟悉, 并且在现实生活中时常用到, 从自然数计算到实数和复数计算, 都与具体的数值有关, 比符号计算发展得早且迅速. 现在最通用的数值计算软件, 如 Matlab 软件包在工程技术等领域中得到广泛的应用. 另外对于符号计算, 人们也并不陌生, 并且经常遇到, 例如一元二次和三次代数方程的求根公式就是用符号来表示的. 随着计算机迅速发展和一些符号软件 (如 Maple, Mathematica 等) 的不断完善, 符号计算已成为现代数学研究中非常重要的且不可缺少的辅助工具, 并且已渗透到其他很多科学领域, 如数学、理论物理学、化学、生物学、力学、海洋学、大气动力学、医学、机械学、建筑学、电子学、工程技术等.

著名数学家、首届国家最高科技奖获得者吴文俊院士在对中国古代数学思想研究的基础上发展并完善了 Ritt 的方法, 早于 1978 年, 就创立了吴代数消元法 [288], 并将该方法用于几何定理的机器证明, 获得了很大成功. 1989 年, 吴先生等将吴代数消元法的思想推广到微分情形, 创立了吴微分消元法. 在吴文俊院士的大力倡导下, "数学机械化" 的思想得到了迅速的发展, 已应用到了诸多领域, 如数学、化学、生物学、理论物理学、CAD、CAGD、机器人、计算机视觉、分子化学、控制论、力学、组合学等 [288~291].

因为数学机械化的重要性, 数学机械化研究连续列为 "八五"、"九五" 国家攀登计划. 并且连续两次获得国家 "973" 项目的大力支持. 吴方法已经在很多领域取得了很好的成就 [288~291]. Gao 等人 [292,293] 基于吴方法研究了大量的几何定理证明. Wang 系统地研究了消去法 [294]. Zhang 提出了微分方程求解的构造性代数化和机械化思想 [295], 目的是用代数的理论来构造微分方程的解, 结果大批力学中的方程的一般解问题得到了解决. 1992 年, Shi[296] 利用吴代数方法, 研究了著名的 Yang-Baxter 方程的解的问题, 之后他利用 Zhang 提出的思想, 将 Yang-Mills 方程约化为三个简单的二阶线性微分方程. 1995 年, Wang 等人 [297] 将吴方法应用于研究 Yang-Mills 方程型 (包括带参数、带色参数带谱参数等) 的解的结构问题. 1997 年, Zhu 等人 [298] 根据 AMS 猜测, 利用符号计算, 将吴方法应用于偏微分方程的 P 检验, 结果证明了很多方程的 P 性质. 1997 年以来, Fan[60,61] 在孤子方程求解、Bäcklund 变换、Darboux 变换和可积系统方面做了大量的工作. 2000 年推广了 tanh 函数法, 并且结合符号计算, 获得了很多方程的精确解 [299]. 1997 年, Li 等 [300] 利用吴代数消元法求解孤子方程方面做了很多研究工作. 2002 年, 他利用已知的基于 Riccati 方程法, 借助于符号计算编成了求解大量非线性方程 (组) 的孤波解软件包 [301]. 近年来, Gao 等人 [302] 利用符号计算来研究非线性微分方程的精确解. Chen 等人 [303,304] 在符号计算的求解孤子方程方面做了很多研究工作. 自从 1997 年以来, 基于符号计算和吴方法, 本人在如下几个方面做了一些研究工作：精确解的构造性算法、Painlevé 分析、Bäcklund 变换、Darboux 变换、非古典势对称和条件对称、可积系统、混沌控制与同步等, 具体内容参看本书第二章至第十章.

另外, 基于吴方法, 解决了广义 Stewart 平台正解问题, 这对于机器人运动学领域的研究其了重要作用, 以此为基础, 研制成功了我国第一台大型虚拟轴机床样机与集成电路制造装备关键子系统. 最近, 这一数学机械化研究成果入选国家 "十五" 重大科技成就展.

国外在符号计算的发展主要体现在微分方程的古典和非古典对称、Painlevé 分析、守恒律、精确解算法等方面 [305~313].

第二部分

构造性求解原理与算法

第二章　非线性波方程解的构造性理论与算法

首先, 简单地介绍了孤立波和孤立子的基本特性. 然后, 提出了若干求解非线性波方程 (特别是孤子方程) 的构造性方法：(i) 低阶微分方程基的代数方法, 包括 Riccati 方程展开算法、广义射影 Riccati 方程法、sinh-Gordon 约化方程展开法、sine-Gordon 约化方程展开法、Weierstrass 椭圆函数拟有理展开法、Weierstrass 椭圆函数展开法和改进的代数法等; (ii) 直接待定系数法, 包括推广的 Jacobi 椭圆函数展开法和直接假设法等; (iii) 低阶微分方程基的微分方法; (iv) 改进的齐次平衡原理; (v) 给出了一些波方程之间的映射, 这些使得非线性波方程约化为线性方程, 另外使得变系数波方程变为常系数方程等, 并且给出了一些非线性波方程来应用这些算法; (vi) 提出了具有非线性色散项的复数域中的非线性波方程, 即 NLS(m,n) 方程和 GNLS(m,n,p,q) 方程, 并且给出了包络 compacton 解和 solitary pattern 解以及守恒律.

§2.1　孤立子类型与“次”的定义

§2.1.1　孤立子概述及其类型

在绪论中, 我们已经简单地叙述了孤波和孤立子的发现和发展过程, 孤立波 (孤波) 在不严格意义下有时称为孤立子. 事实上, 孤立波和孤立子是有区别的：孤立波是一种能量比较集中于一个较狭小的区域的波, 从数学角度来说, 应该是当时间 t 趋于无穷大时, 振幅趋于常数或零. 通常有四种基本的波形, 即钟型、反钟型、扭型和反扭型（如图 2.1）. 对于孤立子, 目前为止还没有一个确定的定义. 李政道指出：“在一个场论系统中, 若有一个经典解, 它在任何时间都束缚于空间的一个有限区域内, 则这样的解称为经典孤子解.” 很显然这只是给出了一个描述性的定义. 孤立子可以简单地理解为具有类粒子性质的孤立波. 为了更深入地理解孤立子, 以下三点应该是对孤立子的基本的描述 [11~50]：

- 孤立子 (孤波) 是波动问题中的一种能量有限局域解;
- 能量比较集中于一个较狭小的区域 (或能在给定区域内稳定存在);
- 两个孤立子相互作用时出现弹性散射现象 (即波形和波速能恢复到最初).

孤立子可分为两大类：一类是拓扑性孤子; 一类是非拓扑性孤子. 拓扑性孤子稳定存在的必要条件是简并真空态, 即在无穷远处存在不同的真空态, 或者说有不同的边界条件. 有孤子解时, 无穷远处的边界条件就与没有孤子解时不同. 非拓扑性孤

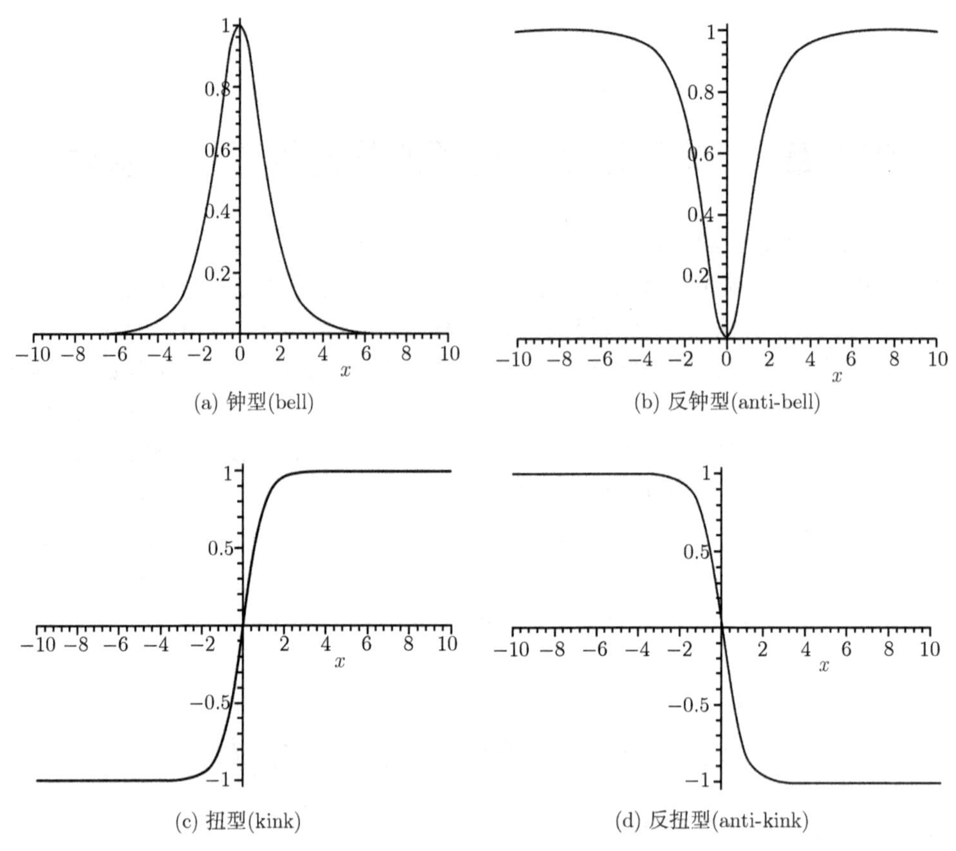

(a) 钟型(bell)　　(b) 反钟型(anti-bell)

(c) 扭型(kink)　　(d) 反扭型(anti-kink)

图 2.1　孤波类型

子不需要简并真空态, 无论有无孤立子, 在无穷远处都有同样的边界条件. 一般来说, 钟型分布的正、负孤波及其序列都是非拓扑的, 但是扭型孤波是拓扑孤子 [45]. 另外, 还有其他重要类型的孤立子, 如光孤子 (optical soliton)、呼吸子 (breather soliton)、暗孤子 (dark soliton)、缝隙孤子 (gap soliton)、亮孤子 (bright soliton)、compacton 解、Dromion 解、磁孤子 (magnetic soliton)、声孤子 (acoustical soliton)、生物孤子 (biological soliton)、金融孤子 (financial soliton)、空间孤子 (spatial soliton)、拓扑孤子 (topological soliton)、重力孤子 (gravitational soliton)、疲劳孤子 (strain soliton) 等 [16~39,314~317]. 例如:

■ **KdV 方程**

$$u_t + 6uu_x + u_{xxx} = 0$$

有钟型孤波解

$$u(x,t) = 2k^2\text{sech}^2[k(x - 4k^2t + c)]. \tag{2.1.1}$$

■ **mKdV 方程**

$$u_t + 6\mu u^2 u_x + u_{xxx} = 0$$

有 (i) 钟型孤波解 ($\mu = 1$)

$$u(x,t) = k\mathrm{sech}[k(x - k^2 t + c)]; \tag{2.1.2}$$

(ii) 扭型孤波解 ($\mu = -1$)

$$u(x,t) = k\tanh[k(x + 2k^2 t + c)]; \tag{2.1.3}$$

(iii) 呼吸子 ($\mu = 1$)[23]

$$u(x,t) = -2\partial_x \arctan\left(\frac{l\sin[kx + k(k^2 - 3l^2)t + c_1]}{k\cosh[lx + l(3k^2 - l^2)t + c_2]}\right). \tag{2.1.4}$$

■ **非线性 Schrödinger(NLS)方程**

$$\mathrm{i}u_t + u_{xx} + \mu u|u|^2 = 0$$

有亮孤子解 ($\mu = 1$)

$$u(x,t) = \sqrt{2(\alpha^2 - \beta)}\mathrm{sech}\left[\sqrt{\alpha^2 - \beta}(x - 2\alpha t)\right]e^{\mathrm{i}(\alpha x + \beta t)} \tag{2.1.5}$$

和暗孤子解 ($\mu = -1$)

$$u(x,t) = \sqrt{\beta - \alpha^2}\tanh\left[\sqrt{\frac{\beta - \alpha^2}{2}}(x - 2\alpha t)\right]e^{\mathrm{i}(\alpha x + \beta t)}. \tag{2.1.6}$$

■ **sine-Gordon 方程**

$$u_{tt} - u_{xx} = \sin u$$

有呼吸子 [18,23,26]

$$u(x,t) = 4\arctan\left(\frac{\sqrt{1 - \lambda^2}}{\lambda}\frac{\sin(\lambda t - t_0)}{\cosh(\sqrt{1 - \lambda^2}x - x_0)}\right). \tag{2.1.7}$$

§2.1.2 常微分情形中“次”的定义

一般来说, 求解非线性波方程是比较困难的, 但有一大类非线性波方程 (特别是孤子方程) 拥有特殊类型的解. 它们的解很多由双曲正切 (tanh) 、双曲余切 (coth)、双曲正割 (sech) 和双曲余割 (csch) 等及它们的变形所组成的. 从 (2.1.1) ~ (2.1.3) 可知, 不同方程的解中这些函数的幂次不同, 那么一个自然的问题：如何确定这些幂次呢? 由于非线性波方程的复杂性, 目前并没有统一的理论来解决这个问题, 但人们从实际的研究过程中可以得到一些启示. 这里用D表示所谓的 “次”, 且满足 $\mathrm{D}[f(\xi)g(\xi)] = \mathrm{D}[f(\xi)] + \mathrm{D}[g(\xi)]$, $\mathrm{D}[\mathrm{const.}] = 0$, 令

$$\mathrm{D}[\tanh(\xi)] = \mathrm{D}[\coth(\xi)] = \mathrm{D}[\mathrm{sech}(\xi)] = \mathrm{D}[\mathrm{csch}(\xi)] = 1,$$

$$\mathrm{D}\left[\sum_{i=1}^{N} a_i \tanh^{n_{i1}}(\xi)\mathrm{sech}^{n_{i2}}(\xi)\right] = \max\{n_{i1} + n_{i2}\}, \tag{2.1.8}$$

那么有

$$\begin{aligned} &\mathrm{D}[\tanh'(\xi)] = \mathrm{D}[\mathrm{sech}^2(\xi)] = 2, \quad &\mathrm{D}[\mathrm{sech}'(\xi)] = \mathrm{D}[-\mathrm{sech}(\xi)\tanh(\xi)] = 2, \\ &\mathrm{D}[\coth'(\xi)] = \mathrm{D}[-\mathrm{csch}^2(\xi)] = 2, \quad &\mathrm{D}[\mathrm{csch}'(\xi)] = \mathrm{D}[-\mathrm{csch}(\xi)\coth(\xi)] = 2, \end{aligned} \tag{2.1.9}$$

依次类推, 可得

$$\mathrm{D}[\tanh^{(n)}(\xi)] = \mathrm{D}[\mathrm{sech}^{(n)}(\xi)] = \mathrm{D}[\coth^{(n)}(\xi)] = \mathrm{D}[\mathrm{csch}^{(n)}(\xi)] = n + 1, \tag{2.1.10}$$

其中上标表示对 ξ 的 n 阶微分.

从这些函数的微分结果可概括为：

特点 P　每微分这些函数一次, 结果使得它们的 “次” 增加一.

定义 2.1.1(常微分情形中 “次”)　如果一个具有最高阶线性项的多项式形式的非线性波方程的解具有形式 $u = F[f_1(\xi), f_2(\xi), \cdots, f_j(\xi)]$, 其中 $\xi = kx - \lambda t$, f_i 取具有特点 P 的函数 (如上面所说的双曲函数), 且 $\mathrm{D}[f_i(\xi)] = 1$ $(i = 1, 2, \cdots, j)$, F 为 n 次多项式展开. 为了确定 n, 那么令 $\mathrm{D}[u] = n$, 则

$$\mathrm{D}\left[\alpha u^p \left(\frac{d^s u^r}{d\xi^s}\right)^q\right] = np + q(nr + s), \tag{2.1.11}$$

其中 α 为系数, 通过平衡方程中的最高阶线性项和非线性项的 “次”, 可以确定参数 n.

注 2.1.2　(i) 上述所概述的 “次” 中可以确定解的 “次” 数 n, 但不能保证所有具有特点 P 的函数的 n“次” 形式都是方程的解, 这只是粗略的估计或简单直观的判定; (ii) 上述 “次” 的概述并不是仅仅使用于一大类具有最高阶线性项（散项）的多项式形式的非线性波方程, 或者可以扩大到更广的范围. 如果所得到的 n 不是正整数, 那么 a) 若 n 为非零数, 则首先做变换 $u = w^n$; b) 若 $n = 0$, 则并没有该种类型的解. 这将在以后的章节中强调.

下面给出一些具体的非线性波方程 “次” 的平衡判定：

■ **KdV 方程**

$$u_t + 6uu_x + u_{xxx} = 0,$$

在行波变换 $u=u(\xi),\xi=kx-\lambda t$ 作用下, KdV 方程的约化方程为 $-\lambda u'+6kuu'+k^3u'''=0$, 因此得

$$\mathrm{D}[u''']=n+3,\quad \mathrm{D}[uu']=2n+1,\quad \mathrm{D}[u']=n+1, \tag{2.1.12}$$

因此从 $n+3=2n+1$, 可得 $n=2$. 这就解释了为什么 KdV 方程的解 (2.1.1) 中的幂次为 2.

■ **mKdV 方程**

$$u_t+6\mu u^2u_x+u_{xxx}=0,$$

作行波变换 $u=u(\xi),\xi=kx-\lambda t$, 则 mKdV 方程约化为 $-\lambda u'+6\mu ku^2u'+k^3u'''=0$, 因此得

$$\mathrm{D}[u''']=n+3,\quad \mathrm{D}[u^2u']=3n+1,\quad \mathrm{D}[u']=n+1, \tag{2.1.13}$$

因此从 $n+3=3n+1$, 可得 $n=1$. 这就解释了为什么 mKdV 方程的解 (2.1.2) 和 (2.1.3) 中的幂次为 1.

■ **NLS 方程**

$$\mathrm{i}u_t+u_{xx}+\mu u|u|^2=0,$$

在复域中, 作包络行波变换 $u=u(\xi)e^{i\eta}$, $\xi=kx-\lambda t$, $\eta=\alpha x+\beta t$, 那么 NLS 方程约化为 $k^2u''-(\beta+\alpha^2)u+\mu u^3=0$, 且 $\lambda=2\alpha k$, 因此得

$$\mathrm{D}[u'']=n+2,\quad \mathrm{D}[u^3]=3n,\quad \mathrm{D}[u]=n, \tag{2.1.14}$$

因此从 $n+2=3n$, 可得 $n=1$. 这就解释了为什么 NLS 方程的解 (2.1.5) 和 (2.1.6) 中的幂次为 1.

■ **Burger 方程**

$$u_t+uu_x+\nu u_{xx}=0,$$

在行波变换 $u=u(\xi),\xi=kx-\lambda t$ 作用下, Burger 方程的约化方程为 $-\lambda u'+uu'+\nu k^2u''=0$, 因此得

$$\mathrm{D}[u'']=n+2,\quad \mathrm{D}[uu']=2n+1,\quad \mathrm{D}[u']=n+1, \tag{2.1.15}$$

因此从 $n+2=2n+1$, 可得 $n=1$. 这就解释了为什么 Burger 方程的具有解 $u=2\nu k\tanh(kx-\lambda t)+\dfrac{\lambda}{k}$.

注 2.1.3 虽然表面上看, mKdV方程和Burger方程的约化方程的平衡的“次”都是 1, 但是事实证明: (i) Burger方程具有 $\tanh(\xi)$ 函数的解, 不可能拥有双曲正割形式的解 $u=a\mathrm{sech}(\xi)+b$. 而mKdV方程却可能即拥有 $\tanh(\xi)$ 函数的解 (2.1.2), 又具有 $\mathrm{sech}(\xi)$ 的解 (2.1.3); (ii) mKdV方程拥有Jacobi椭圆函数的解, 但Burger方程并没

有这种类型的解. 这或许要从它们本身的结构来解释这种不同：分别积分mKdV方程的约化方程两次和积分Burger方程的约化方程一次, 得

$$\text{mKdV}: \ u' = \frac{1}{k}\sqrt{-\mu u^4 + \frac{\lambda}{k}u^2 + c_1 u + c_2},$$
$$\text{Burger}: \ u' = -\frac{1}{2\nu k^2}(u^2 - 2\lambda u + c_3),$$

其中 c_i $(i = 1, 2, 3)$ 为积分常数. 从这两个方程可知：第二个方程是第一个方程的特殊情况. 这也进一步验证了注 2.1.1 中所说的 "次" 只是粗略的估计, 需要进一步的验证方程解的情况.

■ **(2+1) 维 KP 方程**

$$(u_t + 6uu_x + u_{xxx})_x + \alpha u_{yy} = 0,$$

在行波变换 $u = u(\xi), \xi = kx + ly - \lambda t$ 作用下, (2+1) 维 KP 方程约化为 $(\alpha l^2 - \lambda k)u'' + 6k^2(uu')' + k^4 u'''' = 0$, 因此得

$$\mathrm{D}[u''''] = n + 4, \quad \mathrm{D}[(uu')'] = 2n + 2, \quad \mathrm{D}[u''] = n + 2, \tag{2.1.16}$$

因此从 $n + 4 = 2n + 2$, 可得 $n = 2$. 这与 KdV 方程的解的幂次是一样的.

■ **Kuramoto-Sivashinsky 方程** [318,319]

$$u_t + uu_x + au_{xx} + bu_{xxxx} = 0,$$

在行波变换 $u = u(\xi), \xi = kx - \lambda t$ 作用下, Kuramoto-Sivashinsky 方程的约化方程为 $-\lambda u' + uu' + ak^2 u'' + bk^4 u'''' = 0$, 因此得

$$\mathrm{D}[u''''] = n + 4, \ \ \mathrm{D}[u''] = n + 2, \ \ \mathrm{D}[uu'] = 2n + 1, \ \ \mathrm{D}[u'] = n + 1, \tag{2.1.17}$$

因此从 $n + 4 = 2n + 1$, 可得 $n = 3$.

■ **Kawachara 方程** [320]

$$u_t + uu_x + au_{xxx} + bu_{xxxxx} = 0,$$

在行波变换 $u = u(\xi), \xi = kx - \lambda t$ 作用下, Kawachara 方程的约化方程为 $-\lambda u' + uu' + ak^3 u''' + bk^5 u''''' = 0$, 因此得

$$\mathrm{D}[u'''''] = n + 5, \ \ \mathrm{D}[u'''] = n + 3, \ \ \mathrm{D}[uu'] = 2n + 1, \ \ \mathrm{D}[u'] = n + 1, \tag{2.1.18}$$

因此从 $n + 5 = 2n + 1$, 可得 $n = 4$.

■ **广义耦合 KdV 方程** [321]

$$\begin{cases} u_t = \dfrac{1}{4}u_{xxx} + 3uu_x + 3(w - v^2)_x, \\ v_t = -\dfrac{1}{2}v_{xxx} - 3uv_x, \\ w_t = -\dfrac{1}{2}w_{xxx} - 3uw_x, \end{cases}$$

在 $u = u(\xi)$, $v = v(\xi)$, $w = w(\xi)$, $\xi = kx - \lambda t$ 作用下的约化方程组

$$\begin{cases} -\lambda u' = \dfrac{1}{4}k^3 u''' + 3kuu' + 3k(w - v^2)', \\ -\lambda v' = -\dfrac{1}{2}k^3 v''' - 3kuv', \\ -\lambda w' = -\dfrac{1}{2}k^3 w''' - 3kuw', \end{cases} \tag{2.1.19}$$

令 $\mathrm{D}[u] = n$, $\mathrm{D}[v] = m$, $\mathrm{D}[w] = s$, 因此得

$$\mathrm{D}[u'''] = n + 3,\quad \mathrm{D}[uu'] = 2n + 1,\quad \mathrm{D}[w'] = s + 1,\quad \mathrm{D}[(v^2)'] = 2m + 1,\quad \mathrm{D}[u'] = n + 1,$$

$$\mathrm{D}[v'''] = m+3,\ \mathrm{D}[uv'] = n+m+1,\ \mathrm{D}[v'] = m+1,\ \mathrm{D}[w'''] = s+3,\ \mathrm{D}[uw'] = n+s+1,$$

从 (2.1.19) 的第 2,3 个方程可得

$$m + 3 = m + n + 1, \quad s + 3 = n + s + 1,$$

因此可得 $n = 2$, 但是并不能确定 m, s. 需要考虑 (2.1.19) 的第一个方程, 得

$$n + 3 = 2n + 1 = 5 \leqslant s + 1, \quad n + 3 = 2n + 1 = 5 \leqslant 2m + 1, \tag{2.1.20}$$

因此可得 $m = 1, 2; s = 4, 3, 2, 1$. 这只是从方程本身的项给出了可能的“次”, 并不能保证方程一定具有这种形式的解.

注 2.1.4 另外, (i) 上述的 f_j 可以取Jacobi椭圆函数 $\mathrm{sn}(\xi, m)$, $\mathrm{cn}(\xi, m)$, $\mathrm{dn}(\xi, m)$ 以及由它们生成其他九个函数 [349,350], 并且它们的“次”也具有特点P:

$$\mathrm{D}[\mathrm{sn}(\xi, m)] = \mathrm{D}[\mathrm{cn}(\xi, m)] = \mathrm{D}[\mathrm{dn}(\xi, m)] = 1, \tag{2.1.21}$$

因此得

$$\begin{aligned} &\mathrm{D}[\mathrm{sn}'(\xi, m)] = \mathrm{D}[\mathrm{cn}(\xi, m)\mathrm{dn}(\xi, m)] = 2, \cdots, \\ &\mathrm{D}[\mathrm{cn}'(\xi, m)] = \mathrm{D}[-\mathrm{sn}(\xi, m)\mathrm{dn}(\xi, m)] = 2, \cdots, \\ &\mathrm{D}[\mathrm{dn}'(\xi, m)] = \mathrm{D}[-m^2\mathrm{sn}(\xi, m)\mathrm{cn}(\xi, m)] = 2, \cdots, \\ &\mathrm{D}[\mathrm{sn}^{(n)}(\xi, m)] = \mathrm{D}[\mathrm{cn}^{(n)}(\xi, m)] = \mathrm{D}[\mathrm{dn}^{(n)}(\xi, m)] = n + 1. \end{aligned} \tag{2.1.22}$$

(ii) 上述的 f_j 也可以取有理函数 ξ^{-1}, 并且它的 “次” 也具有特点 P：

$$\mathrm{D}[\xi^{-1}]=1,\quad \mathrm{D}\left[\frac{d^n\xi^{-1}}{d\xi^n}\right]=\mathrm{D}\left[(-1)^n n!\xi^{-(n+1)}\right]=n+1. \tag{2.1.23}$$

(iii) 上述的 f_j 也可以取三角正（余 / 割）切函数, 并且它们的 “次” 也具有特点 P：

$$\mathrm{D}[\tan(\xi)]=\mathrm{D}[\cot(\xi)]=\mathrm{D}[\sec(\xi)]=\mathrm{D}[\csc(\xi)]=1, \tag{2.1.24}$$

$$\mathrm{D}[\tan^{(n)}(\xi)]=\mathrm{D}[\cot^{(n)}(\xi)]=\mathrm{D}[\sec^{(n)}(\xi)]=\mathrm{D}[\csc^{(n)}(\xi)]=n+1. \tag{2.1.25}$$

由于非线性波方程的复杂性, 很多方程与解之间的联系无法严格证明. 但很多非线性波方程 (特别是孤子方程) 拥有的解由很多具有特点 P 函数所组成, 如 $\tanh(\xi)$, $\mathrm{sech}(\xi)$, $\coth(\xi)$, $\mathrm{csch}(\xi)$, $\tan(\xi)$, $\cot(\xi)$, $\sec(\xi)$, $\csc(\xi)$, $\mathrm{sn}(\xi,m)$, $\mathrm{cn}(\xi)$, $\mathrm{dn}(\xi,m)$, ξ^{-1} 等.

注 2.1.5 从上面这些函数的特点和我们所研究的大量非线性波方程的解的情况, 可以给出如下的注释：

(i) 猜想：如果一个函数具有特点 P, 即每微分一次可以使得它的 “次” 增加 1, 那么它的一些表达式（如多项式）可能是具有最高阶线性项的多项式形式的非线性波方程（特别是孤子方程）的解.

(ii) 对于多项式函数, 如 $f(\xi)=\sum_{i=0}^{n}a_i\xi^i$, 其中 N 是有界的待定非负整数. 可知 $\mathrm{D}[f(\xi)]=n$, 因此有

$$\mathrm{D}[f^{(N)}(\xi)]=n-N,\quad N\leqslant n, \tag{2.1.26}$$

很显然, 微分函数 $f(\xi)$ 一次使得它的 “次” 降低 1, 直至 “次” 为零, 显然不满足猜想中的条件, 因此具有最高阶线性项的非线性波方程 (特别是孤子方程) 不可能拥有这种类型的解, 这也是在实际的研究大量的孤子方程中证实的情况.

(iii) 对于三角正（余）弦函数, 如 $f(\xi)=\sum_{i,j=0}^{n}a_{ij}\sin^i(\xi)\cos^j(\xi)$, n 是有界的非负整数. 定义 $\mathrm{D}[\sin(\xi)]=\mathrm{D}[\cos(\xi)]=1$, 因为 $\sin'(\xi)=\cos(\xi)$, $\cos'(\xi)=-\sin(\xi)$, 可知

$$\mathrm{D}[f(\xi)]=2n,\quad \mathrm{D}[f^{(N)}(\xi)]=2n, \tag{2.1.27}$$

很显然, 每微分函数 $f(\xi)$ 一次都使得它的 “次” 保持不变, 这不满足猜想中的条件, 因此不可能是具有最高阶线性项的非线性波方程（特别是孤子方程）的解. 这也是在实际的研究大量的孤子方程中证实的情况. 但是, 具有最高阶非线性项的非线性波方程（如K(m,n) 方程、B(m,n) 方程等）却拥有类似的解, 被称为compacton解, 参看 §2.2.2 节中方法12.

(iv) 对于双曲正 (余) 弦函数, 如 $f(\xi)=\sum_{i,j=0}^{n} a_{ij}\sinh^{i}(\xi)\cosh^{j}(\xi)$, n 是有界的非负整数. 定义 $\mathrm{D}[\sinh(\xi)]=\mathrm{D}[\cosh(\xi)]=1$, 因为 $\sinh'(\xi)=\cosh(\xi)$, $\cosh'(\xi)=\sinh(\xi)$, 可知

$$\mathrm{D}[f(\xi)]=2n,\quad \mathrm{D}[f^{(N)}(\xi)]=2n, \tag{2.1.28}$$

很显然, 微分函数 $f(\xi)$ 一次使得它的 "次" 保持不变, 这不满足猜想中的条件, 因此不可能是具有最高阶线性项的非线性波方程 (特别是孤子方程) 的解. 这也是在实际的研究大量的孤子方程中证实的事实. 但是, 具有最高阶非线性项的非线性波方程 (如K(m,n) 方程、B(m,n) 方程等) 却拥有类似的解, 被称为孤波斑图解, 参看§2.2.2 节中方法13.

(v) 对于指数函数, 如 $f(\xi)=\sum_{i=-m}^{n} a_i e^{i\xi}$, 其中 n,m 是有界的非负整数. 定义 $\mathrm{D}[e^{n\xi}]=n$, 可知

$$\mathrm{D}[f(\xi)]=n,\quad \mathrm{D}[f^{(N)}(\xi)]=n, \tag{2.1.29}$$

很显然, 微分函数 $f(\xi)$ 一次使得它的 "次" 保持不变, 这不满足猜想中的条件, 因此不可能是具有最高阶线性项的非线性波方程 (特别是孤子方程) 的解. 这也是在实际的研究大量的孤子方程中证实的事实. 但是, 具有最高阶非线性项的非线性波方程却拥有类似的解, 如Camassa-Holm方程 [322]

$$u_t-u_{xxt}+3uu_x-2u_xu_{xx}-uu_{xxx}=0, \tag{2.1.30}$$

拥有peakon解

$$u=\lambda e^{-|x-\lambda t|}, \tag{2.1.31}$$

或指数函数的更广义的形式.

注 2.1.6 本小节关于 "次" 的概述是很重要的, 下面提出的很多算法都要用到这个规则. 事实上, 我们并不需要先行波约化, 可以直接从偏微分方程来确定 "次", 参看本章2.3节关于偏微分情形中 "次" 的概述, 并且这里所说的 "次" 与Painlevé分析 (参看第四章) 的首项平衡的幂次是一致的.

注 2.1.7 上面所说的 "次" 主要用于含有最高阶线性项的非线性波方程. 对于最高阶项不是非线性项的波方程来说, 或许也可用这里定义的 "次" 来平衡, 不过需要取所有可能两项平衡中所得到的 "次" 中最大的.

§2.2 构造性代数微分求解原理与算法

数学最基本的两件事情就是证定理和解方程. 事实上, 解方程存在于自然科学和社会科学的很多分支中, 与人们的生活息息相关. 我们知道, 一元二次、三次、四

次方程都有求根公式, 但是对于五次以上的方程却不存在求根公式. 对于多元代数方程组的求解问题, 吴文俊院士于 20 世纪 70 年代给出了完备的零点集定理, 即著名的吴代数消元法. 对于微分方程求解更是困难, 人们给出了线性常系数齐次常微分方程和一些特殊的非线性常微分方程的通解, 但是对于绝大多数微分方程, 人们是无法找到其通解, 甚至其中的一个非平凡特解. 但是在非线性微分方程和微分差分方程中存在特殊的类型, 它们都具有孤波类型的解. 这里主要考虑特殊类型的非线性微分方程的求解问题, 对于非线性微分差分方程的求解问题, 将在第五章讨论.

§2.2.1　低阶微分方程基的代数方法

一般来说, 非线性波方程的求解问题是很困难的, 但是随着对孤立子理论的研究深入, 发现很多非线性波方程具有共同的特点：包含色散项 (最高阶线性项) 和耗散项 (非线性项), 这两项使得很多非线性波方程拥有孤波类型的解. 如 KdV 方程中色散项 (u_{xxx}) 和耗散项 (uu_x) 使得它的波具有孤波类型. 因此寻找更多具有物理意义的精确解是可能的, 并且是有意义的.

低阶微分方程基的代数方法的基本原理：

- **步骤 1.** 如果非线性波方程 $F(u,u_t,u_x,u_{xt},u_{xx},\cdots)=0$ 为常微分方程, 那么从步骤 3 开始执行, 否则执行步骤 2;
- **步骤 2.** 作行波变换 $\xi=kx+\lambda t$, 则原方程约化为的常微分方程 (如果可能, 否则需要用非行波变换或其他方法约化);
- **步骤 3.** 选择适当的变换 $u=G(\phi,\phi',\cdots)$, 其中 ϕ 满足某些低阶常微分方程 (组)：$\phi_j^{(r)}=H_j(\phi,\phi',\cdots)$, $(j=1,2,\cdots,m)$, 且它们的通解或特解是已知的.
- **步骤 4.** 借助于符号计算, 将变换 $u=G(\phi,\phi',\cdots)$ 代入原方程所对应的常微分方程, 并且利用 ϕ 所满足的低阶常微分方程 (组), 根据 ϕ 及其其他表达式的相互无关性, 得到一组关于未知参数的超定的非线性代数方程组.
- **步骤 5.** 如果所得到的超定的非线性代数方程组存在非平凡的参数解, 那么根据 $u=G(\phi,\phi',\cdots)$ 和低阶常微分方程的解来表示原方程的解.

孤子方程的精确解 (包括孤波解、周期解和双周期解等) 一般是由双曲函数、三角函数和 Jacobi 函数组成的, 因此上面基本原理中的低阶常微分方程 (组) 可选择具有这些函数及其扩展形式作为它们的解. 如 Riccati 方程、sine-Gordon 约化方程、mKdV 方程的行波约化方程等. 根据上面的基本原理, 下面提出若干求解非线性波方程具体的构造性算法.

■ 方法 1　第一型 Riccati 方程展开法

对给定的非线性波方程, 不妨设仅含有两个变量 x,t,

$$F(u,u_t,u_x,u_{xt},u_{tt},u_{xx},\cdots)=0, \tag{2.2.1}$$

考虑行波类型的解 $u(x,t)=u(\xi),\xi=x-vt$, 其中波速 v 为待定的常数. 因此 (2.2.1) 约化为一个非线性 ODE,

$$\tilde{F}(u,u',u'',\cdots)=0. \tag{2.2.2}$$

为了发现 (2.2.2) 的解, 1996 年, C.T. Yan[323] 提出如下的变换:

$$u(\xi)=\sum_{i=1}^{m}\cos\omega^{i-1}(\xi)\left[A_i\sin\omega(\xi)+B_i\cos\omega(\xi)\right]+A_0, \tag{2.2.3}$$

其中 A_i,B_i 为待定的常数, 并且变量 $\omega=\omega(\xi)$ 满足一阶 ODE (sine-Gordon 方程最简单的约化形式):

$$\omega'(\xi)=\sin[\omega(\xi)]. \tag{2.2.4}$$

该方程有解 $\{\sin\omega=\operatorname{sech}(\xi),\ \cos\omega=-\tanh(\xi)\}$. 我们将该方法推广到很多孤子方程和方程组 [324,325]. 另外, Ma[326] 和 Fan[299] 先后基于常系数 Riccati 方程, 提出 (2.2.2) 有解:

$$u(\xi)=a_0+a_1\omega(\xi)+a_2\omega^2(\xi)+\cdots+a_n\omega^n(\xi), \tag{2.2.5}$$

其中新的变量 $\omega(\xi)$ 满足 Riccati 方程:

$$\omega'(\xi)=\pm[1\pm\omega^2(\xi)]. \tag{2.2.6}$$

该方程的解参看 (2.2.9) 和 (2.2.10).

从这两种方法的具体应用中, 发现它们都有自己的优点和缺点: (i) 前一种方法仅仅获得正则的孤波解; (ii) 后一种方法虽然能获得正则的孤波解和奇异的孤波解以及周期解, 但不能包含前一种方法中所能得到的所有正则的孤波解, 如 $\operatorname{sech}(\xi)$ 形式.

基于这两种方法的优缺点, 我们提出统一方法: 设 (2.2.2) 有如下的解:

$$u(\xi)=\sum_{i=1}^{m}\omega^{i-1}(\xi)\left[A_i\omega(\xi)+B_i\sqrt{\mu_1(1+\mu_2\omega^2(\xi))}\right]+A_0, \tag{2.2.7}$$

另外新的变量 $\omega(\xi)$ 满足一个目标方程 (Riccati 方程):

$$\omega'(\xi)=R[1+\mu_2\omega^2(\xi)]. \tag{2.2.8}$$

事实上, (2.2.8) 为 Burger 方程行波约化方程的积分变形, 其中 $\mu_j=\pm1(j=1,2)$; $m,A_i,B_i\ (i=0,1,2,\cdots,m),R$ 为待定的参数.

引理 2.2.1("次" 的确定)　为了确定 (2.2.7) 中的 m, 需要定义 (2.2.7) 中 u 的 "次". 根据 2.1.2 节 "次" 的定义, 有 $\mathrm{D}[w(\xi)]=1$, 因此可得 $\mathrm{D}[u(\xi)]=m$, 进而得到

$$\mathrm{D}\left[u^p(\xi)\left(\frac{d^su^r(\xi)}{d\xi^s}\right)^q\right]=mp+q(rm+s).$$

为了方便应用这种方法, 提出如下算法:

- **步骤 1.** 通过平衡 (2.2.2) 中最高阶线性项和非线性项, 可以确定 m 的值. 特别地, 如果 $m=0$, 则该算法不起作用; 若 m 是不为零的非整数, 那么 (2.2.7) 约化为 $u(\xi)=[A_1\omega(\xi)+B_1\sqrt{\mu_1(1+\mu_2\omega^2(\xi))}+A_0]^m$.
- **步骤 2.** 借助于 Maple 软件, 将 (2.2.7) 代入 (2.2.2) 并结合 (2.2.8), 可得到一个关于 $\omega^i(\mu_1+\mu_1\mu_2\omega^2)^{j/2}$ $(j=0,1;\ i=0,1,2,\cdots)$ 的代数方程.
- **步骤 3.** 整理 $\omega^i(\mu_1+\mu_1\mu_2\omega^2)^{j/2}$ 的同幂次项, 并且令它们的系数为零, 得到关于参数 λ,R,A_0,A_i,B_i $(i=1,2,\cdots,m)$ 的超定的非线性代数方程组.
- **步骤 4.** 借助于 Maple 软件或利用吴消元法解上面得到的超定的非线性代数方程组. 可得到 λ,R,A_0,A_i,B_i $(i=1,2,\cdots,m)$ 的非平凡值 (如果存在).
- **步骤 5.** (2.2.8) 的一般解为:

  (i) 当 $\mu_2=-1$ 时,

$$\omega(\xi)=\frac{A-B\exp(-2R\xi)}{A+B\exp(-2R\xi)}=\begin{cases}1, & B=0,\\ -1, & A=0,\\ \tanh\left[\left(R\xi-\dfrac{1}{2}\ln\left(\dfrac{A}{B}\right)\right)\right], & AB>0,\\ \coth\left[\left(R\xi-\dfrac{1}{2}\ln\left(-\dfrac{A}{B}\right)\right)\right], & AB<0,\end{cases}\tag{2.2.9}$$

其中 A,B 为任意常数. 这个解可以通过 Möbius 变换、Cole-Hopf 变换及通过解 $\omega_i,1\leqslant i\leqslant 4$ 之间的关系式: $\dfrac{(\omega_1-\omega_2)(\omega_3-\omega_4)}{(\omega_1-\omega_3)(\omega_2-\omega_4)}=C$, 由已知的三个解 $1,-1,\tanh(R\xi)$ 来递推出.

(ii) 当 $\mu_2=1$ 时,

$$\omega(\xi)=\begin{cases}\tan(R\xi+\xi_0),\\ -\cot(R\xi+\xi_0).\end{cases}\tag{2.2.10}$$

因此根据上面的步骤可得到 (2.2.1) 的很多显式精确解, 其中包括孤波解、奇异孤波解和周期解.

注 2.2.2　当 $B_i=0$ $(i=1,2,\cdots,m)$ 时, (2.2.7) 约化为(2.2.5). 但是若 $B_i\neq 0(i=1,2,\cdots,m)$, 则可以发现(2.2.1)新的解. 另外, 当 $B_i=0$ 时, 我们能获得Ma和Fan的所有结果; 当 $\mu_1=1$, $\mu_2\neq-1$ 时, 我们能获得Yan的所有结果, 但当 $\mu_1\neq 1$, $\mu_2\neq-1$ 时, 也可以发现(2.2.1)新的解.

例 2.2.3　考虑浅水波中的Whitham-Broer-Kaup方程:

$$\begin{aligned}&u_t+uu_x+H_x+\beta u_{xx}=0,\\&H_t+(Hu)_x+\alpha u_{xxx}-\beta H_{xx}=0,\end{aligned}\tag{2.2.11}$$

其中 α,β 为实数且代表不同的色散能量. 若 $\alpha=0,\beta\neq 0$, 则(2.2.11) 成为描述带有色散的浅水波中的古典长波方程 [327]; 若 $\alpha=1$, $\beta=0$, (2.2.11) 变为变更Boussinesq

方程. Kaup[328] 和Ablowitz[13] 研究了(2.2.11)的特例的逆变换解. Kupershmidt[329] 讨论了它们的对称和守恒律.

下面利用 Riccati 方程展开法来考虑 (2.2.11) 的解 [330]. 根据上面的步骤, 作如下行波变换:

$$u(x,t)=u(\xi),\quad H(x,t)=H(\xi),\quad \xi=x+\lambda t, \tag{2.2.12}$$

其中 λ 为待定的常数. 那么 (2.2.11) 约化为

$$\begin{aligned}&\lambda u'+uu'+H'+\beta u''=0,\\&\lambda H'+(Hu)'+\alpha u'''-\beta H''=0.\end{aligned} \tag{2.2.13}$$

根据上面的第二步, 通过平衡系统 (2.2.13) 中的最高阶线性项和非线性项, 设 (2.2.13) 具有下面形式的解:

$$\begin{aligned}u&=A_0+A_1\omega+B_1\sqrt{\mu_1(1+\mu_2\omega^2)},\\H&=a_0+a_1\omega+b_1\sqrt{\mu_1(1+\mu_2\omega^2)}+a_2\omega^2+b_2\omega\sqrt{\mu_1(1+\mu_2\omega^2)},\end{aligned} \tag{2.2.14}$$

且 $\omega=\omega(\xi)$ 满足 (2.2.8). 其中 $A_0,A_1,B_1,a_0,a_1,a_2,b_1,b_2$ 为待定的常数.

借助于 Maple, 将 (2.2.14) 代入 (2.2.13) 并利用 Riccati 方程 (2.2.8), 收集关于 $\omega^i(\mu_1+\mu_1\mu_2\omega^2)^{j/2}$ $(j=0,1;\ i=0,1,2,3,4)$ 的同幂次项, 并且令它们的系数为零, 得关于 $\lambda,R,A_0,A_1,B_1,a_0,a_1,a_2,b_1,b_2$ 的超定的非线性代数方程组:

$$\begin{aligned}&a_1R+A_0A_1R+A_1R\lambda=0,\\&A_1B_1R+b_2R+b_1R^2\beta\mu_2=0,\\&A_1^1R+2a_2R+2A_1R^2\beta\mu_2+B_1^2R\mu_1\mu_2=0,\\&a_1R\mu_2+A_0A_1R\mu_2+A_1R\lambda\mu_2=0,\\&b_1R\mu_2+A_0B_1R\mu_2+B_1R\lambda\mu_2=0,\\&2A_1B_1R\mu_2+2b_2R\mu_2+2B_1R^2\lambda\mu_2^2=0,\\&A_1^2R\mu_2+2a_2R\mu_2+2A_1R^2\beta+B_1^2R\mu_1\mu_2^2=0,\\&A_0a_1R+a_0A_1R-2a_2R^2\beta+B_1b_2R\mu_1+a_1R\lambda+2A_1R^3\alpha\mu_2=0,\\&A_1b_1R+a_1B_1R+A_0b_2R+b_2R\lambda-b_1R^2\beta\mu_2=0,\\&2a_1A_1R+2A_0a_2R+2a_2R\lambda-2a_1R^2\beta+2b-1B_1R\mu_1\mu_2=0,\\&3A_1a_2R+A_0a_1R\mu_2+a_0A_1R\mu_2-8a_2R^2\beta\mu_2+4B_1b_2R\mu_1\mu_2\\&\qquad+a_1R\lambda\mu_2+8A_1R^3\alpha\mu_2^2=0,\\&2a_2B_1R+2A_1b_2R+A_0b_1R\mu_2a_0B_1R\mu_2-5b_2R^2\beta\mu_2\\&\qquad+b_1R\lambda\mu_2+5B_1R\lambda\mu_2+5B_1R^3\alpha\mu_2^2=0,\end{aligned}$$

$$
\begin{aligned}
&2A_1b_1R\mu_2+2a_1B_1R\mu_2+2A_0b_2R\mu_2+2b_2R\lambda-2b_1R^2\beta\mu_2^2=0,\\
&3a_2B_1R\mu_2+3A_1b_2R\mu_2-6b_2R^2\beta\mu_2^2+6B_1R^3\alpha\mu_2^3=0,\\
&2a_1A_1R\mu_2+2A_0a_2R\mu_2+2a_2R^2\lambda\mu_2-2a_1R^2\beta\mu_2^2+2b_1B_1R\mu_1\mu_2^2=0,\\
&3A_1a_2R\mu_2-6a_2R^2\beta\mu_2^2+3B_1b_2R\mu_1\mu_2^2+6A_1R^3\alpha\mu_2^3=0.
\end{aligned}
\tag{2.2.15}
$$

借助于 Maple 解这个方程组, 根据步骤 5, 可得到 (2.2.11) 的如下的精确解:

情况 1. 当 $\alpha+\beta^2>0$, (2.2.11) 的孤波解为

$$
\begin{aligned}
&u_1(x,t)=\pm 2R\sqrt{\alpha+\beta^2}\tanh\left[R(x+\lambda t+c)-\frac{1}{2}\ln\left(\frac{A}{B}\right)\right]-\lambda,\\
&H_1(x,t)=[-2R^2\beta\sqrt{\alpha+\beta^2}+2R^2(\alpha+\beta^2)]\mathrm{sech}^2\left[R(x+\lambda t+c)-\frac{1}{2}\ln\left(\frac{A}{B}\right)\right].
\end{aligned}
$$

注 2.2.4 如令 $R=\dfrac{k}{2},\lambda=k\sqrt{\alpha+\beta^2},A=B$ 并且取负号, 则解 (u_1,H_1) 恰是Fan 的结果 [331].

情况 2. 当 $\alpha+\beta^2<0$ 时, 新的钟状孤波解:

$$
\begin{aligned}
&u_2(x,t)=\pm 2R\sqrt{-(\alpha+\beta^2)}\mathrm{sech}\xi-\lambda,\\
&H_2(x,t)=-2R^2(\alpha+\beta^2)\tanh^2\xi+2R^2\beta\sqrt{-(\alpha+\beta^2)}\mathrm{sech}\xi\tanh\xi+R^2(\alpha+\beta^2),
\end{aligned}
$$

其中 $\xi=R(x+\lambda t+c)-\dfrac{1}{2}\ln\left(\dfrac{A}{B}\right)$.

情况 3. 当 $\alpha+\beta^2>0$ 时, 奇异的孤波解为

$$
\begin{aligned}
&u_3(x,t)=\pm 2R\sqrt{\alpha+\beta^2}\coth\xi-\lambda,\\
&H_3(x,t)=[-2R^2\beta\sqrt{\alpha+\beta^2}+2R^2(\alpha+\beta^2)]\mathrm{csch}^2\xi,\\
&u_4(x,t)=\pm 2R\sqrt{\alpha+\beta^2}\mathrm{csch}\xi-\lambda,\\
&H_4(x,t)=R^2(\alpha+\beta^2)(1-2\coth^2\xi)+2R^2\beta\sqrt{\alpha+\beta^2}\mathrm{csch}\xi\coth\xi,
\end{aligned}
$$

其中 $\xi=R(x+\lambda t+c)-\dfrac{1}{2}\ln\left|\dfrac{A}{B}\right|$.

情况 4. 当 $\alpha+\beta^2>0,m_1=\pm1,m_2=\pm1,m_1m_2=1$ 时, 扭型和钟型复组合形式的孤波解:

$$
\begin{aligned}
&u_5(x,t)=\pm R\sqrt{\alpha+\beta^2}(\tanh\xi+\mathrm{i}m_1\mathrm{sech}\xi)-\lambda,\\
&H_5(x,t)=[-R^2(\alpha+\beta^2)+R^2\beta\sqrt{\alpha+\beta^2}](\tanh^2\xi+\mathrm{i}m_2\mathrm{sech}\xi\tanh\xi-1),
\end{aligned}
$$

其中 $\xi=R(x+\lambda t+c)-\dfrac{1}{2}\ln\left(\dfrac{A}{B}\right)$, $\mathrm{i}=\sqrt{-1}$.

情况 5. 当 $\alpha+\beta^2>0$ 时, 两个周期解为

$$u_6(x,t)=\pm 2R\sqrt{\alpha+\beta^2}\tan\xi-\lambda,$$
$$H_6(x,t)=-[2R^2\beta\sqrt{\alpha+\beta^2}+2R^2(\alpha+\beta^2)]\sec^2\xi;$$
$$u_7(x,t)=\pm 2R\sqrt{\alpha+\beta^2}\cot\xi-\lambda,$$
$$H_7(x,t)=-[2R^2\beta\sqrt{\alpha+\beta^2}+2R^2(\alpha+\beta^2)]\csc^2\xi,$$

其中 $\xi=R(x+\lambda t+c)-\dfrac{1}{2}\ln\left|\dfrac{A}{B}\right|$.

情况 6. 当 $\alpha+\beta^2>0$ 时, 另两个周期解为

$$u_8(x,t)=\pm 2R\sqrt{\alpha+\beta^2}\sec\xi-\lambda,$$
$$H_8(x,t)=R^2(\alpha+\beta^2)(1-2\tan^2\xi)-2R^2\beta\sqrt{\alpha+\beta^2}\sec\xi\tan\xi;$$
$$u_9(x,t)=\pm 2R\sqrt{\alpha+\beta^2}\csc\xi-\lambda,$$
$$H_9(x,t)=-2R^2(\alpha+\beta^2)\tan^2\xi-2R^2\beta\sqrt{\alpha+\beta^2}\csc\xi\cot\xi+R^2(\alpha+\beta^2),$$

其中 $\xi=R(x+\lambda t+c)-\dfrac{1}{2}\ln\left|\dfrac{A}{B}\right|$.

情况 7. 当 $\alpha+\beta^2>0, m_1=\pm1, m_2=\pm1, m_1m_2=1$ 时, 组合形式的周期解:

$$u_{10}(x,t)=\pm R\sqrt{\alpha+\beta^2}(\tan\xi+\sec\xi)-\lambda,$$
$$H_{10}(x,t)=[R^2(\alpha+\beta^2)-R^2\beta\sqrt{\alpha+\beta^2}](\tan^2\xi+m_2\sec\xi\tan\xi+1),$$

其中 $\xi=R(x+\lambda t+c)-\dfrac{1}{2}\ln\left|\dfrac{A}{B}\right|$.

注 2.2.5 下面给出一些注释:

(i) 当 $\alpha=1,\ \beta=0$ 时, (2.2.11) 变为变更Boussinesq方程 [13]:

$$\begin{aligned}&u_t+uu_x+H_x=0,\\&H_t+(Hu)_x+u_{xxx}=0.\end{aligned}\tag{2.2.16}$$

(ii) 当 $\alpha=0,\ \beta\neq0$ 时, (2.2.11)变为古典长波方程 [13]:

$$\begin{aligned}&u_t+uu_x+H_x+\beta u_{xx}=0,\\&H_t+(Hu)_x-\beta H_{xx}=0.\end{aligned}\tag{2.2.17}$$

因此根据(2.2.11)的解, 我们可得到它们的相应的解.

■ **方法 2 第二型Riccati方程展开法**

我们将该方法进一步的推广, 提出了第二型的 Riccati 方程展开法 [332]: 设 (2.2.2) 有如下的解:

$$u(\xi)=\sum_{i=1}^{m}\omega^{i-1}\left[A_i\omega+B_i\sqrt{\operatorname{sgn}(b)(b+\omega^2)}\right]+A_0. \tag{2.2.18}$$

并且新的变量 $\omega=\omega(\xi)$ 满足

$$w'(\xi)=b+\omega^2(\xi), \tag{2.2.19}$$

其有如下的一般解 [62]：

$$\omega(\xi)=\begin{cases}(b<0)\begin{cases}-\sqrt{-b}\tanh(\sqrt{-b}\xi),\\-\sqrt{-b}\coth(\sqrt{-b}\xi).\end{cases}\\(b=0)\quad -\dfrac{1}{\xi},\\(b>0)\begin{cases}\sqrt{b}\tan(\sqrt{b}\xi),\\-\sqrt{b}\cot(\sqrt{b}\xi).\end{cases}\end{cases} \tag{2.2.20}$$

利用该方法不但可以获得上一种方法的所有结果, 而且可得到更多的有理解.

注 2.2.6 当 $B_i=0$ 时, 该算法约化为Fan提出的方法 [62], 但如果 $B_i\neq 0$, 那么可以获得更多类型的解 [332].

■ 方法 3 广义射影 Riccati 方程展开法

下面基于广义射影 Riccati 方程 (2.2.22), 提出如下的广义射影 Riccati 方程展开法 [333]：设 (2.2.2) 有如下的解：

$$u(\xi)=\sum_{i=1}^{n}\sigma^{i-1}(\xi)[A_i\sigma(\xi)+B_i\tau(\xi)]+A_0, \tag{2.2.21}$$

其中 $\sigma(\xi),\tau(\xi)$ 满足

$$\begin{cases}\sigma'(\xi)=\varepsilon\sigma(\xi)\tau(\xi),\\\tau'(\xi)=R+\varepsilon\tau^2(\xi)-\mu\sigma(\xi),\quad \varepsilon=\pm1,\end{cases} \tag{2.2.22}$$

这里 $'=d/d\xi$, R,μ 为常数. 另外易知 (2.2.22) 具有首次积分 ($R\neq 0$)：

$$\tau^2(\xi)=-\varepsilon\left[R-2\mu\sigma(\xi)+\frac{(\mu^2-1)}{R}\sigma^2(\xi)\right]. \tag{2.2.23}$$

广义射影 Riccati 方程 (2.2.22) 拥有如下解：

(i) 当 $\varepsilon=-1, R\neq 0$,

$$\begin{cases}\sigma_1(\xi)=\dfrac{R\operatorname{sech}(\sqrt{R}\xi)}{\mu\operatorname{sech}(\sqrt{R}\xi)+1},\quad \tau_1(\xi)=\dfrac{\sqrt{R}\tanh(\sqrt{R}\xi)}{\mu\operatorname{sech}(\sqrt{R}\xi)+1},\\\sigma_2(\xi)=\dfrac{R\operatorname{csch}(\sqrt{R}\xi)}{\mu\operatorname{csch}(\sqrt{R}\xi)+1},\quad \tau_2(\xi)=\dfrac{\sqrt{R}\coth(\sqrt{R}\xi)}{\mu\operatorname{csch}(\sqrt{R}\xi)+1}.\end{cases}$$

(ii) 当 $\varepsilon=1, R\neq 0$,

$$\begin{cases}\sigma_3(\xi)=\dfrac{R\sec(\sqrt{R}\xi)}{\mu\sec(\sqrt{R}\xi)+1}, & \tau_3(\xi)=\dfrac{\sqrt{R}\tan(\sqrt{R}\xi)}{\mu\sec(\sqrt{R}\xi)+1},\\ \sigma_4(\xi)=\dfrac{R\csc(\sqrt{R}\xi)}{\mu\csc(\sqrt{R}\xi)+1}, & \tau_4(\xi)=-\dfrac{\sqrt{R}\cot(\sqrt{R}\xi)}{\mu\csc(\sqrt{R}\xi)+1}.\end{cases}$$

(iii) 当 $R=\mu=0$,

$$\sigma_5(\xi)=\frac{C}{\xi}=C\varepsilon\tau_5(\xi), \quad \tau_5(\xi)=\frac{1}{\varepsilon\xi}, \quad C=\text{const.}$$

该方法的具体步骤为:

- **步骤 1.** 通过平衡 (2.2.2) 中最高阶线性项和非线性项, 可以 (2.2.21) 确定 n 的值. 特别地, 如果 $n=0$, 则该算法不起作用; 若 n 是不为零的非整数, 那么 (2.2.21) 约化为 $u(\xi)=\{A_1\sigma(\xi)+B_1\tau(\xi)+A_0\}^n$.
- **步骤 2.** 借助于 Maple 软件, 将 (2.2.21) 代入 (2.2.2) 并结合 (2.2.22) 和 (2.2.23), 可得到一个关于 $\sigma^j(\xi)\tau^i(\xi)(i=0,1;j=0,1,2,\cdots)$ 的代数方程.
- **步骤 3.** 收集关于 $\sigma^j(\xi)\tau^i(\xi)$ $(i=0,1;j=0,1,2,\cdots)$ 的同幂次项, 并且令它们的系数为零, 得到一个关于参数 $\lambda,k,A_0,A_i,B_i,(i=1,2,\cdots)$ 的超定的非线性代数方程组.
- **步骤 4.** 借助于 Maple 软件解上面得到的超定的非线性代数方程组. 我们可得到 $\lambda,k,A_0,A_i,B_i(i=1,2,\cdots,n)$ 的非平凡值 (如果存在). 进而借助于 (2.2.21) 和 (2.2.22) 的解, 得到 (2.2.2) 的孤波解和有理解.

注 2.2.7 当 $\varepsilon=-1,\ R=1,\ \mu\to\dfrac{\mu}{K}$, (2.2.21) 约化为已知射影 Riccati 方程 [334], 这种情况下, 一些非线性波方程的解被研究 [335,336].

注 2.2.8 当 $R=\mu=0$, 假设(2.2.21)约化为这样的解 $u(\xi)=\sum\limits_{i=0}^{n}A_0\tau^i(\xi)$, 其中 τ 满足 $\tau'(\xi)=\tau^2(\xi)$.

例 2.2.9 高阶非线性 Schrödinger 方程 [333]

$$\frac{\partial\Psi}{\partial z}=\mathrm{i}\alpha_1\frac{\partial^2\Psi}{\partial t^2}+\mathrm{i}\alpha_2\Psi|\Psi|^2+\alpha_3\frac{\partial^3\Psi}{\partial t^3}+\alpha_4\frac{\partial\Psi|\Psi|^2}{\partial t}+\alpha_5\Psi\frac{\partial|\Psi|^2}{\partial t}, \tag{2.2.24}$$

其中 Ψ 为电磁场的慢变动波包, 下标 z 和 t 为空间和时间偏微分, $\alpha_1,\alpha_2,\alpha_3,\alpha_4$ 和 α_5 是实参数, 且分别与从受激Raman散射引起的群速度、自相调制、三阶散射、自陡峭和自频率移动有关.

下面考虑如下波包解:

$$\Psi(z,t)=\psi(\xi)\exp[\mathrm{i}(kz-wt)], \quad \xi=t-\lambda z, \tag{2.2.25}$$

其中 k, w, λ 为待定的常数. 将 (2.2.25) 代入 (2.2.24) 得到一个复的关于 $\psi(\xi)$ 的 ODE, 分离其实部和虚部获得方程组:

$$(\alpha_1 - 3\alpha_3 w)\psi'' + (\alpha_3 w^3 - \alpha_1 w^2)\psi + (\alpha_2 - \alpha_4 w)\psi^3 = 0, \tag{2.2.26a}$$

$$\alpha_3\psi''' + (2\alpha_1 w - 3\alpha_3 w^2 + \lambda)\psi' + (3\alpha_4 + 2\alpha_5)\psi^2\psi' = 0. \tag{2.2.26b}$$

容易知道, w, k 满足如下条件时,

$$w = \frac{\alpha_1(3\alpha_4 + 2\alpha_5) - 3\alpha_2\alpha_3}{6\alpha_3(\alpha_4 + \alpha_5)},$$
$$k = -\frac{1}{\alpha_3}[(\alpha_1 - 3\alpha_3 w)(2\alpha_1 w - 3\alpha_3 w^2 + \lambda) - \alpha_1 w^2] + w^3,$$

(2.2.26a,b) 变为同一个方程:

$$\psi'' + \frac{2\alpha_1 w - 3\alpha_3 w^2 + \lambda}{\alpha_3}\psi + \frac{3\alpha_4 + 2\alpha_5}{3\alpha_3}\psi^3 = 0. \tag{2.2.27}$$

因此假设 (2.2.27) 有解:

$$\psi(\xi) = A_0 + A_1\sigma(\xi) + B_1\tau(\xi), \tag{2.2.28}$$

其中 A_0, A_1, B_1 待定的常数, $\sigma(\xi)$ 和 $\tau(\xi)$ 满足 (2.2.22) 和 (2.2.23).

借助于符号计算, 将 (2.2.28) 代入 (2.2.27) 并利用 (2.2.22) 和 (2.2.23), 得到关于 $\sigma(\xi)$ 和 $\tau(\xi)$ 的多项式方程, 令它们的系数为零, 获得关于未知参数的代数方程组 (这里略去), 通过求解该方程组, 可以确定未知参数, 因此得到

情况 1. 暗孤波解 Ψ_1 和奇异孤波解 Ψ_2:

$$\Psi_1 = \sqrt{P}\tanh[\sqrt{R}(t - \lambda z)]\exp[\mathrm{i}(kz - wt)],$$

$$\Psi_2 = \sqrt{P}\coth[\sqrt{R}(t - \lambda z)]\exp[\mathrm{i}(kz - wt)],$$

其中 $P = \dfrac{3(2\alpha_1 w - 3\alpha_3 w^2 + \lambda)}{3\alpha_4 + 2\alpha_5}$, $R = \dfrac{2\alpha_1 w - 3\alpha_3 w^2 + \lambda}{2\alpha_3}$.

情况 2. 亮孤波解 Ψ_3 和奇异孤波解 Ψ_4:

$$\Psi_3 = \sqrt{\frac{6\alpha_3}{3\alpha_4 + 2\alpha_5}}\operatorname{sech}[\sqrt{-R}(t - \lambda z)]\exp[\mathrm{i}(kz - wt)],$$

$$\Psi_4 = \sqrt{\frac{6\alpha_3}{3\alpha_4 + 2\alpha_5}}\operatorname{csch}[\sqrt{-R}(t - \lambda z)]\exp[\mathrm{i}(kz - wt)],$$

其中 $R = \dfrac{2\alpha_1 w - 3\alpha_3 w^2 + \lambda}{\alpha_3}$.

情况 3. 亮暗孤波解：

$$\Psi_5=\left\{\sqrt{\frac{(1-\mu^2)(2\alpha_1 w-3\alpha_3 w^2+\lambda)}{3\alpha_4+2\alpha_5}}\frac{\operatorname{sech}[\sqrt{Q}(t-\lambda z)]}{\mu\operatorname{sech}[\sqrt{Q}(t-\lambda z)]+1}+\sqrt{-\frac{3(2\alpha_1 w-3\alpha_3 w^2+\lambda)}{3\alpha_4+2\alpha_5}}\frac{\tanh[\sqrt{Q}(t-\lambda z)]}{\mu\operatorname{sech}[\sqrt{Q}(t-\lambda z)]+1}\right\}e^{\mathrm{i}(kz-wt)},$$

其中 $Q=\sqrt{\dfrac{2(2\alpha_1 w-3\alpha_3 w^2+\lambda)}{\alpha_3}}$.

情况 4. 孤波解：

$$\Psi_6=\left\{\sqrt{\frac{(1-\mu^2)(2\alpha_1 w-3\alpha_3 w^2+\lambda)}{3\alpha_4+2\alpha_5}}\frac{\operatorname{csch}[\sqrt{Q}(t-\lambda z)]}{\mu\operatorname{csch}[\sqrt{QR}(t-\lambda z)]+1}+\sqrt{-\frac{3(2\alpha_1 w-3\alpha_3 w^2+\lambda)}{3\alpha_4+2\alpha_5}}\frac{\coth[\sqrt{Q}(t-\lambda z)]}{\mu\operatorname{csch}[\sqrt{Q}(t-\lambda z)]+1}\right\}e^{\mathrm{i}(kz-wt)}.$$

情况 5. 周期波解：

$$\Psi_7=\sqrt{\frac{3(2\alpha_1 w-3\alpha_3 w^2+\lambda)}{3\alpha_4+2\alpha_5}}\tan[\sqrt{-R}(t-\lambda z)]e^{\mathrm{i}(kz-wt)},$$

$$\Psi_8=-\sqrt{\frac{3(2\alpha_1 w-3\alpha_3 w^2+\lambda)}{3\alpha_4+2\alpha_5}}\cot[\sqrt{-R}(t-\lambda z)]e^{\mathrm{i}(kz-wt)},$$

$$\Psi_9=\sqrt{-\frac{6\alpha_3}{3\alpha_4+2\alpha_5}}\sec[\sqrt{R}(t-\lambda z)]e^{\mathrm{i}(kz-wt)},$$

$$\Psi_{10}=\sqrt{\frac{6\alpha_3}{3\alpha_4+2\alpha_5}}\csc[\sqrt{R}(t-\lambda z)]e^{\mathrm{i}(kz-wt)},$$

$$\Psi_{11}=\left\{\sqrt{\frac{(\mu^2-1)(2\alpha_1 w-3\alpha_3 w^2+\lambda)}{3\alpha_4+2\alpha_5}}\frac{\sec[\sqrt{-Q}(t-\lambda z)]}{\mu\sec[\sqrt{-Q}(t-\lambda z)]+1}+\sqrt{\frac{3(2\alpha_1 w-3\alpha_3 w^2+\lambda)}{3\alpha_4+2\alpha_5}}\frac{\tan[\sqrt{-Q}(t-\lambda z)]}{\mu\sec[\sqrt{-Q}(t-\lambda z)]+1}\right\}e^{\mathrm{i}(kz-wt)}.$$

情况 6. 有理波解：

$$\Psi_{13}(z,t)=\sqrt{-\frac{6\alpha_3}{3\alpha_4+2\alpha_5}}\frac{1}{t-(3\alpha_3 w^2-2\alpha_1 w)z}\exp[\mathrm{i}(kz-wt)].$$

■ 方法 4 sinh-Gordon约化方程展开法

基于约化的 sine-Gordon 方程, 提出 sinh-Gordon 约化方程展开法 [337,338]：

- **步骤 1.** 设 (2.2.2) 有如下的解：

$$u(\xi)=u(w(\xi))=A_0+\sum_{i=1}^{n}\cosh^{i-1}w[A_i\sinh w+B_i\cosh w], \tag{2.2.29}$$

其中 $A_i(i=0,1,\cdots,n),B_j(j=1,2,\cdots,n)$ 为待定常数，$w=w(\xi)$ 满足 sinh-Gordon 约化方程：

$$w'=\sqrt{\sinh^2(\omega(\xi))+1-m^2}, \tag{2.2.30}$$

m $(0<m<1)$ 为 Jacobi 椭圆函数的模，其的一般解为

$$\sinh[w(\xi)]=\mathrm{cs}(\xi;m),\quad \cosh[w(\xi)]=\mathrm{ns}(\xi;m). \tag{2.2.31}$$

- **步骤 2.** 通过平衡 (2.2.2) 中最高阶线性项和非线性项，可以 (2.2.29) 确定 n 的值. 特别地，如果 $m=0$，则该算法不起作用；若 m 是不为零的非整数，那么 (2.2.29) 约化为 $u(\xi)=\{A_0+A_1\sinh w+B_1\cosh w\}^n$.
- **步骤 3.** 借助于 Maple 软件，将 (2.2.29) 代入 (2.2.2) 并结合 (2.2.30)，可得到一个关于 $w'^s\sinh^i w\cosh^j w(i=0,1;s=0,1;j=0,1,2,\cdots)$ 的代数方程.
- **步骤 4.** 收集关于 $w'^s\sinh^i w\cosh^j w(i=0,1;s=0,1;j=0,1,2,\cdots)$ 的同幂次项，并且令它们的系数为零，得到一个关于参数 $\lambda,k,A_0,A_i,B_i,(i=1,2,\cdots)$ 的超定的非线性代数方程组.
- **步骤 5.** 借助于 Maple 软件解上面得到的超定的非线性代数方程组. 我们可得到 $\lambda,k,A_0,A_i,B_i(i=1,2,\cdots,n)$ 的非平凡值 (如果存在). 进而借助于 (2.2.29) 和 (2.2.31)，得到 (2.2.2) 的 Jacobi 椭圆函数解.

例 2.2.10 (2+1)维 mKP 方程：

$$q_t+\frac{1}{8}(q_{xxx}-6q^2q_x+6q_x\partial_x^{-1}q_y+3\partial_x^{-1}q_{yy})=0.$$

根据 sine-Gordon 方法，可得到如下双周期解 [337]：

$$q_1=\sqrt{(9/2l^2+8\lambda)/(1+m^2)}\mathrm{ns}\left[\sqrt{(9/2l^2+8\lambda)/(1+m^2)}(x+ly+\lambda t)\right]+\frac{1}{2}l,$$

$$q_2=\sqrt{(9/2l^2+8\lambda)/(m^2-2)}\mathrm{cs}\left[\sqrt{(9/2l^2+8\lambda)/(m^2-2)}(x+ly+\lambda t)\right]+\frac{1}{2}l,$$

$$\begin{aligned}q_3=&\sqrt{(9/2l^2+8\lambda)/(2(2m^2-1))}\left\{\mathrm{ns}\left[\sqrt{(9l^2+16\lambda)/(2m^2-1)}(x+ly+\lambda t)\right]\right.\\&\left.\pm\mathrm{cs}\left[\sqrt{(9l^2+16\lambda)/(2m^2-1)}(x+ly+\lambda t)\right]\right\}+\frac{1}{2}l.\end{aligned}$$

■ 方法 5 sine-Gordon约化方程展开法

基于约化的 sine-Gordon 方程，提出如下的 sine-Gordon 约化方程展开法 [339,340]：

• **步骤 1.** 设 (2.2.2) 有如下的解:

$$u(\xi) = A_0 + \sum_{i=1}^{n} \frac{\sin^{i-1} w(\xi)[A_i \sin w(\xi) + B_i \cos w(\xi)]}{[R + P\sin w(\xi) + Q\cos w(\xi)]^i}, \tag{2.2.32}$$

其中 $A_i(i=0,1,2,\cdots,n), B_j(j=1,2,\cdots,n)$ 为待定常数, $w=w(\xi)$ 满足 sine-Gordon 约化方程:

$$w' = \pm\sqrt{a + b\sin^2(\omega(\xi))}. \tag{2.2.33}$$

• **步骤 2.** 通过平衡 (2.2.2) 中最高阶线性项和非线性项, 可以 (2.2.32) 确定 n 的值. 特别地, 如果 $n=0$, 则该算法不起作用; 若 n 是不为零的非整数, 那么 (2.2.32) 约化为

$$u(\xi) = \left\{A_0 + \frac{A_1 \sin w(\xi) + B_1 \cos w(\xi)}{R + P\sin w(\xi) + Q\cos w(\xi)}\right\}^n.$$

• **步骤 3.** 借助于 Maple 软件, 将 (2.2.32) 代入 (2.2.2) 并结合 (2.2.33), 可得到一个关于 $w'^s \sin^i w \cos^j w(i=0,1; s=0,1; j=0,1,2,\cdots)$ 的代数方程.

• **步骤 4.** 收集关于 $w'^s \sin^i w \cos^j w(i=0,1; s=0,1; j=0,1,2,\cdots)$ 的同幂次项, 并且令它们的系数为零, 得到一个关于参数 $\lambda, k, A_0, A_i, B_i, (i=1,2,\cdots)$ 的超定的非线性代数方程组.

• **步骤 5.** 借助于 Maple 软件解上面得到的超定的非线性代数方程组. 我们可得到 $\lambda, k, A_0, A_i, B_i(i=1,2,\cdots,n)$ 的非平凡值 (如果存在).

• **步骤 6.** 进而借助于 (2.2.32) 和 (2.2.33) 的多种形式的解 (参考命题 2.2.11), 得到 (2.2.2) 的很多类型的行波解.

命题 2.2.11[339,340] 考虑参数 a 和 b, sine-Gordon约化方程(2.2.33)有解:

情况 A. $a=1,\ b=-1$. (2.2.33)约化为 $w'(\xi)=\cos w(\xi)$, 其有解

$$\begin{aligned} &\sin[w(\xi)] = \tanh(\xi), \quad \cos[w(\xi)] = \mathrm{sech}(\xi), \\ &\sin[w(\xi)] = \coth(\xi), \quad \cos[w(\xi)] = \mathrm{icsch}(\xi), \quad \mathrm{i}^2=-1. \end{aligned}$$

情况 B. $a=0,\ b=1$. (2.2.33)约化为 $w'(\xi)=\sin w(\xi)$, 有解

$$\begin{aligned} &\sin[w(\xi)] = \mathrm{sech}(\xi), \quad \cos[w(\xi)] = -\tanh(\xi), \\ &\sin[w(\xi)] = \mathrm{icsch}(\xi), \quad \cos[w(\xi)] = -\coth(\xi), \quad \mathrm{i}^2=-1. \end{aligned}$$

情况 C. $a=1,\ b=-m^2$. (2.2.33) 约化 $w'(\xi)=\mu[1-m^2\sin^2 w(\xi)]^{\frac{1}{2}}$, 有解

$$\begin{aligned} &\sin[w(\xi)] = \mathrm{sn}(\xi;m), \quad && \cos[w(\xi)] = \mathrm{cn}(\xi;m), \\ &\sin[w(\xi)] = \mathrm{cd}(\xi;m), && \cos[w(\xi)] = m'\mathrm{sd}(\xi;m), \\ &\sin[w(\xi)] = \mathrm{ns}(\xi;m), && \cos[w(\xi)] = \mathrm{ics}(\xi;m), \\ &\sin[w(\xi)] = m^{-1}\mathrm{dc}(\xi;m), && \cos[w(\xi)] = \mathrm{i}m'm^{-1}\mathrm{nc}(\xi;m), \end{aligned}$$

其中 m' 为余模且 $m'^2+m^2=1$.

情况 D. $a=m^2,\ b=-1$. (2.2.33) 约化为 $w'(\xi)=\mu\big[m^2-\sin^2 w(\xi)\big]^{\frac{1}{2}}$, 有解

$$\begin{aligned}
&\sin[w(\xi)]=m\mathrm{sn}(\xi;m), &&\cos[w(\xi)]=\mathrm{dn}(\xi;m),\\
&\sin[w(\xi)]=m\mathrm{cd}(\xi;m), &&\cos[w(\xi)]=m'\mathrm{nd}(\xi;m),\\
&\sin[w(\xi)]=\mathrm{ns}(\xi;m), &&\cos[w(\xi)]=\mathrm{ics}(\xi;m),\\
&\sin[w(\xi)]=\mathrm{dc}(\xi;m), &&\cos[w(\xi)]=\mathrm{i}m'\mathrm{sc}(\xi;m).
\end{aligned}$$

情况 E. $a=-1,\ b=1-m^2$. (2.2.33)约化为 $w'(\xi)=\mu\big[-1+(1-m^2)\sin^2 w(\xi)\big]^{\frac{1}{2}}$, 有解

$$\begin{aligned}
&\sin[w(\xi)]=m'^{-1}\mathrm{dn}(\xi;m), &&\cos[w(\xi)]=\mathrm{i}mm'^{-1}\mathrm{cn}(\xi;m),\\
&\sin[w(\xi)]=m\mathrm{nd}(\xi;m), &&\cos[w(\xi)]=\mathrm{i}m\mathrm{sd}(\xi;m).
\end{aligned}$$

情况 F. $a=-m^2,\ b=-(1-m^2)$, (2.2.33)约化为 $w'(\xi)=\mu\big[-m^2-(1-m^2)\sin^2 w(\xi)\big]^{\frac{1}{2}}$, 有解

$$\begin{aligned}
&\sin[w(\xi)]=\mathrm{nc}(\xi;m), &&\cos[w(\xi)]=\mathrm{isc}(\xi;m),\\
&\sin[w(\xi)]=m'^{-1}\mathrm{ds}(\xi;m), &&\cos[w(\xi)]=\mathrm{i}m'^{-1}\mathrm{cs}(\xi;m).
\end{aligned}$$

情况 G. $a=1,\ b=0$, (2.2.33)约化为 $w'(\xi)=\pm 1$, 有解

$$\sin[w(\xi)]=\pm\sin(\xi),\qquad \cos[w(\xi)]=\pm\cos(\xi).$$

情况 H. $a=-1,\ b=0$, (2.2.33) 约化为 $w'(\xi)=\pm\mathrm{i}$, 有解

$$\sin[w(\xi)]=\pm\mathrm{i}\sinh(\xi),\qquad \cos[w(\xi)]=\pm\cosh(\xi).$$

注 2.2.12　利用该算法, 获得了很多非线性波方程的多种类型的解析解 [339,340].

■ 方法 6　Weierstrass椭圆函数拟有理展开法

该方法的具体步骤为 [341]:

- **步骤 1.** 设 (2.2.2) 有如下的解:

$$u(\xi)=A_0+\sum_{i=1}^{n}\left[\frac{A_i\wp(\xi;g_2,g_3)+B_i\wp'(\xi;g_2,g_3)}{R+P\wp(\xi;g_2,g_3)+Q\wp'(\xi;g_2,g_3)}\right]^i, \tag{2.2.34}$$

其中 $R,P,Q,A_i(i=0,1,\cdots,n),B_j(j=1,2,\cdots,n)$ 为待定常数, $w=w(\xi)$ 满足 Weierstrass 椭圆函数方程 [409]:

$$\wp'^2(\xi)=4\wp^3(\xi)-g_2\wp(\xi)-g_3, \tag{2.2.35a}$$

或等价的二阶方程:

$$\wp''(\xi)=6\wp^2(\xi)-\frac{1}{2}g_2, \tag{2.2.35b}$$

这里 g_2,g_3 为实常数, 称为不变量.

- **步骤 2.** 通过平衡 (2.2.2) 中最高阶线性项和非线性项, 可以 (2.2.34) 确定 n 的值. 特别地, 如果 $n=0$, 则该算法不起作用; 若 m 是不为零的非整数, 那么 (2.2.34) 约化为

$$u(\xi)=\left\{A_0+\frac{A_1\wp(\xi;g_2,g_3)+B_1\wp'(\xi;g_2,g_3)}{R+P\wp(\xi;g_2,g_3)+Q\wp'(\xi;g_2,g_3)}\right\}^n,$$

- **步骤 3.** 借助于 Maple 软件, 将 (2.2.34) 代入 (2.2.2) 并结合 (2.2.35a,b), 可得到一个关于 $\wp'^i\wp^j(i=0,1;j=0,1,2,\cdots)$ 的代数方程.
- **步骤 4.** 收集关于 $\wp'^i\wp^j(i=0,1;j=0,1,2,\cdots)$ 的同幂次项, 并且令它们的系数为零, 得到一个关于参数 $\lambda,k,R,P,Q,A_0,A_i,B_i(i=1,2,\cdots),g_2,g_3$ 的超定的非线性代数方程组.
- **步骤 5.** 借助于 Maple 软件解上面得到的超定的非线性代数方程组. 我们可得到 $\lambda,k,R,P,Q,A_0,A_i,B_i(i=1,2,\cdots,n)$ 的非平凡值 (如果存在). 进而得到 (2.2.2) 的很多类型的 Weierstrass 椭圆函数解.

注 2.2.13 利用该算法, 获得了一些非线性波方程的多种类型的双周期解 [341].

■ 方法7 Weierstrass椭圆函数展开法

Weierstrass 椭圆函数展开法的具体步骤为 [342]:

- **步骤 1.** 设 (2.2.2) 有如下的解

$$u(\xi)=a_0+\sum_{i=1}^{n}\left(a_i[A\wp(\xi;g_2,g_3)+B]^{\frac{i}{2}}+b_i[A\wp(\xi;g_2,g_3)+B]^{-\frac{i}{2}}\right),\quad(2.2.36)$$

其中 $A_i(i=0,1,\cdots,n),B_j(j=1,2,\cdots,n)$ 为待定常数, $w=w(\xi)$ 满足 Weierstrass 椭圆函数方程 (2.2.35a,b)

- **步骤 2.** 通过平衡 (2.2.2) 中最高阶线性项和非线性项, 可以 (2.2.34) 确定 n 的值. 特别地, 如果 $n=0$, 则该算法不起作用; 若 m 是不为零的非整数, 那么 (2.2.34) 约化为

$$u(\xi)=\left\{a_0+a_1[A\wp(\xi;g_2,g_3)+B]^{\frac{1}{2}}+b_1[A\wp(\xi;g_2,g_3)+B]^{-\frac{1}{2}}\right\}^n.$$

- **步骤 3.** 借助于 Maple 软件, 将 (2.2.36) 代入 (2.2.2) 并结合 (2.2.35a,b), 可得到一个关于 $[A\wp(\xi;g_2,g_3)+B]^{\frac{i}{2}}\wp^j(i=0,1;j=0,1,2,\cdots)$ 的代数方程.
- **步骤 4.** 收集关于 $[A\wp(\xi;g_2,g_3)+B]^{\frac{i}{2}}\wp^j(i=0,1;j=0,1,2,\cdots)$ 的同幂次项, 并且令它们的系数为零, 得到一个关于参数 $\lambda,k,A,B,a_0,a_i,b_i(i=1,2,\cdots),g_2,g_3$ 的超定的非线性代数方程组.
- **步骤 5.** 借助于 Maple 软件解上面得到的超定的非线性代数方程组. 我们可得到 $\lambda,k,A,B,a_0,a_i,b_i(i=1,2,\cdots,n)$ 的非平凡值 (如果存在). 进而得到 (2.2.2) 的很多类型的 Weierstrass 椭圆函数解.

注 2.2.14 利用该算法, 获得了很多非线性波方程的多种类型的双周期解 [342].

■ 方法 8 改进代数方法

最近, Fan[343] 提出了一种代数方法来寻找非线性波方程的解, 利用变换:

$$u(\xi) = A_0 + \sum_{i=1}^{n} A_i \omega^i(\xi), \tag{2.2.37}$$

其中 $A_i (i = 0, 1, \cdots, n), B_j (j = 1, 2, \cdots, n)$ 为待定常数, $w = w(\xi)$ 满足 ODE:

$$\omega'(\xi) = \sqrt{d_0 + d_1\omega + d_2\omega^2 + d_3\omega^3 + d_4\omega^4}. \tag{2.2.38}$$

对于不同的参数 d_i, 他提出了一些解, 包括孤波解、周期解、Jacobi 椭圆函数 sn, cn, dn 和 Weierstrass 椭圆函数 $\wp(\xi; g_2, g_3)$. 事实上, (2.2.38) 还有很多类型的解, 我们给出如下的定理 [344].

定理 2.2.15 [344] (2.2.38) 有如下解:

(i) 当 $d_3 = d_4 = 0,\ d_2 < 0$, 三角函数解:

$$\omega(\xi) = \sqrt{\frac{d_1^2 - 4d_0d_2}{4d_2^2}} \sin(\sqrt{-d_2}\xi + \xi_0) - \frac{d_1}{2d_2}.$$

(ii) 当 $d_3 = d_4 = 0,\ d_2 > 0$, 双曲正弦函数和余弦函数解:

$$\omega_1(\xi) = \sqrt{\frac{4d_0d_2 - d_1^2}{4d_2^2}} \sinh(\sqrt{d_2}\xi) - \frac{d_1}{2d_2},$$

$$\omega_2(\xi) = \sqrt{\frac{d_1^2 - 4d_0d_2}{4d_2^2}} \cosh(\sqrt{d_2}\xi) - \frac{d_1}{2d_2}.$$

(iii) 当 $d_3 = d_1 = 0$, Weierstrass椭圆函数解:

$$\omega_1(\xi) = \sqrt{\frac{1}{d_4}\left(\wp(\xi; g_2, g_3) - \frac{1}{3}d_2\right)}, \quad \omega_2(\xi) = \sqrt{\frac{3d_0}{3\wp(\xi; g_2, g_3) - d_2}},$$

其中, $g_2 = \dfrac{4d_2^2 - 12d_0d_4}{3},\quad g_3 = \dfrac{4d_2(-2d_2^2 + 9d_0d_4)}{27}$;

$$\omega_3(\xi) = \frac{\sqrt{12d_0\wp(\xi; g_2, g_3) + 2d_0(2d_2 + D)}}{12\wp(\xi; g_2, g_3) + D},$$

其中

$$D = \frac{-5d_2 \pm \sqrt{9d_2^2 - 36d_0d_4}}{2}, \quad g_2 = -\frac{1}{12}(5d_2D + 4d_2^2 + 33d_0d_2d_4),$$

$$g_3 = -\frac{1}{216}(-21d_2^2D + 63d_0d_4D - 20d_2^3 + 27d_0d_2d_4);$$

$$\omega_4(\xi) = \frac{6\sqrt{d_0}\wp(\xi;g_2,g_3) + d_2\sqrt{d_0}}{3\wp'(\xi;g_2,g_3)}, \quad \omega_5(\xi) = \frac{3\sqrt{d_4^{-1}}\wp'(\xi;g_2,g_3)}{6\wp(\xi;g_2,g_3) + d_2},$$

其中 $\wp'(\xi;g_2,g_3) = \dfrac{d\wp(\xi;g_2,g_3)}{d\xi}$, $g_2 = \dfrac{1}{12}d_2^2 + d_0d_4$, $g_3 = \dfrac{d_2}{216}(36d_0d_4 - d_2^2)$.

(iv) 当 $d_1 = d_3 = 0$, $d_0 = \dfrac{5d_2^2}{36d_4}$, Weierstrass椭圆函数解:

$$\omega(\xi) = \frac{d_2\sqrt{-15d_2/(2d_4)}\wp(\xi;g_2,g_3)}{3\wp(\xi;g_2,g_3) + d_2}, \quad g_2 = 2d_2^2/9, \quad g_3 = d_2^3/54.$$

(v) 当 $d_0 = d_1 = 0$, 孤波解

$$\omega(\xi) = \frac{-8d_2d_3c_0\exp(\sqrt{d_2}\xi)}{4d_3^2\exp(2\sqrt{d_2}\xi) + 4d_3^2c_0\exp(\sqrt{d_2}\xi) - c_0^2(4d_2d_4 - d_3^2)}.$$

注 2.2.16 利用改进的代数方法, 可以获得更多类型的解析解 [344].

■ 方法 9 约化的mKdV方程展开法

对于 mKdV 方程

$$u_t + au^2u_x + bu_{xxx} = 0. \tag{2.2.39}$$

利用行波约化 $u(x,t) = u(\xi), \xi = k(x - \lambda t)$, 那么 mKdV 方程约化为 ODE:

$$-k\lambda u' + aku^2u' + bk^3u''' = 0, \tag{2.2.40}$$

其中 $' := d/d\xi$, k 和 λ 分别为波数和波速. 积分 (2.2.40) 一次, 得 $bk^2u'' - \lambda u + \dfrac{1}{3}au^3 = c_1$, 其中 c_1 为积分常数.

令 $\dfrac{\lambda}{bk^2} = \alpha, -\dfrac{a}{3bk^2} = \beta$ 和 $u(\xi) = \omega(\xi)$, 从 (2.2.40) 得到非线性 ODE:

$$\omega'' = \alpha\omega + \beta\omega^3 + c_1. \tag{2.2.41}$$

该方程为 mKdV 方程的简单的行波约化方程, 也是非谐振子运动方程.

将 ω' 乘以 (2.2.41) 两边, 并且关于 w 积分一次, 得

$$(\omega')^2 = \alpha\omega^2 + \frac{1}{2}\beta\omega^4 + 2c_1\omega + c_2, \tag{2.2.42}$$

其中 c_2 微积分常数. 该方程为 (2.2.38) 的特例. 如果令 $c_2 = \dfrac{\alpha^2}{2\beta}$, 那么 (2.2.42) 约化为 Riccati 方程 $\omega' = \sqrt{\dfrac{1}{2}\beta}\omega^2 + \dfrac{\alpha}{\sqrt{2\beta}}$, $\beta > 0$.

下面分两种情况讨论:

情况 1. $c_1=0$. (2.2.41) 变为 $\omega''=\alpha\omega+\beta\omega^3$.

这种情况, 方程 (2.2.41) 拥有很多类型的解, Lou[192] 已经列举很多, 这里我们提出如下的解 [345]:

$$\omega_1=m\sqrt{\frac{2}{\beta}}\,\mathrm{sn}\xi,\quad \alpha=-1-m^2,\quad \omega_9=\sqrt{-\frac{2}{\beta}}\,\mathrm{ds}\xi,\quad \alpha=2m^2-1,$$

$$\omega_2=m\sqrt{-\frac{2}{\beta}}\,\mathrm{cn}\xi,\quad \alpha=2m^2-1,\quad \omega_{10}=\sqrt{\frac{1}{2\beta}}\,[\mathrm{ns}\xi\pm\mathrm{ds}\xi],\quad 2\alpha=m^2-2,$$

$$\omega_3=m\sqrt{\frac{1}{2\beta}}\,[\mathrm{sn}\xi\pm i\mathrm{cn}\xi],\quad \alpha=\frac{m^2}{2}-1,\quad \omega_{11}=\sqrt{\frac{2(1-m^2)}{\beta}}\,\mathrm{sc}\xi,\quad \alpha=2-m^2,$$

$$\omega_4=\sqrt{-\frac{2}{\beta}}\,\mathrm{dn}\xi,\quad \alpha=1-m^2,\quad \omega_{12}=\sqrt{\frac{2(1-m^2)}{\beta}}\,\mathrm{nc}\xi,\quad \alpha=2m^2-1,$$

$$\omega_5=\sqrt{\frac{1}{2\beta}}\,[m\mathrm{sn}\xi\pm i\mathrm{dn}\xi],\quad \alpha=\frac{1}{2}-m^2\quad \omega_{13}=\sqrt{\frac{1-m^2}{2\beta}}\,[\mathrm{sc}\xi\pm\mathrm{nc}\xi],\quad 2\alpha=1+m^2,$$

$$\omega_6=\sqrt{\frac{2}{\beta}}\,\mathrm{ns}\xi,\quad \alpha=-1-m^2,\quad \omega_{14}=m\sqrt{\frac{2(m^2-1)}{\beta}}\,\mathrm{sd}\xi,\quad \alpha=2m^2-1,$$

$$\omega_7=\sqrt{\frac{2}{\beta}}\,\mathrm{cs}\xi,\quad \alpha=2-m^2,\quad \omega_{15}=\sqrt{\frac{2(m^2-1)}{\beta}}\,\mathrm{nd}\xi,\quad \alpha=2-m^2,$$

$$\omega_8=\sqrt{\frac{1}{2\beta}}\,[\mathrm{ns}\xi\pm\mathrm{cs}\xi],\quad \alpha=\frac{1}{2}-m^2,\quad \omega_{16}=\sqrt{\frac{m^2-1}{2\beta}}\,[m\mathrm{sd}\xi\pm\mathrm{nd}\xi],\quad 2\alpha=1+m^2.$$

情况 2. $c_1\neq 0$. (2.2.41) 变为 $\omega''=\alpha\omega+\beta\omega^3+c_1$.

$$\omega_1=\frac{\dfrac{9c_1}{2\alpha}-c_1\xi^2}{1+\dfrac{2}{3}\alpha\xi^2},\qquad \beta=-\frac{4\alpha^3}{27c_1^2},$$

$$\omega_2=\frac{\dfrac{c_1Z}{\alpha-2}-\dfrac{c_1}{12(\alpha-2)}[3\alpha-24+(8+2\alpha)Z]\cos^2(\xi)}{1+\left[\dfrac{1}{6}\alpha-\dfrac{4}{3}+\left(\dfrac{\alpha}{9}+\dfrac{4}{9}\right)Z\right]\cos^2(\xi)},\quad \beta=-\frac{4}{27}\frac{16-12\alpha+\alpha^3}{c_1^2},$$

其中 Z 满足 $(4\alpha+16)Z^2-(48+12\alpha)Z-27\alpha+108=0$.

$$\omega_3=\frac{\dfrac{c_1Z}{\alpha+2}-\dfrac{c_1}{12(\alpha+2)}[3\alpha+24+(2\alpha-8)Z]\sinh^2(\xi)}{1+\left[\dfrac{1}{6}\alpha+\dfrac{4}{3}+\left(\dfrac{\alpha}{9}-\dfrac{4}{9}\right)Z\right]\sinh^2(\xi)},\quad \beta=-\frac{4}{27}\frac{(\alpha-4)(\alpha+2)^2}{c_1^2},$$

其中 Z 满足 $(4\alpha-16)Z^2+(48-12\alpha)Z-27\alpha-108=0$.

$$\omega_4=\frac{\dfrac{c_1Z}{\alpha+2}+\dfrac{c_1}{12(\alpha+2)}[3\alpha+24+(2\alpha-8)Z]\cosh^2(\xi)}{1+\left[-\dfrac{1}{6}\alpha-\dfrac{4}{3}-\left(\dfrac{\alpha}{9}-\dfrac{4}{9}\right)Z\right]\cosh^2(\xi)},\quad \beta=-\frac{4}{27}\frac{\alpha^3-12\alpha-16}{c_1^2},$$

其中 Z 满足 $(4\alpha-16)Z^2+(48-12\alpha)Z-27\alpha-108=0$.

$$\omega_5=-\frac{\dfrac{c_1}{2(m^2-1)}\mathrm{cn}^2(\xi,m)}{1+Z\mathrm{cn}^2(\xi,m)},\quad \alpha=8m^2-4+12(m^2-1)Z,$$

$$\beta=-\frac{32}{9c_1}[2m^6-3m^4+m^2+(2m^6-4m^4+4m^2-2)Z],$$

其中 Z 满足 $3(m^2-1)Z^2+(4m^2-2)Z+m^2=0$.

$$\omega_6=\frac{3\beta B^3+5\alpha B+6c_1+12B\wp(\xi;g_2,g_3)}{-3\beta B-\alpha+12\wp(\xi;g_2,g_3)},\quad g_2=-\frac{1}{4}\beta^2B^4-\frac{1}{2}\alpha\beta B^2-c_1\beta B+\frac{1}{12}\alpha^2,$$

$$g_3=-\frac{1}{24}\alpha\beta^2B^4-\frac{1}{12}\alpha^2\beta B^2-\frac{1}{6}c_1\alpha\beta B-\frac{1}{8}\beta c_1^2-\frac{1}{216}\alpha^3.$$

类似于方法 8 的步骤, 借助于 (2.2.41) 的解 (情况 1 和 2), 利用变换 (2.2.37) 来寻找 (2.2.2) 的解, 其中 ω 满足 (2.2.41) 或 (2.2.42).

注 2.2.17 事实上, 当 $c_1=0$ 时, Lou等人 [192] 很早已经利用 (2.2.41)和(2.2.42)来研究一些方程的解, 但并没有系统地给出算法. 后来, Fan[343] 进一步发展并提出了代数方法, 我们也进一步改进了代数方法 [344]. 虽然(2.2.42)为(2.2.38)的特殊情况, 但研究表明很多方程的双周期解可以用(2.2.41)的解来表示, 并且它和约化的mKdV方程紧密相联 (mKdV方程是孤子方程中较简单且具有双周期解的). 显然, 其他的方程也可以经过行波约化得到(2.2.41), 如一类反应扩散方程 $u_{xx}-u_{tt}+au+bu^3=0$. 因此这里单独将(2.2.41)或(2.2.42)列出重点考虑 [345]. 最近, 文献 [346] 也利用(2.2.42)来研究方程的双周期解, 但仅仅利用上面所给一些单个Jacobi椭圆函数的解, 并没有获得组合形式的解, 因此文献 [346] 的算法为上面算法的特例.

注 2.2.18 当 $c_1\neq 0$ 时, Raju等人 [347] 给出解 w_2,w_4,w_5, 并且给出了具有源的非线性Schrödinger方程:

$$\mathrm{i}\frac{\partial\psi}{\partial t}+\frac{\partial^2\psi}{\partial x^2}+g|\psi|^2\psi+\mu\psi=\kappa\,\mathrm{e}^{\mathrm{i}[\chi(\xi)-\omega t]}$$

的相应的包络解. 我们提出了其他解 w_1,w_3,w_6. 利用 (2.2.37) 和 (2.2.41) ($c_1\neq 0$) 可得到新的精确解. 我们考虑了下面个具有源的广义非线性Schrödinger方程新的包络解 [348]:

$$\mathrm{i}\frac{\partial u}{\partial t}+a\frac{\partial^2 u}{\partial x^2}+bu|u|^2+\mathrm{i}c\frac{\partial^3 u}{\partial x^3}+\mathrm{i}d\frac{\partial(u|u|^2)}{\partial x}=\kappa\,\mathrm{e}^{\mathrm{i}[\chi(\xi)-\omega t]},$$

$$\mathrm{i}\frac{\partial u}{\partial t}+a\frac{\partial^2 u}{\partial x^2}+bu|u|^2+\mathrm{i}c\frac{\partial^3 u}{\partial x^3}+\mathrm{i}h|u|^2\frac{\partial u}{\partial x}=\kappa\,e^{\mathrm{i}[\chi(\xi)-\omega t]},$$

$$\mathrm{i}\frac{\partial u}{\partial t}+a\frac{\partial^2 u}{\partial x^2}+bu|u|^2+\mathrm{i}c\frac{\partial^3 u}{\partial x^3}+\mathrm{i}d\frac{\partial(u|u|^2)}{\partial x}+\mathrm{i}h|u|^2\frac{\partial u}{\partial x}=\kappa\,e^{\mathrm{i}[\chi(\xi)-\omega t]},$$

§2.2.2 直接待定系数法

根据一些非线性波方程的特点, 下面提出几种具体的直接假设方法.

■ 方法 10 推广的 Jacobi 椭圆函数展开法

直接假设 (2.2.2) 有如下的 Jacobi 椭圆函数解:

$$u(\xi)=a_0+\sum_{j=1}^{n}f_i^{j-1}(\xi)[a_jf_i(\xi)+b_jg_i(\xi)],\qquad i=1,2,\cdots,12, \tag{2.2.43}$$

其中 f_i 和 g_i 满足

$$\begin{aligned}
&f_1(\xi)=\mathrm{sn}\,\xi,\quad g_1(\xi)=\mathrm{cn}\,\xi,\quad f_2(\xi)=\mathrm{sn}\,\xi,\quad g_2(\xi)=\mathrm{dn}\,\xi,\\
&f_3(\xi)=\mathrm{ns}\,\xi,\quad g_3(\xi)=\mathrm{cs}\,\xi,\quad f_4(\xi)=\mathrm{ns}\,\xi,\quad g_4(\xi)=\mathrm{ds}\,\xi,\\
&f_5(\xi)=\mathrm{sc}\,\xi,\quad g_5(\xi)=\mathrm{nc}\,\xi,\quad f_6(\xi)=\mathrm{sd}\,\xi,\quad g_6(\xi)=\mathrm{nd}\,\xi,\\
&f_7(\xi)=\mathrm{cd}\,\xi,\quad g_7(\xi)=\mathrm{nd}\,\xi,\quad f_8(\xi)=\mathrm{cn}\,\xi,\quad g_8(\xi)=\mathrm{dn}\,\xi,\\
&f_9(\xi)=\mathrm{dc}\,\xi,\quad g_9(\xi)=\mathrm{nc}\,\xi,\quad f_{10}(\xi)=\mathrm{sd}\,\xi,\quad g_{10}(\xi)=\mathrm{cd}\,\xi,\\
&f_{11}(\xi)=\mathrm{sc}\,\xi,\quad g_{11}(\xi)=\mathrm{dc}\,\xi,\quad f_{12}(\xi)=\mathrm{cs}\,\xi,\quad g_{12}(\xi)=\mathrm{ds}\,\xi,
\end{aligned}$$

这里 $\mathrm{sn}\,\xi=\mathrm{sn}(\xi,m)$, $\mathrm{cn}\,\xi=\mathrm{cn}(\xi,m)$, $\mathrm{dn}\,\xi=\mathrm{dn}(\xi,m)$ 分别为 Jacobi 椭圆的 sine 函数, cosine 函数和第三类型的函数, m 为 Jacobi 椭圆函数的模. 其他函数是由这三个函数导出的 [349,350]:

$$\begin{aligned}
&\mathrm{ns}\,\xi=\frac{1}{\mathrm{sn}\,\xi},\qquad \mathrm{nc}\,\xi=\frac{1}{\mathrm{cn}\,\xi},\qquad \mathrm{nd}\,\xi=\frac{1}{\mathrm{dn}\,\xi},\\
&\mathrm{sc}\,\xi=\frac{\mathrm{sn}\,\xi}{\mathrm{cn}\,\xi},\qquad \mathrm{sd}\,\xi=\frac{\mathrm{sn}\,\xi}{\mathrm{dn}\,\xi},\qquad \mathrm{cd}\,\xi=\frac{\mathrm{cn}\xi}{\mathrm{dn}\,\xi},\\
&\mathrm{cs}\,\xi=\frac{\mathrm{cn}\,\xi}{\mathrm{sn}\,\xi},\qquad \mathrm{ds}\,\xi=\frac{\mathrm{dn}\,\xi}{\mathrm{sn}\,\xi},\qquad \mathrm{dc}\,\xi=\frac{\mathrm{dn}\,\xi}{\mathrm{cn}\,\xi},
\end{aligned}$$

并且它们拥有如下的封闭关系:

$$\begin{aligned}
&\mathrm{sn}^2\xi+\mathrm{cn}^2\xi=1, &&\mathrm{dn}^2\xi+m^2\mathrm{sn}^2\xi=1,\\
&\mathrm{ns}^2\xi=1+\mathrm{cs}^2\xi, &&\mathrm{ns}^2\xi=m^2+\mathrm{ds}^2\xi,\\
&\mathrm{sc}^2\xi+1=\mathrm{nc}^2\xi, &&m^2\mathrm{sd}^2\xi+1=\mathrm{nd}^2\xi,\\
&m^2\mathrm{cn}^2\xi=1+(m^2-1)\mathrm{nd}^2\xi, &&m^2\mathrm{cn}^2\xi+(1-m^2)=\mathrm{dn}^2\xi,\\
&\mathrm{dc}^2\xi+1=m^2+(1-m^2)\mathrm{nc}^2\xi, &&(m^2-1)\mathrm{sd}^2\xi+1=\mathrm{cd}^2\xi,\\
&(1-m^2)\mathrm{sc}^2\xi+1=\mathrm{dc}^2\xi, &&m^2-1+\mathrm{ds}^2\xi=\mathrm{cs}^2\xi.
\end{aligned} \tag{2.2.44}$$

另外它们的一阶导数为

$$
\begin{aligned}
&(\mathrm{sn}\ \xi)' = \mathrm{cn}\ \xi\ \mathrm{dn}\ \xi, && (\mathrm{cn}\ \xi)' = -\mathrm{sn}\ \xi\ \mathrm{dn}\ \xi, && (\mathrm{dn}\ \xi)' = -m^2\mathrm{sn}\ \xi\ \mathrm{cn}\ \xi,\\
&(\mathrm{ns}\ \xi)' = -\mathrm{cs}\ \xi\ \mathrm{ds}\ \xi, && (\mathrm{cs}\ \xi)' = -\mathrm{ns}\ \xi\ \mathrm{ds}\ \xi, && (\mathrm{ds}\ \xi)' = -\mathrm{ns}\ \xi\ \mathrm{cs}\ \xi,\\
&(\mathrm{sc}\ \xi)' = \mathrm{nc}\ \xi\ \mathrm{dc}\ \xi, && (\mathrm{nc}\ \xi)' = \mathrm{sc}\ \xi\ \mathrm{dc}\ \xi, && (\mathrm{sd}\ \xi)' = \mathrm{cd}\ \xi\ \mathrm{nd}\ \xi,\\
&(\mathrm{nd}\ \xi)' = m^2\mathrm{sd}\ \xi\ \mathrm{cd}\ \xi, && (\mathrm{nc}\ \xi)' = \mathrm{sc}\ \xi\ \mathrm{dc}\ \xi, && (\mathrm{dc}\ \xi)' = (1-m^2)\mathrm{sc}\ \xi\ \mathrm{nc}\ \xi.
\end{aligned}
$$

具体步骤为 [351~355]：

- **步骤 1.** 通过平衡 (2.2.2) 中最高阶线性项和非线性项, 可以 (2.2.43) 确定 n 的值. 特别地, 如果 $n=0$, 则该算法不起作用; 若 n 是不为零的非整数, 那么 (2.2.43) 约化为

$$u(\xi) = [a_0 + a_1 f_i(\xi) + b_1 g_i(\xi)]^n.$$

- **步骤 2.** 借助于 Maple 软件, 将 (2.2.43) 代入 (2.2.2) 并结合这些封闭关系 (2.2.44), 可得到一个关于参数 $\lambda, k, A, B, a_0, a_i, b_i (i=1,2,\cdots), g_2, g_3$ 的超定的非线性代数方程组.
- **步骤 3.** 借助于 Maple 软件解上面得到的超定的非线性代数方程组. 我们可得到 $\lambda, k, A, B, a_0, a_i, b_i (i=1,2,\cdots,n)$ 的非平凡值 (如果存在). 进而得到 (2.2.2) 的很多类型的 Jacobi 椭圆函数解.

命题 2.2.19 Jacobi 椭圆函数的极限行为 ($m\to 1$):

$$
\begin{aligned}
&\lim_{m\to1}\mathrm{sn}(\xi,m) = \tanh\xi, && \lim_{m\to1}\mathrm{cn}(\xi,m) = \mathrm{sech}\xi, && \lim_{m\to1}\mathrm{dn}(\xi,m) = \mathrm{sech}\xi,\\
&\lim_{m\to1}\mathrm{ns}(\xi,m) = \coth\xi, && \lim_{m\to1}\mathrm{nc}(\xi,m) = \cosh\xi, && \lim_{m\to1}\mathrm{nd}(\xi,m) = \cosh\xi,\\
&\lim_{m\to1}\mathrm{sc}(\xi,m) = \sinh\xi, && \lim_{m\to1}\mathrm{sd}(\xi,m) = \sinh\xi, && \lim_{m\to1}\mathrm{cd}(\xi,m) = 1,\\
&\lim_{m\to1}\mathrm{cs}(\xi,m) = \mathrm{csch}\xi, && \lim_{m\to1}\mathrm{ds}(\xi,m) = \mathrm{csch}\xi, && \lim_{m\to1}\mathrm{dc}(\xi,m) = 1.
\end{aligned}
$$

命题 2.2.20 Jacobi 椭圆函数的极限行为 ($m\to 0$):

$$
\begin{aligned}
&\lim_{m\to0}\mathrm{sn}(\xi,m) = \sin\xi, && \lim_{m\to0}\mathrm{cn}(\xi,m) = \cos\xi, && \lim_{m\to0}\mathrm{dn}(\xi,m) = 1,\\
&\lim_{m\to0}\mathrm{ns}(\xi,m) = \csc\xi, && \lim_{m\to0}\mathrm{nc}(\xi,m) = \sec\xi, && \lim_{m\to0}\mathrm{nd}(\xi,m) = 1,\\
&\lim_{m\to0}\mathrm{sc}(\xi,m) = \tan\xi, && \lim_{m\to0}\mathrm{sd}(\xi,m) = \sin\xi, && \lim_{m\to0}\mathrm{cd}(\xi,m) = \cos\xi,\\
&\lim_{m\to0}\mathrm{cs}(\xi,m) = \cot\xi, && \lim_{m\to0}\mathrm{ds}(\xi,m) = \csc\xi, && \lim_{m\to0}\mathrm{dc}(\xi,m) = \sec\xi.
\end{aligned}
$$

注 2.2.21 当 $f_i(\xi)$ 取 $\mathrm{sn}\xi$, $\mathrm{cn}\xi$ 和 $\mathrm{dn}\xi$ 并且 $b_j=0$ 时, 该方法约化为Jacobi椭圆函数展开算法 [356,357].

注 2.2.22 变换(2.2.43)还可以进一步扩充为

$$u(\xi)=a_0+\sum_{j=1}^{n}\frac{f_i^{j-1}(\xi)[a_jf_i(\xi)+b_jg_i(\xi)]}{[R+Pf_i(\xi)+Qg_i(\xi)]^i},\quad i=1,2,\cdots,12,\tag{2.2.45}$$

其中 a_j,b_j,a_0,R,P,Q 为待定常数.

■ **方法 11 指数函数有理展开法**

定理 2.2.23 设

$$\phi(\xi)=\frac{4Ae^{\xi+\xi_0}}{(D+E)e^{2(\xi+\xi_0)}+2(\mu E+2B)e^{\xi+\xi_0}+(E-D)}+F,\tag{2.2.46}$$

其中 A,B,D,E 和 F 为常量, $\mu=\pm1$, 则有如下的几种变形：

(i) 当 $\mu=1$ 时,

$$\phi(\xi)=\frac{A\mathrm{sech}^2\frac{1}{2}(\xi+\xi_0)}{B\mathrm{sech}^2\frac{1}{2}(\xi+\xi_0)+D\tanh\frac{1}{2}(\xi+\xi_0)+E}+F.$$

(ii) 当 $\mu=-1$ 时,

$$\phi(\xi)=\frac{A\mathrm{csch}^2\frac{1}{2}(\xi+\xi_0)}{B\mathrm{csch}^2\frac{1}{2}(\xi+\xi_0)+D\coth\frac{1}{2}(\xi+\xi_0)+E}+F.$$

(iii) 当 $\mu E+2B=0$, $E^2>D^2$ 时,

$$\phi(\xi)=\frac{2A}{E-D}\sqrt{\frac{E-D}{E+D}}\mathrm{sech}\left[\xi+\xi_0+\frac{1}{2}\ln\left(\frac{E+D}{E-D}\right)\right]+F.$$

(iv) 当 $\mu E+2B=0$, $E^2<D^2$ 时,

$$\phi(\xi)=\frac{2A}{E-D}\sqrt{\frac{E-D}{E+D}}\mathrm{csch}\left[\xi+\xi_0+\frac{1}{2}\ln\left(\frac{E+D}{E-D}\right)\right]+F.$$

(v) 当 $E(\mu E+2B)>0$, $E+D=0$ 时,

$$\phi(\xi)=\frac{A}{\mu E+2B}\tanh\frac{1}{2}\left[\xi+\xi_0+\ln\left(\frac{\mu E+2B}{E}\right)\right]+\frac{A}{\mu E+2B}+F.$$

(vi) 当 $E(\mu E+2B)<0$, $E+D=0$ 时,

$$\phi(\xi)=\frac{A}{\mu E+2B}\coth\frac{1}{2}\left[\xi+\xi_0+\ln\left(-\frac{\mu E+2B}{E}\right)\right]+\frac{A}{\mu E+2B}+F.$$

注 2.2.24 当 $E=4,\ D=0,\ \mu=1$ 时, 该变换变为已知的变换 [358].

利用变换 (2.2.46), 可以得到一些非线性波方程的精确解. 如:

(i) 耦合的 mKdV-KdV 方程:

$$\begin{aligned}&u_t+aH_x+eHH_x+bu^2u_x+ru_{xxx}=0,\\&H_t+c(uH)_x+dHH_x=0,\end{aligned}$$

其中 a,b,c,d,e,r 为常数. 具体的结果参看文献 [359].

(ii) 具有三次和五次非线性项的非线性 Schrödinger 方程:

$$\begin{aligned}&\mathrm{i}\left(U_z+\frac{1}{v_g}U_t\right)-\frac{1}{2}k_{\omega\omega}U_{tt}-\frac{\mathrm{i}}{6}k_{\omega\omega\omega}U_{ttt}+\frac{kn_2\alpha_0}{n_0}|U|^2U+\frac{kn_4\beta_0}{n_0}|U|^4U\\&+\frac{\mathrm{i}n_2\alpha_0}{v_gn_0}(|U|^2U)_t+\frac{\mathrm{i}n_4\beta_0}{v_gn_0}(|U|^4U)_t=0,\end{aligned}$$

其中下标 ω 表示波数 k 的微分, 下标 z,t 表示函数 $U(z,t)$ 的微分, v_g 为群速度, n_0 为线性折射率系数, n_2,n_4 为非线性折射率系数, 参数 α_0,β_0 与横段场模型函数 $R(r)$ 有关. 利用变换 (2.2.40) 和其他场变换得到该方程的很多类型的光孤波解 [360].

■ **方法 12 sine-cosine直接法**

自从 Rosenau 和 Hyman[148] 证明 $K(m,n)$ 方程:

$$u_t+a(u^n)_x+b(u^m)_{xxx}=0$$

拥有 compacton 解 (该解也具有类似孤立子的性质) 以来, 很多非线性波方程也具有类似的解 [148~160]. 对于一类具有满色散项的非线性波方程, 直接假设方程拥有如下的形式的解:

$$u_1(\xi)=\begin{cases}P\cos^\beta(R\xi), & |R\xi|\leqslant\dfrac{\pi}{2},\\[2mm] 0, & |R\xi|>\dfrac{\pi}{2}.\end{cases}\tag{2.2.47}$$

$$u_2(\xi)=\begin{cases}P\sin^\beta(R\xi), & 0\leqslant R\xi\leqslant\pi,\\ 0, & \text{其他}.\end{cases}\tag{2.2.48}$$

借助于符号计算, 将 (2.2.47) 或 (2.2.48) 代入具有满色散项的非线性波方程, 通过 $\sin^i(R\xi)\cos^j(R\xi)$ $(i=0,1,2,\cdots;j=0,1)$ 的线性无关性, 可得到关于未知参数的代数方程组, 解方程组可确定这些参数, 可得原方程的 compacton 解.

注 2.2.25 文献仅仅获得具有非线性色散项的非线性波方程的compacton解 [148~152], 而我们 [153~160] 通过考虑所得到的关于 $\sin^i(R\xi)\cos^j(R\xi)$ 的多项式方程, 通过平衡这些项的系数, 得到了更多可能情况的参数方程组, 因此通过解这些方程组, 不仅仅获得了具有全色散项的非线性波方程有compacton解, 而且具有线性色散项的非线性波方程也有compacton解.

定理 2.2.26　具有全色散项的正则长波 Boussinesq 方程 (简称 $R(m,n)$ 方程)[361]:

$$u_{tt}+a(u^n)_{xx}+b(u^m)_{xxtt}=0,$$

i) 当 $m=n>1,\ ab>0$ 时, $R(m,n)$ 方程拥有compacton解:

$$u=\begin{cases}\left\{-\dfrac{2m\lambda^2}{a(m+1)}\cos^2\left[\sqrt{\dfrac{a}{b}}\dfrac{m-1}{2m\lambda}(x-\lambda t)\right]\right\}^{\frac{1}{m-1}}, & \left|\sqrt{\dfrac{a}{b}}\dfrac{m-1}{2m\lambda}(x-\lambda t)\right|\leqslant\dfrac{\pi}{2},\\ 0, & \left|\sqrt{\dfrac{a}{b}}\dfrac{m-1}{2m\lambda}(x-\lambda t)\right|>\dfrac{\pi}{2}.\end{cases}$$

ii) 当 $m=1,\ n<1,\ ab>0$ 时, 具有全色散项的$R(m,n)$ 方程约化为具有线性色散项的$R(1,n)$ 方程也拥有compacton解:

$$u=\begin{cases}\left\{-\dfrac{\lambda^2(n+1)}{2a}\cos^2\left[\dfrac{1-n}{2\sqrt{b}}(x-\lambda t)\right]\right\}^{\frac{1}{1-n}}, & \left|\dfrac{1-n}{2\sqrt{b}}(x-\lambda t)\right|\leqslant\dfrac{\pi}{2},\\ 0, & \left|\dfrac{1-n}{2\sqrt{b}}(x-\lambda t)\right|>\dfrac{\pi}{2}.\end{cases}$$

推论 2.2.27　具有全色散项的非线性波方程并不是有 compacton 解的必要条件.

另外, 很多其他的全色散项的非线性波方程也被证明拥有 compacton 解 [153~160]:

- $mK(m,n,k)$ 方程

$$u^{m-1}u_t+a(u^n)_x+b(u^k)_{xxx}=0.$$

- $E(m,n)$ 方程

$$(u^m)_{zz\tau}+\gamma(u_z^n u_\tau)_z+u_{\tau\tau}=0.$$

- $BS(m,n)$ 方程 ((2+1) 维破裂类孤子方程)

$$u_t+b(u^m)_{xxy}+4b(u^n\partial_x^{-1}u_y)_x=0.$$

- $B(m,n)$ 方程 (具有全色散项的 Boussinesq 方程)

$$u_{tt}-u_{xx}-a(u^n)_{xx}+b(u^m)_{xxxx}=0.$$

■ 方法 13　sinh-cosh直接法

类似于 compacton 解, 很多全色散项的非线性波方程也拥有孤波斑图 (solitary pattern) 解, 为了研究孤波斑图解, 直接假设方程拥有如下的形式的解:

$$u_1(\xi)=P\cosh^{\beta}(R\xi), \tag{2.4.49}$$

$$u_2(\xi) = P\sinh^{\beta}(R\xi), \tag{2.4.50}$$

其中 P, R, β 是待定的参数.

定理 2.2.28 (i) 当 $m = n > 1$, $ab > 0$ 时, $B(m,n)$ 方程拥有孤波斑图解;

(ii) 当 $m = 1$, $n < 1$, $ab > 0$ 时, 具有线性色散项 $B(1,n)$ 方程也拥有孤波斑图解 [362].

对于不同的参数, 上面的方程, 如 mK(m,n,k) 方程, E(m,n) 方程, BS(m,n) 方程和 B(m,n) 方程等也具有孤波斑图 (solitary pattern) 解 [153~160].

注 2.2.29 文献 [159, 160] 中仅仅给出了具有非线性色散项的非线性波方程的孤波斑图解, 而我们 [362] 通过考虑所得到的关于 $\sinh^i(R\xi)\cosh^j(R\xi)$ 的多项式方程, 通过平衡这些项的系数, 得到了更多可能情况的参数方程组, 通过解这些方程组, 不仅仅获得了具有全色散项的非线性波方程有孤波斑图解, 而且具有线性色散项的非线性波方程也有孤波斑图解.

注 2.2.30 我们将在 §2.5 重点讨论复数域中的具有非线性色散项的非线性波方程的包络解及守恒律的问题.

§2.2.3 低阶微分方程基的微分方法

■ 方法 14 变系数 Riccati 方程展开法

进一步推广第一型的 Riccati 方程展开法, 提出变系数 Riccati 方程展开法 [363]:

- **步骤 1.** 直接假设偏微分方程 (2.2.1) 有如下的解:

$$u = \mathcal{A}_0(x,t) + \sum_{i=1}^{n} \mathcal{W}^{i-1}(x,t)\cdot\left[\mathcal{A}_i(x,t)\cdot\mathcal{W}(x,t) + \mathcal{B}_i(x,t)\cdot\sqrt{1+\mu\mathcal{W}^2(x,t)}\right], \tag{2.2.51}$$

其中新的变量 $\mathcal{W}(x,t)$ 满足变系数 Riccati 方程:

$$\mathcal{W}_t(x,t) = \Psi_t(x,t)\cdot[1+\mu\mathcal{W}^2(x,t)], \quad \Psi_t \neq 0, \tag{2.2.52a}$$

$$\mathcal{W}_x(x,t) = \Psi_x(x,t)\cdot[1+\mu\mathcal{W}^2(x,t)], \quad \Psi_x \neq 0, \tag{2.2.52b}$$

这里 $\mu = \pm 1$, n 为参数, $\mathcal{A}_0(x,t), \mathcal{A}_i(x,t), \mathcal{B}_i(x,t)$ 和 $\Psi(x,t)$ 为待定函数.

对于更高维空间中的关于 $u = u(x_1,\cdots,x_k,t)$ 的波方程, 变量 $\mathcal{W} = \mathcal{W}(x_1,\cdots,x_k,t)$ 满足

$$\mathcal{W}_t(x_1,\cdots,x_k,t) = \Psi_t(x_1,\cdots,x_k,t)\cdot[1+\mu\mathcal{W}^2(x_1,\cdots,x_k,t)], \quad \Psi_t \neq 0,$$

$$\mathcal{W}_{x_1}(x_1,\cdots,x_k,t) = \Psi_{x_1}(x_1,\cdots,x_k,t)\cdot[1+\mu\mathcal{W}^2(x_1,\cdots,x_k,t)], \quad \Psi_{x_1} \neq 0,$$

$$\cdots\cdots\cdots\cdots$$

$$\mathcal{W}_{x_k}(x_1,\cdots,x_k,t) = \Psi_{x_k}(x_1,\cdots,x_k,t)\cdot[1+\mu\mathcal{W}^2(x_1,\cdots,x_k,t)], \quad \Psi_{x_n} \neq 0.$$

- **步骤 2.** 通过平衡 (2.2.1) 中最高阶线性项和非线性项, 可以 (2.2.51) 确定 n 的值. 特别地, 如果 $n=0$, 则该算法不起作用; 若 m 是不为零的非整数, 那么 (2.2.52) 约化为

$$u(x,t)=\left\{\mathcal{A}_0(x,t)+\mathcal{A}_1(x,t)\cdot\mathcal{W}(x,t)+\mathcal{B}_1(x,t)\cdot\sqrt{1+\mu\mathcal{W}^2(x,t)}\right\}^n.$$

- **步骤 3.** 借助于 Maple 软件, 将 (2.2.51) 代入 (2.2.1) 并结合 (2.2.52a,b), 可得到一个关于 $\mathcal{W}^j(\sqrt{1+\mu\mathcal{W}^2})^i(i=0,1;j=0,1,2,\cdots)$ 的方程, 并且令它们的系数为零, 得到关于 $\mathcal{A}_0(x,t),\mathcal{A}_i(x,t)$, $\mathcal{B}_i(x,t)$ 和 $\Psi(x,t)$ 的微分方程组.
- **步骤 4.** 易知 (2.2.52a,b) 的解为

$$\mathcal{W}(x,t)\Big|_{\mu=-1}=\begin{cases}\tanh[\Psi(x,t)+c],\\ \coth[\Psi(x,t)+c].\end{cases}\quad \mathcal{W}(x,t)\Big|_{\mu=1}=\begin{cases}\tan[\Psi(x,t)+c],\\ -\cot[\Psi(x,t)+c].\end{cases}$$

- **步骤 5.** 通过求解步骤 3 得到的微分方程, 可以确定未知的函数, 进而得到 (2.2.1) 的解析解.

注 2.2.31 当 $\mathcal{W}=\tanh[\Psi(x,t)+c]$, $\mu=-1$ 时, 代入 (2.2.51), 那么该算法约化为文中直接的待定系数法 [302]. 很显然我们的算法更广义.

■方法 15 其他的非行波解方法

事实上, 对于 §2.2.1 和 §2.2.2 所提出的低阶微分方程的代数方法及直接待定系数法, 都可以相应地推广到微分情形: 只需要将待定变换中的未知参数变为未知的函数, 低阶微分方程中的自变量 ξ 变为未知函数, 即

$$\xi\to\psi(x,t),\quad A_i\to A_i(x,t),\quad B_i\to B_i(x,t).$$

另外并不需要事先作行波约化, 直接代入通过平衡相应项的系数, 那么可得到的关于 $\psi(x,t),A_i(x,t),B_i(x,t)$ 的超定微分方程组, 一般来说是非线性偏微分方程系统, 如果 $\psi(x,t)$ 并不是变量 x,t 的线性函数, 并且待定的函数 $A_i(x,t),B_i(x,t)$ 具有非平凡的解, 那么可以获得新的非行波类型的解. 事实上, 在具体的运算中, 可以假设这种简单的形式 $\psi(x,t)=\theta(t)x+\rho(t)$, 这对于求解的超定微分方程组是有用的. 例如: 基于约化的 sine-Gordon 方程, 提出如下的**微分情形下的 sine-Gordon 约化方程展开法**[339,340]:

- **步骤 1.** 直接假设偏微分方程 (2.2.1) 有如下的解:

$$u(\xi)=A_0(x,t)+\sum_{i=1}^{n}\frac{\sin^{i-1}w(\psi)[A_i(x,t)\sin w(\psi)+B_i(x,t)\cos w(\psi)]}{[R(x,t)+P(x,t)\sin w(\psi)+Q(x,t)\cos w(\psi)]^i},\tag{2.2.53}$$

其中 $R(x,t),P(x,t),Q(x,t),A_i(x,t),B_j(x,t),\psi(x,t)$ 为 x,t 的待定函数, $w=w(\psi(x,t))$ 满足 sine-Gordon 约化方程:

$$\frac{d\omega(\psi(x,t))}{d\psi(x,t)}=\pm\sqrt{a+b\sin^2\omega(\psi(x,t))},\tag{2.2.54}$$

其中 a,b 为常数.

- **步骤 2.** 通过平衡 (2.2.1) 中最高阶线性项和非线性项, 可以 (2.2.53) 确定 n 的值. 特别地, 如果 $n=0$, 则该算法不起作用; 若 n 是不为零的非整数, 那么 (2.2.53) 约化为

$$u(\xi)=\left\{A_0(x,t)+\frac{A_1(x,t)\sin w(\psi)+B_1(x,t)\cos w(\psi)}{R(x,t)+P(x,t)\sin w(\psi)+Q(x,t)\cos w(\psi)}\right\}^n.$$

- **步骤 3.** 借助于 Maple 软件, 将 (2.2.53) 代入 (2.2.1) 并结合 (2.2.54), 得关于 $w'^s\sin^i w\cos^j w(i=0,1;s=0,1;j=0,1,2,\cdots)$ 的多项式方程.
- **步骤 4.** 收集关于 $w'^s\sin^i w\cos^j w(i=0,1;s=0,1;j=0,1,2,\cdots)$ 的同幂次项, 并且令它们的系数为零, 得到一个关于未知函数 $R(x,t)$, $P(x,t)$, $Q(x,t)$, $A_i(x,t)$, $B_j(x,t)$ 和 $\psi(x,t)$ 的超定的非线性微分方程组.
- **步骤 5.** 借助于 Maple 软件解上面得到的超定的非线性微分方程组. 我们可得到 $R(x,t),P(x,t),Q(x,t),A_i(x,t),B_j(x,t),\psi(x,t)$ 的非平凡值 (如果存在).
- **步骤 6.** 进而借助于 (2.2.53) 和 (2.2.54) 的多种形式的解 (参考命题 2.2.11), 得到 (2.2.1) 的很多类型的解. 如果 $\psi(x,t)$ 并不是 x,t 的线性函数, 那么可以获得新的非行波解.

§2.3 改进的齐次平衡原理和 Bäcklund 变换

根据一些数学物理中的非线性偏微分方程 (特别是孤子方程) 的特点, 1995 年, Wang 等人提出了一种获得单个孤波解的齐次平衡法 [163,164]. 1998 年, Fan 将其进行改进, 成功地获得很多非线性波方程的 Bäcklund 变换以及用于求解一类反应扩散方程和 KdV 型方程的很多类型的精确解 [60~62]. 同年, Zhang 改进此方法用于获得一些非线性波方程的多孤子解 [167]. 另外, Gao 等人 [302] 也对该方法做了改进. 这里我们进一步改进齐次平衡原理, 进而获得更多类型的解.

§2.3.1 偏微分情形中 "次" 的定义

在讨论齐次平衡原理之前, 为了平衡非线性波方程中的最高阶线性项和非线性项, 根据文献 [163, 164] 的论述, 这里系统地提出非线性偏微分方程中的 "次" 的定义：对于含有两个变量 x,t 的非线性波方程, 设其解为 $u\sim\partial_t^m\partial_x^n f(\phi)$, 定义 $\mathrm{D}_x[u]=n$, $\mathrm{D}_t[u]=m$, 其中 D_x, D_t 分别表示关于 x,t 的因变量的 "次", 那么

$$\mathrm{D}_x\left[u^p\left(\partial_x^s\partial_t^l u^r\right)^q\right]=np+q[rn+s],\quad \mathrm{D}_t\left[u^p\left(\partial_x^s\partial_t^l u^r\right)^q\right]=mp+q[rm+l],$$

其中 s,l 为整数, 当 $s,t>0$, $\partial_x^s\partial_t^l$ 表示微分; 当 $s,t<0$, $\partial_x^s\partial_t^l$ 表示积分.

通过平衡方程的最高阶偏导数项与最高次非线性项可以确定 m,n. 如

■ **KdV 方程**

$$u_t + 6uu_x + u_{xxx} = 0,$$

考虑变换 $u \sim \partial_t^m \partial_x^n f(\phi(x,t))$, 根据上面 "次" 的概述, 有 $\mathrm{D}_t[u] = m$, $\mathrm{D}_x[u] = n$, 进而可得

$$\mathrm{D}_x[u_{xxx}] = n+3, \quad \mathrm{D}_t[u_{xxx}] = m, \quad \mathrm{D}_x[uu_x] = 2n+1,$$
$$\mathrm{D}_t[uu_x] = 2m, \quad \mathrm{D}_x[u_t] = n, \quad \mathrm{D}_t[u_t] = m+1.$$

通过平衡最高阶线性项和非线性项中每个分量的条件, 得

$$\mathrm{D}_x[u_{xxx}] = n+3 = 2n+1 = \mathrm{D}_x[uu_x], \quad \mathrm{D}_t[u_{xxx}] = m = 2m = \mathrm{D}_t[uu_x],$$

因此解得 $n = 2$, $m = 0$.

■ **Novikov-Veselov 方程**[364,365]

$$u_t + u_{xxx} + u_{yyy} + 3(u\partial_y^{-1}u_x)_x + 3(u\partial_x^{-1}u_y)_y = 0,$$

考虑变换 $u \sim \partial_t^m \partial_x^n \partial_y^s f[\phi(x,y,t)]$, 根据 "次" 的概述, 有 $\mathrm{D}_t[u] = m$, $\mathrm{D}_x[u] = n$, $\mathrm{D}_y[u] = s$, 进而可得

$$\begin{array}{lll}
\mathrm{D}_x[u_{xxx}] = n+3, & \mathrm{D}_y[u_{xxx}] = s, & \mathrm{D}_t[u_{xxx}] = m, \\
\mathrm{D}_x[u_{yyy}] = n, & \mathrm{D}_y[u_{yyy}] = s+3, & \mathrm{D}_t[u_{yyy}] = m, \\
\mathrm{D}_x[(u\partial_y^{-1}u_x)_x] = 2n+2, & \mathrm{D}_y[(u\partial_y^{-1}u_x)_x] = 2s-1, & \mathrm{D}_t[(u\partial_y^{-1}u_x)_x] = 2m, \\
\mathrm{D}_x[(u\partial_x^{-1}u_y)_y] = 2n-1, & \mathrm{D}_y[(u\partial_x^{-1}u_y)_y] = 2s+2, & \mathrm{D}_t[(u\partial_x^{-1}u_y)_y] = 2m, \\
\mathrm{D}_x[u_t] = n, & \mathrm{D}_y[u_t] = s, & \mathrm{D}_t[u_t] = m+1.
\end{array}$$

通过平衡可能的最高阶线性项和非线性项每个分量的条件, 可得

$$\begin{cases}
\mathrm{D}_x[u_{xxx}] = n+3 = 2n+2 = \mathrm{D}_x[(u\partial_y^{-1}u_x)_x], \\
\mathrm{D}_y[u_{xxx}] = s = 2s-1 = \mathrm{D}_y[(u\partial_y^{-1}u_x)_x], \\
\mathrm{D}_t[u_{xxx}] = m = 2m = \mathrm{D}_t[(u\partial_y^{-1}u_x)_x], \\
\mathrm{D}_x[u_{yyy}] = n = 2n-1 = \mathrm{D}_x[(u\partial_x^{-1}u_y)_y], \\
\mathrm{D}_y[u_{yyy}] = s+3 = 2s+2 = \mathrm{D}_y[(u\partial_x^{-1}u_y)_y], \\
\mathrm{D}_t[u_{yyy}] = m = 2m = \mathrm{D}_t[(u\partial_x^{-1}u_y)_y],
\end{cases}$$

因此解得 $n = s = 1$, $m = 0$.

■ **(2+1) 维色散长波方程**[164]

$$\begin{cases}
u_{ty} + v_{xx} + \dfrac{1}{2}(u^2)_{xy} = 0, \\
v_t + (uv + u_{xy})_x = 0,
\end{cases}$$

考虑 $u \sim \partial_t^m \partial_x^n \partial_y^s f[\phi(x,y,t)]$, $v \sim \partial_t^i \partial_x^j \partial_y^k f[\phi(x,y,t)]$, 根据上面“次”的概述, 得 $\mathrm{D}_t[u]=m$, $\mathrm{D}_x[u]=n$, $\mathrm{D}_y[u]=s$, $\mathrm{D}_t[v]=i$, $\mathrm{D}_x[v]=j$, $\mathrm{D}_y[v]=k$, 进而可得

$$\begin{array}{lll}
\mathrm{D}_x[u_{ty}]=n, & \mathrm{D}_y[u_{ty}]=s+1, & \mathrm{D}_t[u_{ty}]=m+1, \\
\mathrm{D}_x[v_{xx}]=j+2, & \mathrm{D}_y[v_{xx}]=k, & \mathrm{D}_t[v_{xx}]=i, \\
\mathrm{D}_x[(u^2)_{xy}]=2n+1, & \mathrm{D}_y[(u^2)_{xy}]=2s+1, & \mathrm{D}_t[(u^2)_{xy}]=2m, \\
\mathrm{D}_x[u_{xxy}]=n+2, & \mathrm{D}_y[u_{xxy}]=s+1, & \mathrm{D}_t[u_{xxy}]=m, \\
\mathrm{D}_x[(uv)_x]=n+j+1, & \mathrm{D}_y[(uv)_x]=s+k, & \mathrm{D}_t[(uv)_x]=m+i, \\
\mathrm{D}_x[v_t]=j, & \mathrm{D}_y[v_t]=k, & \mathrm{D}_t[u_t]=i+1.
\end{array}$$

通过平衡可能的最高阶线性项和非线性项每个分量的条件, 得

$$\begin{array}{lll}
j+2=2n+1, & k=2s+1, & i=2m, \\
n+2=n+j+1, & s+1=s+k, & m=m+i.
\end{array}$$

因此解得 $j=k=n=1$, $i=m=s=0$.

§2.3.2 改进的齐次平衡原理

首先简单地介绍齐次平衡原理 [163], 其大致步骤如下:

- **步骤 1.** 对给定的非线性波方程, 不妨设仅含有两个独立变量 x,t,

$$F(u,u_t,u_x,u_{xt},u_{tt},u_{xx},\cdots)=0, \tag{2.3.1}$$

为了使 (2.3.1) 中的最高阶偏导数项与最高次非线性项达到平衡, 可以将 u 表示为新的变量 $\phi=\phi(x,t)$ 表达式:

$$u(x,t)=\sum_{i,j} a_{ij}\partial_t^i \partial_x^j f(\phi)+b, \quad i,j=0,1,2,\cdots. \tag{2.3.2}$$

- **步骤 2.** 将 (2.3.2) 代入 (2.3.1), 令关于 ϕ 的最高阶导数及幂次最高项的系数为零, 可得到关于 $f(\phi)$ 的常微分方程, 从其可得到函数 $f(\phi)$, 记为

$$f=F(\phi). \tag{2.3.3}$$

- **步骤 3.** 应用 (2.3.3), 可将步骤 2 得到的方程中关于 f 的非线性项转变为 f 的线性项, 然后令 f 的各阶导数项的系数为零, 得到一个关于 ϕ 及其微分的超定的齐次微分方程组:

$$G(\phi)=0, \quad k=1,2,\cdots. \tag{2.3.4}$$

- **步骤 4.** 设目标方程 (2.3.4) 有如下的特解 [163]：

$$\phi = 1 + \exp(\alpha x + \beta t), \tag{2.3.5}$$

其中 α, β 为待定的常数. 将 (2.3.5) 代入 (2.3.4) 可以确定 α, β. 若存在非平凡的参数解, 将 (2.3.4) 和 (2.3.5) 代入 (2.3.2) 可得到 (2.3.1) 的孤波解.

因为超定的齐次微分方程组一般是一个非线性的，如何对其进行约化并给出它的更多形式的解又是一个重要的课题. 对于某些方程对应的 (2.3.4), Zhang 设其有如下的解 [167]：

$$\phi = a_0 + \sum_{i=1}^{n} a_i \exp(\alpha_i x + \beta_i t), \tag{2.3.6}$$

其中 $a_j (j = 0, 1, 2, \cdots), \alpha, \beta$ 为待定的常数. 最后将 (2.3.4) 和 (2.3.6) 代入 (2.3.2) 可得到 (2.3.1) 的多孤子解.

我们知道, 对于 (2.3.4), 都是事先假设其有什么形式的解. 因此会丢掉很多解. Fan[60] 改进该原理的 (2.3.2) 推广到更一般的形式：

$$u(x,t) = \sum_{i,j} a_{ij} \partial_t^i \partial_x^j f(\phi) + u_0, \quad i, j = 0, 1, 2, \cdots, \tag{2.3.2$'$}$$

其中 u_0 为原方程 (2.3.1) 的初解, 这样可以推导 (2.3.1) 的自 Bäcklund 变换. 另外他还直接从 (2.3.4) 本身出发, 获得了一些方程对应的 (2.3.4) 的更多形式的解, 这将最后获得 (2.3.1) 的很多形式的解. 例如一类反应扩散方程及 KdV 型方程. 我们将该思想推广到一类 Burger-Hugers 方程中, 以至于获得很多类型的精确解. 另外对于其他方程, 如 WKB 方程、(2+1) 维 Broer-Kaup 方程、(2+1) 维广义 Burger 方程、(2+1) 维广义 KdV 方程等. 我们获得了新的有理形式的解和其他形式的解.

我们对齐次平衡原理从以下两个方面做进一步的改进：

- **改进 1.** 如果将超定方程组 (2.3.4) 进一步约化, 可以化为线性微分方程 (组) $L(u, u_t, u_x, \cdots) = 0$, 那么可以通过该线性微分方程 (组) 的特点, 可以用 x, t 的多项式待定展开、指数形式的多项式展开以及它们的线性组合等形式，获得很多类型的解，进而借助于变换 (2.3.2$'$) 可以得到原方程 (2.3.1) 的很多类型的解.
- **改进 2.** 对于更高维的非线性波方程, 选择非平凡的初解, 并且通过假设变量 $\phi(x, y, t)$ 具有变系数的指数形式的解 $\psi(x, y, t) = p(y, t) + \exp[\theta(y, t)x + \psi(y, t)]$ 或 $\psi(x, y, t) = p(x, t) + \exp[\theta(x, t)y + \psi(x, t)]$, 那么可以得到原方程 (2.3.1) 新的非行波解.

§2.3.3 (2+1) 维情形

为了研究改进的齐次平衡原理在 (2+1) 维非线性波方程中的应用, 我们选择 (2+1) 维 Broer-Kaup 方程作为例子:

$$H_{ty}+2(HH_x)_y+2G_{xx}-H_{xxy}=0, \tag{2.3.7}$$

$$G_t+2(GH)_x+G_{xx}=0. \tag{2.3.8}$$

通过 WTC 方法和形式级数对称, (2.3.7) 和 (2.3.8) 的 Painlevé 性质和无穷多含有 t 的任意函数的截断对称被研究 [366~368]. 这里通过改进齐次平衡原理来研究它的解析解 [369,370].

首先做 (2.3.7) 和 (2.3.8) 的一个变换:

$$\begin{aligned} H(x,y,t)&=\partial_x^m\partial_y^n h[w(x,y,t)]+H_0,\\ G(x,y,t)&=\partial_x^i\partial_y^j g[w(x,y,t)]+G_0, \end{aligned} \tag{2.3.9}$$

其中函数 $H(x,y,t)$ 和 $G(x,y,t)$ 被仅仅与 $w(x,y,t)$ 有关的函数 $h(w)$ 和 $g(w)$ 表示, 整数 m,n,i 和 j 及函数 $h(w),g(w),H_0=H_0(x,y,t)$ 和 $G_0=G_0(x,y,t)$ 是待定的.

为了获得 m,n,i 和 j, 将 (2.3.9) 代入 (2.3.7) 和 (2.3.8). 我们做如下的分析: 对 (2.3.7), 可能的最高阶项为 $w_x^{2m+1}w_y^{2n+1},w_x^{i+2}w_y^j$ 和 $w_x^{m+2}w_y^{n+1}$, (它们分别由 $(HH_x)_y,G_{xx}$ 和 H_{xxy} 得到). 那么平衡可得

$$2m+1=i+2=m+2,\quad 2n+1=j=n+1. \tag{2.3.10}$$

类似地, 对于 (2.3.8), 可能的最高阶项为 $w_x^{m+i+1}w_y^{n+j}$ 和 $w_x^{i+2}w_y^j$ (它们分别由 $(GH)_x$ 和 G_{xx} 得到). 那么平衡它们可得

$$m+i+1=i+2,\quad n+j=j. \tag{2.3.11}$$

因此从 (2.3.10) 和 (2.3.11), 可得

$$m=i=j=1,\quad n=0. \tag{2.3.12}$$

所以 (2.3.9) 变为

$$\begin{aligned} H(x,y,t)&=\frac{\partial}{\partial x}h[w(x,y,t)]+H_0=h'w_x+H_0,\\ G(x,y,t)&=\frac{\partial^2}{\partial x\partial y}g[w(x,y,t)]+G_0=g''w_xw_y+g'w_{xy}+G_0. \end{aligned} \tag{2.3.13}$$

注 2.3.1 这里从另一角度来证明(2.3.12). 考虑它们的 “次”, 从(2.3.9)可知: $\mathrm{D}_x[H]=m$, $\mathrm{D}_y[H]=n$, $\mathrm{D}_x[G]=i$, $\mathrm{D}_y[G]=j$, 根据(2.3.7)和(2.3.8)可得

$$
\begin{aligned}
&\mathrm{D}_x[H_{xxy}]=m+2, &&\mathrm{D}_x[(HH_x)_y]=2m+1,\\
&\mathrm{D}_y[H_{xxy}]=n+1, &&\mathrm{D}_y[(HH_x)_y]=2n+1,\\
&\mathrm{D}_x[G_{xx}]=i+2, &&\mathrm{D}_x[(GH)_x]=i+m+1,\\
&\mathrm{D}_y[G_{xx}]=j, &&\mathrm{D}_y[(GH)_x]=n+j.
\end{aligned}
$$

通过分别平衡(2.3.7)和(2.3.8)中最高阶线性项和非线性项的关于 x,y 的"次", 可得(2.3.10) 和(2.3.11), 进而可推出(2.3.12).

将 (2.3.13) 代入 (2.3.7) 和 (2.3.8) 并收集关于 $w(x,y,t)$ 的导数的齐次项, 得

$$
\begin{aligned}
&[-h''''+2(h''^2+h'h''')+2g'''']w_x^3w_y+[-3h'''w_x^2w_{xy}-3h'''w_xw_yw_{xx}\\
&+2(3h'h''w_x^2w_{xy}+2h'h''w_xw_yw_{xx}+h'''H_0w_x^2w_y)+6g'''w_x^2w_{xy}\\
&+6g'''w_xw_yw_{xx}+h'''w_xw_yw_t]+[-3h''w_{xx}w_{xy}-3h''w_xw_{xxy}-h''w_yw_{xxx}\\
&+2(h''H_{0y}w_x^2+h'^2w_{xx}w_{xy}+h''H_{0x}w_xw_y+h'^2w_xw_{xxy}+2h''H_0w_xw_{xy}\\
&+h''H_0w_yw_{xx})+6g''w_{xy}w_{xx}+6g''w_xw_{xxy}+2g''w_yw_{xxx}+h''w_{xy}w_t+h''w_xw_{yt}\\
&+h''w_yw_{xt}]+[-h'w_{xxxy}+2h'(H_{0y}w_{xx}+H_{0x}w_{xy}+H_{0xy}w_x+H_0w_{xxy}\\
&+2g'w_{xxxy}+h'w_{xyt}]+H_{0ty}+2G_{0xx}+2H_{0x}H_{0y}+2H_0H_{0xy}-H_{0xxy}=0.
\end{aligned}\tag{2.3.14}
$$

$$
\begin{aligned}
&[g''''+2(h'g'''+h''g'')]w_x^3w_y+[3g'''w_x^2w_{xy}+3g'''w_xw_yw_{xx}\\
&+2(2h'g''w_x^2w_{xy}+2h'g''w_xw_yw_{xx}+g'''H_0w_x^2w_y+h''g'w_x^2w_{xy})+g'''w_xw_yw_t]\\
&+[3g''w_{xx}w_{xy}+3g''w_xw_{xxy}+g''w_yw_{xxx}+2(h'g'w_{xx}w_{xy}+h'^2w_xw_{xxy}+h''G_0w_x^2\\
&+2g''H_0w_xw_{xy}+g''H_0w_yw_{xx}+g''H_{0x}w_xw_y)+g''w_{xy}w_t+g''w_xw_{yt}+g''w_yw_{xt}]\\
&+[g'w_{xxxy}+2(h'G_{0x}w_x+g'H_{0x}w_{xy}+g'H_0w_{xxy}+g'w_{xyt}+h'G_0w_{xx})]\\
&+G_{0t}+2G_{0xx}+2G_{0x}H_0+2G_0H_{0x}=0.
\end{aligned}\tag{2.3.15}
$$

令 (2.3.14) 和 (2.3.15) 的项 $w_x^3w_y$ 的系数为零, 得

$$
\begin{aligned}
&-h''''+2(h''^2+h'h''')+2g''''=0,\\
&g''''+2(h'g'''+h''g'')=0.
\end{aligned}\tag{2.3.16}
$$

其有特解:

$$
h(w)=g(w)=\ln w(x,y,t).\tag{2.3.17}
$$

从其可得如下的关系:

$$
\begin{aligned}
&h'h''=-\frac{1}{2}h''',\quad g'''=h''',\quad h'^2=-h'',\quad g'=h',\quad g''=h'',\\
&h'g''=-\frac{1}{2}g''',\quad h''g'=-\frac{1}{2}g''',\quad h'g'=-g''.
\end{aligned}\tag{2.3.18}
$$

根据这些关系, (2.3.14) 和 (2.3.15) 约化为

$$
\begin{aligned}
&[w_x w_y(w_{xx}+2H_0w_x+w_t)]h''' + [w_{xy}(w_{xx}+2H_0w_x+w_t)\\
&\quad + w_x\frac{\partial}{\partial y}(w_{xx}+2H_0w_x+w_t) + w_y\frac{\partial}{\partial x}(w_{xx}+2H_0w_x+w_t)]h''\\
&\quad + (w_{xx}+2H_0w_x+w_t)_{xy}h' + (H_{0ty}+2G_{0xx}\\
&\quad + 2H_{0x}H_{0y}+2H_0H_{0xy}-H_{0xxy})h^0 = 0.
\end{aligned}
\tag{2.3.19}
$$

$$
\begin{aligned}
&[w_x w_y(w_{xx}+2H_0w_x+w_t)]g''' + [w_{xy}(w_{xx}+2H_0w_x+w_t)\\
&\quad + w_x(w_{xxy}+2H_0w_{xy}+w_{ty}+2G_0w_x) + w_y\frac{\partial}{\partial x}(w_{xx}+2H_0w_x+w_t)]g''\\
&\quad + [w_{xxxy}+w_{xyt}+2(H_0w_{xxy}+G_{0x}w_x+G_0w_{xx}+H_{0x}w_{xy})]g'\\
&\quad + (G_{0t}+2G_{0xx}+2G_{0x}H_0+2G_0H_{0x})g^0 = 0.
\end{aligned}
\tag{2.3.20}
$$

因为 $h'''=\dfrac{2}{w^3}, h''=-\dfrac{1}{w^2}, h'=\dfrac{1}{w}, h^0=1$ 和 $g'''=\dfrac{2}{w^3}, g''=-\dfrac{1}{w^2}, g'=\dfrac{1}{w}, g^0=1$ 都是线性无关的. 令 (2.3.19) 中 h''', h'', h' 和 h^0 系数及 (2.3.20) 中 g''', g'', g' 和 g^0 的系数为零, 并且简化为

$$
\begin{aligned}
&w_x w_y(w_{xx}+2H_0w_x+w_t)=0,\\
&w_{xy}(w_{xx}+2H_0w_x+w_t)+w_x(w_{xx}+2H_0w_x+w_t)_y\\
&\qquad + w_y(w_{xx}+2H_0w_x+w_t)=0,\\
&(w_{xx}+2H_0w_x+w_t)_{xy}=0,\\
&G_0=H_{0y},
\end{aligned}
\tag{2.3.22}
$$

其中 $(H_0, G_0=H_{0y})$ 为 (2.3.7) 和 (2.3.8) 的解. 因此将 (2.3.17) 代入 (2.3.13), 可得到 (2.3.7) 和 (2.3.8) 的变换 Bäcklund 变换:

定理 2.3.2 (2+1)维Broer-Kaup方程(2.3.7) 和(2.3.8)的Bäcklund 变换为

$$
\begin{aligned}
H(x,y,t) &= \frac{w_x}{w}+H_0(x,y,t),\\
G(x,y,t) &= \frac{w_{xy}}{w}-\frac{w_x w_y}{w^2}+G_0(x,y,t),
\end{aligned}
\tag{2.3.23}
$$

其中 $w=w(x,y,t)$ 满足目标方程(2.3.22).

推论 2.3.3 令 $H_0=h_0=\text{const.}$, $G_0=0$, 可得这样的Bäcklund变换:

$$
\begin{aligned}
H(x,y,t) &= \frac{w_x}{w}+h_0,\\
G(x,y,t) &= \frac{w_{xy}}{w}-\frac{w_x w_y}{w^2}.
\end{aligned}
\tag{2.3.24}
$$

这将(2.3.7) 和 (2.3.8)约化为广义热方程：

$$w_t + 2h_0 w_x + w_{xx} = 0. \tag{2.3.25}$$

推论 2.3.4　令 $H_0 = w$, $G_0 = w_y$, 可得另一个Bäcklund变换：

$$\begin{aligned} H(x,y,t) &= \frac{w_x}{w} + w, \\ G(x,y,t) &= \frac{w_{xy}}{w} - \frac{w_x w_y}{w^2} + w_y. \end{aligned} \tag{2.3.26}$$

这将(2.3.7) 和 (2.3.8) 约化为Burger方程：

$$w_t + 2ww_x + w_{xx} = 0. \tag{2.3.27}$$

下面通过两种改进的方法来研究 (2.3.7) 和 (2.3.8) 的解.

■ 类型 1. 第一种改进的应用

情况 A. 从 (2.3.25), 可得

$$w(x,y,t) = a_0(y) + \sum_{i=1}^{n} a_i(y)\exp[k_i(y)x + l_i(y) - (k_i^2(y) + 2h_0 k_i(y))t], \tag{2.3.28}$$

其中 $k_i(y), l_i(y), a_0(y), a_i(y)(i = 0, 1, 2, \cdots, n)$ 为 y 的任意函数. 根据 Bäcklund 变换 (2.3.24), 得到 (2.3.7) 和 (2.3.8) 的多类孤子解：

$$H = \frac{\displaystyle\sum_{i=1}^{n} a_i(y)k_i(y)\exp[k_i(y)x + l_i(y) - (k_i^2(y) + 2h_0 k_i(y))t + c]}{a_0(y) + \displaystyle\sum_{i=1}^{n} a_i(y)\exp[k_i(y)x + l_i(y) - (k_i^2(y) + 2h_0 k_i(y))t + c]} + h_0,$$

$$G = \frac{\displaystyle\sum_{i=1}^{n}[a_i(y)k_i'(y)a_i'(y)k_i(y) + a_i(y)k_i(y)\xi_i'(y)]\exp(\xi_i)}{a_0(y) + \displaystyle\sum_{i=1}^{n} a_i(y)\exp[k_i(y)x + l(y) - (k_i^2(y) + 2H_0 k_i(y))t + c]}$$

$$- \frac{\displaystyle\sum_{i=1}^{n} a_i(y)k_i(y)\exp(\xi_i)[a_0'(y) + \sum_{i=1}^{n}(a_i'(y) + a_i\xi_i'(y))\exp(\xi_i)]}{\{a_0(y) + \displaystyle\sum_{i=1}^{n} a_i\exp[k_i(y)x + l_i(y) - (k_i^2(y) + 2h_0 k_i(y))t + c]\}^2},$$

其中

$$\xi_i = k_i(y)x + l_i(y) - (k_i(y)^2 + 2h_0 k_i(y))t + c,$$

$$\xi_i'(y) = k_i'(y)x - 2(k_i(y)k_i'(y) + h_0k_i(y))t + l_i'(y).$$

如果取 $k_i(y) = k_i$, $l_i(y) = l_iy + c$, $a_j(y) = a_j(j = 0, 1, 2, \cdots, n)$, 从上面的解可得到 (2.3.7) 和 (2.3.8) 的孤波解：

$$H(x, y, t) = \frac{\sum_{i=1}^{n} a_ik_i\exp(\xi_i)}{1 + \sum_{i=1}^{n} a_i\exp(\xi_i)} + h_0,$$

$$G(x, y, t) = \frac{\sum_{i=1}^{n} a_ik_il_i\exp(\xi_i)}{1 + \sum_{i=1}^{n} a_i\exp(\xi_i)} - \frac{\sum_{i=1}^{n} a_ik_i\exp(\xi_i)\sum_{i=1}^{n} l_ia_i\exp(\xi_i)}{\left[1 + \sum_{i=1}^{n} a_i\exp(\xi_i)\right]^2}.$$

特别地, 当 $n = 1, a_1 > 0$ 时, 获得扭型的和钟型的孤波解：

$$H_1(x, y, t) = \frac{k_1}{2}\tanh\frac{1}{2}[k_1x + l_1y - (k_1^2 + 2h_0k_1)t + \ln a_1 + c] + \frac{k_1}{2} + h_0,$$

$$G_1(x, y, t) = \frac{k_1l_1}{4}\text{sech}^2\frac{1}{2}[k_1x + l_1y - (k_1^2 + 2h_0k_1)t + \ln a_1 + c];$$

当 $n = 1, a_1 < 0$ 时, 奇性孤波解：

$$H_2(x, y, t) = \frac{k_1}{2}\coth\frac{1}{2}[k_1x + l_1y - (k_1^2 + 2h_0k_1)t + \ln(-a_1) + c] + \frac{k_1}{2} + h_0,$$

$$G_2(x, y, t) = \frac{k_1l_1}{4}\text{csch}^2\frac{1}{2}[k_1x + l_1y - (k_1^2 + 2h_0k_1)t + \ln(-a_1) + c].$$

情况 B. 我们能获得 (2+1) 维 Burger 方程的多类孤波解：

$$w(x, y, t) = \frac{\sum_{i=1}^{n} a_i(y)k_i(y)\exp[k_i(y)x + l_i(y) - k_i^2(y)t]}{a_0(y) + \sum_{i=1}^{n} a_i(y)\exp[k_i(y)x + l_i(y) - k_i^2(y)t]}, \tag{2.3.29}$$

其中 $k_i(y), l_i(y), a_i(y)(i = 0, 1, 2, \cdots, n)$ 为 y 的任意函数. 根据 Bäcklund 变换 (3.3.26), 可得新的多类孤子解：

$$H = \frac{\sum_{i=1}^{n} a_i(y)k_i^2(y)\exp[k_i(y)x + l_i(y) - (k_i^2(y) + 2h_0k_i(y))t + c]}{\sum_{i=1}^{n} a_i(y)k_i\exp[k_i(y)x + l_i(y) - (k_i^2(y) + 2h_0k_i(y))t + c]} + h_0,$$

$$G = \frac{\sum_{i=1}^{n}[2a_i(y)k_i'(y)k_i(y) + a_i'(y)k_i^2(y) + a_i(y)k_i^2(y)\xi_i'(y)]\exp(\xi_i)}{\sum_{i=1}^{n} a_i(y)k_i \exp[k_i(y)x + l_i(y) - (k_i^2(y) + 2h_0k_i(y))t + c]}$$

$$-\frac{\left[\sum_{i=1}^{n} a_i(y)k_i^2(y)\exp(\xi_i)\right]\left[\sum_{i=1}^{n}[a_i(y)k_i'(y) + a_i'(y)k_i(y) + a_i(y)k_i(y)\xi_i'(y)]\exp(\xi_i)\right]}{\left[\sum_{i=1}^{n} a_i(y)k_i(y)\exp(\xi_i(y))\right]^2},$$

其中

$$\xi_i = k_i(y)x + l_i(y) - (k_i(y)^2 + 2h_0k_i(y))t + c,$$

$$\xi_i' = k_i'(y)x - 2(k_i(y)k_i'(y) + h_0k_i(y))t + l_i'(y).$$

特别地, 当 $n = 2$ 时, 这个解变为

$$H = \frac{a_1(y)k_1^2(y)\exp(\xi_1) + a_2(y)k_2^2(y)\exp(\xi_2)}{a_1(y)k_1\exp(\xi_1) + a_2(y)k_2\exp(\xi_2)} + h_0,$$

$$G = \frac{A_1(x,y)\exp(\xi_1) + A_2(x,y)\exp(\xi_2)}{a_1(y)k_1\exp(\xi_1) + a_2(y)k_1(y)\exp(\xi_2)}$$

$$-\frac{[a_1(y)k_1^2(y)\exp(\xi_1) + a_2(y)k_2^2(y)\exp(\xi_2)][B_1(x,y)\exp(\xi_1) + B_2(x,y)\exp(\xi_2)]}{[a_1(y)k_1(y)\exp(\xi_1) + a_2(y)k_2(y)\exp(\xi_2)]^2},$$

其中

$$A_i(x,y) = 2a_i(y)k_i'(y)k_i(y) + a_i'(y)k_i^2(y) + a_i(y)k_i^2(y)\xi_i',$$

$$B_i(x,y) = a_i(y)k_i'(y) + a_i'(y)k_i(y) + a_i(y)k_i(y)\xi_i',$$

$$\xi_i = k_i(y)x + l_i(y) - (k_i(y)^2 + 2h_0k_i(y))t + c,$$

$$\xi_i' = k_i'(y)x - 2(k_i(y)k_i'(y) + h_0k_i(y))t + l_i'(y), \quad i = 1, 2.$$

情况 C. 当 $H_0 = h_0 = 0$ 时, 设 (2.2.25) 有如下的解:

$$\phi(x,y,t) = \sum_{i=0}^{n} f_i(x,y)t^i = f_n(x,y)t^n + \cdots + f_1(x,y)t + f_0(x,y). \tag{2.3.30}$$

将 (2.3.30) 代入 (2.3.25), 得

$$\begin{cases} f_{n,xx}(x,y) = 0, \\ nf_n(x,y) + f_{n-1,xx}(x,y) = 0, \\ (n-1)f_{n-1}(x,y) + f_{n-2,xx}(x,y) = 0, \\ \cdots\cdots\cdots\cdots \\ f_1(x,y) + f_{0,xx}(x,y) = 0. \end{cases} \tag{2.3.31}$$

因此有

$$f_i(x,y)=(-1)^{n-i}(n-i)!\binom{n-i}{n}\sum_{j=1}^{2(n+1-i)}g_i(y)\frac{x^{2(n+1-i)-j}}{(2(n+1-i)-j)!},$$

其中 $g_i(y)$ 为 y 的任意函数. 所以得到

$$\phi(x,y,t)=\sum_{i=0}^{n}\left[(-1)^{n-i}(n-i)!\binom{n-i}{n}\sum_{j=1}^{2(n+1-i)}g_i(y)\frac{x^{2(n+1-i)-j}}{(2(n+1-i)-j)!}\right]t^i. \tag{2.3.32}$$

最后根据 Bäcklund 变换 (2.3.23), 获得 (2.3.7) 和 (2.3.8) 的无穷多有理解:

$$H(x,y,t)=\frac{\displaystyle\sum_{i=0}^{n}\left[(-1)^{n-i}(n-i)!\binom{n-i}{n}\sum_{j=1}^{2(n-i)+1}g_i(y)\frac{x^{2(n-i)+1-j}}{(2(n-i)+1-j)!}\right]t^i}{\displaystyle\sum_{i=0}^{n}\left[(-1)^{n-i}(n-i)!\binom{n-i}{n}\sum_{j=1}^{2(n+1-i)}g_i(y)\frac{x^{2(n+1-i)-j}}{(2(n+1-i)-j)!}\right]t^i},$$

$$\begin{aligned}G(x,y,t)=&\frac{\displaystyle\sum_{i=0}^{n}\left[(-1)^{n-i}(n-i)!\binom{n-i}{n}\sum_{j=1}^{2(n-i)+1}g_i(y)\frac{x^{2(n-i)+1-j}}{(2(n-i)+1-j)!}\right]t^i}{\displaystyle\sum_{i=0}^{n}\left[(-1)^{n-i}(n-i)!\binom{n-i}{n}\sum_{j=1}^{2(n+1-i)}g_i(y)\frac{x^{2(n+1-i)-j}}{(2(n+1-i)-j)!}\right]t^i}\\
&-\frac{\displaystyle\sum_{i=0}^{n}\left[(-1)^{n-i}(n-i)!\binom{n-i}{n}\sum_{j=1}^{2(n-i)+1}g_i(y)\frac{x^{2(n-i)+1-j}}{(2(n-i)+1-j)!}\right]t^i}{\displaystyle\sum_{i=0}^{n}\left[(-1)^{n-i}(n-i)!\binom{n-i}{n}\sum_{j=1}^{2(n+1-i)}g_i(y)\frac{x^{2(n+1-i)-j}}{(2(n+1-i)-j)!}\right]t^i}\\
&\times\frac{\displaystyle\sum_{i=0}^{n}\left[(-1)^{n-i}(n-i)!\binom{n-i}{n}\sum_{j=1}^{2(n-i+1)}g_i'(y)\frac{x^{2(n-i+1)-j}}{(2(n-i)+1-j)!}\right]t^i}{\displaystyle\sum_{i=0}^{n}\left[(-1)^{n-i}(n-i)!\binom{n-i}{n}\sum_{j=1}^{2(n+1-i)}g_i(y)\frac{x^{2(n+1-i)-j}}{(2(n+1-i)-j)!}\right]t^i}.\end{aligned}$$

特别地, 当 $n=1$ 时, 这个解约化为

$$H_6(x,y,t)=\frac{g_1(y)(x+t)+g_2(y)}{[g_1(y)x+g_2(y)]t+\dfrac{1}{2}g_1(y)x^2+g_2(y)x+g_3(y)},$$

$$G_6(x,y,t)=\frac{g_{1y}(y)(x+t)+g_{2y}(y)}{[g_1(y)x+g_2(y)]t+\frac{1}{2}g_1(y)x^2+g_2(y)x+g_3(y)}$$
$$-\frac{[g_1(y)(x+t)+g_2(y)][(g_{1y}(y)x+g_{2y}(y))t+\frac{1}{2}g_{1y}(y)x^2+g_{2y}(y)x+g_{3y}(y)]}{\left[(g_1(y)x+g_2(y))t+\frac{1}{2}g_1(y)x^2+g_2(y)x+g_3(y)\right]^2},$$

其中 $g_1(y)$ 和 $g_2(y)$ 为 y 的函数.

■ 类型 2. 第二种改进的应用

类型 2a. 平凡初解来递推非行波解

情况 D. 下面我们从另一角度出发来研究 (2.3.7) 和 (2.3.8) 的解. 设

$$w(x,y,t)=P(y,t)+\exp[\Theta(y,t)x+\Psi(y,t)], \tag{2.3.33}$$

其中 $P(y,t),\Theta(y,t)$ 和 $\Psi(y,t)$ 为待定的 y 和 t 的函数. 当 $H_0=h_0$, $G_0=0$ 时, 将 (2.3.33) 代入 (2.3.21), 则它们导致关于 $x^ie^{j(\Theta x+\Psi)}$ 的同一个方程, 令 $x^2e^{\Theta x+\Psi}$, $xe^{\Theta x+\Psi}$, $(e^{\Theta x+\Psi})^2$, $e^{\Theta x+\Psi}$, x^2,x 的系数和常数项为零, 得

$$\begin{cases}\Theta_y\Theta_t=\Theta_{yt}=0,\\ P_t\Theta_y-2h_0P\Theta\Theta_y-P\Theta^2\Theta_y+P_y\Theta_t-P\Theta_t\Psi_y-P\Theta_y\Psi_t=0,\\ -PP_{ty}+P_tP_y+2P^2\Theta\Theta_y+P^2\Psi_{ty}+2h_0P^2\Theta_y=0,\\ P_tP_y-PP_y\Theta^2-PP_t\Psi_y+P^2\Theta^2\Psi_y-PP_y\Psi_t+P^2\Psi_t\Psi_y\\ \qquad -2h_0PP_y\Theta+2h_0P^2\Theta\Psi_y=0.\end{cases} \tag{2.3.34}$$

因此可得两种新的类孤子解:

(i) 当 $P(y,t)>0$ 时,

$$H(x,y,t)=\frac{1}{2}\Theta(y,t)\left\{1+\tanh\frac{1}{2}[\Theta(y,t)x+\Psi(y,t)-\ln P(y,t)]\right\}+h_0, \tag{2.3.35}$$

$$\begin{aligned}G(x,y,t)=&\frac{1}{4}\Theta(y,t)[\Theta_y(y,t)x+\Psi_y(y,t)-P_y(y,t)/P(y,t)]\\&\times\mathrm{sech}^2\frac{1}{2}[\Theta(y,t)x+\Psi(y,t)-\ln P(y,t)]\\&+\frac{1}{2}\Theta_y(y,t)\left\{1+\tanh\left[\frac{\Theta(y,t)x+\Psi(y,t)-\ln P(y,t)}{2}\right]\right\}.\end{aligned} \tag{2.3.36}$$

(ii) 当 $P(y,t)<0$ 时,

$$H(x,y,t)=\frac{1}{2}\Theta(y,t)\left\{1+\coth\frac{1}{2}[\Theta(y,t)x+\Psi(y,t)-\ln P(y,t)]\right\}+h_0, \tag{2.3.37}$$

$$G(x,y,t)=\frac{1}{4}\Theta(y,t)[\Theta_y(y,t)x+\Psi_y(y,t)-P_y(y,t)/P(y,t)]$$
$$\times\operatorname{csch}^2\frac{1}{2}[\Theta(y,t)x+\Psi(y,t)-\ln P(y,t)]$$
$$+\frac{1}{2}\Theta_y(y,t)\left\{1+\coth\left[\frac{\Theta(y,t)x+\Psi(y,t)-\ln P(y,t)}{2}\right]\right\}. \tag{2.3.38}$$

情况 D1. 当 $\Theta(y,t)=\theta=\text{const}\neq 0$ 时, 从 (2.3.34) 得

$$\begin{cases}-PP_{ty}+P_tP_y+P^2\Psi_{ty}=0,\\ P_tP_y-PP_y\theta^2-PP_t\Psi_y+P^2\Psi_t\Psi_y+P^2\theta^2\Psi_y-PP_y\Psi_t\\ \qquad -2APP_y\theta+2AP^2\theta\Psi_y=0.\end{cases} \tag{2.3.39}$$

因此可得

$$H(x,y,t)=\frac{\theta}{2}\tanh\frac{1}{2}[\theta x+\Psi(y,t)-\ln P(y,t)]+\frac{\theta}{2}+h_0, \tag{2.3.40}$$

$$G(x,y,t)=\frac{1}{4}\theta[\Psi_y(y,t)-P_y(y,t)/P(y,t)]\operatorname{sech}^2\frac{1}{2}[\theta x+\Psi(y,t)-\ln P(y,t)]. \tag{2.3.41}$$

下面分几种情况具体讨论:

情况 D1a. 当 $P(y,t)=c_1y+c_2, h_0=0$ 时, 从 (2.3.39) 得 $\Psi(y,t)=\psi(y)-\theta^2t$. 因此有

$$H(x,y,t)=\frac{\theta}{2}\left\{1+\tanh\frac{1}{2}[\theta x+\psi(y)-\theta^2t-\ln(c_1y+c_2)]\right\},$$

$$G(x,y,t)=\frac{1}{4}\theta[\psi_y(y)-c_1/(c_1y+c_2)]\operatorname{sech}^2\frac{1}{2}[\theta x+\psi(y)-\theta^2t-\ln(c_1y+c_2)].$$

情况 D1b. 令

$$\Psi(y,t)=\alpha y+\beta t+\gamma,\quad P(y,t)=1, \tag{2.3.42}$$

其中 α,β 和 γ 为常数. 将 (2.3.42) 代入 (2.3.39), 可得 $h_0=-\dfrac{\beta+\theta^2}{2\theta}$, 因此有孤波解:

$$H(x,y,t)=\frac{\theta}{2}\left[1+\tanh\frac{1}{2}(\theta x+\alpha y+\beta t+\gamma)\right]-\frac{\beta+\theta^2}{2\theta},$$

$$G(x,y,t)=\frac{\alpha\theta}{4}\operatorname{sech}^2\frac{1}{2}(\theta x+\alpha y+\beta t+\gamma).$$

情况 D1c. 取 $P(y,t)=c_3e^t+c_4$, (2.3.39) 的第一个方程变为

$$\Psi_{yt}=0,\quad \text{i.e.}\quad \Psi(y,t)=\alpha(y)+\beta(t), \tag{2.3.43}$$

其中 c_3, c_4 为常数, $\alpha(y)$ 和 $\beta(t)$ 为待定的函数. 将 (2.3.43) 代入 (2.3.39), 得

$$\Psi(y,t) = \alpha(y) - (\Theta^2 + 2A\Theta - 1)t. \tag{2.3.44}$$

因此有

$$H(x,y,t) = \frac{\theta}{2}\left\{1 + \tanh\frac{1}{2}[\theta x + \alpha(y) - (\theta^2 + 2A\theta - 1)t - \ln(c_3 e^t + c_4)]\right\} + h_0,$$

$$G(x,y,t) = \frac{1}{4}\theta\alpha_y(y)\mathrm{sech}^2\frac{1}{2}[\theta x + \alpha(y) - (\theta^2 + 2A\theta - 1)t - \ln(c_3 e^t + c_4)].$$

情况 D2. 当 $\Theta_y(y,t) \neq 0, \Theta_t(y,t) = 0$, i.e., $\Theta(y,t) = \theta(y)$ 时, 从 (2.3.34) 可得

$$\begin{cases} P_t - 2AP\theta - P\theta^2 - P\Psi_t = 0, \\ -PP_{ty} + P_tP_y + 2P^2\theta\theta_y + P^2\Psi_{ty} + 2AP^2\theta_y = 0. \end{cases} \tag{2.3.45}$$

$$H(x,y,t) = \frac{\theta(y)}{2}\left\{1 + \tanh\frac{1}{2}[\Theta(y)x + \Psi(y,t) - \ln P(y,t)]\right\} + h_0,$$

$$\begin{aligned} G(x,y,t) =& \frac{1}{4}\theta(y)[\theta_y(y)x + \Psi_y(y,t) - P_y(y,t)/P(y,t)] \\ & \times \mathrm{sech}^2\frac{1}{2}[\Theta(y)x + \Psi(y,t) - \ln P(y,t)] \\ & + \frac{\theta_y(y)}{2}\left\{1 + \tanh\frac{1}{2}[\Theta(y)x + \Psi(y,t) - \ln P(y,t)]\right\}. \end{aligned}$$

情况 D2a. 取 $P(y,t) = p_1(y)p_2(t)$, (2.3.45) 改写为

$$\begin{cases} \dfrac{p_{2t}(t)}{p_2(t)} - 2A\theta - \theta^2 - \Psi_t = 0, \\ 2\theta\theta_y + \Psi_{ty} + 2A\theta_y = 0. \end{cases} \tag{2.3.46}$$

从而可得 $\Psi(y,t) = -\theta^2(y)t - 2A\theta(y)t + \psi(y) + \ln p_2(t)$, 其中 $\psi(y)$ 为 y 的任意函数. 因此可得

$$H(x,y,t) = \frac{\theta(y)}{2}\left\{1 + \tanh\frac{1}{2}[\theta(y)x + -\theta^2(y)t - 2A\theta(y)t + \psi(y) - \ln p_1(y)]\right\} + h_0,$$

$$\begin{aligned} G(x,y,t) =& \frac{1}{4}\theta(y)[\theta_y(y)x - 2\theta(y)\theta_y(y)t - 2A\theta_y(y)t + \psi_y(y) - p_{1y}(y)/p_1(y)] \\ & \times \mathrm{sech}^2\frac{1}{2}[\theta(y)x - \theta^2(y)t - 2A\theta(y)t + \psi(y) - \ln p_1(y)] \\ & + \frac{\theta_y(y)}{2}\left\{1 + \tanh\frac{1}{2}[\theta(y)x - \theta^2(y)t - 2A\theta(y)t + \Psi(y) - \ln p_1(y)]\right\}. \end{aligned}$$

情况 D2b. 取 $P(y,t) = p_1(y) + p_2(t)$, 则 (2.3.45) 变为

$$\begin{cases} \dfrac{p_{2t}(t)}{p_1(y) + p_2(t)} - 2A\theta - \theta^2 - \Psi_t = 0, \\ p_{1y}p_{2t} + [p_1(y) + p_2(t)] + 2\theta\theta_y + \Psi_{ty} + 2A\theta_y = 0. \end{cases} \tag{2.3.47}$$

从而可得 $\Psi(y,t)=-\theta^2(y)t-2A\theta(y)t+\psi(y)+\ln(p_1(y)+p_2(t))$, 其中 $\psi(y)$ 为 y 的任意函数. 因此可得

$$H(x,y,t)=\theta(y)\left\{1+\tanh\frac{1}{2}[\theta(y)x-\theta^2(y)t-2A\theta(y)t+\psi(y)]\right\}+h_0,$$

$$\begin{aligned}G(x,y,t)=&\frac{1}{4}\theta(y)[\theta_y(y)x-2\theta(y)\theta_y(y)t-2A\theta_y(y)t+\psi_y(y)]\\&\times\operatorname{sech}^2\frac{1}{2}[\theta(y)x-\theta^2(y)t-2A\theta(y)t+\psi(y)]\\&+\frac{\theta_y(y)}{2}\left\{1+\tanh\frac{1}{2}[\theta(y)x-\theta^2(y)t-2A\theta(y)t+\psi(y)]\right\}.\end{aligned}$$

类型 2b. 非平凡的初解来递推非行波解

上面利用平凡的初解, Bäcklund 变换和非行波假设, 研究了非线性波方程的类孤波解. 下面我们利用非平凡的初解、非行波假设和 Bäcklund 变换, 来研究非线性波方程的类孤波解. 这里选择如下的 (2+1) 维破裂孤子方程作为例子：

$$u_{xt}-4u_xu_{xy}-2u_yu_{xx}+u_{xxxy}=0. \tag{2.3.48}$$

我们取非平凡的初解为 $u_0=kx+ly+g(t)$, 其中 k,l 为任意常数, $g(t)$ 为 t 的任意函数. 那么令方程 (2.3.48) 具有如下的解 [371]：

$$u(x,y,t)=\partial_xf[\phi(x,y,t)]+kx+ly+g(t)=f'\phi_x+kx+ly+g(t). \tag{2.3.49}$$

注 2.3.5 (2.3.49)中项 $\partial_xf[\phi(x,y,t)]$ 是由平衡最高阶线性项和非线性项得到的, 因为假设 $u\sim\partial_x^m\partial_y^nf[\phi(x,y,t)]$, 则定义 $\mathrm{D}_x[u]=m$, $\mathrm{D}_y[u]=n$, 因此可得

$$\mathrm{D}_x[u_{xxxy}]=m+3,\qquad \mathrm{D}_x[u_xu_{xy}]=\mathrm{D}_x[u_yu_{xx}]=2m+2,$$
$$\mathrm{D}_y[u_{xxxy}]=n+1,\qquad \mathrm{D}_y[u_xu_{xy}]=\mathrm{D}_y[u_yu_{xx}]=2n+1,$$

因此有 $m+3=2m+2$, $n+1=2n+1$, 进而可得 $m=1$, $n=0$.

将 (2.3.49) 代入 (2.3.48), 可确定函数 f 和 ϕ, 因此可以得 Bäcklund 变换：

定理 2.3.6 (2+1)维破裂孤子方程(2.3.48)具有Bäcklund变换：

$$u(x,y,t)=-2\partial_x\ln[\phi(x,y,t)]+kx+ly+g(t)=-\frac{2\phi_x}{\phi}+kx+ly+g(t). \tag{2.3.50}$$

并且 ϕ 满足

$$\left\{\begin{aligned}&\phi_x^2\phi_t-\phi_y\phi_{xx}^2-2\phi_x\phi_{xx}\phi_{xy}+2\phi_x^2\phi_{xxy}+2\phi_x\phi_y\phi_{xxx}\\&\qquad+2l\phi_x^3+4k\phi_y\phi_x^2=0,\\&2\phi_x\phi_{xt}+\phi_t\phi_{xx}-2\phi_{xx}\phi_{xxy}+4\phi_x\phi_{xxxy}+\phi_y\phi_{xxxx}+6l\phi_x\phi_{xx}\\&\qquad+8k\phi_x\phi_{xy}+4k\phi_{xx}\phi_y=0,\\&\phi_{xxt}+\phi_{xxxxy}+2l\phi_{xxx}+4k\phi_{xxy}=0.\end{aligned}\right. \tag{2.3.51}$$

下面利用所得到的 Bäcklund 变换考虑 (2+1) 维破裂孤子方程 (2.3.48) 的类孤波解. 假设系统 (2.3.51) 具有解:

$$\phi(x,y,t)=P(y,t)+\exp[\Theta(y,t)x+\Psi(y,t)],\tag{2.3.52}$$

其中 $P(y,t),\Theta(y,t)$ 和 $\Psi(y,t)$ 为 y 和 t 的待定函数. 借助于符号计算软件, 将 (2.3.52) 代入 (2.3.51) 得到关于 $x^i e^{j(\Theta x+\Psi)}$ 的多项式, 令它们的系数为零, 并且进一步约化, 得

$$\begin{cases}k\Theta_y=0,\\ \Theta_t+\Theta^2\Theta_y=0,\\ P_t+P_y\Theta^2+4k\Theta^2P_y=0,\\ \Psi_t+\Theta^2\Psi_y+2\Theta\Theta_y+2l\Theta+4k\Psi_y=0.\end{cases}\tag{2.3.53}$$

因此有如下的解:

(i) 当 $P(y,t)>0$, 类孤波解:

$$u=-\Theta(y,t)\left[1+\tanh\frac{\Theta(y,t)x+\Psi(y,t)-\ln P(y,t)}{2}\right]+kx+ly+g(t).\tag{2.3.54}$$

(ii) 当 $P(y,t)<0$, 类奇异孤波解:

$$u=-\Theta(y,t)\left[1+\coth\frac{\Theta(y,t)x+\Psi(y,t)-\ln|P(y,t)|}{2}\right]+kx+ly+g(t),\tag{2.3.55}$$

其中 $\Theta(y,t),\Psi(y,t),P(y,t),k,l$ 满足 (2.3.53).

下面主要考虑类孤波解 (2.3.54). 对于 (2.3.53), 从以下三种情况考虑:

情况 1. $k=l=0,\ \Theta_t\neq0,\ \Theta_y\neq0$. 这种情况下, (2.3.53) 有解:

$$\Theta(y,t)=\pm\sqrt{\frac{y}{t}},\quad P(y,t)=c_1\sqrt{\frac{y}{t}}+c_2,\quad \Psi(y,t)=\ln\frac{t^\alpha}{y^{1+\alpha}},$$

其中 c_1,c_2 和 α 为任意常数. 因此当 $P(y,t)=c_1\sqrt{\dfrac{y}{t}}+c_2>0$ 时, 得到解

$$u_1=\mp\sqrt{\frac{y}{t}}\left\{1+\tanh\left[\frac{\sqrt{\dfrac{y}{t}}x-\ln\left(c_1\sqrt{\dfrac{y}{t}}+c_2\right)-(1+\alpha)\ln y+\alpha\ln t}{2}\right]\right\}+g(t).$$

情况 2. $k=0,\ l\neq0,\ \Theta_t\neq0,\ \Theta_y\neq0$. 这种情况下, (2.3.53) 有解

$$\Theta(y,t)=\pm\sqrt{\frac{y}{t}},\ \ P(y,t)=c_3\sqrt{\frac{y}{t}}+c_4,$$

其中 $\Psi(y,t)$ 满足

$$\Psi_t \pm \sqrt{\frac{y}{t}}\Psi_y \pm 2l\sqrt{\frac{y}{t}} + \frac{1}{t} = 0.$$

因此当 $P(y,t) = c_3\sqrt{\dfrac{y}{t}} + c_4 > 0$ 时, 得到解

$$u_2 = \mp\sqrt{\frac{y}{t}}\left\{1 + \tanh\left[\frac{\sqrt{\dfrac{y}{t}}x - \ln(c_1\sqrt{\dfrac{y}{t}} + c_2) + \Psi(y,t)}{2}\right]\right\} + ly + g(t).$$

情况 3. $\Theta_t = 0,\quad \Theta_y = 0$, i.e. $\Theta(y,t) = \theta_0 = \text{const}$. 在这种情况下, (2.3.53) 有解

$$\begin{aligned} P(y,t) &= p_0 y - p_0(4k+1)\theta_0^2 t + c_5, \\ \Psi(y,t) &= \psi_0 y - [\psi_0(\theta_0 + 4k) + 2l\theta_0]t + c_6, \end{aligned}$$

因此当 $P(y,t) = p_0 y - p_0(4k+1)\theta_0^2 t + c_5 > 0$ 时, 得到解

$$\begin{aligned} u_3 = &- \theta_0\Big\{1 + \tanh\frac{1}{2}[\theta_0 x + \psi_0 y - [\psi_0(\theta_0 + 4k) + 2l\theta_0]t + c_6 \\ &- \ln(p_0 y - p_0(4k+1)\theta_0^2 t + c_5)]\Big\} + kx + ly + g(t), \end{aligned}$$

特别地, 令 $P(y,t) = 1,\ k = l = g(t) = 0,\ \Psi(y,t) = \psi_0 y - \psi_0\theta_0 t + c_7$, 得孤波解

$$u_4 = -\theta_0 \tanh\frac{1}{2}[\theta_0 x + \psi_0 y - \psi_0\theta_0 t + c_7] - \theta_0.$$

§2.3.4 (3+1) 维情形

下面考虑改进的齐次平衡原理在 (3+1) 维非线性波方程中的应用. 最近, Yu 等人 [372] 推广 Bogoyavlenskii-Schif 方程 [373]:

$$u_t + \Phi(u)u_z = 0, \quad \Phi(u) = \partial_x^2 + 4u + 2u_x\partial_x^{-1}. \tag{2.3.56}$$

结果提出了新的 (3+1) 维非线性波方程 (简称为 YTSF 方程):

$$(-4u_t + \Phi(u)u_z)_x + 3u_{yy} = 0, \quad \Phi(u) = \partial_x^2 + 4u + 2u_x\partial_x^{-1}. \tag{2.3.57}$$

为了研究该方程, 引入势函数 w $(u = w_x)$, 因此 (2.3.57) 变为 (3+1) 维势 YTSF 方程 [374]:

$$-4w_{xt} + w_{xxxz} + 4w_x w_{xz} + 2w_{xx}w_z + 3w_{yy} = 0. \tag{2.3.58}$$

通过齐次平衡原理, 类似于注 2.3.5, 假设 (2.3.58) 具有如下形式的解:

$$w(x,y,z,t)=\partial_x f[\phi(x,y,z,t)]+w_0(x,y,z,t)=f'\phi_x+w_0, \tag{2.3.59}$$

其中 $f'(\phi)=df/d\phi$ 和 $f(\phi),\phi(x,y,z,t),w_0(x,y,z,t)$ 为待定的函数. 将 (2.3.59) 代入 (2.3.58), 可得

定理 2.3.7[374] (3+1) 维势YTSF方程(2.3.56)拥有如下的自Bäcklund变换:

$$w(x,y,z,t)=\partial_x f[\phi(x,y,z,t)]+w_0(x,,y,z,t)=2\frac{\phi_x}{\phi}+w_0(x,y,z,t),$$

其中 $w_0(x,y,z,t)$ 为(2.3.56)的已知解, 且 ϕ 满足

$$\begin{cases}-4\phi_x^2\phi_t-\phi_z\phi_{xx}^2-2\phi_x\phi_{xx}\phi_{xz}+2\phi_x^2\phi_{xxz}+2\phi_x\phi_z\phi_{xxx}+2w_{0z}\phi_x^3\\ \qquad +4w_{0x}\phi_z\phi_x^2+3\phi_x\phi_y^2=0,\\ 8\phi_x\phi_{xt}+4\phi_t\phi_{xx}+2\phi_{xx}\phi_{xxz}-4\phi_x\phi_{xxxz}-\phi_z\phi_{xxxx}-4w_{0xz}\phi_x^2-8w_{0x}\phi_x\phi_{xz}\\ \qquad -4w_{0x}\phi_{xx}\phi_z-2w_{0xx}\phi_x\phi_z-6w_{0z}\phi_x\phi_{xx}-6\phi_y\phi_{xy}-3\phi_{yy}\phi_x=0,\\ -4\phi_{xxt}+4w_{0xz}\phi_{xx}+4w_{0x}\phi_{xxz}+2w_{0z}\phi_{xxx}+2w_{0xx}\phi_{xz}+\phi_{xxxxz}+3\phi_{xyy}=0.\\ -4w_{0xt}+w_{0xxxz}+4w_{0x}w_{0xz}+2w_{0xx}w_{0z}+3w_{0yy}=0.\end{cases}$$

利用该 Bäcklund 变换, 可得到 (3+1) 维势 YTSF 方程的解析解, 如类孤波解和有理解等 [374].

§2.4 非线性 (线性) 波方程之间的映射

众所周知, 直接求解非线性波方程是很困难的, 然而通过一些变换, 如果可以将复杂的非线性波方程约化为容易求解的方程, 那么借助于变换可以获得原复杂非线性波方程的解. 因此构造波方程之间的映射 (函数关系) 对于研究波方程的一些性质是很重要的. 前面我们已经讨论了很多有效的算法 (变换), 下面主要讨论一些特殊的非线性波方程的约化情况. 我们知道, 与非线性方程相比, 线性方程的求解问题显得较容易.

■ **Cole-Hopf 变换**

1950 年 Hopf[112] 和 1951 年 Cole[113] 分别独立地提出著名的 Hopf-Cole 变换:

$$u=-2\mu\frac{v_x}{v}, \tag{2.4.1}$$

该变换将非线性 Burger 方程:

$$u_t+uu_x-\mu u_{xx}=0, \tag{2.4.2}$$

变化为线性热方程：

$$v_t - \mu v_{xx} = 0, \tag{2.4.3}$$

即如果知道线性热方程 (2.4.3) 的解, 那么通过 Hopf-Cole 变换 (2.4.1) 就可以得到 Burger 方程的解.

注 2.4.1 Hopf-Cole变换将热方程(2.4.2)的解转化为Burger方程的解. 事实上, 从Hopf-Cole变换可以得到其逆变换, 即

$$v = c\exp\left[-\frac{1}{2\mu}\int^x u(t,s)ds\right],$$

从而将Burger方程(2.4.1)的解转化为热方程(2.4.2)的解.

■ **Miura 变换**

1968 年, Miura[129] 提出了著名的 Miura 变换, 它将 KdV 方程和 mKdV 方程联系起来, 即 Miura 变换：

$$u = w^2 + w_x, \tag{2.4.4}$$

将 mKdV 方程 (2.4.5) 的解

$$w_t - 6w^2 w_x + w_{xxx} = 0, \tag{2.4.5}$$

变化为 KdV 方程 (2.4.6) 的解

$$u_t - 6uu_x + u_{xxx} = 0, \tag{2.4.6}$$

这是因为

$$(u_t - 6uu_x + u_{xxx})\big|_{u=w^2+w_x} = (\partial_x + 2w)(w_t - 6w^2 w_x + w_{xxx}) = 0.$$

■ **Riccati 方程的线性化**

对于著名的 Riccati 方程：

$$u'(t) = a(t) + 2b(t)u(t) + u(t)^2,$$

在变换 $u(t) = \dfrac{g(t)}{f(t)}$ 作用下, 原方程约化为两个线性微分方程 [132]：

$$\begin{cases} f'(t) + b(t)f(t) + g(t) - \lambda(t)f(t) = 0, \\ g'(t) - a(t)f(t) - b(t)g(t) - \lambda(t)g(t) = 0, \end{cases}$$

其中 $\lambda(t)$ 为任意函数.

■ **离散 Burger 方程的线性化**

对于离散 Burger 方程：

$$\dot{u}_n = (1 + u_n)(u_{n+1} - u_n),$$

通过 Cole-Hopf 变换 [132]：

$$u_n = (\log f_n)_t = \frac{f_{n,t}}{f_n},$$

离散 Burger 方程线性化为

$$f_{n,t} = cf_{n+1} - f_n,$$

其中 c 是积分常数.

§2.4.1　非线性波方程的线性化

定理 2.4.2　关于(2+1)维广义Burger方程：

$$u_t + u_{xy} + uu_y + u_x\partial_x^{-1}u_y = 0,$$

可知(2+1)维Hopf-Cole变换：

$$u(x, y, t) = \frac{\phi_x(x, y, t)}{\phi(x, y, t)},$$

将(2+1)维广义Burger方程变换为线性热方程 $\phi_t + \phi_{xx} = 0$.

证明　直接代入就可证明. 另外具体的推导参看第 4.3 节或文献 [114].

定理 2.4.3　关于Thomas方程：

$$u_{xt} + \alpha u_t + \beta u_x + \gamma u_t u_x = 0, \tag{2.4.7}$$

变换

$$u(x, t) = \frac{1}{\gamma}\ln[\phi(x, t) + c] + u_0(x, t), \tag{2.4.8}$$

将(2.4.8)变换为关于 $\phi(x, t)$ 的线性微分方程：

$$\phi_{xt} + (\alpha + \gamma u_{0,x})\phi_t + (\beta + \gamma u_{0,t})\phi_x = 0, \tag{2.4.9}$$

其中 c 为常数, u_0 为(2.5.11)的已知的解.

证明　将 (2.4.8) 代入 (2.4.7) 就可得到 (2.4.9). 另外具体的推导参看文献 [115].

注 2.4.4　对于定理2.4.3, 有如下的注释：

(i) 当 $u_0 = C = \text{const}$ 时, 变换(2.4.8)和线性微分方程(2.4.9)约化为 $u(x, t) = \frac{1}{\gamma}\ln[\phi(x, t) + c] + C$ 和 $\phi_{xt} + \alpha\phi_t + \beta\phi_x = 0$, 这是已知的, 参看文献 [116];

(ii) 当 $u_0 = kx + \lambda t + C$ 时, 其中 $\lambda = -\dfrac{\beta k}{\alpha + \gamma k}$, k, C 为常数, 那么变换(2.4.8)约化为

$$u(x, t) = \frac{1}{\gamma}\ln[\phi(x, t) + c] + kx + \lambda t + C,$$

将(2.4.7)变换为线性微分方程 $\phi_{xt}+(\alpha+k)\phi_t+(\beta+\lambda)\phi_x=0$. 另外, 据这种变换, 获得了一些新的显式解析解, 参看文献 [115];

(iii) 如果已知解 $u_{0,xx}^2+u_{0,xt}^2+u_{0,tt}^2\neq 0$, 那么(2.4.9)变为关于 ϕ 的变系数线性微分方程.

定理 2.4.5 变换

$$u(x,t)=\mu\sqrt{-\frac{2A}{B}}\frac{\phi_x}{\phi}+u_0. \tag{2.4.10}$$

将变系数非线性反应扩散方程:

$$u_t+h_2(t)u_x+h_1(t)(Au_{xx}+Bu^3+Eu^2+Du)=0,$$

转化为变系数线性微分方程组:

$$\begin{cases}3Ah_1\phi_{xx}+\phi_t-\mu\sqrt{-\dfrac{2A}{B}}(3Bh_1u_0\phi_x+Eh_1\phi_x)+h_2\phi_x=0,\\ \phi_{xt}+Ah_1\phi_{xxx}+3Bh_1u_0^2\phi_x+2Eh_1u_0\phi_x+Dh_1\phi_x+h_2\phi_{xx}=0,\end{cases}$$

其中 u_0 为(2.4.10)的已知解.

证明 直接代入通过化简可证. 另外具体的推导参看文献 [117].

定理 2.4.6 变换 [118]

$$u(x,y,t)=\frac{2\mu w_x}{w}+u_1=2\mu\partial_x\log[w(x,y,t)]+u_1(x,y,t),$$
$$\eta(x,y,t)=-\frac{2w_x^2}{w^2}+\frac{2w_{xx}}{w}+\eta_2=2\partial_x^2\log[w(x,y,t)]+\eta_2(x,y,t),$$

将(2+1)维Eckhaus型色散长波方程:

$$u_t+\eta_x+\frac{1}{2}(u^2)_x=0,$$
$$\eta_{tx}+(u\eta+u+u_{xx})_{xx}+u_{yy}=0,$$

约化为线性微分方程组:

$$\begin{cases}w_t+\mu w_{xx}+u_1w_x=0,\\ (\eta_2+1)w_{xx}+w_{yy}+(\eta_{2,x}-\mu u_{1,xx})w_x=0,\\ w_y\mp w_x\sqrt{\mu u_{1,x}-\eta_2-1}=0,\quad \mu u_{1,x}-\eta_2-1\geqslant 0,\end{cases}$$

其中 $u_1(x,y,t)$ 和 $\eta_2(x,y,t)$ 为(2+1)维Eckhaus型色散长波方程的已知解.

证明 直接代入就可证明. 另外具体的推导参看文献 [118].

注 2.4.7 当 $u_1=0$, $\eta_2=c$ 时, 线性微分方程组化为常系数线性微分方程组:

$$\begin{cases}w_t+\mu w_{xx}=0,\\ (c+1)w_{xx}+w_{yy}=0,\\ w_y\pm w_x\sqrt{-(c+1)}=0,\quad c+1<0.\end{cases}$$

利用这些变换, 获得了很多类型的解析解, 参看文献 [118].

§2.4.2 变系数波方程的常系数化

定理 2.4.8[375] 变系数mKdV方程:

$$u_t + K_0(t)(u_{xxx} + 6u^2 u_x) + 4K_1(t)u_x - h(t)(u + xu_x) = 0,$$

其中 $K_0(t), K_1(t), h(t)$ 为 t 的任意函数. 变换:

$$\begin{cases} u = \exp\left(\int h(t)dt\right) v(\tau, \xi), \\ \xi = x\exp\left(\int h(t)dt\right) - 4\int K_1(t)\exp\left(\int h(t)dt\right)dt, \\ \tau = \int K_0(t)\exp\left(\int 3h(t)dt\right)dt. \end{cases}$$

将变系数mKdV方程约化为常系数mKdV方程:

$$v_\tau + 6v^2 v_\xi + v_{\xi\xi\xi} = 0.$$

证明 直接代入就可证明. 另外具体的推导参看文献 [375].

定理 2.4.9[61] 变系数KdV方程:

$$u_t + h_1(t)(u_{xxx} + 6uu_x) + 4h_2(t)u_x - h_3(t)(2u + xu_x) = 0,$$

其中 $h_i(t)$ $(i = 1, 2, 3)$ 为 t 的任意函数. 变换:

$$\begin{cases} u = \exp\left(\int 2h_3(t)dt\right) v(\xi, \tau), \\ \xi = \exp\left(\int h_3(t)dt\right)x - 4\int h_2(t)\exp\left(\int 2h_3(t)dt\right)dt, \\ \tau = \int h_1(t)\exp\left(\int 3h_3(t)dt\right)dt. \end{cases}$$

将变系数KdV方程约化为常系数KdV方程:

$$v_\tau + 6vv_\xi + v_{\xi\xi\xi} = 0.$$

证明 直接代入就可证明. 另外具体的推导参看文献 [61].

定理 2.4.10[376] 具有三个任意函数的变系数KdV-mKdV方程:

$$u_t + K_0(t)[u_{xxx} - a_1u^2u_x + 2a_2(u_x^2 + uu_{xx})] + a_3h(t)K_0(t)uu_x$$
$$+[K_1(t) + K_2(t)x]u_x + K_2(t)u = 0,$$

其中 $a_i(i=1,2,3)$ 为常数, $h(t)=\exp\left[-\int_a^t K_2(s)ds\right]$, $K_0(t),K_1(t),K_2(t)$ 为 t 的任意函数. 变换:

$$\begin{cases} u(x,t)=f(t)v(\xi), \quad \xi=f(t)x+g(t), \\ f(t)=A\exp\left[-\int_a^t K_2(s)ds\right], \\ g(t)=\int_a^t \left[D_0A^3K_0(t)\exp\left(-3\int_a^t K_2(s)ds\right)-AK_1(t)\exp\left(-\int_a^t K_2(s)ds\right)\right]dt \\ \qquad +B. \end{cases}$$

将变系数KdV-mKdV方程约化为常系数ODE:

$$v'''-a_1v^2v'+2a_2(v'^2+vv'')+\frac{a_3}{A}vv'+D_0v'=0.$$

证明 直接代入就可证明. 另外具体的推导参看文献 [376].

§2.5 NLS(m,n) 方程的包络解和守恒律

前面我们已经提到了具有非线性或线性色散项的非线性波方程的 compacton 和孤波斑图解. 最近, Kevrekidis 等人 [161] 提出了如下离散模型 (Klein-Gordon 型微分差分方程):

$$\ddot{u}_n=g(u_n)(u_{n+1}+u_{n-1})+f(u_n) \tag{2.5.1}$$

的离散 compacton 解, 那么产生了一个很自然的问题: 是否存在波包 compacton 和孤波斑图解? 下面我们研究这个问题. 为了理解非线性色散项在复非线性波方程中的作用, 我们引入如下复的非线性波方程 (简称为 NLS(m,n) 方程)[162]:

$$\mathrm{i}u_t+(u|u|^{n-1})_{xx}+\mu u|u|^{m-1}=0, \tag{2.5.2}$$

其中 $\mu=\pm1$. 当 $m=3,n=1$ 时, NLS$(3,1)$ 方程约化为通常的非线性 Schrödinger (NLS) 方程:

$$\mathrm{i}u_t+u_{xx}+\mu u|u|^2=0. \tag{2.5.3}$$

§2.5.1 NLS$^+(m$,n) 方程和包络 compacton

当 $\mu=1$, (2.5.2) 被称为正 (+) 分支, 简记为 NLS$^+(m,n)$ 方程:

$$\mathrm{i}u_t+(u|u|^{n-1})_{xx}+u|u|^{m-1}=0, \tag{2.5.4}$$

取如下的场变换 $u(x,t)=U(\xi)\exp(\mathrm{i}\sigma t)$, $\xi=kx$, 其中 k,σ 为未知实参数. 将其代入 (2.5.4) 可得

$$-\sigma U+k^2[n(n-1)U^{n-2}U'^2+nU^{n-1}U'']+U^m=0, \tag{2.5.5}$$

为了研究 compacton 解, 假设 (2.5.5) 具有如下解：

$$U(\xi)=\begin{cases}A\cos^{\beta}(\xi), & |\xi|\leqslant\dfrac{\pi}{2},\\ 0, & \text{其他},\end{cases}\tag{2.5.6}$$

其中 A 和 β 为待定参数. 将 (2.5.6) 代入 (2.5.5) 可得关于 $\cos(\xi)$ 的多项式方程, 令它们的系数为零, 得

情况 1. $n\neq 1$,

$$\begin{cases}\beta=n\beta-2,\\ m\beta=n\beta,\\ -\sigma A+k^2n\beta(n\beta-1)A^n=0,\\ A^m-k^2n^2\beta^2A^n=0.\end{cases}$$

情况 2. $n=1$,

$$\begin{cases}m\beta=\beta-2,\\ -\sigma A-k^2\beta^2A=0,\\ A^m+k^2\beta(\beta-1)A=0.\end{cases}$$

因此可得如下的解：

$$m=n,\quad \beta=\frac{2}{n-1},\quad k=\frac{n-1}{2n},\qquad A^{n-1}=\frac{2n\sigma}{n+1},\tag{2.5.7}$$

$$n=1,\quad \beta=\frac{2}{1-m},\quad k=\frac{1-m}{2}\sqrt{-\sigma},\quad A^{1-m}=\frac{2}{\sigma(m+1)},\tag{2.5.8}$$

从 (2.5.6), (2.5.7) 和 (2.5.8), 可得 $\mathrm{NLS}^+(m,n)$(2.5.4) 的包络 compacton 解.

定理 2.5.1 (i) $\mathrm{NLS}^+(n,n)$ 方程 $(n>1)$ 拥有如下的包络 compacton 解：

$$u(x,t)=\begin{cases}\left[\dfrac{2n\sigma}{n+1}\cos^2\left(\dfrac{n-1}{2n}x\right)\right]^{1/(n-1)}e^{\mathrm{i}\sigma t}, & \left|\dfrac{n-1}{2n}x\right|\leqslant\dfrac{\pi}{2},\\ 0, & \text{其他}.\end{cases}\tag{2.5.9}$$

(ii) $\mathrm{NLS}^+(m,1)$ 方程 $(m<1)$ 具有包络 compacton 解

$$u=\begin{cases}\left[\dfrac{2}{\sigma(m+1)}\cos^2\left(\dfrac{1-m}{2}\sqrt{-\sigma}x\right)\right]^{1/(1-m)}e^{\mathrm{i}\sigma t}, & \left|\dfrac{1-m}{2}\sqrt{-\sigma}x\right|\leqslant\dfrac{\pi}{2},\\ 0, & \text{其他}.\end{cases}\tag{2.5.10}$$

类似地, 如果利用如下的变换

$$U(\xi)=\begin{cases} A\sin^{\beta}(\xi), & 0\leqslant\xi\leqslant\pi, \\ 0, & \text{其他}. \end{cases}$$

那么, 可得

定理 2.5.2 (i) NLS $^+(n,n)$ 方程 $(n>1)$ 拥有如下的包络 compacton 解:

$$u(x,t)=\begin{cases} \left[\dfrac{2n\sigma}{n+1}\sin^2\left(\dfrac{n-1}{2n}x\right)\right]^{1/(n-1)} e^{\mathrm{i}\sigma t}, & 0\leqslant\dfrac{n-1}{2n}x\leqslant\pi, \\ 0, & \text{其他}. \end{cases} \tag{2.5.11}$$

(ii) NLS$^+(m,1)$ 方程 $(m<1)$ 具有包络 compacton 解:

$$u=\begin{cases} \left[\dfrac{2}{\sigma(m+1)}\sin^2\left(\dfrac{1-m}{2}\sqrt{-\sigma}x\right)\right]^{1/(1-m)} e^{\mathrm{i}\sigma t}, & 0\leqslant\dfrac{1-m}{2}\sqrt{-\sigma}x\leqslant\pi, \\ 0, & \text{其他}. \end{cases} \tag{2.5.12}$$

注 2.5.3 当 $n=1$ 和 $m<1$ 时, NLS$^+(m,1)$ 方程具有包络 compacton 解, 这表明非线性色散项并不是复非线性波方程拥有包络 compacton 解的必要条件.

注 2.5.4 当 $m=n=1$, NLS$^+(m,n)$ 方程约化为线性微分方程, 这里不考虑. 当 $m=n<1$, 解(2.5.9)和(2.5.11) 为奇异解. 当 $n=1, m>1$, 解(2.5.10)和(2.5.12)也是奇异的.

§2.5.2 NLS$^-(m,n)$ 方程和包络孤波斑图

当 $\mu=-1$,(2.5.2) 被称为负 (−) 分支, 简记为 NLS$^-(m,n)$ 方程:

$$\mathrm{i}u_t+(u|u|^{n-1})_{xx}-u|u|^{m-1}=0, \tag{2.5.13}$$

取如下的场变换 $u(x,t)=U(\xi)\exp(\mathrm{i}\sigma t)$, $\xi=kx$, 其中 k,σ 为未知实参数. 将其代入 (2.5.13) 可得

$$-\sigma U+k^2[n(n-1)U^{n-2}U'^2+nU^{n-1}U'']-U^m=0, \tag{2.5.14}$$

为了研究孤波斑图解, 假设 (2.5.14) 具有如下解:

$$U(\xi)=A\sinh^{\beta}(\xi), \tag{2.5.15}$$

$$U(\xi)=A\cosh^{\beta}(\xi), \tag{2.5.16}$$

其中 A 和 β 为待定实参数.

定理 2.5.5 (i) $\mathrm{NLS}^-(n,n)$ 方程 $(n>1)$ 拥有如下的包络孤波斑图解：

$$u(x,t)=\left[\frac{2n\sigma}{n+1}\sinh^2\left(\frac{n-1}{2n}x\right)\right]^{1/(n-1)}e^{\mathrm{i}\sigma t}. \tag{2.5.17}$$

(ii) $\mathrm{NLS}^-(m,1)$ 方程 $(m<1)$ 拥有如下的包络孤波斑图解：

$$u(x,t)=\left[\frac{2}{\sigma(m+1)}\sinh^2\left(\frac{1-m}{2}\sqrt{\sigma}x\right)\right]^{1/(1-m)}e^{\mathrm{i}\sigma t}. \tag{2.5.18}$$

定理 2.5.6 (i) $\mathrm{NLS}^-(n,n)$ 方程 $(n>1)$ 拥有另一种包络孤波斑图解：

$$u(x,t)=\left[-\frac{2n\sigma}{n+1}\cosh^2\left(\frac{n-1}{2n}x\right)\right]^{1/(n-1)}e^{\mathrm{i}\sigma t}. \tag{2.5.19}$$

(ii) $\mathrm{NLS}^-(m,1)$ 方程 $(m<1)$ 拥有如下的包络孤波斑图解：

$$u(x,t)=\left[-\frac{2}{\sigma(m+1)}\cosh^2\left(\frac{1-m}{2}\sqrt{\sigma}x\right)\right]^{1/(1-m)}e^{\mathrm{i}\sigma t}. \tag{2.5.20}$$

注 2.5.7 当 $n=1$ 和 $m<1$ 时, $\mathrm{NLS}^-(m,1)$ 方程具有包络孤波斑图解, 这表明非线性色散项并不是复非线性波方程拥有包络孤波斑图解的必要条件.

注 2.5.8 当 $m=n<1$ 时, 解(2.5.17)和(2.5.19) 变为包络孤波解：

$$u(x,t)=\left[\frac{n+1}{2n\sigma}\mathrm{csch}^2\left(\frac{n-1}{2n}x\right)\right]^{1/(1-n)}e^{\mathrm{i}\sigma t},$$

$$u(x,t)=\left[-\frac{n+1}{2n\sigma}\mathrm{sech}^2\left(\frac{n-1}{2n}x\right)\right]^{1/(1-n)}e^{\mathrm{i}\sigma t}.$$

当 $n=1,m>1$ 时, 解(2.5.18)和(2.5.20)为包络孤波解：

$$u(x,t)=\left[\frac{\sigma(m+1)}{2}\mathrm{csch}^2\left(\frac{1-m}{2}\sqrt{\sigma}x\right)\right]^{1/(m-1)}e^{\mathrm{i}\sigma t},$$

$$u(x,t)=\left[-\frac{\sigma(m+1)}{2}\mathrm{sech}^2\left(\frac{1-m}{2}\sqrt{\sigma}x\right)\right]^{1/(m-1)}e^{\mathrm{i}\sigma t}.$$

上面我们已经分别研究了 $\mathrm{NLS}^+(m,n)$ 方程和 $\mathrm{NLS}^-(m,n)$ 方程的解析解. 事实上, 我们发现 $\mathrm{NLS}^+(m,1)$ 方程也拥有包络孤波斑图解和 $\mathrm{NLS}^-(m,1)$ 方程也拥有包络 compacton 解.

定理 2.5.9 $\mathrm{NLS}^+(m,1)$ 方程 $(m<1)$ 拥有如下的包络孤波斑图解：

$$u(x,t)=\left[-\frac{2}{\sigma(m+1)}\sinh^2\left(\frac{1-m}{2}\sqrt{\sigma}x\right)\right]^{1/(1-m)}e^{\mathrm{i}\sigma t},$$

$$u(x,t)=\left[\frac{2}{\sigma(m+1)}\cosh^2\left(\frac{1-m}{2}\sqrt{\sigma}x\right)\right]^{1/(1-m)}e^{\mathrm{i}\sigma t}.$$

定理 2.5.10 NLS$^-(m,1)$ 方程 $(m<1)$ 拥有如下的包络compacton解：

$$u(x,t)=\begin{cases}\left[-\dfrac{2}{\sigma(m+1)}\cos^2\left(\dfrac{1-m}{2}\sqrt{-\sigma}x\right)\right]^{1/(1-m)}e^{\mathrm{i}\sigma t}, & \left|\dfrac{1-m}{2}\sqrt{-\sigma}x\right|\leqslant\dfrac{\pi}{2},\\ 0, & \text{其他},\end{cases}$$

$$u(x,t)=\begin{cases}\left[-\dfrac{2}{\sigma(m+1)}\sin^2\left(\dfrac{1-m}{2}\sqrt{-\sigma}x\right)\right]^{1/(1-m)}e^{\mathrm{i}\sigma t}, & 0\leqslant\dfrac{1-m}{2}\sqrt{-\sigma}x\leqslant\pi,\\ 0, & \text{其他}.\end{cases}$$

§2.5.3 NLS(n,n) 的守恒律

定义 2.5.11[13] 如果给定的偏微分方程（不妨假设含有两个自变量 x,t）具有如下的形式：

$$\partial_t F(x,t,u,\cdots)+\partial_x G(x,t,u,\cdots)=0, \tag{2.5.21}$$

那么我们说原偏微分方程具有守恒形式, 且 F 和 G 分别称为守恒密度和流.

情况 1. NLS$^+(n,n)$ 方程

$$\mathrm{i}u_t+(u|u|^{n-1})_{xx}+u|u|^{n-1}=0, \tag{2.5.22}$$

该方程拥有如下的守恒形式：

$$\partial_t F_j+\partial_x G_j=0.$$

$$\begin{aligned}&F_1=\mathrm{i}\cos(x)u,\quad G_1=\sin(x)u|u|^{n-1}+\cos(x)(u|u|^{n-1})_x,\\ &F_2=\mathrm{i}\sin(x)u,\quad G_2=-\cos(x)u|u|^{n-1}+\sin(x)(u|u|^{n-1})_x,\end{aligned} \tag{2.5.23}$$

情况 2. NLS $^-(n,n)$ 方程

$$\mathrm{i}u_t+(u|u|^{n-1})_{xx}-u|u|^{n-1}=0, \tag{2.5.24}$$

该方程拥有如下的守恒形式：

$$\partial_t F_j+\partial_x G_j=0.$$

$$\begin{aligned}&F_1=\mathrm{i}\cosh(x+c)u,\quad G_1=-\sinh(x+c)u|u|^{n-1}+\cosh(x+c)(u|u|^{n-1})_x,\\ &F_2=\mathrm{i}\sinh(x+c)u,\quad G_2=-\cosh(x+c)u|u|^{n-1}+\sinh(x+c)(u|u|^{n-1})_x,\end{aligned} \tag{2.5.25}$$

注 2.5.12 为了研究非线性色散项在高阶非线性 Schrödinger 方程的作用, 最近我们提出了下面两个具有非线性色散项的广义非线性 Schrödinger 方程 (简称为 GNLS(m,n,p,q) 方程)[377]:

$$\mathrm{i}u_t + a(u|u|^{n-1})_{xx} + bu|u|^{m-1} + \mathrm{i}c(u|u|^{p-1})_{xxx} + \mathrm{i}d(u|u|^{q-1})_x = 0, \tag{2.5.26}$$

$$\mathrm{i}u_t + a(u|u|^{n-1})_{xx} + bu|u|^{m-1} + \mathrm{i}c(u|u|^{p-1})_{xxx} + \mathrm{i}h|u|^{q-1}u_x = 0, \tag{2.5.27}$$

并且得到它们的波包compacton解和孤波斑图解以及一些守恒律.

§2.6 小 结

虽然非线性波方程的求解问题是很困难的, 但是其中一大类具有物理意义的方程具有一些共同的特征, 可以通过平衡耗散项和色散项来研究它们的解. 为了构造非线性波方程的解, 首先我们给出了常微分情形和偏微分情形中的 "次" 的定义, 这虽然只是一个粗略的估计解的 "次" 数, 但在事实的研究过程中是非常重要的, 也是必要的. 因为在假设非线性波方程的解时, 需要有限项截断, 这给出了一个充分的判定规则.

本章主要从五个方面讨论非线性波方程的求解问题: (i) 低阶微分方程基的代数方法, 即通过用低阶微分方程的解来表示非线性波方程的行波类型的解, 如 Riccati 方程展开算法、广义射影 Riccati 方程法、sinh-Gordon 约化方程展开法、sine-Gordon 约化方程展开法、Weierstrass 椭圆函数拟有理展开法、Weierstrass 椭圆函数展开法、改进的代数法、约化的 mKdV 方程展开法等. 通过这些方法使得求解非线性波方程问题转化为求解待定的超定代数方程组的问题, 这大大简化了求解难度. (ii) 直接待定系数法, 包括推广的 Jacobi 椭圆函数展开法、直接假设法、sine-cosine 法、sinh-cosh 法. 这种方法类似于低阶微分方程基的代数方法, 但这种方法是直接假定方程具有某种形式的解, 需要研究原方程的一些特性. (iii) 低阶微分方程基的微分方法. 这种方法类似与低阶微分方程基的代数方法, 所不同的是该方法将求解非线性波方程问题转化为求解待定的超定微分方程组的问题, 表面上看起来研究问题变得复杂了, 事实上, 只要获得超定微分方程组的一些特殊的非平凡解就可以了. 但有时候或许是无法得到非平凡的解. (iv) 改进的齐次平衡原理. 通过改进的齐次平衡方法, 研究了许多高维非线性波方程的 Bäcklund 变换和相应的解析解. (v) 给出了一些波方程之间的映射, 这些使得非线性波方程约化为线性方程, 另外使得变系数波方程变为常系数方程等. 虽然讨论很多求解方法, 但由于非线性波方程的复杂性, 更多的方法需要进一步发展和完善. (vi) 提出了 NLS(m,n) 方程和 GNLS(m,n,p,q) 方程, 并且研究了它们的包络解和非平凡局部守恒律. 另外, 还存在很多其他的构造性算法来研究非线性波方程的解, 这将在以后讨论.

第三章　变系数广义 Darboux 变换

本章主要研究变系数非线性波方程的广义 Darboux 变换. (i) 利用变系数 KdV 方程的 Riccati 形式的 Lax 对, 构造了它的变系数广义 Darboux 变换, 进而利用所得到的 Darboux 变换, 获得了一些类孤波解和有理解. (ii) 通过研究含有外力项的变系数 KdV 方程的非均匀谱的 Lax 对, 构造了它的 Darboux 变换, 并且建立了非线性叠加公式, 进而获得了外力项的变系数 KdV 方程和 (2+1) 维变系数广义 KP 方程的类孤波解和有理解.

§3.1　Darboux 变换的原理

我们知道, 研究方程的 Darboux 变换的前提条件为该方程拥有 Lax 对, 对于给定的非线性波方程 (假设含有两个变量 x, t):

$$F(t, x, u_t, u_x, u_{xx}, u_{xt}, u_{tt}, \cdots) = 0, \tag{3.1.1}$$

假设 (3.1.1) 拥有如下两种形式中的任一种:

- 第一型 Lax 对[46]:

$$\begin{cases} L\phi = \lambda\phi, \\ \phi_t = M\phi, \end{cases} \tag{3.1.2}$$

  其中 L, M 为 $n\times n$ 的矩阵算子或单个算子, ϕ 为特征向量, λ 为特征值 $(\lambda_t = 0)$, 即 (3.1.2) 的相容性条件 (Lax 方程):

$$L_t + [L, M] = 0, \quad [L, M] \equiv LM - ML \tag{3.1.3}$$

  恰为原方程 (3.1.1).

- 第二型 Lax 对[46]:

$$\begin{cases} \phi_x = U(u, \lambda)\phi, \\ \phi_t = M(u, \lambda)\phi, \end{cases} \tag{3.1.4}$$

  其中 U, M 为 $n \times n$ 的矩阵算子, ϕ 为特征向量, λ 为特征值 $(\lambda_t = 0$ 或 $\lambda_t \neq 0)$, 即 (3.1.4) 的相容性条件 (零曲率方程):

$$U_t - M_x + [U, M] = 0, \quad [U, M] \equiv UM - MU \tag{3.1.5}$$

  恰为原方程 (3.1.1).

定义 3.1.1　如果 $(u_n,\ \phi_n)$ 满足Lax 对(3.1.2) 或(3.1.4), 并且存在变换:

$$\begin{cases} u_{n+1} = f(u_n,\ \phi_n), \\ \phi_{n+1} = g(u_n,\ \phi_n), \end{cases} \tag{3.1.6}$$

使得 $(u_{n+1},\ \phi_{n+1})$ 也是 (3.1.2) 或 (3.1.4) 的解, 那么(3.1.6)称为(3.1.1)的Darboux变换, 因此 u_{n+1} 为(3.1.6)的新解.

§3.2　等谱 Lax 对的广义 Darboux 变换

利用方程的 Lax 对可以用著名的反散射变换 (I.S.T.) 方法求解方程的解. 但是人们知道在利用该方法时, 遇到非常麻烦的计算和推理. 1998 年, Tian 等人 [378] 从 KdV 方程的 Riccati 形式的 Lax 对, 获得了一个求解该方程的解析解的递推公式. 我们将该思想推广到变系数的情形, 进而获得了变系数 KdV 方程 [379,380]:

$$u_t + k_1(t)(u_{xxx} + 6uu_x) + [4k_2(t) - xk_3(t)]u_x - 2k_3(t)u = 0 \tag{3.2.1}$$

(其中 $k_1(t), k_2(t), k_3(t)$ 为 t 的任意函数) 和带有外力项的广义 KdV 方程:

$$u_t + h(u_{xxx} + 6uu_x) + 6fhu = g(t) + x(12hf^2 + f_t) \tag{3.2.2}$$

(其中 $h = h(t), g(t), f = f(t)$ 为 t 的任意函数) 的 Darboux 变换 (也称为 Bäcklund 变换) 和精确解 [381].

首先考虑 (3.2.1)(对于 (3.2.2) 同理得到如下类似的结论). 利用 WTC 方法 [55], 很容易知道它有如下 Lax 对:

$$\begin{cases} \phi_{xx} - (\lambda - u)\phi = 0, \\ \phi_t - [xk_3 - 4k_2 - 2k_1(u + 2\lambda)]\phi_x - \left(k_1u_x + \dfrac{1}{2}k_3\right)\phi = 0. \end{cases} \tag{3.2.3}$$

为了进一步使用 (3.2.3), 我们对它进行变形. 做 Cole-Hopf 变换:

$$\omega = \frac{\partial}{\partial x}\ln\phi = \frac{\phi_x}{\phi}, \tag{3.2.4}$$

将 (3.2.4) 代入 (3.2.3), 得到 (3.2.1) 的 Riccati 形式的 Lax 对:

$$\begin{cases} \omega_x = (\lambda - u - \omega^2), \\ \omega_t = [4k_2 + 2k_1(u + 2\lambda) - xk_3](\omega^2 + u - \lambda) + (k_3 - 2k_1u_x)\omega + k_1u_{xx}. \end{cases} \tag{3.2.5}$$

或

$$\begin{cases} \omega_x = (\lambda - u - \omega^2), \\ \omega_t = [xk_3 - 4k_2 - 2k_1(u + 2\lambda)]\omega_x + (k_3 - 2k_1u_x)\omega - k_1u_{xx}. \end{cases} \tag{3.2.6}$$

很显然, 线性方程 (3.2.5)(或 (3.2.6)) 的相容条件 (即 $\omega_{xt}=\omega_{tx}$) 恰是 (3.2.1). 因此我们说: 如果 (u,ω) 满足 (3.2.5) (或 (3.2.6)) 的解, 那么 u 一定是 (3.2.1) 的解. 为了寻找 (3.2.1) 的解, 我们只需考虑 Riccati 形式的 Lax 对 (3.2.5) (或 (3.2.6)).

如果利用 Riccati 形式的 Lax 对 (3.4.5) 可以构造出广义的 Darboux 变换:

$$\begin{cases} u_{i+1}=f(u_i,\omega_i),\\ \omega_{i+1}=g(u_i,\omega_i),\end{cases}$$

那么可以从已知解 u_i 获得原方程的新解 u_{i+1}.

引理 3.2.1 令[381]

$$\alpha_i(x,t)=[4k_2+2k_1(u_i+2\lambda)-xk_3]\omega_i-k_1u_{ix}+\frac{1}{2}k_3+\frac{\partial}{\partial t}\left(\int\omega_i dx\right),$$

$$\begin{aligned}\beta_i(x,t)=&[4k_2+2k_1(u_i+2\lambda)-xk_3]\exp\left(-2\int\omega_i dx\right)\\&+2\alpha_i(x,t)\int\exp\left(-2\int\omega_i dx\right)dx+\frac{\partial}{\partial t}\left(\int\exp\left(-2\int\omega_i dx\right)dx\right),\end{aligned}$$

如果 (u_i,ω_i) 满足(3.2.5), 那么 $\alpha_i(x,t)$ 和 $\beta_i(x,t)$ 都是仅仅为 t 的函数, 即

$$\frac{\partial}{\partial x}\alpha_i(x,t)=0,\qquad \frac{\partial}{\partial x}\beta_i(x,t)=0.$$

证明 直接计算可得到结论.

定理 3.2.2 (广义Darboux变换)[381] 取

$$u_{i+1}=f(u_i,\omega_i)=u_i-2\omega_{ix}-2(\ln M_i(x,t))_{xx},\tag{3.2.7a}$$

$$\omega_{i+1}=g(u_i,\omega_i)=-\omega_i-(\ln M_i(x,t))_x,\quad i=1,2,3,\cdots\tag{3.2.7b}$$

且

$$\begin{aligned}M_i(x,t)=&\int\exp\left(-2\int\omega_i dx\right)dx+\exp\left(-2\int\alpha_i(t)dt\right)\\&\times\left[\beta_0-\int\beta_i(t)\exp\left(2\int\alpha_i(t)dt\right)dt\right],\end{aligned}\tag{3.2.8}$$

其中 β_0 为常数. 如果 (u_i,ω_i) 满足(3.2.5), 那么 (u_{i+1},ω_{i+1}) 也满足(3.2.5).

证明 只需要证明 (u_{i+1},ω_{i+1}) 满足如下方程组:

$$\omega_{i+1,x}=\lambda-u_{i+1}-\omega_{i+1}^2,\tag{3.2.9a}$$

$$\omega_{i+1,t}=-[4k_2+2k_1(u_{i+1}+2\lambda)-xk_3]\omega_{i+1,x}$$

$$+(k_3-2k_1u_{i+1,x})\omega_{i+1}+k_1u_{i+1,xx}. \tag{3.2.9b}$$

下面分别证明它们满足这两个方程：

(i) 根据引理 3.2.1, 可得

$$
\begin{aligned}
&(\ln M_i)_x=\exp\left(-2\int\omega_idx\right)M_i^{-1},\\
&(\ln M_i)_{xx}=-2\omega_i\exp\left(-2\int\omega_idx\right)M_i^{-1}-\exp\left(-4\int\omega_idx\right)M_i^{-2}.
\end{aligned}\tag{3.2.10}
$$

将 (3.2.7) 代入 (3.2.9a) 并结合 (3.2.10), 可直接证明 (3.2.9a) 成立. 在证明过程中用到 $(u_i,\omega_i\ )$ 满足 (3.2.5).

(ii) 对 (3.2.8) 关于 t 微分一次, 可得

$$\omega_{i+1,t}=-\omega_{it}-2\left(\int\omega_idx\right)_t\exp\left(-2\int\omega_idx\right)M_i^{-1}-\exp\left(-2\int\omega_idx\right)M_{it}M_i^{-2}, \tag{3.2.11}$$

$$
\begin{aligned}
M_{it}=&\frac{\partial}{\partial t}\left[\int\exp\left(-2\int\omega_idx\right)dx\right]-\alpha_i(t)\exp\left(-\int\alpha_i(t)dt\right)\\
&\times\left[\beta_0-\int\beta_i(t)\exp\left(\int\alpha_i(t)dt\right)dt\right]-\beta_i(t)\\
=&-\alpha_i(t)M_i(x,t)+[xk_3-4k_2-2k_1(u_i+2\lambda)]\exp\left(-2\int\omega_idx\right).
\end{aligned}\tag{3.2.12}
$$

将 (3.2.11) 代入 (3.2.10), 得到

$$
\begin{aligned}
\omega_{i+1,t}=&-k_1u_{ixx}-(k_3-2k_1u_x)\left[\omega_i+\exp\left(-2\int\omega_idt\right)M_i^{-1}\right]\\
&-[4k_2+2k_1(u_i+2\lambda)-xk_3]\\
&\times\left[\omega_{ix}-2\omega_i\exp\left(-2\int\omega_idx\right)M_i^{-1}-\exp\left(-4\int\omega_idx\right)M_i^{-2}\right].
\end{aligned}\tag{3.2.13}
$$

根据 (3.2.7b), 则 (3.2.12) 约化为

$$\omega_{i+1,t}=-k_1u_{ixx}+(k_3-2k_1u_x)\omega_{i+1}+[4k_2+2k_1(u_i+2\lambda)-xk_3]\omega_{i+1,x}. \tag{3.2.14}$$

从 (3.2.7a) 和 (3.2.9a), 可得

$$
\begin{aligned}
&u_i=u_{i+1}+2\omega_{i+1,x}=u_{i+1}+2(\lambda-u_{i+1}-\omega_{i+1}^2)=2\lambda-u_{i+1}-2\omega_{i+1}^2,\\
&u_{ix}=-u_{i+1,x}-4\omega_{i+1}\omega_i+1,x=-u_{i+1,x}-4\omega(\lambda-u_{i+1}-\omega_{i+1}^2),\\
&u_{ixx}=-u_{i+1,xx}-4(\lambda-u_{i+1}-\omega_{i+1}^2)+4\omega_{i+1}u_{i+1,x}\\
&\qquad+8\omega_{i+1}^2(\lambda-u_{i+1}-\omega_{i+1}^2).
\end{aligned}\tag{3.2.15}
$$

将 (3.2.15) 代入 (3.2.14), 可推出 (3.2.9b). 至此完成了该定理的证明.

根据定理 3.2.2, 得到了求解 (3.2.1) 的一个新的递推公式 (3.2.9). 事实上, 它也是 (3.2.1) 的一个 Bäcklund 变换.

注 3.2.3 对于方程(3.2.5)的一个解 (u_i, ω_i), 仅仅需要积分运算, 通过Bäcklund 变换(3.2.9)可得到(3.2.5)的另一个解 (u_{i+1}, ω_{i+1}). 根据同样的步骤, 可得到(3.2.5)的第三组解, 等等. 因此其中的解 $u_i, u_{i+1}, u_{i+2}, \cdots$ 正是 (3.2.1) 的解.

下面应用获得的广义 Darboux 变换来研究 (3.2.1) 的解.

情况 1. 取 $u_1 = \lambda, \omega_1 = 0$, 易证 (u_1, ω_1) 为 (3.4.5) 的一个解. 则

$$\int \omega_1 dx = g(t),$$
$$\int \exp\left(-2\int \omega_1 dx\right) dx = \exp[-2g(t)]x + f(t),$$

其中 $g(t), f(t)$ 为 t 的积分函数. 因此有

$$\begin{aligned}
&\alpha_1(t) = g_t + \frac{1}{2}k_3,\\
&\beta_1(t) = f_t + 2fg_t + fk_3 + (6\lambda k_1 + 4k_3)\exp(-2g),\\
&M_1(x,t) = \exp(-2g)x + f + \exp\left(-g - \frac{1}{2}\int k_3(t)dt\right)\\
&\qquad \times\left[\beta_0 - \int \beta_1(t)\exp\left(g + \frac{1}{2}\int k_3(t)dt\right)dt\right].
\end{aligned}$$

因此根据 Bäcklund 变换 (3.2.9), 有

$$\begin{aligned}
u_2 =&\lambda - 2\exp(-4g)\left\{\exp(-2g)x + f + \exp\left(-g - \frac{1}{2}\int k_3(t)dt\right)\right.\\
&\left.\times\left[\beta - \int \beta_1(t)\exp\left(g + \frac{1}{2}\int k_3(t)dt\right)dt\right]\right\}^{-2},
\end{aligned}$$

$$\begin{aligned}
\omega_2 =&\exp(-2g)\left\{\exp(-2g)x + f + \exp\left[-g - \frac{1}{2}\int k_3(t)dt\right]\right.\\
&\left.\times\left[\beta_0 - \int \beta_1(t)\exp\left(g + \frac{1}{2}\int k_3(t)dt\right)dt\right]\right\}^{-1}.
\end{aligned}$$

很显然 u_2 为 (3.2.1) 的有理解.

情况 2. 取 (3.2.5) 的另一个解, 即

$$u_1(x,t) = \lambda - \mu\exp\left(\int k_3 dt\right), \quad \omega_1 = \mu\exp\left(\int k_3 dt\right), \tag{3.2.16}$$

其中 $\mu \neq 0$ 为常数. 因此有

$$\int \omega_1 dx = \mu \exp\left(\int k_3 dt\right)x + h_1(t),$$

$$\int \exp\left(-2\int \omega_1 dx\right)dx = -\frac{1}{2\mu}\exp\left[-2\mu x e^{\int k_3 dt} - \int k_3 dt - 2h_1(t)\right] + h_2(t),$$

其中 $h_1(t), h_2(t)$ 为 t 的积分函数. 从而可得

$$\alpha_1(t) = 2\left[2k_3 + k_1(3\lambda - \mu^2 e^{2\int k_3 dt})\right]e^{\int k_3 dt} + \frac{1}{2}k_3 + h_1'(t),$$

$$\beta_1(t) = 0.$$

将 $\alpha_1(t), \beta_1(t)$ 代入 $M_1(x,t)$, 得

$$M_1(x,t) = -\frac{1}{2\mu}\exp\left[-2\mu x e^{\int k_3 dt} - \int k_3 dt - 2h_1(t)\right] + h_2(t) + \beta_0 \exp\left[-2\int \alpha_1(t)dt\right].$$

因此应用 Bäcklund 变换 (3.2.9), 可得

$$u_2(x,t) = \lambda - \mu\exp\left(\int k_3 dt\right) - \frac{2(M_{1xx}M_1 - M_{1x}^2)}{M_1^2},$$

$$\omega_2(x,t) = -\mu\exp\left(\int k_3 dt\right) - \frac{M_{1x}}{M_1}.$$

事实上, $u_2(x,t)$ 为 (3.2.1) 的解. 我们能将它改写为:

(A) 当 $\mathrm{sgn}(\mu) = -\mathrm{sgn}(h_2(t) + \beta_0 \exp[-2\int \alpha_1(t)dt])$ 时, 可获得一个类钟状孤波解:

$$u(x,t) = \lambda - \mu\exp\left(\int k_3 dt\right) - 2\mu^2\exp\left(2\int k_3 dt\right)\mathrm{sech}^2\left\{-\mu x e^{\int k_3 dt} - \frac{1}{2}\int k_3 dt - h_1(t) - \ln\left[-2\mu h_2(t) - 2\mu\beta_0\exp\left(-2\int \alpha_1(t)dt\right)\right]\right\}.$$

(B) 当 $\mathrm{sgn}(\mu) = \mathrm{sgn}(h_2(t) + \beta_0 \exp[-2\int \alpha_1(t)dt])$ 时, 可获得一个奇异孤波解:

$$u(x,t) = \lambda - \mu\exp\left(\int k_3 dt\right) - 2\mu^2\exp\left(2\int k_3 dt\right)\mathrm{csch}^2\left\{-\mu x e^{\int k_3 dt} - \frac{1}{2}\int k_3 dt - h_1(t) - \ln\left[2\mu h_2(t) + 2\mu\beta_0\exp\left(-2\int \alpha_1(t)dt\right)\right]\right\}.$$

§3.3 非等谱 Lax 对的广义 Darboux 变换

在上一节中, 我们研究了变系数 KdV 方程的广义 Darboux 变换, 并用它来求解该方程的解析解. 1993 年, Gu 等人 [382] 基于 KdV 方程的另一个 Lax 对, 构造了该方程的 Darboux 阵和 Darboux 变换. 下面我们来研究 (2+1) 维广义 KP 方程 [383]:

$$u_{xt}+u_{xxxx}+6(u_x^2+uu_{xx})+g^4u_{yy}+6fu_x-(12f^2+f_t)=0, \tag{3.3.1}$$

其中 $f=f(t)$ 为 t 的任意函数, $g=g(t)=e^{-\int 6fdt}$. 很多著名的方程, 如 KP 方程 ($f=0$)、柱 KdV 方程、KdV 方程等, 都是它的特例. 结果获得了 (3.3.1) 的非等谱 Lax 对的广义 Darboux 变换和叠加公式, 利用它们获得了 (3.3.1) 的一些解析解, 包括类孤波解和有理解 [384]. 详细过程如下: 首先做一个拟行波约化:

$$u(x,y,t)=u(z,t),\quad z=x+h(t)y+c, \tag{3.3.2}$$

其中 $h(t)$ 为待定的函数. 则 (3.5.1) 约化为带有外力项的变系数 KdV 方程:

$$u_t+u_{zzz}+6uu_z+h^2g^4u_z+6fu-z(12f^2+f_t)+k(t)=0, \tag{3.3.3}$$

其中 $k(t)$ 为任意积分函数.

下面我们主要考虑 (3.3.3).

引理 3.3.1 在Sl(2, C)中, 方程 (3.3.3) 的非均匀谱Lax对为 [384]

$$\begin{aligned}&\Psi_z-U\Psi=0,\\&\Psi_t-V\Psi=0,\end{aligned} \tag{3.3.4}$$

且

$$U=\begin{pmatrix}0 & 1\\ \lambda-u+zf+p & 0\end{pmatrix},$$
$$V=\begin{pmatrix}u_z+2f & -2(u+2\lambda)-R\\ -[2(u+2\lambda)+R](\lambda-u+zf+p)+u_{zz} & -u_z-2f\end{pmatrix}\Psi,$$

$$\begin{aligned}&\lambda_t+12f\lambda=0.\ \text{i.e.}\ \lambda=\mu e^{-12\int^t fdt},\\&p=e^{-\int 12fdt}\left[p_0-\int(k+fh^2g^4)e^{\int 12fdt}dt\right],\\&R=4fz+4p+h^2g^4,\end{aligned} \tag{3.3.5}$$

其中 p_0,μ 为积分常数, $\Psi=\Psi(z,t,\lambda)$ 为一个向量或 2×2 矩阵.

证明　很容易知道 (3.3.4) 的相容条件, $\Psi_{zt}=\Psi_{tz}$, 导致零曲率方程

$$U_t-V_x+[U,V]=0,\qquad [U,V]\equiv UV-VU. \tag{3.3.6}$$

其等价于 (3.3.3). 因此性质得证.

对于给定的 Lax 对 (3.3.4), 设其有解为 (u_n,Ψ_n), 如果能寻找变换：

$$\begin{cases} u_{n+1}=f(u_n,\Psi_n), \\ \Psi_{n+1}=g((u_n,\Psi_n), \end{cases}$$

使得 (u_{n+1},Ψ_{n+1}) 也是 Lax 对的解, 那么易知 u_{n+1} 为原方程的另一解, 且所要找的变换为广义 Darboux 变换.

下面从非均匀谱 Lax 对 (3.3.4) 出发来构造方程的广义 Darboux 变换.

引理 3.3.2　如果 Ψ 为一个 2×2 矩阵, $\det\Psi\neq 0$ 且 Ψ 满足下面的两个条件 [384]：

$$\begin{aligned} \Psi_z\Psi^{-1}&=\begin{pmatrix} 0 & 1 \\ \lambda-u+zf+p & 0\end{pmatrix}, \\ \Psi_t\Psi^{-1}&=\begin{pmatrix} A & -2(u+2\lambda)-4fz-h^2g^4-4p \\ B & -A\end{pmatrix}, \end{aligned} \tag{3.3.7}$$

其中 $u=u(z,t)$ 与 λ 无关, 那么 u 为(3.3.3)的解.

证明　将 (3.3.7) 代入可积条件 (3.3.6), 得

$$\begin{aligned} &-A_z+B+[2(u+2\lambda)+4fz+h^2g^4+4p](\lambda-u+zf+p)=0, \\ &u_z+2f-A=0, \\ &\lambda_t-u_t+f_tz+p_t-B_z+2A(\lambda-u+zf+p)=0. \end{aligned} \tag{3.3.8}$$

从 (3.3.8) 的前两个方程, 可得

$$\begin{aligned} &A=u_z+2f, \\ &B=u_{zz}+[-2(u+2\lambda)-4fz-h^2g^4-4p](\lambda-u+zf+p). \end{aligned} \tag{3.3.9}$$

然后将 (3.3.9) 代入 (3.3.8) 的第三个方程, 可获得 u 恰恰满足 (3.3.3).

定理 3.3.3　设 u_n 为(3.3.3) 的一个解, $\Psi_n(z,t,\lambda_n)$ $(\det\Psi_n\neq 0)$ 为(3.3.4)的解, 可写为

$$\Psi_n(z,t,\lambda_n)=\begin{pmatrix} \psi_{11}(\lambda_n,z,t) & \psi_{12}(\lambda_n,z,t) \\ \psi_{21}(\lambda_n,z,t) & \psi_{22}(\lambda_n,z,t)\end{pmatrix}. \tag{3.3.10}$$

且令

$$\omega_n=\omega(\lambda_n)=\frac{\alpha\psi_{21}(\lambda_n)+\beta\psi_{22}(\lambda_n)}{\alpha\psi_{11}(\lambda_n)+\beta\psi_{12}(\lambda_n)}, \tag{3.3.11}$$

$$u_{n+1} = f(\omega_n, u_n) = -u_n + 2[\lambda_n + fz + p] - 2\omega_n^2, \quad n = 1, 2, 3, \cdots, \tag{3.3.12}$$

其中 $\lambda_n = \lambda_n(t) = \mu_n e^{-12\int^t f dt}$, α 和 β 为常数且不全为零, 那么 u_{n+1} 为(3.3.3)的另一解.

证明 首先构造下面的矩阵

$$W_n(z, t, \lambda, \lambda_n) = \begin{pmatrix} -\omega_n & 1 \\ \lambda - \lambda_n + \omega_n^2 & -\omega_n \end{pmatrix}, \tag{3.3.13}$$

其中 $\lambda_0 \neq \lambda_n (n = 1, 2, 3, \cdots)$, 且取

$$\Psi_{n+1}(z, t, \lambda) = g(\lambda_n, \Psi_n) = W_n(x, t, \lambda, \lambda_n)\Psi_n(z, t, \lambda). \tag{3.3.14}$$

根据 (3.3.4), 可得

$$\begin{aligned} \psi_{11,z} &= \psi_{21}, \\ \psi_{12,z} &= \psi_{22}, \\ \psi_{21,z} &= (\lambda - u + zf + p)\psi_{11}, \\ \psi_{22,z} &= (\lambda - u + zf + p)\psi_{12}. \end{aligned} \tag{3.3.15}$$

对 (3.3.11) 关于 z 微分一次, 可得

$$\omega_{nz} = -u_n + zf + p + \lambda_n - \omega_n^2. \tag{3.3.16}$$

因此从 (3.3.12), 可得

$$u_{n+1} = u_n + 2\omega_{nz}^2, \quad n = 1, 2, 3, \cdots. \tag{3.3.17}$$

根据 (3.3.16), 从 (3.3.13) 得

$$W_{nz} = \begin{pmatrix} u_n - zf - p - \lambda_n + \omega_n^2 & 0 \\ 2\omega_n[-u_n + zf + p + \lambda_n - \omega_n^2] & u_n - zf - p - \lambda_n + \omega_n^2 \end{pmatrix}, \tag{3.3.18}$$

因此有

$$W_{nz} + WU_n = U_{n+1}W_n. \tag{3.3.19}$$

且

$$\begin{aligned} U_n &= \begin{pmatrix} 0 & 1 \\ \lambda - u_n + zf + p & 0 \end{pmatrix}, \\ U_{n+1} &= \begin{pmatrix} 0 & 1 \\ \lambda - u_{n+1} + zf + p & 0 \end{pmatrix}. \end{aligned} \tag{3.3.20}$$

因此可得

$$\Psi_{n+1,z} = (W_{nz} + W_n U_n)\Psi_n = U_{n+1}\Psi_{n+1}. \tag{3.3.21}$$

根据同样的步骤, 可得

$$\Psi_{n+1,t} = (W_{nt} + W_n U_n)\Psi_n = V_{n+1}\Psi_{n+1}. \tag{3.3.22}$$

且

$$V_{n+1} = \begin{pmatrix} A & -2(u_{n+1} + 2\lambda) - 4fz - h^2 g^4 - 4p \\ B & -A \end{pmatrix}, \tag{3.3.23}$$

其中 A 和 B 为待定的函数. 并且有

$$\begin{aligned} &\det W_n = \lambda_n - \lambda \neq 0, \\ &\det \Psi_n \neq 0. \end{aligned} \tag{3.3.24}$$

因此有 $\det\Psi_{n+1} = \det W_n \det\Psi_n \neq 0$. 根据引理 3.3.2 及 (3.3.21)~(3.3.23), 易证 u_{n+1} 也是 (3.3.3) 的解. 定理得证.

因此据引理 3.3.3, 易知 (3.3.12) 和 (3.3.14) 构成 (3.3.3) 的广义 Darboux 变换. 其中 W_n 为所谓的 Darboux 阵.

根据广义 Darboux 变换 (3.3.12) 和 (3.3.14), 对于 (3.3.5) 的解 (u_n, Ψ_n), 只要简单的计算, 我们可得到它的另一解 (u_{n+1}, Ψ_{n+1}). 根据同样的步骤, 也可以获得第三组解 (u_{n+2}, Ψ_{n+2}), 等等. 很显然 $u_n, u_{n+1}, u_{n+2}, \cdots$ 为 (3.3.3) 的解. 最后通过 (3.3.2) 可得到 (3.3.1) 的解.

定理 3.3.4　对于给定(3.3.3)的解 u_n, 令 $[\mu_n, \alpha_n, \beta_n]$ 和 $[\mu_{n+1}, \alpha_{n+1}, \beta_{n+1}]$ 为两组参数. 如果从 u_n 和 $[\mu_n, \alpha_n, \beta_n]$(或 $[\mu_{n+1}, \alpha_{n+1}, \beta_{n+1}]$) 出发, 那么根据引理3.3.3, 可得(3.3.3)的解 $u_{n+1}(u'_{n+1})$, 然后再从 $u_{n+1}(u'_{n+1})$ 和 $[\mu_{n+1}, \alpha_{n+1}, \beta_{n+1}]$ ($[\mu_n, \alpha_n, \beta_n]$) 出发, 同样可得到(3.3.3)的第三组解 $u_{n+2}(u'_{n+2})$, 那么 $u_{n+2} \equiv u'_{n+2}$.

证明　根据引理 3.3.3, 从 (3.3.5) 的解 (u_n, Ψ_n) 及参数系 $[\mu_n, \alpha_n, \beta_n]$, 可得到 $(\omega_n, W_n, \Psi_{n+1} = W_n\Psi_n, u_{n+1})$. 然后再从 (u_{n+1}, Ψ_{n+1}) 及参数系 $[\mu_{n+1}, \alpha_{n+1}, \beta_{n+1}]$, 我们也能推得 $(\omega_{n+1}, W_{n+1}, \Psi_{n+2} = W_{n+1}\Psi_{n+1} = W_{n+1}W_n\Psi_n, u_{n+2})$. 根据同样的步骤, 如果交换两组参数 ($[\mu_n, \alpha_n, \beta_n]$ 和 $[\mu_{n+1}, \alpha_{n+1}, \beta_{n+1}]$) 的顺序, 分别可获得 $(\omega'_n, W'_n, \Psi'_{n+1} = W'_n\Psi_n, u'_{n+1})$ 和 $(\omega'_{n+1}, W'_{n+1}, \Psi'_{n+2} = W'_{n+1}\Psi'_{n+1} = W'_{n+1}W'_n\Psi_n, u'_{n+2})$.

通过简单的计算, 得到

$$\begin{aligned} &W_{n+1}W_n = W'_{n+1}W'_n, \\ &\omega_n + \omega_{n+1} = \omega'_n + \omega'_{n+1} = \frac{(\mu_{n+1} - \mu_n)\exp\left(-\int 12f dt\right)}{\omega'_n - \omega_n}, \end{aligned} \tag{3.3.25}$$

及这些关系：

$$\begin{aligned} u_{n+2} &= u_n + 2(\omega_n + \omega_{n+1})_z, \\ u'_{n+2} &= u_n + 2(\omega'_n + \omega'_{n+1})_z. \end{aligned} \tag{3.3.26}$$

从 (3.3.25) 和 (3.3.26) 可得 $u_{n+2} = u'_{n+2}$. 因此性质得证.

另外也可获得一个非线性叠加公式，即建立了第一个解 u_n 和第三个解 $u_{n+2}(u'_{n+2})$ 之间的公式：

$$u_{n+2} = u_n + 2(\mu_{n+1} - \mu_n)\exp\left(-\int 12f dt\right)\left[\frac{1}{\omega'_n - \omega_n}\right]_z. \tag{3.3.27}$$

下面应用该公式来考虑 (3.3.3) 的解.

情况 1. 取 (3.5.3) 的解 $u_1 = zf + p$, 并将其代入 (3.5.5), 可得

$$\Psi_1(z, t, \lambda_1) = \begin{pmatrix} e^{3\int^t f dt}\cosh(\xi) & e^{3\int^t f dt}\sinh(\xi) \\ e^{-3\int^t f dt}\sinh(\xi) & e^{-3\int^t f dt}\cosh(\xi) \end{pmatrix}, \tag{3.3.28}$$

其中 $\xi = ze^{-6\int^t f dt} - \int^t [4\mu_1 e^{-12\int^t f dt} dt + h^2 g^4 + 6p] e^{-\int 6f dt} dt$.

因此根据 Darboux 变换 (3.3.12) 及 (3.3.2), 可得 (3.3.1) 的类孤子解：

$$\begin{aligned} u_2(x, y, t) = &-2\exp\left(-\int 12f dt\right)\frac{[\alpha\sinh(\xi) + \beta\cosh(\xi)]^2}{[\alpha\cosh(\xi) + \beta\sinh(\xi)]^2} \\ &+ 2\mu_1\exp\left(-\int 12f dt\right) + (x + hy + c)f + p, \end{aligned} \tag{3.3.29}$$

其中 $\xi = (x + hy + c)e^{-6\int^t f dt} - \int^t [4\mu_1 e^{-12\int^t f dt} dt + h^2 g^4 + 6p] e^{-\int 6f dt} dt$.

对于常数 α 和 β, 进一步讨论下面两种情况.

情况 1a. 在 (3.3.11) 中取 $\alpha = 1, \beta = 0$, 并将 (3.3.26) 代入 (3.3.11), 得

$$\begin{aligned} \omega_{11} = &\omega(\lambda_1) = \frac{\psi_{21}(\lambda_1)}{\psi_{11}(\lambda_1)} \\ = &e^{-\int^t 6f dt}\tanh\Big[ze^{-\int^t 6f dt} \\ &- \int^t (4\mu_1 e^{-\int^t 12f dt} dt + h^2 g^4 + 6p) e^{-\int 6f dt} dt\Big]. \end{aligned} \tag{3.3.30}$$

因此可得 (3.5.1) 的类钟型的孤波解：

$$\begin{aligned} u_{21}(x, y, t) = &2e^{-\int^t 12f dt}\mathrm{sech}^2\Big[(x + hy + c)e^{-\int^t 6f dt} \\ &- \int^t (4\mu_1 e^{-\int 12f dt} dt + h^2 g^4 + 6p) e^{-\int 6f dt} dt\Big] \\ &+ (x + hy + c)f + p. \end{aligned} \tag{3.3.31}$$

情况 1b. 在 (3.3.11) 中取 $\alpha=0,\beta=1$, 并将 (3.3.26) 代入 (3.3.11), 得

$$\begin{aligned}\omega_{12}=&\omega(\lambda_1)=\frac{\psi_{22}(\lambda_1)}{\psi_{12}(\lambda_1)}\\=&e^{-\int^t 6fdt}\coth\Big[ze^{-\int^t 6fdt}\\&-\int^t(4\mu_1e^{-\int^t 12fdt}dt+h^2g^4+6p)e^{-\int 6fdt}dt\Big].\end{aligned}\tag{3.3.32}$$

因此可得 (3.3.1) 的奇异孤波解:

$$\begin{aligned}u_{22}(x,y,t)=&2e^{-\int^t 12fdt}\mathrm{csch}^2\Big[(x+hy+c)e^{-\int^t 6fdt}\\&-\int^t(4\mu_1e^{-\int 12fdt}dt+h^2g^4+6p)e^{-\int 6fdt}dt\Big]\\&+(x+hy+c)f+p.\end{aligned}\tag{3.3.33}$$

情况 2. 取两组参数 $[\mu_1,1,0]$ 和 $[\mu_2,0,1]$ 及 (3.3.3) 的解 $u_1=zf+p$. 根据性质 (3.3.3), 得到

$$\begin{aligned}\omega_1=&\omega(\lambda_1)=\frac{\psi_{21}(\lambda_1)}{\psi_{11}(\lambda_1)}\\=&e^{-\int^t 6fdt}\tanh\Big[ze^{-\int^t 6fdt}\\&-\int^t(4\mu_1e^{-\int^t 12fdt}dt+h^2g^4+6p)e^{-\int 6fdt}dt\Big].\end{aligned}\tag{3.3.34}$$

$$\begin{aligned}\omega_1'=&\omega(\lambda_2)=\frac{\psi_{21}(\lambda_2)}{\psi_{11}(\lambda_2)}\\=&e^{-\int^t 6fdt}\coth\Big[ze^{-\int^t 6fdt}\\&-\int^t(4\mu_2e^{-\int^t 12fdt}dt+h^2g^4+6p)e^{-\int 6fdt}dt\Big].\end{aligned}\tag{3.3.35}$$

因此可得到 (3.3.1) 的双类孤子解:

$$\begin{aligned}u_3(x,y,t)=&2(\mu_2-\mu_1)\exp\left(-\int 6fdt\right)\left[\frac{1}{-\tanh(\xi_1)+\coth(\xi_2)}\right]_z+zf+p\\=&2(\mu_2-\mu_1)\exp\left(-\int 12fdt\right)\frac{\mathrm{sech}^2(\xi_1)-\mathrm{csch}^2(\xi_2)}{[\tanh(\xi_1)-\coth(\xi_2)]^2}\\&+(x+hy+c)f+p,\end{aligned}$$

其中 $\xi_j=(x+hy+c)e^{-\int^t 6fdt}-\int^t(4\mu_je^{-\int^t 12fdt}dt+h^2g^4+6p)e^{-\int 6fdt}dt],j=1,2.$

如果取另两组参数 $[\mu_1,1,0]$ 和 $[\mu_2,1,0]$ 及 (3.3.3) 的解 $u_1=zf+p$，根据定理 3.3.3, 得

$$u_3'(x,y,t)=2(\mu_2-\mu_1)\exp\left(-\int 12fdt\right)\frac{\operatorname{sech}^2(\xi_1)-\operatorname{sech}^2(\xi_2)}{[\tanh(\xi_1)-\tanh(\xi_2)]^2}+(x+hy+c)f+p.$$

根据同样的步骤递推, 我们一步一步地可获得 (3.3.1) 的多类孤子解. 但应注意, 在计算过程中会遇到复杂的计算.

情况 3. 取 (3.3.3) 的特解:

$$u_1=\lambda_1+zf+p=\mu_1\exp\left(-\int 12fdt\right)+(x+hy+c)f+p.$$

将其代入 (3.3.5), 得

$$\Psi_1(z,t,\lambda_1)=$$

$$\begin{pmatrix} c_1e^{-3\int^t fdt}x+e^{3\int^t fdt}(c_2-c_1M) & d_1e^{-3\int^t fdt}x+e^{3\int^t fdt}(d_2-d_1M) \\ c_1e^{-3\int^t fdt} & d_1e^{-3\int^t fdt}\end{pmatrix},$$

其中 $M=\int(6\mu_1e^{-\int 12fdt}+h^2g^4+6p)e^{-\int 6fdt}dt$, $c_i,d_i(i=1,2),\mu_1$ 为常数.

因此可得到 (3.3.1) 的有理解:

$$\begin{aligned}u_2(x,y,t)=&-\frac{2(\alpha c_1+\beta d_1)^2}{[(ac_1+bd_1)(x+hy+c)+e^{\int 6fdt}(\alpha c_2+\beta d_2-\alpha c_1M-\beta d_1M)]^2}\\&+(x+hy+c)f+p+\mu_1\exp\left(-\int 12fdt\right).\end{aligned}\tag{3.3.36}$$

注 3.3.5 类似地, 也可以获得 (3.3.1) 的相应的周期形式的解.

§3.4 小 结

本章主要将常系数 KdV 方程的等谱 Lax 对所对应的两种不同的 Darboux 变换推广到变系数非线性波方程情形. (i) 基于变系数 KdV 方程的 Riccati 形式的 Lax 对, 构造了它的变系数广义 Darboux 变换, 进而利用所得到的 Darboux 变换, 获得了一些类孤波解和有理解. (ii) 通过研究含有外力项的变系数 KdV 方程的非均匀谱的 Lax 对, 构造了它的 Darboux 变换, 并且建立了非线性叠加公式, 进而获得了外力项的变系数 KdV 方程和 (2+1) 维变系数广义 KP 方程的类孤波解和有理解. 这两种广义 Darboux 变换或许可以推广到其他的变系数非线性波方程中. 另外, 是否可以将双 Darboux 变换推广到这些非等谱 Lax 对所对应的变系数波方程中需进一步研究.

第四章　Painlevé 分析和 Bäcklund 变换

首先将 Painlevé 奇性分析方法推广到两类 (2+1) 维广义 Burger 方程中, 证明了它们都是 Painlevé 可积的, 并且获得了它们的 Bäcklund 变换. 特别地, 得到了它们的 Cole-Hopf 变换和非古典对称. 另外研究了反应混合物模型的 Painlevé 分析, 并且给出了 Bäcklund 变换和解析解. 最后给出了 KdV 方程的 (2+1) 维可积耦合系统新的自 Bäcklund 变换和解析解.

§4.1　Painlevé 分析的基本理论

正如前面几章所研究的, 非线性波方程的求解和解的性质的研究比线性方程要复杂的多. 线性方程的一些基本的性质在非线性方程中就不成立, 如叠加原理在线性方程中具有重要的作用, 它将齐次线性和非齐次线性常方程的解联系起来. 如果知道了 n 阶齐次线性常微分方程的 n 个线性无关的特解, 那么就可以用这些特解的线性组合将该方程的通解表示出来. 但非线性方程没有这样的原理. 如非线性常微分方程

$$\frac{dy(t)}{dt} = \cosh^2[2y(t)] \tag{4.1.1}$$

有无穷多个线性无关的特解:

$$y_i(t) = \frac{1}{2}\log[\tan(t+c_i)], \quad c_i \neq c_j, i \neq j,\ i,j = 1,2,\cdots, \quad c_i \in R,$$

但容易验证它们的线性组合 $\sum\limits_{i=1}^{m} a_i y_i$ $(\sum\limits_{i=1}^{m} a_i^2 \neq 0,\ a_i \in R)$ 不再是原方程 (4.1.1) 的解.

线性方程解的奇点完全是由其系数决定的, 除了系数函数的奇点外, 线性方程的解在其他位置不会有奇性. 对于给定的线性方程, 这些奇点的位置已完全确定, 与初始条件无关, 因此这些奇点称为 “固定奇点”. 但非线性方程的奇点可以与初值有关. 给的初值不同, 奇点的位置可能发生改变, 这种奇点称为 “移动奇点”. 因此非线性方程解的奇性结构令人无法把握. 当自变量 t 取复变量时, 一个常微分方程的解 $y(t)$ 可以用复变函数表示. 利用复变函数的理论, 可以将 $y(t)$ 的奇点分为极点、支点（代数支点或对数支点）和本性奇点. 支点和本性奇点合称临界点 [51].

19 世纪末, 数学家按奇性不同对常微分方程进行分类. 对一阶方程 $\frac{du(z)}{dz} = F(z,u)$ (其中 F 为 u 的有理函数且对 z 局部解析). 1884 年, Fuchs[13] 证明了没有移动临界点的最一般的方程是 Riccati 方程:

$$\frac{du}{dz} = a_1(z) + a_2(z)u + a_3(z)u^2. \tag{4.1.2}$$

随后, Painlevé和他的同事考虑了二阶 ODE 方程 $\frac{d^2u}{dz^2} = F\left(\frac{du}{dz}, z, u\right)$ (其中 F 为 $\frac{du}{dz}, u$ 的有理函数且对 z 局部解析). 他们给出了没有移动临界点的所有可能的方程共有 50 种, 这 50 种形式的方程中, 有 44 种可化为可求解的方程, 而另 6 种为以下的方程:

$$\mathrm{P_I} \quad \frac{d^2u}{dz^2} = 6u^2 + z,$$

$$\mathrm{P_{II}} \quad \frac{d^2u}{dz^2} = 2u^3 + zu + \alpha,$$

$$\mathrm{P_{III}} \quad \frac{d^2u}{dz^2} = \frac{1}{u}\left(\frac{du}{dz}\right)^2 - \frac{1}{z}\frac{du}{dz} + \frac{1}{z}(\alpha u^2 + \beta) + \gamma u^3 + \frac{\delta}{u},$$

$$\mathrm{P_{IV}} \quad \frac{d^2u}{dz^2} = \frac{1}{2u}\left(\frac{du}{dz}\right)^2 + \frac{3}{2}u^3 + 4zu^2 + 2(z^2 - \alpha)u + \frac{\beta}{u},$$

$$\mathrm{P_V} \quad \frac{d^2u}{dz^2} = \left(\frac{1}{2u} + \frac{1}{u-1}\right)\left(\frac{du}{dz}\right)^2 - \frac{1}{z}\frac{du}{dz} + \frac{(u-1)^2}{z^2}\left(\alpha + \frac{\beta}{u}\right) + \frac{\gamma u}{z} + \frac{\delta u(u+1)}{u-1},$$

$$\mathrm{P_{VI}} \quad \frac{d^2u}{dz^2} = \frac{1}{2}\left(\frac{1}{u} + \frac{1}{u-1} + \frac{1}{u-z}\right)\left(\frac{du}{dz}\right)^2 - \left(\frac{1}{z} + \frac{1}{z-1} + \frac{1}{u-z}\right)\frac{du}{dz}$$
$$+ \frac{u(u-1)(u-z)}{z^2(z-1)^2}\left[\alpha + \frac{\beta z}{u^2} + \frac{\gamma(z-1)}{(u-1)^2} + \frac{\delta z(z-1)}{(u-z)^2}\right].$$

关于这六种方程, 前三个为 Painlevé所得, $\mathrm{P_{IV}}, \mathrm{P_V}$ 为 Gambier 所得, 最后一个为 Fuchs 所得. 这些方程是在 Möbius 变换下等价类的代表. Painlevé等人还证明了这些方程不能进一步简化, 因此这些方程的解定义了新的超越函数, 即 Painlevé 超越函数. 对于三阶或更高阶的 ODE 的奇性分类问题还没有一个系统的结论 [13].

当一个 ODE 的解只有流动极点 (或者说没有临界点) 时, 称该方程具有 Painlevé 性质. $\mathrm{P_I} \sim \mathrm{P_{VI}}$ 就是它们的典型代表. 它们的解在奇点 $z = z_0$ 处的 Laurent 展开式

中是含有有限的负幂次项, 即

$$u(z)=\frac{a_{-N}}{(z-z_0)^N}+\frac{a_{-N+1}}{(z-z_0)^{N-1}}+\cdots+\frac{a_{-1}}{z-z_0}+\sum_{n=0}^{\infty}a_n(z-z_0)^n.$$

人们发现, Painlevé 性质和孤立子理论中的完全可积的非线性偏微分方程有密切的联系, 几乎所有可积的 PDE 经过约化后得到的 ODE 都有 Painlevé 性质的. 如何判断一个非线性 ODE 是 Painlevé 性质? 1978 年, Ablowitz, Ramani 和 Segur[385] 提出了一种方法 (简称 ARS 法). 并且提出了一个猜想 (称为 ARS 猜想): "可积 PDE 的任一约化的 ODE 具有 Painlevé 性质 (或许通过一些变换)". 如果该猜测是正确的, 那么这仅仅是 PDE 是完全可积的必要条件, 相反, 利用该猜测的否命题, 来检验 PDE 不是完全可积的或许是可行的.

常微分方程的 Painlevé可积性的 ARS 算法为: 考虑常微分方程

$$F(t,w(t),w'(t),w''(t),\cdots)=0, \tag{4.1.3}$$

i) Laurent 级数的首项阶分析, 令 (4.1.3) 具有如下解:

$$w(t)\approx a_0(t-t_0)^{\alpha}, \tag{4.1.4}$$

将 (4.1.4) 代入 (4.1.3), 可以确定 a_0, α.

ii) 共振点确定. 将

$$w(t)=a_0(t-t_0)^{\alpha}+b(t-t_0)^{\alpha+r} \tag{4.1.5}$$

代入 (4.1.3), 整理得 b 的系数, 并通过分解可确定共振点.

iii) 任意常数个数的确定. 将 Laurent 级数

$$w(t)=a_0(t-t_0)^{\alpha}+\sum_{i=1}^{\infty}a_i(t-t_0)^{\alpha+i} \tag{4.1.6}$$

代入 (4.1.3), 得到关于 $t-t_0$ 的方程, 在共振点处是否存在充分多的任意常数个数 (是否需要引入移动的临界点).

注 4.1.1[32]　(i) 如果 α 为无理数或复数, 那么方程的解是多值的, 因此, 该方程不是 Painlevé 可积的; (ii) 如果 α 为负整数, 需要进一步分析方程的 Painlevé 可积性; (iii) 如果 α 为有理数, 那么方程的解具有移动的代数支点, 因此, 该方程或许具有弱Painlevé可积的.

1983 年, Weiss 等人 [55,56] 将 ODE 的 Painlevé 性质判别方法推广到 PDE(简称 WTC 法). 利用该方法直接检验 PDE 是否是完全可积的 (Painlevé 可积), 并且可以导出其 Lax 对和 Bäcklund 变换.

定义 4.1.2 如果在非特性, 且可移动奇异流形的邻域内, 一个偏微分方程的解是单值的, 那么该偏微分方程是Painlevé可积的.

WTC 法 (Painlevé 分析) 可简单地描述如下：对给定的 PDE

$$F(u_{z_1}, u_{z_2}, \cdots) = 0. \tag{4.1.7}$$

设其解有如下形式解 (Laurent 级数形式解)：

$$u(z_1, z_2, \cdots, z_n) = \phi^{-p} \sum_{j=0}^{\infty} u_j(z) \phi^j(z), \tag{4.1.8}$$

其中 $u_j(z), \phi(z)$ 在流动奇异流形 $\phi(z) = 0$ 上为 $z = (z_1, z_2, \cdots, z_n)$ 的解析函数, 且 $u_0(z) \neq 0$. 将 (4.1.4) 代入 (4.1.3), 通过平衡 ϕ 的幂次可确定 p 及如下的递推关系：

$$(n - \beta_1)(n - \beta_2) \cdots (n - \beta_n) u_n - F_n(u_0, u_1, \cdots, u_{n-1}, \phi, z) = 0, \tag{4.1.9}$$

其中 $n = \beta_1, \beta_2, \cdots, \beta_n$ 为共振点 (通常 $n = -1$ 为其中之一). 对于任意的 $u_j (j = \beta_1, \beta_2, \cdots, \beta_n), \phi$, 如果过渡方程 (4.1.9) 是自相容的, 则称原方程是 Painlevé可积的, 否则原方程不是 Painlevé可积的.

我们以 KdV 方程 [55]

$$u_t + 6uu_x + u_{xxx} = 0 \tag{4.1.10}$$

为例来说明 P 检验的具体步骤. 设其有解：

$$u(x, t) = \phi^{-p} \sum_{j=0}^{\infty} u_j(x, t) \phi^j. \tag{4.1.11}$$

将 (4.1.11) 代入 (4.1.10), 根据主导项平衡, 可得 $p = 2, u_0 = -2\phi_x^2$ 及如下的递推关系式：

$$(j + 1)(j - 4)(j - 6) u_j - F_j(\phi_t, \phi_x, \cdots, u_1, \cdots, u_{j-1}) = 0. \tag{4.1.12}$$

由上式右边等于零可得, $j = -1, 4, 6$. $j = -1$ 对应于 ϕ 的任意性, $j = 4, 6$ 对应于"共鸣项". 要使 (4.1.10) 具有 P 性质, 必须要求在 ϕ, u_4, u_6 都为 (x, t) 的任意函数时, 由 (4.1.12) 确定的关系式自相容.

下面我们证明之. 比较 (4.1.12) 中 ϕ 的同次幂系数, 得

$$\begin{aligned}
&j = 0, \qquad u_0 = -2\phi_x^2, \\
&j = 1, \qquad u_1 = 2\phi_{xx}, \\
&j = 2, \qquad \phi_x \phi_t + 4\phi_x \phi_{xxx} - 3\phi_{xx}^2 + 6\phi_x^2 u_2 = 0, \\
&j = 3, \qquad \phi_{xt} + 6\phi_{xx} u_2 + \phi_{xxxx} - 2\phi_x^2 u_3 = 0, \\
&j = 4, \qquad 0 \cdot u_4 + \frac{\partial}{\partial x}(\phi_{xt} + 6\phi_{xx} u_2 + \phi_{xxx} - 2\phi_x^2 u_3) = 0.
\end{aligned}$$

同样可证明 u_6 也是任意的. 因此说 KdV 方程 (4.1.10) 是可积的. 若要求 $u_j=0,(j\geqslant 3)$, 那么可得到 Bäcklund 变换

$$u=2\frac{\partial^2}{\partial x^2}\ln\phi+u_2, \tag{4.1.13}$$

其中 u_1 为原方程 (4.1.10) 的解且 ϕ, u_2 满足微分方程组:

$$\begin{aligned}&\phi_x\phi_t+4\phi_x\phi_{xxx}-3\phi_{xx}^2+6\phi_x^2u_2=0,\\&\phi_{xt}+6\phi_{xx}u_2+\phi_{xxxx}=0.\end{aligned} \tag{4.1.14}$$

利用上面的猜测的否命题可知: 如果 PDE 的约化的其中一个 ODE 不是 Painlevé 可积的, 那么这个 PDE 也不是 Painlevé 可积的, 参看文献 [386, 387]. 另外, 对于差分方程的 Painlevé 分析参看文献 [388].

§4.2 高维广义 Burger 方程 I 和 Bäcklund 变换

下面考虑 (2+1) 维广义 Burger 方程 I[389]

$$u_t+\frac{1}{2}(u\partial_y^{-1}u_x)_x-u_{xx}=0 \tag{4.2.1}$$

的 Painlevé可积性. 当 $y\to x$ 时, (4.2.1) 变为著名 (1+1) 维 Burger 方程

$$u_t+uu_x-u_{xx}=0. \tag{4.2.2}$$

为了研究 (4.2.1) 的奇性结构, 引入变换 $u_x=v_y$, 那么 (4.2.1) 约化为一个耦合的方程组:

$$\begin{aligned}&u_t+\frac{1}{2}(uv)_x-u_{xx}=0,\\&u_x-v_y=0,\end{aligned} \tag{4.2.3}$$

其中 $u(x,y,t)$ 表示物理场, $v(x,y,t)$ 表示与 $u(x,y,t)$ 有关的变化的物理场.

在一个非特征的奇异流形 $\phi(x,y,t)=0$, $(\phi_x,\phi_y\neq 0)$ 上, 假设 (4.2.3) 的解的领导项具有这种形式:

$$\begin{aligned}u(x,y,t)&=u_0(x,y,t)\phi^{\alpha}(x,y,t),\\v(x,y,t)&=v_0(x,y,t)\phi^{\beta}(x,y,t),\end{aligned} \tag{4.2.4}$$

其中 u_0 和 v_0 为 x,y,t 的解析函数,α 和 β 为待定的整数. 将 (4.2.4) 代入 (4.2.3), 可得

$$\alpha=\beta=-1,\quad u_0=-2\phi_y,\quad v_0=-2\phi_x, \tag{4.2.5}$$

考虑在奇异流形附近, (4.2.3) 具有 Laurent 级数展开解

$$u(x,y,t)=\sum_{j=0}^{\infty}u_j(x,y,t)\phi^{j-1}(x,y,t),$$
$$v(x,y,t)=\sum_{j=0}^{\infty}v_j(x,y,t)\phi^{j-1}(x,y,t), \tag{4.2.6}$$

将 (4.2.6) 代入 (4.2.3) 可得到过渡方程组, 比较其 (ϕ^{j-3},ϕ^{j-2}) 的系数, 可得到共振点, 即

$$\begin{pmatrix} j(j-2)\phi_x^2 & (j-2)\phi_x\phi_y \\ (j-1)\phi_x & -(j-1)\phi_y \end{pmatrix}\begin{pmatrix} u_j \\ v_j \end{pmatrix}=0, \tag{4.2.7}$$

从其可得共振点 $j=-1,1,2$.

从共振点 $j=-1$, 我们知道奇异流形 $\phi(x,y,t)=0$ 具有任意性 (或者说函数 $\phi(x,y,t)$ 是任意的). 为了证明在其他共振点存在任意的函数, 将 (4.2.7) 代入 (4.2.4) 并比较过渡方程中 (ϕ^{-2},ϕ^{-1}) 的系数, 得

$$-\phi_t u_0+2u_{0x}\phi_x+u_0\phi_{xx}+\frac{1}{2}(u_0v_{0x}+v_0u_{0x}-\phi_xu_0v_1-\phi_xv_0u_1)=0,$$
$$u_{0x}=v_{0y}. \tag{4.2.8}$$

利用 (4.2.4), 容易证明 (4.2.8) 的第二个方程恒成立. 因此只剩下包含两个未知函数 u_1 和 v_1 的一个方程, 所以 u_1 和 v_1 之中有一个为任意函数. 继续比较 (ϕ^{-1},ϕ^0) 的系数, 得

$$u_{0t}-u_{0xx}+\frac{1}{2}(u_{0x}v_1+u_{1x}v_0+v_{0x}u_1+v_{1x}u_0)=0,$$
$$\phi_xu_2-\phi_yv_2=v_{1y}-u_{1x}. \tag{4.2.9}$$

因为 (4.2.9) 的第一个方程与 u_2 和 v_2 无关并且与上面的结论一致. 因此只剩下包含两个未知函数 u_2 和 v_2 的一个方程, 所以 u_2 和 v_2 之中有一个为任意函数. 因此在不引入任何可动的标准流形条件下, (4.2.2) 的一般解 $(u(x,y,t),v(x,y,t))$ 具有要求的任意函数的个数, 即过渡方程组是自相容的, 因此 (4.2.1) 是 Painlevé可积的.

令 $u_j=0(j\geqslant 3)$, 利用关系 $u_x=v_y$, 我们可得到 (4.2.1) 的 Bäcklund 变换.

定理 4.2.1 (2+1)维广义Burger方程I (4.2.1) 拥有如下的自Bäcklund变换:

$$u(x,y,t)=-2\frac{\partial}{\partial y}\ln\phi(x,y,t)+u_0(x,y,t)=-2\frac{\phi_y}{\phi}+u_0(x,y,t), \tag{4.2.10}$$

其中 u_0 为(4.2.1)的解, Φ,u_0 满足超非线性定微分方程组:

$$\phi_t\phi_y-\phi_x\phi_{xy}+\frac{1}{2}(u_0\phi_x^2+\phi_x\phi_y\partial_y^{-1}u_{0x})=0,$$
$$\phi_{ty}-\phi_{xxy}+\frac{1}{2}(u_{0x}\phi_x+u_0\phi_{xx}+\phi_y\partial_y^{-1}u_{0xx}+\phi_{xy}\partial_y^{-1}u_{0x})=0. \tag{4.2.11}$$

推论 4.2.2 设 $u_0=0$, 则自Bäcklund变换(4.2.10)变为Cole-Hopf变换 $u(x,y,t)=-2v_y/v$. 在其作用下, (4.2.1) 约化为双线性形式的目标方程:

$$v_tv_y-vv_{yt}-v_xv_{xy}+vv_{xxy}=0. \tag{4.2.12}$$

注 4.2.3 为了方便利用(4.2.1), 改写它为

$$u_t=K[u]=u_{xx}-\frac{1}{2}(u\partial_y^{-1}u_x)_x. \tag{4.2.13}$$

众所周知, σ 为(4.2.1)的对称, 如果 σ 满足下面的线性方程:

$$\begin{aligned}\sigma_t=&K'[u]\sigma\\=&\left[D^2-\frac{1}{2}(u_x\partial_y^{-1}D+u\partial_y^{-1}D^2+(\partial_y^{-1}u_x)D+(\partial_y^{-1}u_{xx}))\right]\sigma,\end{aligned} \tag{4.2.14}$$

其中 u 满足(4.2.1), $K'[u]=\dfrac{d}{d\mu}K[u+\mu\sigma]|_{\mu=0}$ 为 $K[u]$ 的Frechet导数, $D=\partial/\partial x, D^{-1}=\int dx, D^{-1}D=DD^{-1}=1$.

从(4.2.11)易知 $\sigma=v_y$ 为(4.2.1)的非古典对称, 即

$$\begin{aligned}(v_y)_t=&\left[D^2-\frac{1}{2}(u_{0x}\partial_y^{-1}D+u_0\partial_y^{-1}D^2+(\partial_y^{-1}u_{0x})D+(\partial_y^{-1}u_{0xx}))\right]v_y\\=&K'[u_0]v_y.\end{aligned} \tag{4.2.15}$$

注 4.2.4 利用这些变换可以获得(4.2.1)的很多形式的精确解, 包括孤波解、有理解、类 Dromion 解及其他形式的解.

§4.3 高维广义 Burger 方程 II 和 Bäcklund 变换

这一节研究 (2+1) 维广义 Burger 方程 II[390]

$$u_t+u_{xy}+uu_y+u_x\partial_x^{-1}u_y=0 \tag{4.3.1}$$

的 Painlevé 可积性. 当 $y\to x$ 时, (4.2.1) 变为著名 Burger 方程.

为了研究 (4.3.1) 的奇性结构, 引入变换 $u_x=w_y$, 那么 (4.3.1) 约化为一个耦合的方程组

$$\begin{aligned}&u_t+u_{xy}+uw_x+u_xw=0,\\&u_x-w_y=0,\end{aligned} \tag{4.3.2}$$

其中 $u(x,y,t)$ 表示物理场, $w(x,y,t)$ 表示与 $u(x,y,t)$ 有关的变化的物理场.

在一个非特征的奇异流形 $\phi(x,y,t)=0$ $(\phi_x,\phi_y\neq 0)$ 上, 假设 (4.3.2) 的解的领导项具有这种形式:

$$u=u_0\phi^{\alpha},\quad w=w_0\phi^{\beta},\tag{4.3.3}$$

其中 u_0 和 w_0 为 x,y,t 的解析函数,α 和 β 为待定的整数. 将 (4.2.5) 代入 (4.2.4), 可得

$$\alpha=\beta=-1,\quad u_0=\phi_x,\quad w_0=\phi_y,\tag{4.3.4}$$

考虑在奇异流形附近, (4.2.4) 具有 Laurent 级数展开解:

$$u=\sum_{j=0}^{\infty}u_j\phi^{j-1},\quad w=\sum_{j=0}^{\infty}w_j\phi^{j-1},\tag{4.3.5}$$

将 (4.4.5) 代入 (4.3.2), 得到关于 u_j 和 w_j 的过渡方程:

$$\begin{aligned}&(j-2)u_{j-1}\phi_t+u_{j-2,t}+(j-1)(j-2)u_j\phi_x\phi_y+(j-2)u_{j-1}\phi_{xy}+(j-2)u_{j-1,y}\phi_x\\&\quad+(j-2)u_{j-1,x}\phi_y+u_{j-2,xy}+\sum_{i=0}^{j}u_{j-i}[w_{i-1,x}+(i-1)w_i\phi_x]\\&\quad+\sum_{i=0}^{j}w_{j-i}[u_{i-1,x}+(i-1)u_i\phi_x]=0,\end{aligned}\tag{4.3.6a}$$

$$(j-1)u_j\phi_y+u_{j-1,y}-(j-1)w_j\phi_x+w_{j-1,x}=0.\tag{4.3.6b}$$

且比较 (ϕ^{j-3},ϕ^{j-2}) 的系数, 可得到共振点, 即

$$\begin{bmatrix}j(j-2)\phi_x\phi_y & (j-2)\phi_x^2\\(j-1)\phi_y & -(j-1)\phi_x\end{bmatrix}\begin{bmatrix}u_j\\w_j\end{bmatrix}=0,\tag{4.3.7}$$

从其可得共振点 $j=-1,1,2$.

从共振点 $j=-1$, 我们知道奇异流形 $\phi(x,y,t)=0$ 具有任意性 (或者说函数 $\phi(x,y,t)$ 是任意的). 下面在共振点 $j=1,2$ 处函数的任意性.

情况 1. 当 $j=1$ 时, (4.3.6) 变为

$$\begin{aligned}&\phi_x\phi_yu_1+\phi_x^2w_1=-\phi_x\phi_t-\phi_x\phi_{xy},\\&u_{0y}=w_{0x}.\end{aligned}\tag{4.3.8}$$

利用 (4.3.3), 容易证明 (4.3.8) 的第二个方程恒成立. 因此只剩下包含两个未知函数 u_1 和 w_1 的一个方程. 所以 u_1 和 w_1 之中有一个为任意函数.

情况 2. 继续考虑 (4.3.6), 当 $j=1$ 时, (4.3.6) 变为

$$\begin{aligned}&u_{0t}+u_{0xy}+u_1w_{0x}+u_0w_{1x}+w_1u_{0x}+w_0u_{1x}=0,\\&\phi_yu_2-\phi_xw_2=w_{1x}-u_{1y}.\end{aligned}\tag{4.3.9}$$

因为 (4.3.9) 的第一个方程与 u_2 和 w_2 无关并且与上面的结论一致. 因此只剩下包含两个未知函数 u_2 和 w_2 的一个方程. 所以 u_2 和 w_2 之中有一个为任意函数. 因此在不引入任何可动的标准流形条件下, (4.3.1) 的一般解 $(u(x,y,t),v(x,y,t))$ 所满足的过渡方程是自相容的, 因此 (4.3.1) 是 Painlevé 可积的.

为了构造 (4.3.1) 的 Bäcklund 变换, 对 Laurent 级数展开解进行截断, 即 $u_j = w_j = 0(j \geqslant 2)$. 因此有

$$\begin{aligned} u(x,y,t) &= u_0\phi^{-1} + u_1 = \partial_x \ln\phi + u_1, \\ w(x,y,t) &= w_0\phi^{-1} + w_1 = \partial_y \ln\phi + w_1. \end{aligned} \tag{4.3.10}$$

将 (4.3.10) 代入 (4.3.2), 可得过渡方程：

$$\begin{aligned} &-\phi_x(\phi_t + \phi_{xy} + u_1\phi_y + \phi_x\partial^{-1}u_{1y})\phi^{-2} + (\phi_{xt} + \phi_{xxy} + u_{1x}\phi_y + u_{1y}\phi_x \\ &\quad + u_1\phi_{xy} + \phi_{xx}\partial_x^{-1}u_{1y})\phi^{-1} + u_{1t} + u_{1xy} + u_1u_{1y} + u_{1x}\partial_x^{-1}u_{1y} = 0. \end{aligned} \tag{4.3.11}$$

根据 ϕ^{-2}, ϕ^{-1} 和 $\phi^0 = 1$ 的线性无关性, 可得关于 $\phi(x,y,t)$ 和 $u_1(x,y,t)$ 所满足的目标方程：

$$\begin{aligned} &-\phi_x(\phi_t + \phi_{xy} + u_1\phi_y + \phi_x\partial^{-1}u_{1y}) = 0, \\ &\phi_{xt} + \phi_{xxy} + u_{1x}\phi_y + u_{1y}\phi_x + u_1\phi_{xy} + \phi_{xx}\partial_x^{-1}u_{1y} = 0, \\ &u_{1t} + u_{1xy} + u_1u_{1y} + u_{1x}\partial_x^{-1}u_{1y} = 0. \end{aligned} \tag{4.3.12}$$

至此可得到 (4.3.1) 的 Bäcklund 变换.

定理 4.3.1　(2+1)维广义Burger方程II (4.3.1) 拥有如下的自Bäcklund变换：

$$u(x,y,t) = \frac{\partial}{\partial x}\ln\phi(x,y,t) + u_1(x,y,t) = \frac{\phi_x}{\phi} + u_1(x,y,t),$$

其中 u_1 为(4.3.1)的解, Φ, u_1 满足超非线性定微分方程组(4.3.12).

推论 4.3.2　设 $u_1 = 0$, 则自Bäcklund变换约化为Cole-Hopf变换 $u(x,y,t) = \dfrac{\phi_x}{\phi}$. 其中 ϕ 满足双线性方程：

$$\phi\phi_{xt} - \phi_x\phi_t + \phi\phi_{xxy} - \phi_x\phi_{xy} = 0. \tag{4.3.13a}$$

进一步可约化为(2+1)维线性热方程：

$$\phi_t + \phi_{xy} = 0, \tag{4.3.13b}$$

注 4.3.3　为了应用(4.3.1), 我们改写为

$$u_t = K[u] = -u_{xy} - uu_y - u_x\partial_x^{-1}u_y. \tag{4.3.14}$$

我们知道 σ 为(4.3.1)的对称, 如果 σ 满足下面的线性方程

$$\begin{aligned}\sigma_t =& K'[u]\sigma\\ =& -[\partial_{xy}+u_y+u\partial_y+u_x\partial_x^{-1}\partial_y+(\partial_x^{-1}u_y)\partial_x]\sigma,\end{aligned}\tag{4.3.15}$$

其中 u 满足(4.3.1), $\partial_x=\partial/\partial x, \partial_y=\partial/\partial y, \partial_x^{-1}=\int dx, \partial_x^{-1}\partial_x=\partial_x\partial_x^{-1}=1$.

从(4.3.13), 易得

$$\begin{aligned}(\phi_x)_t =& -[\partial_{xy}+u_y+u\partial_y+u_x\partial_x^{-1}\partial_y+(\partial_x^{-1}u_y)\partial_x]|_{u=u_1}\phi_x\\ =& K'[u]|_{u=u_1}\phi_x\\ =& K'[u_1]\phi_x.\end{aligned}\tag{4.3.16}$$

表明 $\sigma=\phi_x$ 为(4.3.1)的非古典对称.

注 4.3.4 利用这些变换我们可以获得(4.3.1)的很多形式的精确解, 包括孤波解、有理解、类 Dromion 解及其他形式的解.

§4.4 反应混合物模型

考虑反应混合物模型 [391,392]

$$\begin{aligned}&u_t+\left(\frac{1}{2}u^2-\alpha q\right)_x-\beta u_{xx}=0,\\ &q_x=\gamma q f(u),\end{aligned}\tag{4.4.1}$$

该系统描述了化学反应流动混合物中的非线性爆炸波, 传播的速度接近于声速. $u(x,t)$ 为与压力或温度有关的变量, $q=q(x,t)$ 为反应物的质量分率, $\alpha>0$ 为反应释放的热度, β 为扩散系数, γ 是反应率, 函数 $f(u)\geqslant 0$ 为渐近考虑的结构函数, x 并不是空间坐标, 而是代表反应区域的时空的广义坐标.

Rigano 和 Torrisi[393] 利用单参数无穷小 Lie 群对系统 (4.4.1) 进行分类, Senthilvelan 和 Torrisi[394] 研究了 (4.4.1) 的势对称, 并且指出只有当 $f(u)=\dfrac{u}{2\beta\gamma}+k(k,\text{const})$ 时, (4.4.1) 才有势对称, 此时, 系统 (4.4.1) 约化为

$$\begin{aligned}&u_t+\left(\frac{1}{2}u^2-\alpha q\right)_x-\beta u_{xx}=0,\\ &q_x=q\left(\frac{u}{2\beta}+k\gamma\right),\end{aligned}\tag{4.4.2}$$

§4.4.1 Painlevé 奇性分析

下面我们研究 (4.4.2) 的 Painlevé 奇性分析, Bäcklund 变换和解析解 [395]. 在一个非特征的奇异流形 $\phi(x,t)=0$ $(\phi_x\neq 0)$ 上, 假设 (4.4.2) 的解的领导项具有如下形式:

$$u=u_0\phi^a,\quad q=q_0\phi^b, \tag{4.4.3}$$

其中 u_0 和 q_0 为 x,t 的解析函数, a 和 b 为待定的整数. 将 (4.4.3) 代入 (4.4.2), 可得 $a=b=-1, u_0=-2\beta\phi_x$, q_0 为任意函数.

考虑在奇异流形附近, (4.4.2) 具有 Laurent 级数展开解:

$$u=\sum_{j=0}^{\infty}u_j\phi^{j-1},\quad q=\sum_{j=0}^{\infty}q_j\phi^{j-1}, \tag{4.4.4}$$

将 (4.4.4) 代入 (4.4.2), 得到关于 u_j 和 q_j 的过渡方程:

$$(j-2)u_{j-1}\phi_t+u_{j-2,t}-\beta[(j-1)(j-2)u_j\phi_x^2+(j-2)u_{j-1}\phi_{xx}+2(j-2)u_{j-1,x}\phi_x$$

$$+u_{j-2,xx}]+\sum_{m=0}^{j}u_{j-m}[u_{m-1,x}+(m-1)u_m\phi_x]-\alpha(q_{j-2,x}+(j-2)q_{j-1}\phi_x)=0, \tag{4.4.5a}$$

$$q_{j-1,x}+(j-1)q_j\phi_x-\frac{1}{2\beta}\sum_{m=0}^{j}u_{j-m}q_m-k\gamma q_{j-1}=0. \tag{4.4.5b}$$

且比较 (ϕ^{j-3},ϕ^{j-2}) 的系数, 可得到共振点, 即

$$\begin{bmatrix}-\beta(j+1)(j-2)\phi_x^2 & 0\\ -\dfrac{1}{2\beta}q_0 & j\phi_x\end{bmatrix}\begin{bmatrix}u_j\\ q_j\end{bmatrix}=0, \tag{4.4.6}$$

从而可得共振点 $j=-1,0,2$.

从共振点 $j=-1$, 我们知道奇异流形 $\phi(x,t)=0$ 具有任意性 (或者说函数 $\phi(x,t)$ 是任意的). 下面在共振点 $j=1,2$ 处函数的任意性.

当 $j=1$ 时, (4.4.5a,b) 变为

$$\begin{aligned}u_1&=\frac{2\beta^2\phi_{xx}-2\beta\phi_t-\alpha q_0}{2\beta\phi_x},\\ q_1&=\frac{k\gamma q_0-q_{0,x}}{\phi_x}+\frac{q_0(2\beta^2\phi_{xx}-2\beta\phi_t-\alpha q_0)}{4\beta^2\phi_x^2},\end{aligned} \tag{4.4.7}$$

而当 $j=1$ 时, (4.4.5 a,b) 变为

$$u_{0t}-\beta u_{0xx}+u_{1x}u_0+u_1u_{0x}-\alpha q_{0x}=0, \tag{4.4.8a}$$

$$q_{1x}-\frac{1}{2\beta}(u_2q_0+u_1q_1+u_0q_2)-k\gamma q_1=0. \tag{4.4.8b}$$

易知 (4.4.8a) 与 u_2 和 q_2 无关. 根据 (4.4.8a), (4.4.7) 以及 q_0 为任意函数, 知道 (4.4.8a) 对于某些 q_0 成立. 因此只剩下包含两个未知函数 u_2 和 q_2 的方程 (4.4.8b), 所以 u_2 和 q_2 之中有一个为任意函数. 因此在不引入任何可动的标准流形条件下, (4.4.2) 的一般解 $(u(x,t),q(x,t))$ 所满足的过渡方程是自相容的, 因此 (4.4.2) 是 Painlevé 可积的.

§4.4.2 两种新的 Bäcklund 变换和解

根据 Painlevé 分析中 Laurent 级数截断展开, 因为 q_0 为任意函数, 这里假设 $q_0=A\phi_x$, 则得到如下的自 Bäcklund 变换 I[395]:

定理 4.4.1 系统(4.4.2)拥有如下的自 Bäcklund 变换 I:

$$\begin{aligned}u(x,t)&=u_0\phi^{-1}+u_1=-2\beta\frac{\phi_x}{\phi}+u_1,\\ q(x,t)&=q_0\phi^{-1}+q_1=A\frac{\phi_x}{\phi}+q_1,\end{aligned} \tag{4.4.9}$$

其中 (u_1,q_1) 为 (4.4.2) 的解, 并且 (u_1,q_1) 和 ϕ 满足

$$\begin{aligned}&2\beta\phi_t+\alpha A\phi_x+2\beta u_1\phi_x-2\beta^2\phi_{xx}=0,\\ &A\phi_{xx}+\left[q_1-A\left(\frac{1}{2\beta}u_1+k\gamma\right)\right]\phi_x=0.\end{aligned} \tag{4.4.10}$$

根据所得到的自 Bäcklund 变换 I, 通过选取适当的初解, 可以推出系统 (4.4.2) 有如下的解 [395]:

定理 4.4.2 (i) 当 $u_1=-2k\beta\gamma$, $q_1=q_1(t)\neq 0$ 时, 得孤波解

$$u(x,t)=\frac{2\beta q_1}{A}\frac{c\exp\left[-\dfrac{q_1}{A}x+\dfrac{Aq_1(\alpha A-4k\beta^2\gamma)+2\beta^2q_1^2}{2\beta A^2}t\right]}{g+c\exp\left[-\dfrac{q_1}{A}x+\dfrac{Aq_1(\alpha A-4k\beta^2\gamma)+2\beta^2q_1^2}{2\beta A^2}t\right]}-2k\beta\gamma,$$

$$q(x,t)=-\frac{q_1c\exp\left[-\dfrac{q_1}{A}x+\dfrac{Aq_1(\alpha A-4k\beta^2\gamma)+2\beta^2q_1^2}{2\beta A^2}t\right]}{g+c\exp\left[-\dfrac{q_1}{A}x+\dfrac{Aq_1(\alpha A-4k\beta^2\gamma)+2\beta^2q_1^2}{2\beta A^2}t\right]}+q_1.$$

(ii) 当 $u_1\neq -2k\beta\gamma$, $q_1=0$ 时, 得到类孤波解

$$u(x,t)=\frac{-2\beta c\left(\dfrac{u_1}{2\beta}+k\gamma\right)\exp\left[\left(\dfrac{u_1}{2\beta}+k\gamma\right)x+p(u_1)t\right]}{g+c\exp\left[\left(\dfrac{u_1}{2\beta}+k\gamma\right)x+p(u_1)t\right]}+u_1,$$

$$q(x,t)=\frac{Ac\left(\frac{u_1}{2\beta}+k\gamma\right)\exp\left[\left(\frac{u_1}{2\beta}+k\gamma\right)x+p(u_1)t\right]}{g+c\exp\left[\left(\frac{u_1}{2\beta}+k\gamma\right)x+p(u_1)t\right]}.$$

(iii) 当 $u_1=-2k\beta\gamma$, $q_1=0$ 时, 得到有理解

$$u(x,t)=-\frac{4\beta^2 f}{2\beta fx-f(-4k\beta^2\gamma+\alpha A)t+2\beta c}-2k\beta\gamma,$$
$$q(x,t)=\frac{2\beta Af}{2\beta fx-f(-4k\beta^2\gamma+\alpha A)t+2\beta c},$$

其中, $p(u_1)=\frac{1}{2\beta}\left(2\beta^2\left(\frac{u_1}{2\beta}+k\gamma\right)^2-(\alpha A+2\beta u_1)\left(\frac{u_1}{2\beta}+k\gamma\right)\right)$, $f=\text{const}$.

根据 Painlevé 分析中 Laurent 级数截断展开, 因为 q_0 为任意函数, 这里假设 $q_0=A\phi_t$, 则得到如下的自 Bäcklund 变换 II:

定理 4.4.3[395] 系统(4.4.2)拥有如下的自 Bäcklund 变换II:

$$u(x,t)=u_0\phi^{-1}+u_1=-2\beta\frac{\phi_x}{\phi}+u_1,$$
$$q(x,t)=q_0\phi^{-1}+q_1=A\frac{\phi_t}{\phi}+q_1, \tag{4.4.11}$$

其中 (u_1,q_1) 为(4.4.2)的解, 并且 (u_1,q_1) 和 ϕ 满足

$$2\beta\phi_t+\alpha A\phi_t+2\beta u_1\phi_x-2\beta^2\phi_{xx}=0,$$
$$A\phi_{xt}+q_1\phi_x-A\left(\frac{1}{2\beta}u_1+k\gamma\right)\phi_t=0. \tag{4.4.12}$$

根据所得到的自 Bäcklund 变换 II, 通过选取适当的初解, 可以推出系统 (4.4.2) 有如下的解 [395]:

定理 4.4.4 (i) 当 $u_1=-2k\beta\gamma$, $q_1=q_1(t)\neq 0$ 时, 有类扭型的孤波解 (u_{11},q_{11}) 和奇异孤波解 (u_{12},q_{12}):

$$u_{11}=2\beta k\gamma\tanh\left(\frac{1}{2}\xi\right),$$

$$q_{11}=\left[-\frac{q_1(t)}{2}+\frac{c_1\alpha q_1(t)\exp\left(\int^t\frac{\alpha q_1(s)}{2\beta}ds\right)+2\beta g'(t)}{2\alpha\left(c_1\exp\left(\int^t\frac{\alpha q_1(s)}{2\beta}ds\right)+g(t)\right)}\right]\tanh\left(\frac{1}{2}\xi\right)$$
$$+\frac{q_1(t)}{2}-\frac{c_1\alpha q_1(t)\exp\left(\int^t\frac{\alpha q_1(s)}{2\beta}ds\right)+2\beta g'(t)}{2\alpha\left(c_1\exp\left(\int^t\frac{\alpha q_1(s)}{2\beta}ds\right)+g(t)\right)};$$

$$u_{12} = 2\beta k\gamma \coth\left(\frac{1}{2}\xi\right),$$

$$q_{12} = \left[-\frac{q_1(t)}{2} + \frac{c_1\alpha q_1(t)\exp\left(\int^t \frac{\alpha q_1(s)}{2\beta}ds\right) + 2\beta g'(t)}{2\alpha(c_1\exp\left(\int^t \frac{\alpha q_1(s)}{2\beta}ds\right) + g(t))}\right]\coth\left(\frac{1}{2}\xi\right)$$

$$+ \frac{q_1(t)}{2} - \frac{c_1\alpha q_1(t)\exp\left(\int^t \frac{\alpha q_1(s)}{2\beta}ds\right) + 2\beta g'(t)}{2\alpha\left(c_1\exp\left(\int^t \frac{\alpha q_1(s)}{2\beta}ds\right) + g(t)\right)},$$

这里 $\xi = -2k\gamma x + \int^t \frac{\alpha q_1(s)}{2\beta}ds - \ln\left(\frac{c_2}{c_1\exp\left(\int^t \frac{\alpha q_1(s)}{2\beta}ds\right) + g(t)}\right)$,

(ii) 当 $u_1 = -2k\beta\gamma$, $q_1 = \text{const} \neq 0$, 得到类孤波解

$$u_{21} = \frac{-2\beta(c_4 - c_3k\gamma - c_4k\gamma x)\exp\left(-k\gamma x - \frac{q_1}{A}t\right)}{(c_3 + c_4x)\exp\left(-k\gamma x - \frac{q_1}{A}t\right) + c_2} - 2k\beta\gamma,$$

$$q_{21} = \frac{-q_1(c_3 + c_4x)\exp\left(-k\gamma x - \frac{q_1}{A}t\right)}{(c_3 + c_4x)\exp\left(-k\gamma x - \frac{q_1}{A}t\right) + c_2} + q_1.$$

$$u_{22} = \frac{-2\beta[(c_6R - c_5k\gamma)\sinh(Rx) + (c_5R - c_6k\gamma)\cosh(Rx)]e^{-k\gamma x - \frac{q_1}{A}t}}{(c_5\sinh(Rx) + c_6\cosh(Rx))e^{-k\gamma x - \frac{q_1}{A}t} + c_2} - 2k\beta\gamma,$$

$$q_{22} = \frac{-q_1[c_5\sinh(Rx) + c_6\cosh(Rx)]e^{-k\gamma x - \frac{q_1}{A}t}}{(c_5\sinh(Rx) + c_6\cosh(Rx))e^{-k\gamma x - \frac{q_1}{A}t} + c_2} + q_1,$$

$$u_{23} = \frac{-2\beta[(-c_8Q - c_7k\gamma)\sin(Qx) + (c_7Q - c_8k\gamma)\cos(Qx)]e^{-k\gamma x - \frac{q_1}{A}t}}{(c_7\sin(Ax) + c_8\cos(Qx))e^{-k\gamma x - \frac{q_1}{A}t} + c_2} - 2k\beta\gamma,$$

$$q_{23} = \frac{-q_1[c_7\sin(Qx) + c_8\cos(Qx)]e^{-k\gamma x - \frac{q_1}{A}t}}{(c_7\sin(Qx) + c_8\cos(Qx))e^{-k\gamma x - \frac{q_1}{A}t} + c_2} + q_1.$$

(iii) 当 $u_1 \neq -2k\beta\gamma$, $q_1 = 0$ 时, 得到类孤波解

$$u_{31} = -2\beta\frac{c_4 + c_2k\gamma\exp(k\gamma x + (2\beta^2k^2\gamma^2)t/(2\beta + \alpha A))}{c_3 + c_4x + c_2\exp(k\gamma x + (2\beta^2k^2\gamma^2)t/(2\beta + \alpha A))},$$

$$q_{31} = \frac{2Ac_2\beta^2k^2\gamma^2}{2\beta + \alpha A}\frac{\exp(k\gamma x + (2\beta^2k^2\gamma^2)t/(2\beta + \alpha A))}{c_3 + c_4x + c_2\exp(k\gamma x + (2\beta^2k^2\gamma^2)t/(2\beta + \alpha A))} + q_1,$$

$$u_{32}=\frac{-2c_6u_1\exp\left(\dfrac{u_1}{\beta}x\right)+c_2(-u_1-2\beta k\gamma)\exp\left[\left(\dfrac{u_1}{2\beta}+k\gamma\right)x+Mt\right]}{c_5+c_6\exp\left(\dfrac{u_1}{\beta}x\right)+c_2\exp\left[\left(\dfrac{u_1}{2\beta}+k\gamma\right)x+Mt\right]}+u_1,$$

$$q_{32}=\frac{AMc_2\exp\left[\left(\dfrac{u_1}{2\beta}+k\gamma\right)x+Mt\right]}{c_5+c_6\exp\left(\dfrac{u_1}{\beta}x\right)+c_2\exp\left[\left(\dfrac{u_1}{2\beta}+k\gamma\right)x+Mt\right]}+q_1.$$

(iv) 当 $u_1=-2k\beta\gamma$, $q_1=0$ 时, 得到类孤波解

$$u_{41}=\frac{-2\beta(c_2-2c_3k\gamma\exp(-2k\gamma x))}{c_4+c_1+(4\beta^2k\gamma c_2)t/(\alpha A+2\beta)+c_2x+c_3\exp(-2k\gamma x)}-2k\beta\gamma,$$

$$q_{41}=\frac{4\beta^2k\gamma c_2}{\alpha A+2\beta}\frac{A}{c_4+c_1+(4\beta^2k\gamma c_2)t/(\alpha A+2\beta)+c_2x+c_3\exp(-2k\gamma x)},$$

其中 $R=\dfrac{1}{2\beta}\sqrt{4\beta^2k^2\gamma^2-\dfrac{2q_1}{A}(2\beta+\alpha A)}$, $Q=\dfrac{1}{2\beta}\sqrt{-4\beta^2k^2\gamma^2+\dfrac{2q_1}{A}(2\beta+\alpha A)}$. $M=-\dfrac{1}{2\beta+\alpha A}\left[2\beta u_1\left(\dfrac{u_1}{2\beta}+k\gamma\right)-2\beta^2\left(\dfrac{u_1}{2\beta}+k\gamma\right)^2\right]$.

注 4.4.5 对任意的时间 t 的函数 $q_1(t)$ 和 $g(t)$, (u_{11},q_{11}) 和 (u_{12},q_{12}) 拥有丰富的结构.

§4.5 KdV 方程的高维可积耦合

1996 年, 从 KdV 方程族

$$u_t=\Phi^n(u)u_x,\quad \Phi(u)=\partial^2+2u_x\partial^{-1}+4u,\quad n\geqslant 1, \tag{4.5.1}$$

其中 $\partial=\dfrac{\partial}{\partial x}$, $\partial\partial^{-1}=\partial^{-1}\partial=1$, Ma 和 Fuchssteiner[396] 作摄动展开 $\hat{u}$, 其与 x 和 $y=\varepsilon x$ 有关 [397]:

$$\hat{u}=\sum_{i=0}^{N}\phi_i(x,y,t_1,t_2,\cdots)\varepsilon^i,\qquad y=\varepsilon x. \tag{4.5.2}$$

将 (4.5.2) 代入 (4.5.1) 得到下面的 (2+1) 维摄动系统:

$$
\begin{aligned}
\phi_{0t_1} =&\phi_{0xxx} + 6\phi_0\phi_{0x},\\
\phi_{1t_1} =&\phi_{1xxx} + 3\phi_{0xxy} + 6(\phi_0\phi_1)_x + 6\phi_0\phi_{0y},\\
\phi_{2t_1} =&\phi_{2xxx} + 3\phi_{1xxy} + 3\phi_{0xyy} + 6(\phi_0\phi_2)_x + 6(\phi_0\phi_1)_y + 6\phi_1\phi_{1x},\\
\phi_{jt_1} =&\phi_{jxxx} + 3\phi_{j-1,xxy} + 3\phi_{j-2,xyy} + \phi_{j-3,yyy}\\
&+6\left(\sum_{i=0}^{j}\phi_i\phi_{j-i,x} + \sum_{i=0}^{j-1}\phi_i\phi_{j-i-1,y}\right),\quad 3\leqslant j\leqslant N.
\end{aligned}\tag{4.5.3}
$$

对于 $N=1$ 情形, 系统 (4.5.3) 约化为代表性的系统:

$$u_t = u_{xxx} + 6uu_x,\tag{4.5.4a}$$

$$v_t = v_{xxx} + 3u_{xxy} + 6(uv)_x + 6uu_y.\tag{4.5.4b}$$

事实上, (4.5.4) 为 KdV 方程的 (2+1) 维耦合系统. 2002 年, Ma[398] 证明系统 (4.5.4) 拥有局部的双 Hamilton 结构, 并且给出了它的递推算子:

$$Q_t = J\frac{\delta H_1}{\delta Q} = M\frac{\delta H_2}{\delta Q},\qquad Q=\begin{pmatrix}u\\ v\end{pmatrix},$$

$$J=\begin{pmatrix}0 & \partial_x\\ \partial_x & \partial_y\end{pmatrix},\quad M=\begin{pmatrix}0 & \partial_x^3+2u_x+4u\partial_x\\ \partial_x^3+2u_x+4u\partial_x & 3\partial_x^2\partial_y+2v_x+2u_y+4v\partial_x+4u\partial_y\end{pmatrix},$$

$$H_1=\int\int uv\ dxdy,\qquad H_2=\int\int\left(\frac{1}{2}uv_{xx}+uu_{xy}+\frac{1}{2}uv_{xx}+3u^3v\right)dxdy.$$

1998 年, Sakovich[399] 研究了 (4.5.4a,b) 的 P 分析, 并且证明该系统是 P 可积的, 另外根据 KdV 方程的 Lax 对以及 $y=\varepsilon x$ 给出了 (4.5.4) 的 Lax 对. 虽然 Sakovich 利用

$$u(x,y,t)=\sum_{i=0}^{\infty}u_i(y,t)\psi^{i-2}(x,y,t),\qquad v(x,y,t)=\sum_{j=0}^{\infty}v_j(y,t)\psi^{j-3}(x,y,t)$$

证明了 (4.5.4) 是 P 可积的, 但是由于显式的表达式是太复杂, 结果并没有给出 (4.5.4) 的 Bäcklund 变换. 最近, Fan[400] 通过一些变换获得了 (4.5.4) 的一些行波类型的解.

易知 (4.5.4a) 的 Bäcklund 变换为

$$u(x,y,t)=2\partial_x^2[\log w(x,y,t)]+u_2(x,y,t),\tag{4.5.5}$$

其中 u_2 为 (4.5.4a) 的解, 并且 $w(x,y,t)$ 满足

$$\begin{aligned} w_x w_t &= 4w_x w_{xxx} - 3w_{xx}^2 + 6w_x^2 u_2, \\ w_{xt} &= 6w_{xx}u_2 + u_{xxxx}. \end{aligned} \tag{4.5.6}$$

因此变换 (4.5.5) 平衡了 (4.5.4a) 中的线性项 u_{xxx} 和非线性项 $6uu_x$. 但是, 易知它并不能平衡 (4.5.4b) 中仅仅含有 u 及其导数的线性项 $3u_{xxy}$ 和非线性项 $6uu_y$. 所以需要关于 v 的变换来平衡它们以及 v_{xxx} 和 $6(uv)_x$. 这意味着 v_{xxx} 和 $6(uv)_x$"次"大于或等于 $3u_{xxy}$ 和 $6uu_y$ 的 "次". 进一步考虑下面两种情况:

情况 1. 如果 v_{xxx} 或 $6(uv)_x$ 的 "次" 大于 $3u_{xxy}$ 或 $6uu_y$ 的, 那么通过首项分析, 得

$$v(x,y,t) = p_0(x,y,t)w^{-3}(x,y,t) + \sum_{j=1}^{\infty} p_j(x,y,t)w^{j-3}(x,y,t),$$

其中 $p_i(x,y,t)$ 和 $w(x,y,t)$ 为流形 $\{(x,y,t)|w(x,y,t)=0\}$ 领域内的解析函数. 如果截断该级数于 $O(w^0)$, 可得

$$v(x,y,t) = \frac{p_0(x,y,t)}{w^3(x,y,t)} + \frac{p_1(x,y,t)}{w^2(x,y,t)} + \frac{p_2(x,y,t)}{w(x,y,t)} + p_3(x,y,t), \tag{4.5.7}$$

将 (4.5.7) 代入 (4.5.4b), 可以确定 $p_i(i=0,1,2,3)$ 和 u_2, p_4, w 满足的微分系统, 这是很复杂的, 并不考虑.

情况 2. 如果 v_{xxx} 或 $6(uv)_x$ 的 "次" 等于 $3u_{xxy}$ 或 $6uu_y$ 的, 那么通过首项分析, 得

$$v(x,y,t) = \frac{v_0(x,y,t)}{w^2(x,y,t)} + \sum_{j=1}^{\infty} v_j(x,y,t)w^{j-2}(x,y,t), \quad v_0(x,y,t) = -4w_x w_y. \tag{4.5.8}$$

另外通过平衡 w^{-1} 的系数, 可得 $v_1 = 4w_{xy}$. 因此得到 Bäcklund 变换:

$$v(x,y,t) = \frac{v_0(x,y,t)}{w^2(x,y,t)} + \frac{v_1(x,y,t)}{w(x,y,t)} + v_2(x,y,t) = 4\partial_x\partial_y \log w(x,y,t) + v_2(x,y,t), \tag{4.5.9}$$

其中 u_2, v_2, w 满足

$$\begin{aligned} -2w_x w_y w_t + 12w_x^2 w_{xxy} + 8w_x w_y w_{xxx} - 3w_y w_{xx}^2 - 12w_x w_{xx} w_{xy} \\ + 6v_2 w_x^3 + 18u_2 w_x^2 w_y = 0, \end{aligned} \tag{4.5.10}$$

$$\begin{aligned} &2(w_x w_{yt} + w_y w_{xt} + w_{xy} w_t) + 6w_{xx} w_{xxy} + 4w_{xy} w_{xxx} - 20w_x w_{xxxy} - 5w_y w_{xxxx} \\ &+12u_{2x} w_x w_y - 6u_{2y} w_x^2 - 18u_2(w_y w_{xx} + 2w_x w_{xy}) - 6v_{2x} w_x^2 - 18v_2 w_x w_{xx} = 0, \end{aligned} \tag{4.5.11}$$

$$\partial_x(5w_{xxxy} - 2w_{yt} + 6v_2w_{xx} + 12u_2w_{xy}) + 6\partial_y(u_2w_{xx}) = 0. \tag{4.5.12}$$

定理 4.5.1[401] (2+1) 维KdV方程的可积耦合系统(4.5.4a,b)的变换为(4.5.5)和(4.5.9), 并且 u_2, v_2, w 满足(4.5.6)和(4.5.10)~(4.5.12).

利用所得到的 Bäcklund 变换, 可得到类孤波解：

$$u_1 = \frac{1}{2}\theta^2\mathrm{sech}^2\frac{1}{2}\left[\theta x + (\theta^3 + 6f_0\theta)t - \int^y \frac{2\theta h(y')}{\theta^2 + 2f_0}dy' - \ln p\right] + f_0,$$

$$v_1 = -\frac{2\theta^2 h(y)}{\theta^2 + 2f_0}\mathrm{sech}^2\frac{1}{2}\left[\theta x + (\theta^3 + 6f_0\theta)t - \int^y \frac{2\theta h(y')}{\theta^2 + 2f_0}dy' - \ln p\right] + h(y),$$

有理解

$$u_2 = -\frac{2\sigma^2}{\left(\sigma x + 6f_0t - \sigma/f_0\int^y h(y')dy'\right)^2} + f_0,$$

$$v_2 = \frac{4\sigma^2/f_0 h(y)}{\left(\sigma x + 6f_0t - \sigma/f_0\int^y h(y')dy'\right)^2} + h(y).$$

另外通过新的约化 [401], 可得到类双周期解：

$$u_3 = -2k^2m^2\mathrm{sn}^2(kx + \Xi(y) - (6k^2a_0 - 8k^3 - 8k^3m^2)t; m) - ka_0 + 2k^2 + 2k^2m^2,$$

$$v_3 = -4km^2\Xi'(y)\mathrm{sn}^2(kx + \Xi(y) - (6k^2a_0 - 8k^3 - 8k^3m^2)t; m) + a_0\Xi'(y),$$

$$u_4 = -2k^2\wp(kx + \Xi(y) - 6k^2a_0t; g_2, g_3) - ka_0,$$

$$v_4 = -4k\Xi'(y)\wp(kx + \Xi(y) - 6k^2a_0t; g_2, g_3) + a_0\Xi'(y).$$

§4.6 小 结

本章首先简单地介绍了 Painlevé 奇性分析方法, 并且给出了标准的偏微分方程中的 Painlevé 分析的 WTC 方程, 然后将它推广到两类 (2+1) 维广义 Burger 方程中, 通过研究它们相应的势系统, 证明了它们都是 Painlevé 可积的, 并且获得了它们的 Bäcklund 变换. 特别地, 得到了它们的 Cole-Hopf 变换和非古典对称, 通过所得到的 Cole-Hopf 变换, 结果 (2+1) 维广义 Burger 方程 I 约双线性方程, 而 (2+1) 维广义 Burger 方程 II 约化为为 (2+1) 维线性热方程. 另外研究了反应混合物模型的 Painlevé 分析, 并且给出了 Bäcklund 变换, 该变化将反应混合物模型约化为线性微分方程组, 利用它们获得了很多类型的解析解. 最后通过 Painlevé 分析中的 Laurent 级数截断展开, 获得了 (2+1) 维 KdV 方程的可积耦合系统新的自 Bäcklund 变换, 并且给出了它的非行波解, 包括类孤波解、双周期解和有理解.

第五章　非线性微分差分方程

本章主要研究非线性微分差分方程的解析解：i) 基于约化的 sine-Gordon 方程，提出了新的构造离散孤子方程的 sine-Gordon 约化的离散展开法，该算法比已知的 tanh 函数展开法更有效，利用该算法研究了一些离散孤子方程的解，结果不但可以得到孤波解和周期解，而且也获得了双周期解. ii) 根据 Jacobi 椭圆函数，提出了离散的推广 Jacobi 椭圆函数展开算法，并且给出了离散饱和非线性 Schrödinger 方程的多种类型的双周期解，在极限情况下，推导出亮孤波解、暗孤波解和其他类型孤波解及周期解. 另外，第二章讨论的用于连续型非线性波方程的求解算法也可以推广到非线性微分差分方程的求解.

§5.1　离散孤子方程

为了深入研究自然科学和社会科学中一些现象，人们往往用数学模型来简洁地描述相应的现象，然后从数学的角度来分析这些数学模型，进而研究相应的物理现象. 较简单的数学模型就是代数方程 (如一元一次方程、一元二次方程等)，另外较复杂的数学模型有微分方程 (包括常微分方程和偏微分方程)、积分方程、差分方程、积分差分方程、随机微分/积分/差分方程、微分差分方程 (包括常微分差分方程和偏微分差分方程)、格子方程等等. 前几章主要研究连续的非线性波方程. 类似地，对于非线性微分差分方程 (特别是离散孤子方程) 的研究也具有重要的意义. 存在很多具有物理意义的离散孤子方程 [1,60,402]，如：

▶ (2+1) 维 Toda 格子

$$u_{n,xt} = (u_{n,t} + 1)(u_{n+1} - 2u_n + u_{n+1}). \tag{5.1.1}$$

▶ 离散 mKdV 方程

$$\dot{u}_n = (\alpha - u_n^2)(u_{n+1} - u_{n-1}). \tag{5.1.2}$$

▶ Hybrid 格子方程

$$\dot{u}_n = (1 + \alpha u_n + \beta u_n^2)(u_{n-1} - u_{n+1}). \tag{5.1.3}$$

▶ Volterra 格子

$$\dot{u}_n = u_n(u_{n+1} - u_{n-1}). \tag{5.1.4}$$

► 耦合 Volterra 格子

$$\begin{cases} \dot{u}_n = u_n(v_n - v_{n-1}), \\ \dot{v}_n = v_n(u_{n+1} - u_n). \end{cases} \tag{5.1.5}$$

► 耦合 BC 格子方程

$$\begin{cases} \dot{u}_n = u_n(u_{n+1} - u_{n-1}) + v_{n-1} - v_n, \\ \dot{v}_n = v_n(u_{n+2} - u_{n-1}). \end{cases} \tag{5.1.6}$$

► 耦合 BM 格子方程

$$\begin{cases} \dot{u}_n = w_{n+1} - w_{n-1}, \\ \dot{v}_n = u_{n-1}w_{n-1} - u_n v_n, \\ \dot{w}_n = w_n(v_n - v_{n+1}). \end{cases} \tag{5.1.7}$$

►Toda 格子

$$\ddot{u}_n - (\dot{u}_n + 1)(u_{n-1} - 2u_n + u_{n+1}) = 0. \tag{5.1.8}$$

► Ablowitz-Ladik 格子

$$\begin{cases} \dot{u}_n(t) = (\alpha + u_n v_n)(u_{n+1} + u_{n-1}) - 2\alpha u_n, \\ \dot{v}_n(t) = -(\alpha + u_n v_n)(v_{n+1} + v_{n-1}) + 2\alpha v_n. \end{cases} \tag{5.1.9}$$

► 离散非线性 Schrödinger 格子

$$\mathrm{i}\dot{u}_n(t) + \alpha(u_{n-1} + u_{n+1} - 2u_n) + \gamma|u_n|^2 u_n = 0. \tag{5.1.10}$$

► 离散 sine-Gordon 方程

$$\dot{u}_{n+1} - \dot{u}_n = \sin(u_{n+1} + u_n). \tag{5.1.11}$$

► 离散自对偶网络方程

$$\begin{cases} \dot{u}_n = (1 \pm u_n^2)(v_n - v_{n-1}), \\ \dot{v}_n = (1 \pm v_n)(u_{n+1} - u_n). \end{cases} \tag{5.1.12}$$

► 离散 KdV 方程

$$\dot{u}_n = \exp(u_{n+1}) - \exp(u_{n-1}). \tag{5.1.13}$$

更多的非线性微分差分方程 (特别是离散孤子方程) 参看文献 [13, 402, 403].

一些方法用于研究离散孤子方程的可积性质, 如反散射变换、Bäcklund 变换、Darboux 变换、双线性变换、Painlevé 检验、对称约化方法、Hirota 双线性方法等, 用这些方法来研究离散孤子方程的精确解、孤子解、Painlevé 可积性、相似解和守恒律等.

§5.2 低阶微分方程基的代数方法

最近, Baldwin 等人 [403] 提出了离散的 tanh 函数法来研究非线性微分差分方程的孤波解, 这种方法仅仅获得如下形式的解:

$$u_n(t,x)=a_0+\sum_{i=1}^{M}a_i\tanh^i(\xi_n),\quad \xi_n=dn+kx+\lambda t,$$

其中 n 为离散变量, x,t 为连续变量. 但是该方法并不能得到钟型类型的解 $\mathrm{sech}^{2m-1}\,[dn+kx+\lambda t]$, $m=1,2,\cdots$.

注 5.2.1 如果 $u_n(t,x)=F[f_i(\xi_n)]$, 连续变量和离散变量的运算是不同的. 如对连续变量 x 的 m 阶导数 $u_{n,mx}=F[k^m f_i^{(m)}(\xi_n)]$, 但对于离散变量 n, $u_{n+p}=F[f_i(\xi_{n+p})]$ 和 $u_n=F[f_i(\xi_n)]$ 有很大的区别的, 并且有联系的, 必须利用 f_i 的展开公式. 如:

(i) $f_i(\xi_n)=\tanh(\xi_n)\Rightarrow f_i(\xi_{n+p})=\dfrac{\tanh(\xi_n)+\tanh(dp)}{1+\tanh(\xi_n)\tanh(dp)}=\dfrac{f_i(\xi_n)+\tanh(dp)}{1+f_i(\xi_n)\tanh(dp)}$;

(ii) $f_j(\xi_n)=\mathrm{sech}(\xi_n)\Rightarrow f_j(\xi_{n+p})=\dfrac{\mathrm{sech}(\xi_n)\mathrm{sech}(dp)}{1+\tanh(\xi_n)\tanh(dp)}=\dfrac{f_j(\xi_n)\mathrm{sech}(dp)}{1+f_i(\xi_n)\tanh(dp)}$.

可见 u_{n+p} 和 u_n 都可以展成 $f_i(\xi)$ 或 $[f_i(\xi),f_j(\xi)]$ 的表达式. 类似地, 对于 f_i 取其他的函数, 也应该满足这个条件.

下面基于 sine-Gordon 约化的方程, 提出 sine-Gordon 约化的离散展开法, 该方法比离散的 tanh 函数法更有效, 不但可以得到离散的 tanh 函数法所得到的全部解, 而且可以获得新的解析解. 在提出 sine-Gordon 约化的离散展开法, 我们给出一个引理.

引理 5.2.2 约化的sine-Gordon方程

$$w'(\xi)=\pm\left[a+b\sin^2 w(\xi)\right]^{\frac{1}{2}},\tag{5.2.1}$$

具有如下解:

(A) 当 $a=1,\ b=-1$ 时, (5.2.1) 约化为

$$w'(\xi)=\cos w(\xi).\tag{5.2.2}$$

该方程有解

$$\sin[w(\xi)]=\tanh(\xi),\qquad \cos[w(\xi)]=\mathrm{sech}(\xi),\tag{5.2.3a}$$

$$\sin[w(\xi)]=\coth(\xi),\qquad \cos[w(\xi)]=i\mathrm{csch}(\xi),\quad i^2=-1.\tag{5.2.3b}$$

(B) 当 $a=1,\ b=-m^2$ 时, (5.2.1) 约化为

$$w'(\xi)=\pm\left[1-m^2\sin^2 w(\xi)\right]^{\frac{1}{2}}, \tag{5.2.4}$$

该方程有解

$$\sin[w(\xi)]=\mathrm{sn}(\xi;m),\quad \cos[w(\xi)]=\mathrm{cn}(\xi;m), \tag{5.2.5a}$$

$$\sin[w(\xi)]=\mathrm{cd}(\xi;m),\quad \cos[w(\xi)]=m'\mathrm{sd}(\xi;m), \tag{5.2.5b}$$

$$\sin[w(\xi)]=\mathrm{ns}(\xi;m),\quad \cos[w(\xi)]=i\mathrm{cs}(\xi;m), \tag{5.2.5c}$$

$$\sin[w(\xi)]=m^{-1}\mathrm{dc}(\xi;m),\quad \cos[w(\xi)]=im'm^{-1}\mathrm{nc}(\xi;m), \tag{5.2.5d}$$

其中 m 为Jacobi椭圆函数的模, m' 为补模, 且 $m'^2+m^2=1$.

(C) 当 $a=m^2,\ b=-1$ 时, (5.2.1) 约化为

$$w'(\xi)=\pm\left[m^2-\sin^2 w(\xi)\right]^{\frac{1}{2}}, \tag{5.2.6}$$

该方程有解

$$\sin[w(\xi)]=m\mathrm{sn}(\xi;m),\quad \cos[w(\xi)]=\mathrm{dn}(\xi;m), \tag{5.2.7a}$$

$$\sin[w(\xi)]=m\mathrm{cd}(\xi;m),\quad \cos[w(\xi)]=m'\mathrm{nd}(\xi;m), \tag{5.2.7b}$$

$$\sin[w(\xi)]=\mathrm{ns}(\xi;m),\quad \cos[w(\xi)]=i\mathrm{cs}(\xi;m), \tag{5.2.7c}$$

$$\sin[w(\xi)]=\mathrm{dc}(\xi;m),\quad \cos[w(\xi)]=im'\mathrm{sc}(\xi;m). \tag{5.2.7d}$$

注 5.2.3 方程 (5.2.1) 也拥有其他类型的解, 见命题 2.2.11.

§5.2.1 sine-Gordon 约化方程的离散展开算法

sine-Gordon 约化方程的离散展开算法 [404] 总结如下：考虑如下的非线性微分差分方程 (DDE)

$$F[u_{n+p_{01}}(x),\cdots,u_{n+p_{0s}}(x),u_{n+p_{11},x}(x),\cdots,u_{n+p_{1s},x}(x),\cdots,$$

$$u_{n+p_{r1},rx}(x),\cdots,u_{n+p_{rs},rx}(x)]=0, \tag{5.2.8}$$

其中 $u_{n+p_{ij}}(x)=[u_1(n+p_{ij})(x),\cdots,u_N(n+p_{ij})(x)]$, $x=(x_1,\cdots,x_h)$, $n=(n_1,\cdots,n_M)$, $u_{n+p_{rs},rx}(x)=\dfrac{\partial^r}{\partial x_{i1}^{r_1}\cdots x_{il}^{r_k}}u_{n+p_{rs}}(x)$, $p_{ij}=(p_{ij,1},\cdots,p_{ij,M})$.

• **步骤 1.** 为了约化非线性微分差分方程 (5.2.8) 为拟常微分方程, 作如下的行波变换：

$$u_n(x)=U(\xi_n),\quad \xi_n=\sum_{i=1}^{M}k_in_i+\sum_{j=1}^{h}\lambda_jx_j+c, \tag{5.2.9}$$

其中 k_i, λ_j 为待定的常数, c 为任意常数. 因此得到

$$
\begin{aligned}
&u_{n+p_{ij}}(x) = U(\xi_n + \delta_{ij}),\\
&\delta_{ij} = \sum_{m=1}^{M} k_m p_{ij,m} = k_1 p_{ij,1} + k_2 p_{ij,2} + \cdots + k_M p_{ij,M},
\end{aligned} \tag{5.2.10}
$$

利用 (5.2.10),(5.2.9) 约化为拟常微分方程:

$$
\begin{aligned}
&F(U(\xi_n + \delta_{01}), \cdots, U(\xi_n + \delta_{0s}), k_{i_1} \cdot U'(\xi_n + \delta_{11}), \cdots, k_{i_s} \cdot U'(\xi_n + \delta_{1s}), \cdots,\\
&\quad \prod\nolimits_{j=1}^{r} k_{i_1 j} \cdot U^{(r)}(\xi_n + \delta_{r1}), \cdots, \prod\nolimits_{j=1}^{r} k_{i_s j} \cdot U^{(r)}(\xi_n + \delta_{rs}) = 0,
\end{aligned} \tag{5.2.11}
$$

• **步骤 2.** 改变 (5.2.1) 中的变量 ξ 为 ξ_n. 通过用新的变量 $w = w(\xi_n)$, 且它满足 (5.2.1), 假设 (5.2.11) 具有如下形式的解:

$$
U_l(\xi_n) = U_l(w(\xi_n)) = A_{l0} + \sum_{i=1}^{N_l} \frac{\sin^{i-1} w(\xi_n)[A_{li} \sin w(\xi_n) + B_{li} \cos w(\xi_n)]}{[R_l + P_l \sin w(\xi_n) + Q_l \cos w(\xi_n)]^i}, \tag{5.2.12}
$$

其中 $N_l, A_{li}, B_{li}, R_l, P_l, Q_l, R_l^2 + P_l^2 + Q_l^2 \neq 0$ 为待定的参数.

为了简化这些项 $U_l(\xi_n + \delta_{ij})$ 为 $U_l(\xi_n)$ 的一些表达式, 需要考虑以下几种情况:

情况 1. 当 $w = w(\xi_n)$ 满足 (5.2.2) 并且它的解取 (5.2.3a) 或 (5.2.3b), 可以证明 $U_l(\xi_n + \delta_{ij})$ 具有这种形式:

$$
\begin{aligned}
u_{l,n+p_{ij}(x)} =& U_l(\xi_n + \delta_{ij})\\
=& U_l(\xi_n)\Big|_{\sin w(\xi_n) = \frac{\sin w(\xi_n) + \tanh(\delta_{ij})}{1 + \sin w(\xi_n) \tanh(\delta_{ij})},\ \cos w(\xi_n) = \frac{\cos w(\xi_n) \operatorname{sech}(\delta_{ij})}{1 + \sin w(\xi_n) \tanh(\delta_{ij})}}\\
=& A_0 + \sum_{i=1}^{N_l} \left[\frac{\sin w(\xi_n) + \tanh(\delta_{ij})}{1 + \sin w(\xi_n) \tanh(\delta_{ij})}\right]^{i-1}\\
&\times \left[A_{il} \frac{\sin w(\xi_n) + \tanh(\delta_{ij})}{1 + \sin w(\xi_n) \tanh(\delta_{ij})} + B_{il} \frac{\cos w(\xi_n) \operatorname{sech}(\delta_{ij})}{1 + \sin w(\xi_n) \tanh(\delta_{ij})}\right]\\
&\times \left[R_l + \frac{P_l[\sin w(\xi_n) + \tanh(\delta_{ij})]}{1 + \sin w(\xi_n) \tanh(\delta_{ij})} + \frac{Q_l \cos w(\xi_n) \operatorname{sech}(\delta_{ij})}{1 + \sin w(\xi_n) \tanh(\delta_{ij})}\right]^{-i}.
\end{aligned} \tag{5.2.13}
$$

情况 2. 当 $w = w(\xi_n)$ 满足 (5.2.4) 并且它的解取 (5.2.5a), 可以证明 $U_l(\xi_n + \delta_{ij})$ 具有这种形式:

$$
u_{l,n+p_{ij}(x)} = U_l(\xi_n + \delta_{ij}) = U_l(\xi_n)\Big|_{\{\sin w(\xi_n) = E_1,\quad \cos w(\xi_n) = E_2\}}, \tag{5.2.14}
$$

$$
\begin{aligned}
E_1 =& \frac{1}{1 - m^2 \sin^2 w(\xi_n) \operatorname{sn}^2(\delta_{ij}, m)} \Big[\sin w(\xi_n) \operatorname{cn}(\delta_{ij}, m) \operatorname{dn}(\delta_{ij}, m)\\
&+ \cos w(\xi_n) \sqrt{1 - m^2 \sin w(\xi_n)} \operatorname{sn}(\delta_{ij}, m)\Big],
\end{aligned} \tag{5.2.15a}
$$

$$E_2 = \frac{1}{1-m^2\sin^2 w(\xi_n)\mathrm{sn}^2(\delta_{ij},m)}\Big[\cos w(\xi_n)\mathrm{cn}(\delta_{ij},m)$$
$$-\sin w(\xi_n)\sqrt{1-m^2\sin w(\xi_n)}\mathrm{sn}(\delta_{ij},m)\mathrm{dn}(\delta_{ij},m)\Big]. \tag{5.2.15b}$$

注 5.2.4 如果用 (5.2.4) 的其他解 (5.2.5b ~ c), 相应的变换 (5.2.15a, b) 需要变化, 这里不再考虑.

情况 3. 当 $w = w(\xi_n)$ 满足 (5.2.6) 并且它的解取 (5.2.7a), 可以证明 $U_l(\xi_n+\delta_{ij})$ 具有这种形式:

$$u_{l,n+p_{ij}(x)} = U_l(\xi_n+\delta_{ij}) = U_l(\xi_n)\Big|_{\{\sin w(\xi_n)=E_3,\quad \cos w(\xi_n)=E_4\}}, \tag{5.2.16}$$

$$E_3 = \frac{1}{1-\sin^2 w(\xi_n)\mathrm{sn}^2(\delta_{ij},m)}\Big[\sin w(\xi_n)\mathrm{cn}(\delta_{ij},m)\mathrm{dn}(\delta_{ij},m)$$
$$+\cos w(\xi_n)\sqrt{m^2-\sin w(\xi_n)}\mathrm{sn}(\delta_{ij},m)\Big], \tag{5.2.17a}$$

$$E_4 = \frac{1}{1-\sin^2 w(\xi_n)\mathrm{sn}^2(\delta_{ij},m)}\Big[\cos w(\xi_n)\mathrm{dn}(\delta_{ij},m)$$
$$-\sin w(\xi_n)\sqrt{m^2-\sin w(\xi_n)}\mathrm{sn}(\delta_{ij},m)\mathrm{cn}(\delta_{ij},m)\Big], \tag{5.2.17b}$$

注 5.2.5 如果用 (5.2.6) 的其他解 (5.2.8b), 相应的变换 (5.2.17a, b) 需要变化, 这里不再考虑.

根据 (5.2.8) 和 (5.2.12)~(5.2.17), 定义 (5.2.12) 中函数 $U_l(w(\xi_n))$ 的"次"为 $\mathrm{D}(U_l(w(\xi_n))) = N_l$, 因此得到一般的公式 $D\left(u^p(w)\left(\dfrac{d^s u(w)}{d\xi_n^s}\right)^q\right) = N_l p + q(N_l+s)$. 另外, 知道 $\mathrm{D}(U_l(\xi_n+\delta_{ij})) = \mathrm{D}(U_l(w(\xi_n+\delta_{ij}))) = 0$. 所以通过平衡 (5.2.11) 中的最高阶线性项和非线性项, 可以确定参数 N_l.

注 5.2.6 如果 $N_l \neq 0$ 不是正整数, 那么首先作变换 $U_l(\xi_n) = V(\xi_n)_l^N$, 然后再执行步骤 2. 如果 $N_l = 0$ 或不存在 N_l, 那么该算法无效.

- **步骤 3.** 将(5.2.12) 和 (5.2.13) (或 (5.2.14), (5.2.16)) 以及 (5.2.2) (或 (5.2.4), (5.2.6)) 代入 (5.2.11), 并且整理, 得到一个关于 $w'^s \sin^i w \cos^j w$ 的简化的多项式方程.

- **步骤 4.** 令 $w'^s \sin^i w \cos^j w$ 的系数为零, 得到关于未知参数 $k_i, \lambda_i, R_l, P_l, Q_l, A_{li}, A_0$ 和 B_{li} 的代数方程组.

- **步骤 5.** 借助于符号计算, 如果步骤 4 所得到方程组的解存在, 并且可以确定这些未知参数, 那么根据 (5.2.12) 以及引理 5.2.1, 可以获得非线性微分差分方程 (5.2.8) 的孤波解、奇异孤波解、双周期解等.

注 5.2.7 对于求解非线性微分差分方程, 这种算法比离散的tanh函数法 [403] 更有效.

§5.2.2 算法的应用

例 5.2.8　考虑修正的Volterra格子方程 [405]

$$\dot{u}_n(t) = (u_n^2 - 1)(u_{n+1} - u_{n-1}) \tag{5.2.18}$$

和Volterra 格子方程

$$\dot{v}_n(t) = -v_n(v_{n+1} - v_{n-1}), \tag{5.2.19}$$

作如下的行波变换 $u_n(t) = U(\xi_n)$, $\xi_n = kn + \lambda t + c$, 其中 k, λ 为待定参数, c 为任意常数. 因此 (5.2.18) 约化为拟常微分方程:

$$\lambda U'(\xi_n) - [U^2(\xi_n) - 1][U(\xi_n + k) - U(\xi_n - k)] = 0. \tag{5.2.20}$$

情况 1. $w(\xi_n)$ 满足 (5.2.2).

根据算法的步骤 1 和 2, 假设 $U(\xi_n)$ 具有如下形式解:

$$U(\xi_n) = A_0 + \frac{A_1 \sin w(\xi_n) + B_1 \cos w(\xi_n)}{R + P \sin w(\xi_n) + Q \cos w(\xi_n)}, \tag{5.2.21}$$

其中 A_0, A_1, B_1, R, P, Q 为待定常数. 从 (5.2.21) 可得

$$U(\xi_n \pm k) = A_0 + \frac{A_1 \dfrac{\sin w(\xi_n) \pm \tanh(k)}{1 \pm \sin w(\xi_n) \tanh(k)} + B_1 \dfrac{\cos w(\xi_n) \operatorname{sech}(k)}{1 \pm \sin w(\xi_n) \tanh(k)}}{R + P \dfrac{\sin w(\xi_n) \pm \tanh(k)}{1 \pm \sin w(\xi_n) \tanh(k)} + Q \dfrac{\cos w(\xi_n) \operatorname{sech}(k)}{1 \pm \sin w(\xi_n) \tanh(k)}}, \tag{5.2.22}$$

借助于符号计算, 将 (5.2.21) 和 (5.2.22) 代入 (5.2.21), 并结合 (5.2.2), 得到关于 $\sin^i w(\xi_n) \cos^j w(\xi_n) (j = 0, 1; i = 0, 1, 2, \cdots)$ 的多项式方程. 令它们的系数为零, 可得到未知参数 $k, \lambda, R, P, Q, A_0, A_1, B_1$ 的代数方程组, 该代数方程组很复杂, 这里并不列举出来. 通过接该代数方程组, 可以确定未知参数. 因此根据 (5.2.21) 以及 (5.2.2) 的解可得到 (5.2.18) 的如下的孤波解:

$$\begin{aligned}
u_{n,1} &= \pm \tanh(k) \tanh[kn - 2\tanh(k)t + c], \\
u_{n,2} &= \pm \mathrm{i} \sinh(k) \operatorname{sech}[kn - 2\sinh(k)t + c], \quad \mathrm{i} = \sqrt{-1}, \\
u_{n,3} &= \pm \tanh\left(\frac{k}{2}\right) \left[\tanh\left(kn - 4\tanh\left(\frac{k}{2}\right)t + c\right)\right. \\
&\qquad \left. \pm \mathrm{i} \operatorname{sech}\left[kn - 4\tanh\left(\frac{k}{2}\right)t + c\right]\right], \\
u_{n,4} &= A_0 + \frac{\pm[\coth(k) - 2\operatorname{csch}(2k)] \tanh(kn - 2\tanh(k)t + c)}{1 \pm A_0 \coth(k) \tanh(kn - 2\tanh(k)t + c)},
\end{aligned}$$

$$u_{n,5}=\frac{\pm\sqrt{P^2-R^2}\sinh(k)\mathrm{sech}[kn-\sinh(k)t+c]}{R+P\tanh[kn-\sinh(k)t+c]},$$

$$u_{n,6}=A_0+\frac{2(A_0^2-1)(e^k+1)\sinh^2(k/2)\mathrm{sech}(kn+2(A_0^2-1)\sinh(k)t+c)}{\pm\sqrt{(A_0^2-1)(e^k+1)^2+4e^k}+\mathrm{sech}(kn+2(A_0^2-1)\sinh(k)t+c)},$$

$$u_{n,7}=A_0+\frac{[(A_0^2-1)\coth(k/2)+2\mathrm{csch}(k)]\tanh(\xi_n)}{\pm1\pm A_0\coth(k/2)\tanh(\xi_n)+\mathrm{sech}(\xi_n)},$$

其中 $\xi_n=kn-4\tanh(k/2)t+c$,

$$u_{n,8}=A_0+\frac{(A_0^2-1)(e^k+1)2\sinh^2(k/2)\mathrm{sech}(\xi_n)}{R+A_0(e^k+1)P\tanh(\xi_n)+A_0(e^k+1)Q\mathrm{sech}(\xi_n)},$$

其中 $R=\sqrt{(e^k+1)^2[Q^2(A_0^2-1)+A_0^2P^2]+4Q^2e^k}$, $\xi_n=kn+2(A_0^2-1)\sinh(k)t+c$,

$$u_{n,9}=\pm\tanh(k)\coth[kn-2\tanh(k)t+c],$$

$$u_{n,10}=\pm\sinh(k)\mathrm{csch}[kn-2\sinh(k)t+c],$$

$$u_{n,11}=\pm\tanh\left(\frac{k}{2}\right)\left[\coth\left(kn-4\tanh\left(\frac{k}{2}\right)t+c\right)\pm\mathrm{csch}\left(kn-4\tanh\left(\frac{k}{2}\right)t+c\right)\right],$$

$$u_{n,12}=A_0+\frac{\pm[\coth(k)-2\mathrm{csch}(2k)]\coth[kn-2\tanh(k)t+c]}{1\pm A_0\coth(k)\coth[kn-2\tanh(k)t+c]},$$

$$u_{n,13}=\frac{\pm\sqrt{R^2-P^2}\sinh(k)\mathrm{csch}[kn-\sinh(k)t+c]}{R+P\coth[kn-\sinh(k)t+c]},$$

$$u_{n,14}=A_0-\frac{(A_0^2-1)(e^k+1)\sinh^2(k/2)\mathrm{csch}(kn+2(A_0^2-1)\sinh(k)t+c)}{\pm2\sqrt{(1-A_0^2)(e^k+1)^2-4e^k}-2\mathrm{csch}(kn+2(A_0^2-1)\sinh(k)t+c)},$$

$$u_{n,15}=A_0+\frac{(1-A_0^2)(e^k+1)2\sinh^2(k/2)\mathrm{csch}(\xi_n)}{R+A_0(e^k+1)P\coth(\xi_n)-A_0(e^k+1)Q\mathrm{csch}(\xi_n)}.$$

当 $k=0.2, c=0$, 图 5.1 展示解 $u_{n,1}$ 的不同时间 $t=0,5,10,-5,-10$ 的情形. 图 5.2 展示解 $u_{n,1}$ 的不同离散变量 $n=0,5,10,-5,-10$ 的情形.

当 $k=0.2, c=0, A_0=2$ 时, 图 5.3 展示了解 $u_{n,6}$ 的不同时间 $t=0,5,10,-5,-10$ 的情形. 图 5.4 展示解 $u_{n,6}$ 的不同离散变量 $n=0,5,10,-5,-10$ 的情形. 图 5.5 展示了解 $u_{n,6}$ 的密度分布.

情况 2, 3. $w(\xi_n)$ 满足 (5.2.4) 和 (5.2.6). 这两种情况, 可得到如下的双周期解:

$$u_{n,16}=\pm m\mathrm{sn}(k,m)\mathrm{sn}[kn-2\mathrm{sn}(k,m)t+c],$$

$$u_{n,17}=\pm im\mathrm{sd}(k,m)\mathrm{cn}[kn-2\mathrm{sd}(k,m)t+c],$$

$$u_{n,18}=\pm i\mathrm{sc}(k,m)\mathrm{dn}[kn-2\mathrm{sc}(k,m)t+c].$$

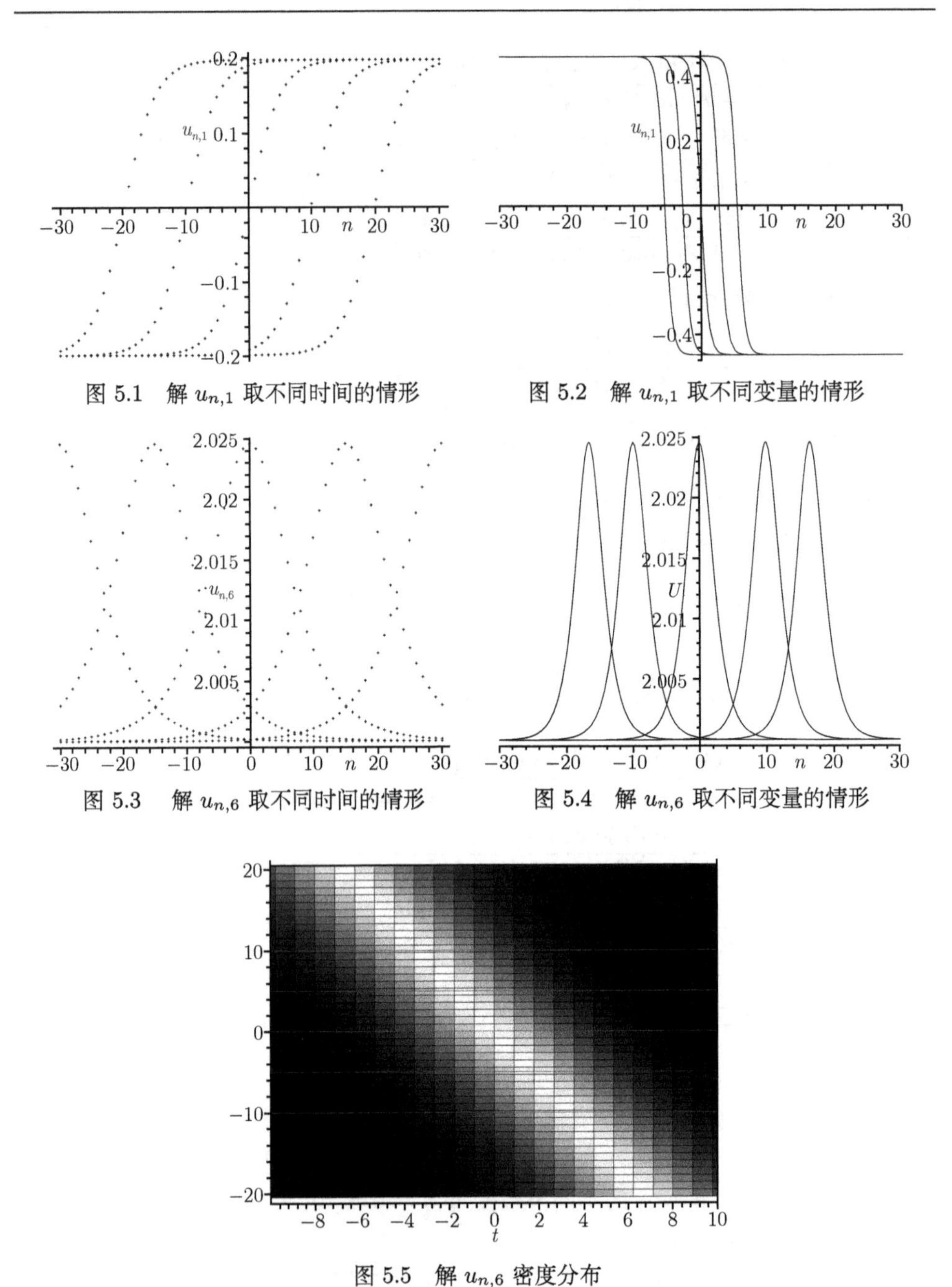

图 5.1　解 $u_{n,1}$ 取不同时间的情形

图 5.2　解 $u_{n,1}$ 取不同变量的情形

图 5.3　解 $u_{n,6}$ 取不同时间的情形

图 5.4　解 $u_{n,6}$ 取不同变量的情形

图 5.5　解 $u_{n,6}$ 密度分布

当 $k=0.5, m=0.25, c=0$ 时, 图 5.6 展示了解 $u_{n,16}$ 的不同时间 $t=0,5,-5$ 的情形. 图 5.7 展示解 $u_{n,16}$ 的不同离散变量 $n=0,5,-5$ 的情形.

对于 Volterra 格子方程 (5.2.19), 作行波变换 $v_n(t)=V(\xi_n)$, $\xi_n=kn+\lambda t+c$, 那么 (5.2.19) 约化为

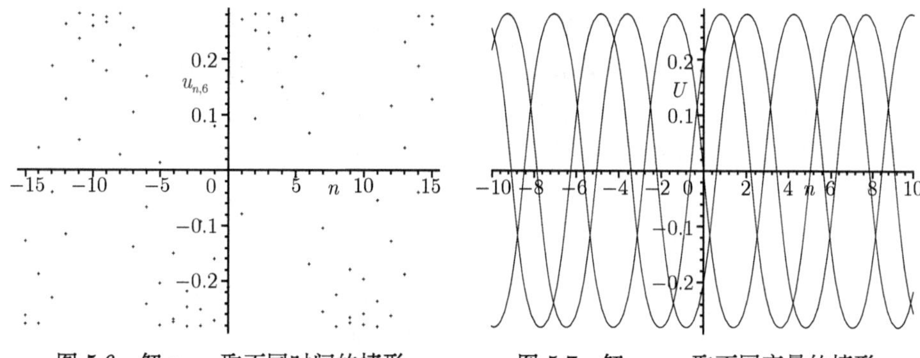

图 5.6 解 $u_{n,6}$ 取不同时间的情形　　图 5.7 解 $u_{n,16}$ 取不同变量的情形

$$\lambda V'(\xi_n)+V(\xi_n)[V(\xi_n+k)-V(\xi_n-k)]=0, \tag{5.2.23}$$

通过平衡 (5.2.23) 中最高阶线性项和非线性项, 并不能确定步骤 2 中的 N_l. 因此并不能直接应用上面提出的算法. 但是在 (5.2.18) 和 (5.2.19) 之间具有两个离散的 Miura 映射:

$$v_n=(1\pm u_n)(1\mp u_{n-1}), \tag{5.2.24}$$

因此利用变换 (5.2.24) 和所得到的 (5.2.18) 的解, 可得到 (5.2.19) 的解:

$$\begin{aligned}v_{n,1}=&(1\pm\tanh(k)\tanh[kn-2\tanh(k)t+c])\\&\times(1\mp\tanh(k)\tanh[k(n-1)-2\tanh(k)t+c]),\end{aligned}$$

$$v_{n,i}=(1\pm u_{n,i})(1\mp u_{n-1,i}),\quad i=2,3,\cdots,15,17,18.$$

$$\begin{aligned}v_{n,16}=&(1\pm m\mathrm{sn}(k,m)\mathrm{sn}[kn-2\mathrm{sn}(k,m)t+c])\\&\times(1\mp m\mathrm{sn}(k,m)\mathrm{sn}[k(n-1)-2\mathrm{sn}(k,m)t+c]).\end{aligned}$$

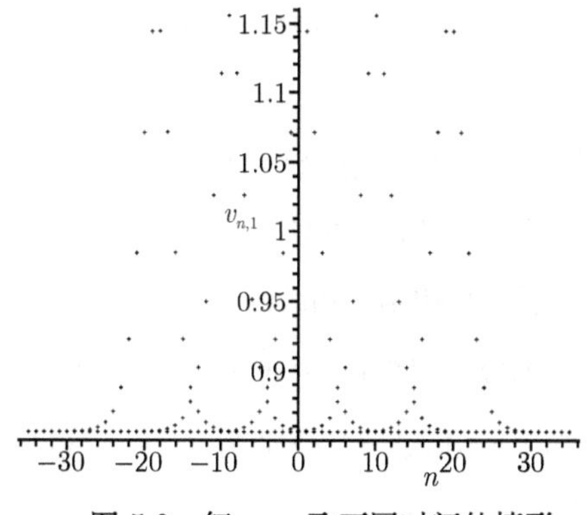

图 5.8 解 $v_{n,1}$ 取不同时间的情形

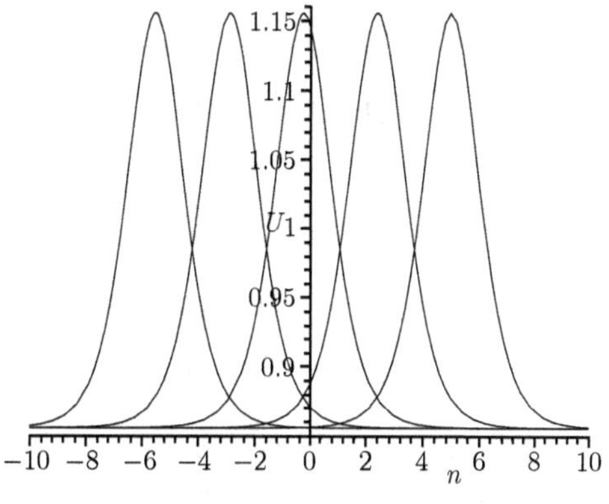

图 5.9 解 $v_{n,1}$ 取不同变量的情形

当 $k=0.4, c=0$ 时, 图 5.8 展示了解 $v_{n,1}$ 的不同时间 $t=0,5,10,-5,-10$ 的情形. 图 5.9 展示解 $v_{n,1}$ 的不同离散变量 $n=0,5,10,-5,-10$ 的情形.

当 $k=0.4, c=0, m=0.2$ 时, 图 5.10 展示了解 $v_{n,16}$ 的不同时间 $t=0,5,10,-5,-10$ 的情形. 图 5.11 展示解 $v_{n,16}$ 的不同离散变量 $n=0,5,10,-5,-10$ 的情形.

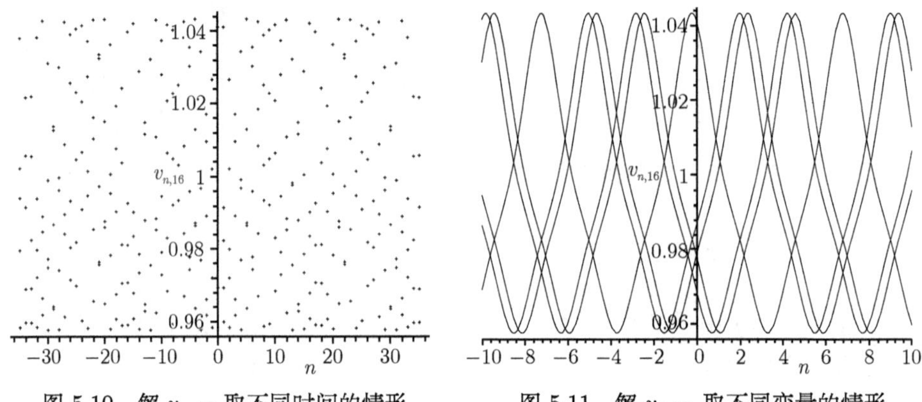

图 5.10 解 $v_{n,16}$ 取不同时间的情形　　图 5.11 解 $v_{n,16}$ 取不同变量的情形

§5.3 离散的拓展 Jacobi 椭圆函数展开法

下面我们给出一种直接的待定系数方法, 来研究非线性微分差分方程 (5.2.8) 的双周期解的离散的拓展的 Jacobi 椭圆函数展开法. 主要步骤列举如下：

- **步骤 1.** 同 5.2.1 节中步骤 1.
- **步骤 2.** 直接假设 (5.2.11) 有如下解：

$$U_l(\xi_n)=a_{l0}+\sum_{s=1}^{N_l}f_k^{s-1}(\xi_n)[a_{ls}f_k(\xi_n)+b_{ls}g_k(\xi_n)],\quad k=1,2,\cdots,12,\quad (5.3.1)$$

其中 f_k 和 g_k 满足：

$$\begin{aligned}
&f_1(\xi)=\mathrm{sn}\xi_n,\quad g_1(\xi)=\mathrm{cn}\xi_n,\quad f_2(\xi)=\mathrm{sn}\xi_n,\quad g_2(\xi)=\mathrm{dn}\xi_n,\\
&f_3(\xi)=\mathrm{ns}\xi_n,\quad g_3(\xi)=\mathrm{cs}\xi_n,\quad f_4(\xi)=\mathrm{ns}\xi_n,\quad g_4(\xi)=\mathrm{ds}\xi_n,\\
&f_5(\xi)=\mathrm{sc}\xi_n,\quad g_5(\xi)=\mathrm{nc}\xi_n,\quad f_6(\xi)=\mathrm{sd}\xi_n,\quad g_6(\xi)=\mathrm{nd}\xi_n,\\
&f_7(\xi)=\mathrm{cd}\xi_n,\quad g_7(\xi)=\mathrm{nd}\xi_n,\quad f_8(\xi)=\mathrm{cn}\xi_n,\quad g_8(\xi)=\mathrm{dn}\xi_n,\\
&f_9(\xi)=\mathrm{dc}\xi_n,\quad g_9(\xi)=\mathrm{nc}\xi_n,\quad f_{10}(\xi)=\mathrm{sd}\xi_n,\quad g_{10}(\xi)=\mathrm{cd}\xi_n,\\
&f_{11}(\xi)=\mathrm{sc}\xi_n,\quad g_{11}(\xi)=\mathrm{dc}\xi_n,\quad f_{12}(\xi)=\mathrm{cs}\xi_n,\quad g_{12}(\xi)=\mathrm{ds}\xi_n,\quad (5.3.2)
\end{aligned}$$

这里 $\mathrm{sn}\ \xi=\mathrm{sn}(\xi,m)$, $\mathrm{cn}\ \xi=\mathrm{cn}(\xi,m)$, $\mathrm{dn}\ \xi=\mathrm{dn}(\xi,m)$ 分别为 Jacobi 椭圆的 sine 函数, cosine 函数和第三类型的函数.

为了简化这些项 $U_l(\xi_n+\delta_{ij})$ 为 $U_l(\xi_n)$ 的一些表达式, 需要分别考虑以下几种情况：

情况 1. 当 (5.3.1) 中取 f_1 和 g_1 时, 可以证明 $U_l(\xi_n+\delta_{ij})$ 具有这种形式：

$$\begin{aligned}U_l(\xi_{\mathrm{n}}+\delta_{ij})=&a_{l0}+\sum_{s=1}^{N_l}(\mathrm{sn}(\xi_n+\delta_{ij}))^{k-1}[a_{ls}\mathrm{sn}(\xi_n+\delta_{ij})+b_{ls}\mathrm{cn}(\xi_n+\delta_{ij})]\\=&a_{l0}+\sum_{s=1}^{N_l}\left[\frac{\mathrm{sn}(\xi_n)\mathrm{cn}(\delta_{ij})\mathrm{dn}(\delta_{ij})+\mathrm{sn}(\delta_{ij})\mathrm{cn}(\xi_n)\mathrm{dn}(\xi_n)}{1-m^2\mathrm{sn}^2(\xi_n)\mathrm{sn}^2(\delta_{ij})}\right]^{k-1}\\&\times\left\{a_{ls}\frac{\mathrm{sn}(\xi_n)\mathrm{cn}(\delta_{ij})\mathrm{dn}(\delta_{ij})+\mathrm{sn}(\delta_{ij})\mathrm{cn}(\xi_n)\mathrm{dn}(\xi_n)}{1-m^2\mathrm{sn}^2(\xi_n)\mathrm{sn}^2(\delta_{ij})}\right.\\&\left.+b_{ls}\frac{\mathrm{cn}(\xi_n)\mathrm{cn}(\alpha,m)-\mathrm{sn}(\xi_n)\mathrm{dn}(\xi_n)\mathrm{sn}(\delta_{ij})\mathrm{dn}(\delta_{ij})}{1-m^2\mathrm{sn}^2(\xi_n)\mathrm{sn}^2(\delta_{ij})}\right\}.\end{aligned}\tag{5.3.3}$$

情况 2. 当 (5.3.2) 中取 f_1 和 g_2 时, 可以证明 $U_l(\xi_n+\delta_{ij})$ 具有这种形式：

$$\begin{aligned}U_l(\xi_n+\delta_{ij})=&a_{l0}+\sum_{s=1}^{N_l}(\mathrm{sn}(\xi_n+\delta_{ij}))^{k-1}[a_{ls}\mathrm{sn}(\xi_n+\delta_{ij})+b_{ls}\mathrm{dn}(\xi_n+\delta_{ij})]\\=&a_{l0}+\sum_{s=1}^{N_l}\left[\frac{\mathrm{sn}(\xi_n)\mathrm{cn}(\delta_{ij})\mathrm{dn}(\delta_{ij})+\mathrm{sn}(\delta_{ij})\mathrm{cn}(\xi_n)\mathrm{dn}(\xi_n)}{1-m^2\mathrm{sn}^2(\xi_n)\mathrm{sn}^2(\delta_{ij})}\right]^{k-1}\\&\times\left\{a_{ls}\frac{\mathrm{sn}(\xi_n)\mathrm{cn}(\delta_{ij})\mathrm{dn}(\delta_{ij})+\mathrm{sn}(\delta_{ij})\mathrm{cn}(\xi_n)\mathrm{dn}(\xi_n)}{1-m^2\mathrm{sn}^2(\xi_n)\mathrm{sn}^2(\delta_{ij})}\right.\\&\left.+b_{ls}\frac{\mathrm{dn}(\xi_n)\mathrm{dn}(\alpha,m)-m^2\mathrm{sn}(\xi_n)\mathrm{cn}(\xi_n)\mathrm{sn}(\delta_{ij})\mathrm{cn}(\delta_{ij})}{1-m^2\mathrm{sn}^2(\xi_n)\mathrm{sn}^2(\delta_{ij})}\right\}.\end{aligned}\tag{5.3.4}$$

对于其他的情况, 可以类似得到, 这里就不再列举. 另外类似于 5.2.1 节的方法, 可以平衡 (5.3.1) 中 N_l.

- **步骤 3.** 将 (5.3.1) 和 (5.3.3) 或 (5.3.4) 或其他相应的变形代入 (5.2.11), 可得到关于 $\mathrm{sn}^p(\xi_n)\mathrm{cn}^q(\xi_n)\mathrm{dn}^r(\xi_n)$ $(p=0,1,2,\cdots,q;r=0,1)$ 的多项式, 令它们的系数为零得到一个关于未知参数的代数方程组.
- **步骤 4.** 如果步骤 3 中方程组的解存在, 解这个代数方程组可以确定未知参数, 进而利用 (5.3.1) 和 (5.3.2) 可以获得原方程的双周期解, 在极限情况下, 可以得到相应的孤波解和三角函数解.

例 5.3.1 考虑离散的饱和非线性Schödinger方程 [406]：

$$\mathrm{i}\frac{\partial\Psi_n}{\partial t}+(\Psi_{n+1}+\Psi_{n-1}-2\Psi_n)+\frac{\upsilon|\Psi_n|^2}{1+\mu|\Psi_n|^2}\Psi_n=0,\tag{5.3.5}$$

该模型描述了各种掺杂光纤中光脉冲的传播.

通过场变换

$$\Psi_n = \psi_n(\xi_n)\,\mathrm{e}^{-\mathrm{i}(\sigma t+\rho)}, \qquad \xi_n = \alpha n + \beta \tag{5.3.6}$$

和离散的拓展的 Jacobi 椭圆函数展开法, 可以得到如下类型的波包双周期解 (见表 5.1), 其中 $\omega = 1 - \dfrac{v}{\mu}$. 表 5.1 中的情况 B 和 C 的解为 Khare 等人得到 [407]. 在极限情况下, 即 $m \to 1$ 或 0, 可得到 (5.3.5) 的波包孤波解和周期解 (见表 5.2)[408].

表 5.1　离散的饱和非线性 Schrödinger 方程 (5.3.5) 的波包双周期解

情况	参数	精确解 Ψ_n
A: $\mu<0$	$v=2\mu\mathrm{cn}(\alpha,m)\mathrm{dn}(\alpha,m)$	$\dfrac{m}{\sqrt{-\mu}}\,\mathrm{sn}(\alpha,m)\ \mathrm{sn}[(\alpha n+\beta),m]\mathrm{e}^{-\mathrm{i}(\sigma t+\rho)}$
B: $\mu>0$	$v=2\mu\mathrm{cd}(\alpha,m)\mathrm{nd}(\alpha,m)$	$\sqrt{\dfrac{m}{\mu}}\,\mathrm{sd}(\alpha,m)\ \mathrm{cn}[(\alpha n+\beta),m]\mathrm{e}^{-\mathrm{i}(\sigma t+\rho)}$
C: $\mu>0$	$v=2\mu\mathrm{dc}(\alpha,m)\mathrm{nc}(\alpha,m)$	$\dfrac{1}{\sqrt{\mu}}\,\mathrm{sc}(\alpha,m)\ \mathrm{dn}[(\alpha n+\beta),m]\mathrm{e}^{-\mathrm{i}(\sigma t+\rho)}$
D: $\mu>0$	$v=2\mu\mathrm{cd}(\alpha,m)\mathrm{nd}(\alpha,m)$	$\sqrt{\dfrac{1-m^2}{m^2\mu}}\,\mathrm{sd}(\alpha,m)\ \mathrm{sd}[(\alpha n+\beta),m]\mathrm{e}^{-\mathrm{i}(\sigma t+\rho)}$
E: $\mu<0$	$v=2\mu\mathrm{dc}(\alpha,m)\mathrm{nc}(\alpha,m)$	$\sqrt{\dfrac{1-m^2}{-\mu}}\,\mathrm{sc}(\alpha,m)\ \mathrm{sc}[(\alpha n+\beta),m]\mathrm{e}^{-\mathrm{i}(\sigma t+\rho)}$
F: $\mu<0$	$v=2\mu\mathrm{cd}(\alpha,m)\mathrm{nd}(\alpha,m)$	$\dfrac{1}{\sqrt{-\mu}}\,\mathrm{sd}(\alpha,m)\ \mathrm{ds}[(\alpha n+\beta),m]\mathrm{e}^{-\mathrm{i}(\sigma t+\rho)}$
G: $\mu<0$	$v=2\mu\mathrm{dc}(\alpha,m)\mathrm{nc}(\alpha,m)$	$\dfrac{1}{\sqrt{-\mu}}\,\mathrm{sc}(\alpha,m)\ \mathrm{cs}[(\alpha n+\beta),m]\mathrm{e}^{-\mathrm{i}(\sigma t+\rho)}$
H: $\mu>0$	$v=2\mu\mathrm{dc}(\alpha,m)\mathrm{nc}(\alpha,m)$	$\sqrt{\dfrac{1-m^2}{\mu}}\,\mathrm{sc}(\alpha,m)\ \mathrm{nd}[(\alpha n+\beta),m]\mathrm{e}^{-\mathrm{i}(\sigma t+\rho)}$
I: $\mu<0$	$v=2\mu\mathrm{cd}(\alpha,m)\mathrm{nd}(\alpha,m)$	$\sqrt{\dfrac{1-m^2}{-\mu}}\,\mathrm{sd}(\alpha,m)\ \mathrm{nc}[(\alpha n+\beta),m]\mathrm{e}^{-\mathrm{i}(\sigma t+\rho)}$
J: $\mu<0$	$v=2\mu\mathrm{cn}(\alpha,m)\mathrm{dn}(\alpha,m)$	$\dfrac{1}{\sqrt{-\mu}}\,\mathrm{sn}(\alpha,m)\ \mathrm{ns}[(\alpha n+\beta),m]\mathrm{e}^{-\mathrm{i}(\sigma t+\rho)}$
K: $\mu<0$	$v=2\mu\mathrm{cn}(\alpha,m)\mathrm{dn}(\alpha,m)$	$\dfrac{m}{\sqrt{-\mu}}\,\mathrm{sn}(\alpha,m)\ \mathrm{cd}[(\alpha n+\beta),m]\mathrm{e}^{-\mathrm{i}(\sigma t+\rho)}$
L: $\mu<0$	$v=2\mu\mathrm{cn}(\alpha,m)\mathrm{dn}(\alpha,m)$	$\dfrac{1}{\sqrt{-\mu}}\,\mathrm{sn}(\alpha,m)\ \mathrm{dc}[(\alpha n+\beta),m]\mathrm{e}^{-\mathrm{i}(\sigma t+\rho)}$

表 5.2　离散的饱和非线性 Schrödinger 方程 (5.3.5) 的波包孤波解和周期解

情况	参数	精确解 $\Psi_n(m\to 1)$
A: $\mu<0$	$v=2\mu\mathrm{sech}^2(\alpha)$	$\dfrac{1}{\sqrt{-\mu}}\tanh(\alpha)\tanh(\alpha n+\beta)\mathrm{e}^{-\mathrm{i}(\sigma t+\rho)}$
B: $\mu>0$	$v=2\mu\mathrm{cosh}(\alpha)$	$\dfrac{1}{\sqrt{\mu}}\sinh(\alpha)\ \mathrm{sech}(\alpha n+\beta)\mathrm{e}^{-\mathrm{i}(\sigma t+\rho)}$
C: $\mu<0$	$v=2\mu\cosh(\alpha)$	$\dfrac{1}{\sqrt{-\mu}}\sinh(\alpha)\mathrm{csch}(\alpha n+\beta)\mathrm{e}^{-\mathrm{i}(\sigma t+\rho)}$

续表

情况	参数	精确解 $\Psi_n(m\to 1)$
D: $\mu<0$	$v=2\mu\mathrm{sech}^2(\alpha)$	$\frac{1}{\sqrt{-\mu}}\tanh(\alpha)\coth(\alpha n+\beta)\mathrm{e}^{-\mathrm{i}(\sigma t+\rho)}$
情况	参数	精确解 $\Psi_n\ (m\to 0)$
E: $\mu<0$	$v=2\mu\sec^2(\alpha)$	$\sqrt{\frac{1}{-\mu}}\tan(\alpha)\tan(\alpha n+\beta)\mathrm{e}^{-\mathrm{i}(\sigma t+\rho)}$
F: $\mu<0$	$v=2\mu\sec^2(\alpha)$	$\sqrt{\frac{1}{-\mu}}\tan(\alpha)\cot(\alpha n+\beta)\mathrm{e}^{-\mathrm{i}(\sigma t+\rho)}$
G: $\mu<0$	$v=2\mu\cos(\alpha)$	$\sqrt{\frac{1}{-\mu}}\sin(\alpha)\sec(\alpha n+\beta)\mathrm{e}^{-\mathrm{i}(\sigma t+\rho)}$
J: $\mu<0$	$v=2\mu\cos(\alpha)$	$\frac{1}{\sqrt{-\mu}}\sin(\alpha)\csc(\alpha n+\beta)\mathrm{e}^{-\mathrm{i}(\sigma t+\rho)}$

注 5.3.2　类似地, 对于第二章讨论的应用于连续的非线性波方程的其他构造性算法也可以推广到非线性微分差分系统, 但需要做一些简单的辅助条件. 这将在以后讨论.

§5.4 小　结

本章主要讨论非线性微分差分方程的求解问题. 对于一些可积的离散孤子方程, 人们已经利用反散射变换、Hirota 双线性方法、Bäcklund 变换和 Darboux 变换等来研究它们的解. 对于很多不可积离散孤子方程的求解, 这些方法或许将不能使用.

对于一大类可积和不可积的离散孤子方程, 通过一些算法可以给出它们的精确解. 首先提出了 sine-Gordon 约化方程的离散展开算法, 该算法比已知的 tanh 函数展开算法更有效, 并且利用该算法研究了一些非线性微分差分方程的解析解. 然后, 还提出了离散的推广的 Jacobi 椭圆函数展开算法, 该算法是待定系数法的一种, 利用该算法研究了离散饱和非线性 Schrödinger 方程的多种类型的波包双周期解, 特别是在极限情况下, 得到了波包孤波解 (亮孤波解和暗孤波解) 和三角函数解. 另外, 对于第二章讨论的应用于连续的非线性波方程构造性算法也可以推广到非线性微分差分系统, 但需要做一些辅助的条件. 这将在以后讨论.

第六章　非线性波方程的近似解法

这一章研究非线性波方程的近似解方法, 首先介绍著名的 Adomian 分解方法, 然后将该方法推广到修正的 KdV 方程和高维 Boussinesq 方程的初值问题, 用于获得它们的近似双周期解, 并且用数值和图像来分析所得到的近似解与解析解的区别.

§6.1　Adomian 分解方法 (ADM)

前面已经给出了很多研究非线性波方程封闭形式解的构造性算法, 但是事实上, 很多方程, 特别是非线性波方程是很难得到解析解的, 人们往往通过研究它们的数值解、近似解等来近似分析原数学模型的变换规律, 存在很多计算方法, 如牛顿插值法、有限元法、辛几何差分方法、Runge-Kutta 方法等.

20 世纪 80 年代, 美籍亚美尼亚数学家 George Adomian (1922—1996)[409~411] 提出了 Adomian 分解方法 (Adomian decompoisiton method, 简写为 ADM), 该方法用于求解线性特别是非线性泛函方程 (包括代数方程、常微分方程、偏微分方程、积分方程、积分微分方程、随机微分方程等). 该方法可以得到方程的级数形式解, 甚至封闭形式的解. 在实际的问题中, 级数解的收敛非常迅速. 并且不要求线性化或摄动变换.

Adomian 分解方法步骤:

- **步骤 1.** 简化方程. 考虑非线性偏微分方程:

$$F(t, x, u_t, u_x, u_{xx}, u_{xt}, u_{tt}, \cdots) = 0, \tag{6.1.1}$$

为了研究方便, 改写 (6.1.1) 为如下形式:

$$L(u) + R(u) + N(u) = g(x, t), \tag{6.1.2}$$

其中 L, R 为线性算子, $N(u)$ 为非线性项, 且 L 为易可逆或低阶的线性算子, 它的逆算子为 L^{-1}.

因为 L 是可逆的, 用 L^{-1} 作用 (6.1.2) 两侧, 得

$$L^{-1}L(u) = -L^{-1}R(u) - L^{-1}N(u) + L^{-1}g(x, t), \tag{6.1.3}$$

下面分几种情况来讨论 L^{-1}:

(i) 如果 L 为一阶线性算子, 如 $L=\partial_t$, 那么 L^{-1} 可以看作区间 $[0,t]$ 上的定积分, 即 $L^{-1}=\int_0^t(\cdot)ds$. 因此有

$$u(x,t)=u(x,0)-L^{-1}R(u)-L^{-1}N(u)+L^{-1}g(x,t). \tag{6.1.4}$$

(ii) 如果 L 为二阶线性算子, 存在两种情况: (a) 如 $L=\partial_t^2$, 那么 L^{-1} 可以看为区间 $[0,t]$ 上的二重定积分, 即 $L^{-1}=\int_0^t\int_0^t(\cdot)dsds$. 因此有

$$u(x,t)=u(x,0)+tu_t(x,0)-L^{-1}R(u)-L^{-1}N(u)+L^{-1}g(x,t). \tag{6.1.5a}$$

(b) 如 $L=\partial_x\partial_t$, 那么 L^{-1} 可以看为区间 $[0,t]$ 和 $[0,x]$ 上的二重定积分, 即 $L^{-1}=\int_0^x\int_0^t(\cdot)dsd\tau$. 因此有

$$u(x,t)=u(x,0)+u(t,0)-L^{-1}R(u)-L^{-1}N(u)+L^{-1}g(x,t), \tag{6.1.5b}$$

其中 $u(x,0), u_t(x,0), u(t,0)$ 为相应的初值.

对更高阶的算子, 依次类推.

- **步骤 2.** 分解非线性项. 为了分解线性项 $N(u)$, 令方程 (6.1.1) 的解为

$$u(x,t)=\sum_{n=0}^{\infty}u_n=u_0+u_1+u_2+\cdots, \tag{6.1.6}$$

将非线性项 $N(u)$ 分解为 Adomian 多项式的形式:

$$N(u)=\sum_{n=0}^{\infty}A_n=A_0+A_1+A_2+\cdots, \tag{6.1.7}$$

其中

$$A_n=\frac{1}{n!}\frac{d^n}{d\lambda^n}\left[N\Big(\sum_{j=0}^{\infty}\lambda^j u_j\Big)\right]\Bigg|_{\lambda=0},\quad n=0,1,\cdots. \tag{6.1.8}$$

- **步骤 3.** 递推关系式. 仅仅考虑 (6.1.4), 有

$$\sum_{n=0}^{\infty}u_n=u(x,0)-L^{-1}R\left(\sum_{n=0}^{\infty}u_n\right)-L^{-1}\sum_{n=0}^{\infty}A_n+L^{-1}g(x,t), \tag{6.1.9}$$

因此得到递推关系

$$u_0(x,t)=u(x,0)+L^{-1}g(x,t),$$
$$u_1(x,t)=-L^{-1}Ru_0-L^{-1}A_0,$$

$$u_2(x,t) = -L^{-1}Ru_1 - L^{-1}A_1,$$
$$\cdots\cdots\cdots\cdots$$
$$u_n(x,t) = -L^{-1}Ru_{n-1} - L^{-1}A_{n-1},$$
$$u_{n+1}(x,t) = -L^{-1}Ru_n - L^{-1}A_n. \tag{6.1.10}$$

从 (6.1.8) 和 (6.1.10) 可以交替确定分量 u_i $(i = 1,2,3,\cdots)$. 因此得到方程 (6.1.1) 的解 (6.1.6). 实际上, 只能执行有限步, 取前 $n+1$ 项来近似表示 (6.1.1) 的解, 即

$$\phi_{\rm appr} = \sum_{i=0}^{n} u_i(x,t). \tag{6.1.11}$$

注 6.1.1　如果 $\phi_{\rm appr}$ 的极限存在, 即 $\lim_{n\to\infty}\phi_{\rm appr} = U(x,t)$, 那么 $U(x,t)$ 为 (6.1.1) 的封闭形式的解析解. 该方法已经推广到很多方程中 [409~415].

§6.2　低维低阶非线性波方程

下面将 Adomian 分解方法进行推广, 来考虑具有初值的修正 KdV 方程的近似双周期解 [416]:

$$\begin{cases} u_t + 6u^2u_x + u_{xxx} = 0, \\ u(x,0) = mk\ {\rm cn}\ (kx,m), \end{cases} \tag{6.2.1}$$

其中 k 为常数, m 为椭圆函数的模.

§6.2.1　近似解的构造格式

考虑具有初值的修正的 KdV 方程

$$L_tu = -6u^2u_x - u_{xxx}, \quad u(x,0) = f(x), \tag{6.2.2}$$

其中 $L_t = \partial/\partial_t$. 假设 L_t^{-1} 为积分算子, 定义为 $[0,t]$ 上的定积分

$$L_t^{-1}(\cdot) = \int_0^t (\cdot)ds. \tag{6.2.3}$$

将积分算子 L_t^{-1} 作用在 (6.2.2) 的两侧, 并且用初值条件 $u(x,0) = f(x)$, 得

$$u(x,t) = f(x) - L_t^{-1}(6u^2u_x + u_{xxx}). \tag{6.2.4}$$

假设解 $u(x,t)$ 可分解为

$$u(x,t) = \sum_{i=0}^{\infty} u_i(x,t) = u_0(x,t) + u_1(x,t) + u_2(x,t) + \cdots. \tag{6.2.5}$$

那么非线性项 u^2u_x 被分解为无穷级数的多项式

$$u^2u_x=\sum_{i=0}^{\infty}A_i=A_0+A_1+A_2+\cdots, \tag{6.2.6}$$

其中 A_i's 为 $u_0,u_1,\cdots,u_i$ 的 Adomian 多项式

$$A_i=\frac{1}{i!}\frac{d^i}{d\lambda^i}\left[\left(\sum_{j=0}^{\infty}\lambda^j u_j\right)^2\sum_{j=0}^{\infty}\lambda^j u_{j,x}\right]\Bigg|_{\lambda=0}=\sum_{j=0}^{k}\sum_{k=0}^{i}u_ju_{k-j}u_{i-k,x},\quad i=0,1,\cdots. \tag{6.2.7}$$

将 (6.2.7) 和 (6.2.5) 代入 (6.2.2), 得

$$\sum_{i=0}^{\infty}u_i(x,t)=f(x)-L_t^{-1}\left[6\sum_{i=0}^{\infty}A_i+\left(\sum_{i=0}^{\infty}u_i\right)_{xxx}\right]. \tag{6.2.8}$$

为了确定 $u_i(x,t), i\geqslant 0$, 从 (6.2.8) 可得到如下的递推关系式:

$$\begin{aligned}u_0(x,t)=&f(x),\\ u_{i+1}(x,t)=&-L^{-1}(6A_i+u_{i,xxx})=-L^{-1}\left(6\sum_{j=0}^{k}\sum_{k=0}^{i}u_ju_{k-j}u_{i-k,x}+u_{i,xxx}\right),\end{aligned} \tag{6.2.9}$$

其中, A_i 为

$$\begin{aligned}A_0=&u_0^2u_{0,x},\\ A_1=&u_0^2u_{1,x}+2u_0u_1u_{0,x},\\ A_2=&u_0^2u_{2,x}+2u_0u_1u_{1,x}+2u_0u_2u_{0.x}+u_1^2u_{0,x},\\ A_3=&u_0^2u_{3,x}+2u_0u_1u_{2,x}+2u_0u_2u_{1,x}+2u_0u_3u_{0,x}+u_1^2u_{1,x}+2u_1u_2u_{0,x},\\ A_4=&u_0^2u_{4,x}+2u_0u_1u_{3,x}+2u_0u_2u_{2,x}+2u_0u_3u_{1,x}+2u_0u_0u_{4,x}+u_1^2u_{2,x}\\ &+2u_1u_2u_{1,x}+2u_1u_3u_{0,x}+u_2^2u_{0,x}.\end{aligned} \tag{6.2.10}$$

根据 (6.2.8) 和 (6.2.9), 可知所有的 $u_i(x,t)$ 都是可计算的, 并且 $u=\sum\limits_{i=0}^{\infty}u_i$. 如果级数 $\phi_n=\sum\limits_{i=0}^{n-1}u_i$ 收敛, 即 $\lim_{n\to\infty}\sum\limits_{i=0}^{\infty}u_i=u$, 那么它将是 mKdV 方程的精确解. 应该指出这个近似解 ϕ_n 仅仅有初值就可以得到.

§6.2.2 近似 Jacobi 椭圆函数解和分析

考虑具有双周期函数的初值的 mKdV 方程 (6.2.1) 的近似解. 应用积分算子

L^{-1} 于 (6.2.1) 的两边, 并且利用 (6.2.7) 和 (6.2.8), 得

$$\begin{aligned} u_0(x,t) =& mk\text{cn}(kx,m), \\ u_{i+1}(x,t) =& -L^{-1}(6A_i + u_{i,xxx}) \\ =& -L^{-1}\left(6\sum_{j=0}^{k}\sum_{k=0}^{i} u_j u_{k-j} u_{i-k,x} + u_{i,xxx}\right), \quad i \geqslant 0. \end{aligned} \tag{6.2.11}$$

借助于 Maple, 从 (6.2.11) 可得

$$\begin{aligned} u_0(x,t) &= mk\ \text{cn}(kx,m), \\ u_1(x,t) &= -L^{-1}(6u_0u_0u_{0,x} + u_{0,xxx}) \\ &= mk^4\text{sn}\,(kx,m)\,\text{dn}\,(kx,m)\left(2\,m^2-1\right)t, \\ u_2(x,t) &= -L^{-1}[6(u_0^2u_{1,x} + 2u_0u_1u_{0,x}) + u_{1,xxx}] \\ &= 1/2\,mk^7\text{cn}\,(kx,m)\Big[8\,m^6\,(\text{sn}\,(kx,m))^2 - 8\,m^4\,(\text{sn}\,(kx,m))^2 \\ &\quad + 2\,m^2\,(\text{sn}\,(kx,m))^2 - 4\,m^4 + 4\,m^2 - 1\Big]t^2, \\ u_3(x,t) &= -L^{-1}[6(u_0^2u_{2,x} + 2u_0u_1u_{1,x} + 2u_0u_2u_{0.x} + u_1^2u_{0,x}) + u_{2,xxx}] \\ &= 1/6\,mk^{10}\text{dn}\,(kx,m)\,\text{sn}\,(kx,m)\Big[48\,m^8\,(\text{sn}\,(kx,m))^2 \\ &\quad - 72\,m^6\,(\text{sn}\,(kx,m))^2 - 32\,m^8 + 40\,m^6 + 36\,m^4\,(\text{sn}\,(kx,m))^2 \\ &\quad - 12\,m^4 - 6\,m^2\,(\text{sn}\,(kx,m))^2 - 2\,m^2 + 1\Big]t^3, \end{aligned}$$

$$\begin{aligned} u_4 =& -L^{-1}[6(u_0^2u_{3,x} + 2u_0u_1u_{2,x} + 2u_0u_2u_{1,x} + 2u_0u_3u_{0,x} + u_1^2u_{1,x} \\ &+ 2u_1u_2u_{0,x}) + u_{3,xxx}] \\ =& 1/24\,mk^{13}\text{cn}\,(kx,m)\Big[1 + 64\,m^6 - 8\,m^4 + 384\,m^{12}\,(\text{sn}\,(kx,m))^4 - 4\,m^2 \\ &- 192\,m^6\,(\text{sn}\,(kx,m))^4 + 576\,m^8\,(\text{sn}\,(kx,m))^4 - 768\,m^{10}\,(\text{sn}\,(kx,m))^4 \\ &- 416\,m^6\,(\text{sn}\,(kx,m))^2 + 152\,m^4\,(\text{sn}\,(kx,m))^2 - 20\,m^2\,(\text{sn}\,(kx,m))^2 \\ &- 112\,m^8 + 64\,m^{10} + 448\,m^8\,(\text{sn}\,(kx,m))^2 + 24\,m^4\,(\text{sn}\,(kx,m))^4 \\ &- 64\,m^{10}\,(\text{sn}\,(kx,m))^2 - 128\,m^{12}\,(\text{sn}\,(kx,m))^2\Big]t^4, \end{aligned}$$

$$\begin{aligned} u_5 =& -L^{-1}[6(u_0^2u_{4,x} + 2u_0u_1u_{3,x} + 2u_0u_2u_{2,x} + 2u_0u_3u_{1,x} + 2u_0u_0u_{4,x} \\ &+ u_1^2u_{2,x} + 2u_1u_2u_{1,x} + 2u_1u_3u_{0,x} + u_2^2u_{0,x}) + u_{4,xxx}] \\ =& \frac{1}{120}\,mk^{16}\text{dn}\,(kx,m)\,\text{sn}\,(kx,m)\Big[-1 - 1520\,m^6 \\ &+ 384\,m^4 - 9600\,m^{12}\,(\text{sn}\,(kx,m))^4 - 34\,m^2 + 3840\,m^{14}\,(\text{sn}\,(kx,m))^4 \end{aligned}$$

$$
\begin{aligned}
&+1200\,m^6(\mathrm{sn}(kx,m))^4-4800\,m^8(\mathrm{sn}(kx,m))^4+512\,m^{14}+128\,m^{12}\\
&+9600\,m^{10}(\mathrm{sn}(kx,m))^4+1200\,m^6(\mathrm{sn}(kx,m))^2\\
&-2208\,m^{10}-480\,m^4(\mathrm{sn}(kx,m))^2+60\,m^2(\mathrm{sn}(kx,m))^2\\
&+2800\,m^8-3840\,m^{14}(\mathrm{sn}(kx,m))^2-120\,m^4(\mathrm{sn}(kx,m))^4\\
&-4800\,m^{10}(\mathrm{sn}(kx,m))^2+7680\,m^{12}(\mathrm{sn}(kx,m))^2\Big]t^5,
\end{aligned}
$$

因此, 得到 (6.2.1) 的近似解

$$
u(x,t)=u_0(x,t)+u_1(x,t)+u_2(x,t)+u_3(x,t)+u_4(x,t)+u_5(x,t)+\cdots, \quad (6.2.12)
$$

另外, (6.2.1) 拥有解析解

$$
u(x,t)=mk\mathrm{cn}\{k[x-(2m^2-1)k^2t],m\}, \quad (6.2.13)
$$

为了证明利用 Adomian 分解方法所得到的数值解具有很高的精度, 取前六项近似函数：

$$
\phi_6=u_0(x,t)+u_1(x,t)+u_2(x,t)+u_3(x,t)+u_4(x,t)+u_5(x,t), \quad (6.2.14)
$$

下面通过表格和图像来分析数值近似解和解析解的误差.

- 当 $k=1, m=\dfrac{1}{4}$ 时, 表 6.1 分析了近似解、解析解以及它们之间的绝对误差和相对误差. 图 6.1 和图 6.2 分别表示近似解 (6.2.14) 和解析解 (6.2.13). 图 6.3 和图 6.4 分别表示近似解 (6.2.14) 的等高线图和密度分布图.
- 当 $k=1, m=\dfrac{1}{2}$ 时, 表 6.2 分析了近似解、解析解以及它们之间的绝对误差和相对误差. 图 6.5 和图 6.6 分别表示近似解 (6.2.14) 和解析解 (6.2.13). 图 6.7 和图 6.8 分别表示近似解 (6.2.14) 的等高线图和密度分布图.
- 当 $k=1, m\to 1$ 时, 表 6.3 分析了近似解、解析解以及它们之间的绝对误差和相对误差. 图 6.9 和图 6.10 分别表示近似解 (6.2.14) 和解析解 (6.2.13). 图 6.11 和图 6.12 分别表示近似解 (6.2.14) 的等高线图和密度分布图.

表 6.1 近似解、解析解以及它们之间的绝对误差和相对误差 $\left(k=1, m=\dfrac{1}{4}\right)$

x_i	t_i	解析解 $u(x,t)$	近似解 ϕ_6	绝对误差 $\lvert u(x,t)-\phi_6\rvert$	相对误差 $\lvert u-\phi_6\rvert/\lvert u\rvert$
5	0.5	0.1474314309	0.1474278921	$0.35388e-5$	$0.2400302282e-4$
5	0.4	0.1296329021	0.1296320050	$0.8971e-6$	$0.6920311013e-5$
5	0.3	0.1109328076	0.1109326537	$0.1539e-6$	$0.1387326286e-5$
5	0.2	$0.9146879922e-1$	$0.9146878625e-1$	$0.1297e-7$	$0.1417969855e-6$
5	0.1	$0.7138039775e-1$	$0.7138039755e-1$	$0.20e-9$	$0.2801889683e-8$

续表

x_i	t_i	解析解 $u(x,t)$	近似解 ϕ_6	绝对误差 $\|u(x,t)-\phi_6\|$	相对误差 $\|u-\phi_6\|/\|u\|$
3	0.5	-0.2425425642	-0.2425511395	$0.85753e-5$	$0.3535585611e-4$
3	0.4	-0.2469066016	-0.2469088278	$0.22262e-5$	$0.9016364834e-5$
3	0.3	-0.2493875405	-0.2493879321	$0.3916e-6$	$0.1570246850e-5$
3	0.2	-0.2499617880	-0.2499618219	$0.339e-7$	$0.1356207294e-6$
3	0.1	-0.2486238633	-0.2486238639	$0.6e-9$	$0.2413284035e-8$
1	0.5	$0.3828417920e-1$	$0.3827913633e-1$	$0.504287e-5$	$0.1317220352e-3$
1	0.4	$0.5907880962e-1$	$0.5907748129e-1$	$0.132833e-5$	$0.2248403461e-4$
1	0.3	$0.7947453688e-1$	$0.7947429986e-1$	$0.23702e-6$	$0.2982338864e-5$
1	0.2	$0.9933022835e-1$	$0.9933020753e-1$	$0.2082e-7$	$0.2096038673e-6$
1	0.1	0.1185055939	0.1185055935	$0.4e-9$	$0.3375368089e-8$

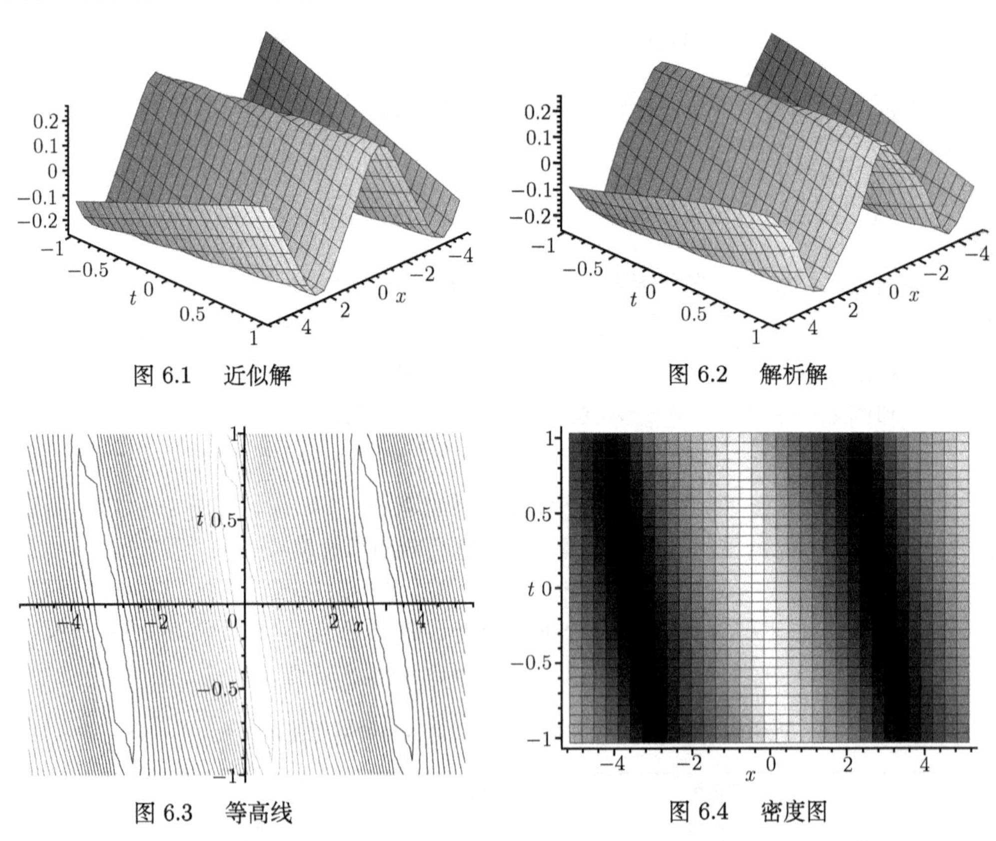

图 6.1　近似解　　图 6.2　解析解

图 6.3　等高线　　图 6.4　密度图

表 6.2　近似解、解析解以及它们之间的绝对误差和相对误差 $\left(k=1, m=\dfrac{1}{2}\right)$

x_i	t_i	解析解 $u(x,t)$	近似解 ϕ_6	绝对误差 $\|u(x,t)-\phi_6\|$	相对误差 $\|u-\phi_6\|/\|u\|$
5	0.5	$0.8320242610e-1$	$0.8320246486e-1$	$0.3876e-7$	$0.4658518004e-6$

续表

x_i	t_i	解析解 $u(x,t)$	近似解 ϕ_6	绝对误差 $\|u(x,t)-\phi_6\|$	相对误差 $\|u-\phi_6\|/\|u\|$
5	0.4	$0.6170671235e-1$	$0.6170672589e-1$	$0.1354e-7$	$0.2194250752e{-}6$
5	0.3	$0.4013262742e-1$	$0.4013263043e-1$	$0.301e-8$	$0.7500131921e-7$
5	0.2	$0.1850801206e-1$	$0.1850801239e-1$	$0.33e-9$	$0.1783011589e-7$
5	0.1	$-0.3139789239e-2$	$-0.3139789237e-2$	$0.2e-11$	$0.6369854305e-9$
3	0.5	-0.4963184458	-0.4963193586	$0.9128e-6$	$0.1839141800e-5$
3	0.4	-0.4926826940	-0.4926829217	$0.2277e-6$	$0.4621635847e-6$
3	0.3	-0.4878336015	-0.4878336399	$0.384e-7$	$0.7871536500e-7$
3	0.2	-0.4817946814	-0.4817946845	$0.31e-8$	$0.6434276092e-8$
3	0.1	-0.4745947373	-0.4745947373	0	0
1	0.5	0.1855896214	0.1855884033	$0.12181e-5$	$0.6563405813e-5$
1	0.4	0.2060119058	0.2060115839	$0.3219e-6$	$0.1562531053e-5$
1	0.3	0.2261327944	0.2261327367	$0.577e-7$	$0.2551598062e-6$
1	0.2	0.2459130316	0.2459130264	$0.52e-8$	$0.2114568702e-7$
1	0.1	0.2653113544	0.2653113544	0	0

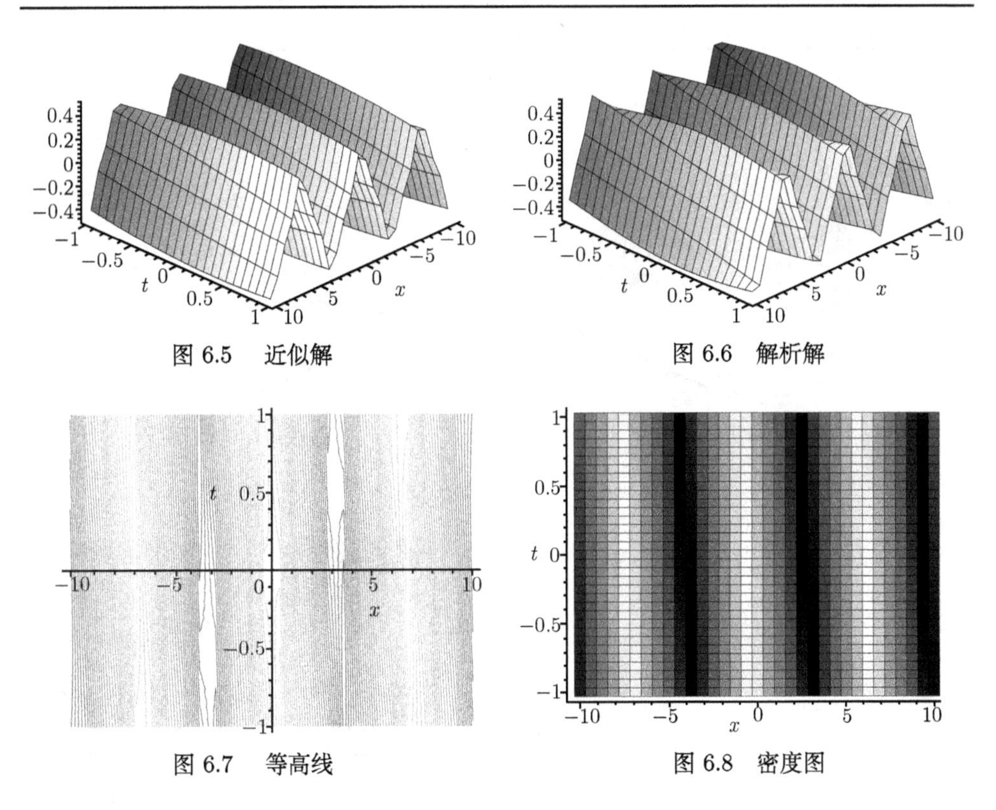

图 6.5　近似解

图 6.6　解析解

图 6.7　等高线

图 6.8　密度图

表 6.3　近似解、解析解以及它们之间的绝对误差和相对误差 ($k=1, m\to 1$)

x_i	t_i	解析解 $u(x,t)$	近似解 ϕ_6	绝对误差 $\lvert u(x,t)-\phi_6\rvert$	相对误差 $\lvert u-\phi_6\rvert/\lvert u\rvert$
5	0.5	$0.2221525150e-1$	$0.2221494900e-1$	$0.30250e-8$	$0.1361677134e-4$
5	0.4	$0.2010164043e-1$	$0.2010156222e-1$	$0.7821e-7$	$0.3890727241e-5$
5	0.3	$0.1818904953e-1$	$0.1818903580e-1$	$0.1373e-7$	$0.7548497780e-6$
5	0.2	$0.1645837939e-1$	$0.1645837822e-1$	$0.117e-8$	$0.7108840866e-7$
5	0.1	$0.1489234034e-1$	$0.1489234032e-1$	$0.2e-10$	$0.1342972262e-8$
3	0.5	0.1630712319	0.1630735294	$0.22975e-5$	$0.1408893508e-4$
3	0.4	0.1477321823	0.1477327379	$0.5556e-6$	$0.3760859627e-5$
3	0.3	0.1338066768	0.1338067680	$0.912e-7$	$0.6815803380e-6$
3	0.2	0.1211720475	0.1211720549	$0.74e-8$	$0.6107019030e-7$
3	0.1	0.1097142741	0.1097142744	$0.3e-9$	$0.2734375289e-8$
1	0.5	0.8868188840	0.8864354608	$0.3834232e-3$	$0.4323579560e-3$
1	0.4	0.8435506876	0.8434558738	$0.948138e-4$	$0.1123984621e-3$
1	0.3	0.7967054600	0.7966896312	$0.158288e-4$	$0.1986781916e-4$
1	0.2	0.7476999182	0.7476986213	$0.12969e-5$	$0.1734519382e-5$
1	0.1	0.6977946411	0.6977946224	$0.187e-7$	$0.2679871541e-7$

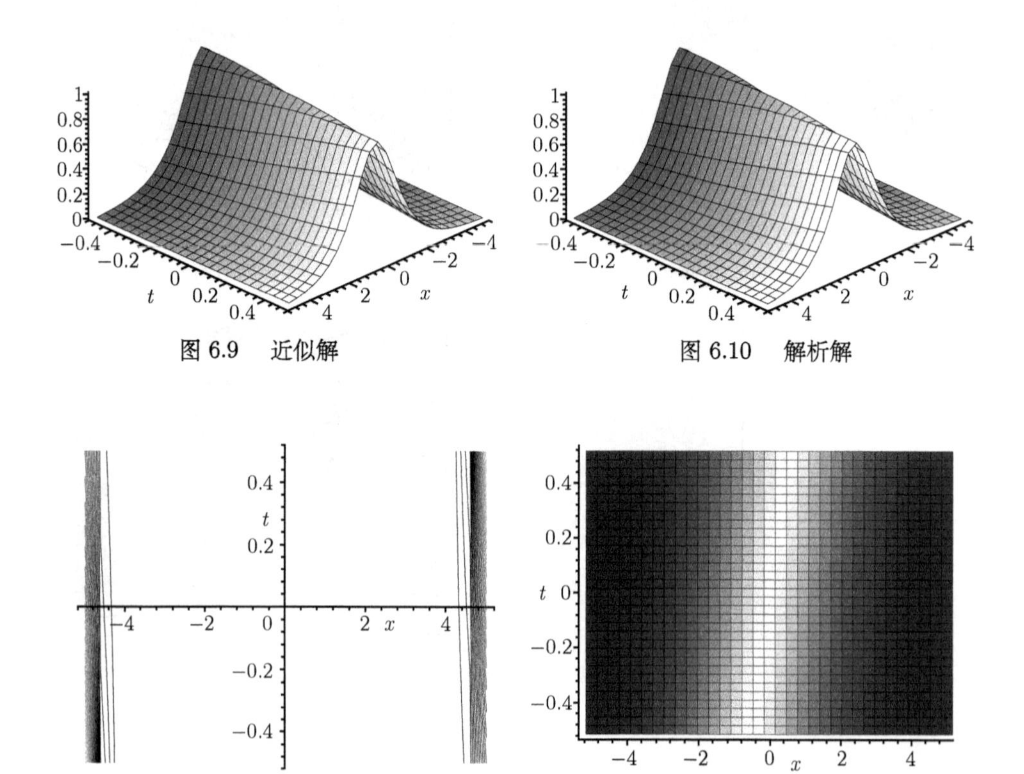

图 6.9　近似解　　图 6.10　解析解

图 6.11　等高线　　图 6.12　密度图

注 6.2.1 类似地, 也可以考虑mKdV方程的如下的初值近似解:

$$\begin{aligned} &u_t+6u^2u_x+u_{xxx},\\ &u(x,0)=mk\mathrm{dn}(kx,m). \end{aligned} \tag{6.2.15}$$

§6.3 高维高阶非线性波方程

对于 (2+1) 维 Boussinesq 方程

$$u_{tt}=u_{xx}+(u^2)_{xx}+u_{xxxx}+u_{yy},$$

最近 Chen 等人 [417] 利用 Riccati 展开法 [332] 获得了一些精确解. El-Sayed 和 Kaya[412] 基于 Adomian 分解方法研究了如下具有双曲函数初始条件的 (2+1) 维 Boussinesq 方程的近似解:

$$\begin{aligned} &u_{tt}=u_{xx}+(u^2)_{xx}+u_{xxxx}+u_{yy},\\ &u(x,0,t)=K_1-6\alpha^2R^2\tanh^2[R(\alpha-ct)],\\ &u_y(x,0,t)=-12\alpha^2\beta R^3\mathrm{sech}^3[R(\alpha-ct)]\tanh[R(\alpha-ct)]. \end{aligned}$$

下面我们利用不同于 El-Sayed 和 Kaya 的 Adomian 分解方法来考虑如下的具有双周期函数初始条件的 (2+1) 维 Boussinesq 方程的近似解问题:

$$\begin{aligned} &u_{tt}=u_{xx}+(u^2)_{xx}+u_{xxxx}+u_{yy},\\ &u_0(x,y,0)=-6k^2m^2\mathrm{sn}^2(k\xi,m)-\frac{1}{2}l^2+2k^2(1+m^2)+\frac{1}{2}\lambda^2-\frac{1}{2},\\ &u_t(x,y,0)=-12k^3\lambda m^2\mathrm{sn}(k\xi,m)\mathrm{cn}(k\xi,m)\mathrm{dn}(k\xi,m)t. \end{aligned} \tag{6.3.1}$$

§6.3.1 近似解的构造算法

首先给出如下具有初值的 (2+1) 维 Boussinesq 方程的近似解的一般构造算法:

$$\begin{aligned} &L_tu=u_{xx}+(u^2)_{xx}+u_{xxxx}+u_{yy},\\ &u(x,y,0)=f(x,y),\\ &u_t(x,y,0)=g(x,y), \end{aligned} \tag{6.3.2}$$

其中 $L_t=\dfrac{\partial^2}{\partial t^2}$. 假设 L_t^{-1} 为积分算子, 定义为

$$L_t^{-1}(\cdot)=\int_0^t\int_0^t(\cdot)dtdt. \tag{6.3.3}$$

将积分算子 L_t^{-1} 作用在 (6.3.2) 的两侧, 并且用初值条件 $u(x,y,0) = f(x,y)$ 和 $u_t(x,y,0) = g(x,y)$, 得到

$$u(x,y,t) = f(x,y) + g(x,y)t + L_y^{-1}[u_{xx} + (u^2)_{xx} + u_{xxxx} + u_{yy}]. \tag{6.3.4}$$

假设解 $u(x,y,t)$ 被定义为

$$u(x,y,t) = \sum_{i=0}^{\infty} u_i(x,y,t) = u_0(x,y,t) + u_1(x,y,t) + u_2(x,y,t) + \cdots. \tag{6.3.5}$$

那么非线性项 $F(u,u_x,u_{xx}) = (u^2)_{xx}$ 被分解为无穷级数的多项式:

$$F(u,u_x,u_{xx}) = (u^2)_{xx} = \sum_{i=0}^{\infty} A_i, \tag{6.3.6}$$

其中 A_i's 为 $u_0, u_1, \cdots, u_i$ 的 Adomian 多项式

$$A_i = \frac{1}{i!}\frac{d^i}{d\lambda^i}\left[\left(\left(\sum_{j=0}^{\infty}\lambda^j u_j\right)^2\right)_{xx}\right]\Bigg|_{\lambda=0} = \left(\sum_{j=0}^{i} u_j u_{i-j}\right)_{xx}, \quad i = 0, 1, \cdots. \tag{6.3.7}$$

将 (6.3.7) 和 (6.3.5) 代入 (6.3.2), 得

$$\begin{aligned}\sum_{i=0}^{\infty} u_i(x,y,t) =& f(x,y) + g(x,y)t \\ &+ L_t^{-1}\left(\sum_{i=0}^{\infty} A_i + \sum_{i=0}^{\infty} u_{i,xx} + \sum_{i=0}^{\infty} u_{i,xxxx} + \sum_{i=0}^{\infty} u_{i,yy}\right).\end{aligned} \tag{6.3.8}$$

为了确定 $u_i(x,t)$, $i \geqslant 0$, 可得到如下的递推关系式:

$$\begin{aligned}&u_0(x,y,t) = f(x,y),\\ &u_1(x,y,t) = g(x,y)t,\\ &u_{i+2}(x,y,t) = L_t^{-1}(A_i + u_{i,xx} + u_{i,xxxx} + u_{i,yy}), \quad i \geqslant 0,\end{aligned} \tag{6.3.9}$$

其中 A_i 为

$$\begin{aligned}&A_0 = (u_0^2)_{xx}, &&A_3 = (2u_3u_0 + 2u_2u_1)_{xx},\\ &A_1 = (2u_1u_0)_{xx}, &&A_4 = (2u_4u_0 + 2u_3u_1 + u_2^2)_{xx},\\ &A_2 = (2u_2u_0 + u_1^2u_0)_{xx}, &&A_5 = (2u_5u_0 + 2u_4u_1 + 2u_3u_2)_{xx},\\ &&&\cdots\cdots\cdots\cdots\end{aligned} \tag{6.3.10}$$

根据 (6.3.8) 和 (6.3.9) 可知, 所有的 $u_i(x,t)$ 都是可计算的, 并且 $u=\sum_{i=0}^{\infty}u_i$. 如果级数 $\phi_n=\sum_{i=0}^{n-1}u_i$ 收敛, 即 $\lim_{n\to\infty}\sum_{i=0}^{\infty}u_i=u$. 那么它将是 mKdV 方程的精确解. 应该指出这个近似解仅仅有初值就可以得到.

命题 6.3.1 由 (6.3.8) 所得到的 u_i's 都具有这种形式 $H(x,y)t^i$.

注 6.3.2 递推关系 (6.3.8) 是不同于文献 [412, 413] 的, (6.3.8) 更容易计算和整理.

§6.3.2 近似双周期解和分析

考虑具有双周期函数的初值的 (2+1) 维 Boussinesq 方程 (6.3.1) 的近似解. 应用积分算子 L^{-1} 于 (6.3.1) 的两边, 并且利用 (6.3.7) 和 (6.3.8), 得

$$\begin{aligned}
u_0(x,y,t)&=-6k^2m^2\mathrm{sn}^2(k\xi,m)-\frac{1}{2}l^2+2k^2(1+m^2)+\frac{1}{2}\lambda^2-\frac{1}{2},\\
u_1(x,y,t)&=-12k^3\lambda m^2\mathrm{sn}(k\xi,m)\mathrm{cn}(k\xi,m)\mathrm{dn}(k\xi,m)t,\\
u_{i+2}(x,y,t)&=L_t^{-1}(A_i+u_{i,xx}+u_{i,xxxx}+u_{i,yy}),\quad i\geqslant 0,
\end{aligned}\tag{6.3.11}$$

其中 $\xi=x+ly$. 借助于 Maple, 从 (6.3.11) 得到

$$\begin{aligned}
u_0=&-6k^2m^2\mathrm{sn}^2(k\xi,m)-\frac{1}{2}l^2+2k^2(1+m^2)+\frac{1}{2}\lambda^2-\frac{1}{2},\\
u_1=&-12k^3\lambda m^2\mathrm{sn}(k\xi,m)\mathrm{cn}(k\xi,m)\mathrm{dn}(k\xi,m)t,\\
u_2=&L_t^{-1}(A_0+u_{0,xx}+u_{0,xxxx}+u_{0,yy})\\
=&\Big[12\,k^4m^2\lambda^2\,(\mathrm{sn}(k\xi,m))^2-6\,k^4m^2\lambda^2-18\,k^4m^4\lambda^2\,(\mathrm{sn}(k\xi,m))^4\\
&+12\,k^4m^4\lambda^2\,(\mathrm{sn}(k\xi,m))^2\Big]t^2,\\
u_3=&L_t^{-1}(A_1+u_{1,xx}+u_{1,xxxx}+u_{1,yy})\\
=&\Big[-24\,k^5m^4\lambda^3\,(\mathrm{sn}(k\xi,m))^3\,\mathrm{dn}(k\xi,m)\mathrm{cn}(k\xi,m)\\
&+\left(8\,k^5m^4\lambda^3+8\,k^5m^2\lambda^3\right)\mathrm{dn}(k\xi,m)\mathrm{cn}(k\xi,m)\mathrm{sn}(k\xi,m)\Big]t^3,\\
u_4=&L_t^{-1}(A_2+u_{2,xx}+u_{2,xxxx}+u_{1,yy})\\
=&\Big[-30\,\lambda^4k^6m^6\,(\mathrm{sn}(k\xi,m))^6+\left(30\,\lambda^4k^6m^6+30\,\lambda^4k^6m^4\right)(\mathrm{sn}(k\xi,m))^4\\
&+\left(-4\,\lambda^4k^6m^2-4\,\lambda^4k^6m^6-26\,\lambda^4k^6m^4\right)(\mathrm{sn}(k\xi,m))^2\\
&+2\,\lambda^4k^6m^2+2\,\lambda^4k^6m^4\Big]t^4,
\end{aligned}$$

$$\begin{aligned}
u_5 =& L_t^{-1}(A_3 + u_{3,xx} + u_{3,xxxx} + u_{3,yy}) \\
=& \Big[-36\,k^7m^6\lambda^5 \mathrm{cn}(k\xi,m)\,(\mathrm{sn}(k\xi,m))^5\,\mathrm{dn}(k\xi,m) \\
& + \left(24\,k^7m^4\lambda^5 + 24\,k^7m^6\lambda^5\right)\mathrm{dn}(k\xi,m)\mathrm{cn}(k\xi,m)\,(\mathrm{sn}(k\xi,m))^3 \\
& + \left(-8/5\,k^7m^2\lambda^5 - 8/5\,k^7m^6\lambda^5 - \frac{52}{5}\,k^7m^4\lambda^5\right) \\
& \times \mathrm{dn}(k\xi,m)\mathrm{cn}(k\xi,m)\mathrm{sn}(k\xi,m)\Big]t^5,
\end{aligned}$$

$$\begin{aligned}
u_6 =& L_t^{-1}(A_4 + u_{4,xx} + u_{4,xxxx} + u_{4,yy}) \\
=& \Big[-42\,k^8m^8\lambda^6\,(\mathrm{sn}(k\xi,m))^8 + \left(56\,k^8m^6\lambda^6 + 56\,k^8m^8\lambda^6\right)(\mathrm{sn}(k\xi,m))^6 \\
& + \left(-\frac{84}{5}\,k^8m^4\lambda^6 - \frac{84}{5}\,k^8m^8\lambda^6 - \frac{336}{5}\,k^8m^6\lambda^6\right)(\mathrm{sn}(k\xi,m))^4 \\
& + \left(\frac{8}{15}\,k^8m^2\lambda^6 + \frac{8}{15}\,k^8m^8\lambda^6 + 16\,k^8m^6\lambda^6 + 16\,k^8m^4\lambda^6\right)(\mathrm{sn}(k\xi,m))^2 \\
& - \frac{4}{15}\,k^8m^2\lambda^6 - \frac{26}{15}\,k^8m^4\lambda^6 - \frac{4}{15}\,k^8m^6\lambda^6\Big]t^6,
\end{aligned}$$

$$\begin{aligned}
u_7 =& L_t^{-1}(A_5 + u_{5,xx} + u_{5,xxxx} + u_{5,yy}) \\
=& \Big[-48\,k^9m^8\,(\mathrm{sn}(k\xi,m))^7\,\mathrm{dn}(k\xi,m)\mathrm{cn}(k\xi,m)\lambda^7 \\
& + \left(48\,k^9m^6\lambda^7 + 48\,k^9m^8\lambda^7\right)\mathrm{dn}(k\xi,m)\mathrm{cn}(k\xi,m)\,(\mathrm{sn}(k\xi,m))^5 \\
& + \left(-\frac{48}{5}\,k^9m^8\lambda^7 - \frac{48}{5}\,k^9m^4\lambda^7 - \frac{192}{5}\,k^9m^6\lambda^7\right) \\
& \times \mathrm{dn}(k\xi,m)\mathrm{cn}(k\xi,m)\,(\mathrm{sn}(k\xi,m))^3 \\
& + \left(\frac{16}{105}\,k^9m^2\lambda^7 + \frac{32}{7}\,k^9m^4\lambda^7 + \frac{32}{7}\,k^9m^6\lambda^7 + \frac{16}{105}\,k^9m^8\lambda^7\right) \\
& \times \mathrm{dn}(k\xi,m)\mathrm{cn}(k\xi,m)\mathrm{sn}(k\xi,m)\Big]t^7.
\end{aligned} \tag{6.3.12}$$

因此得到 (6.3.1) 的近似解：

$$\begin{aligned}
u(x,y,t) =& u_0(x,y,t) + u_1(x,y,t) + u_2(x,y,t) + u_3(x,y,t) + u_4(x,y,t) \\
& + u_5(x,y,t) + u_6(x,y,t) + u_7(x,y,t) + \cdots,
\end{aligned} \tag{6.3.13}$$

其中 $u_i(x,y,t), i = 0,1,2,\cdots$ 由 (6.3.12) 确定. 另外, (6.3.1) 具有精确的双周期解：

$$u(x,y,t) = -6k^2m^2\mathrm{sn}^2[k(x+ly+\lambda t),m] - \frac{1}{2}l^2 + 2k^2(1+m^2) + \frac{1}{2}\lambda^2 - \frac{1}{2}. \tag{6.3.14}$$

当 $m \to 1$, 解 (6.3.14) 约化为钟型的孤波解:

$$u(x,y,t) = -6k^2\tanh^2[k(x+ly+\lambda t)] - \frac{1}{2}l^2 + 4k^2 + \frac{1}{2}\lambda^2 - \frac{1}{2}. \tag{6.3.15}$$

为了证明利用 Adomian 分解方法所得到的数值解具有很高的精度, 取前八项近似

$$\phi_{\text{appr}} = \sum_{i=0}^{7} u_i(x,y,t). \tag{6.3.16}$$

下面通过表格和图像来分析数值近似解和解析解的误差.

- 当 $m=0.1, k=2, \lambda=1, l=5$ 时, 表 6.4 分析了近似解和解析解之间的绝对误差和相对误差. 图 6.13 和图 6.14 分别表示近似解 (6.3.16) 和解析解 (6.3.15). 在同一图 6.15 中来比较近似解和解析解. 图 6.16 和图 6.17 分别表示近似解 (6.3.16) 的等高线和密度分布图.
- 当 $m=0.9, k=2, \lambda=1, l=5$ 时, 表 6.5 分析了近似解和解析解之间的绝对误差和相对误差. 图 6.18 和图 6.19 分别表示近似解 (6.3.16) 和解析解 (6.3.15). 在同一图 6.20 中来比较近似解和解析解. 图 6.21 和图 6.22 分别表示近似解 (6.3.16) 的等高线和密度分布图.

表 6.4 绝对误差和相对误差 $(m=0.1, k=2, \lambda=1, l=5)$

x_i	y_i	t_i	绝对误差 $\lvert u-\phi_{\text{appr}}\rvert$	相对误差 $\frac{\lvert u-\phi_{\text{appr}}\rvert}{\lvert u(x,y,t)\rvert}$
5	15	0.1	$0.1e-8$	$0.2241846691e-9$
5	15	0.3	$0.3029e-5$	$0.6852726047e-6$
5	15	0.5	$0.270331e-3$	$0.6071662225e-4$
3	10	0.1	$0.2e-8$	$0.4383106235e-9$
3	10	0.3	$0.7791e-5$	$0.1742300619e-5$
3	10	0.5	$0.422777e-3$	$0.9561548005e-4$
1	5	0.1	0.0	0.0
1	5	0.3	$0.9561548005e-4$	$0.9561548005e-4$
1	5	0.5	$0.517534e-3$	$0.1154263345e-3$

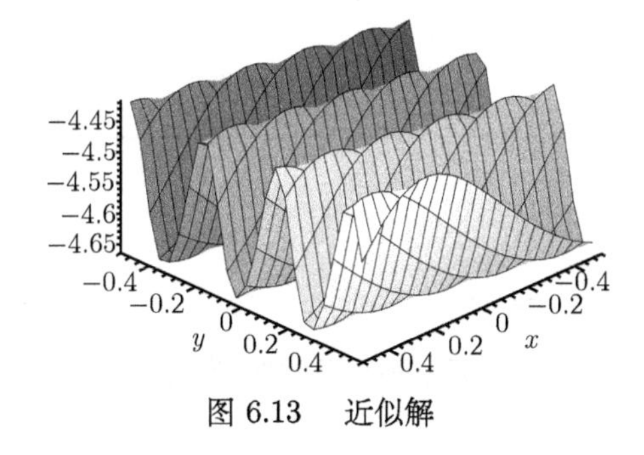

图 6.13 近似解

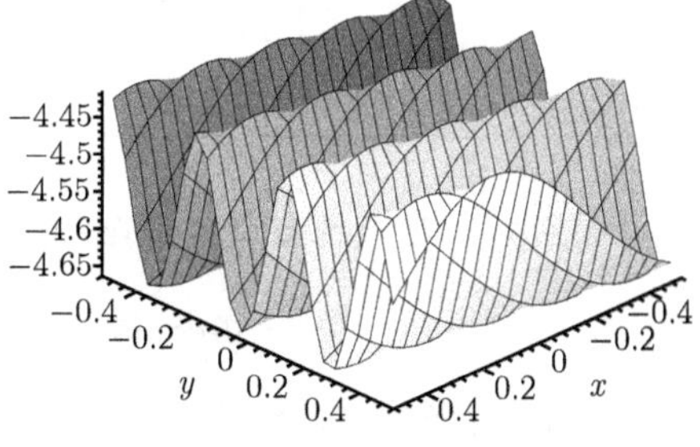

图 6.14 解析解

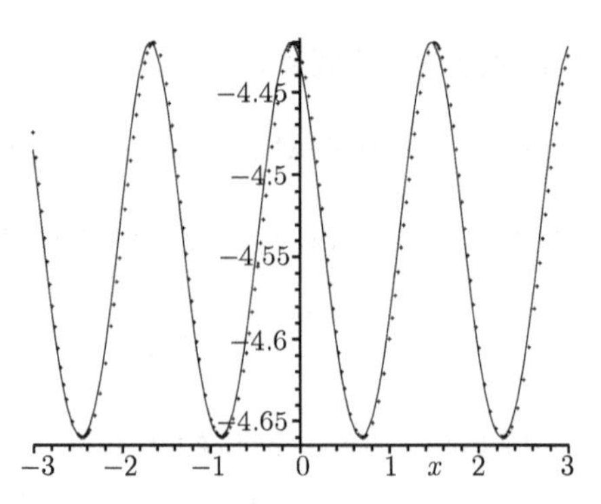

图 6.15　近似解和解析解比较

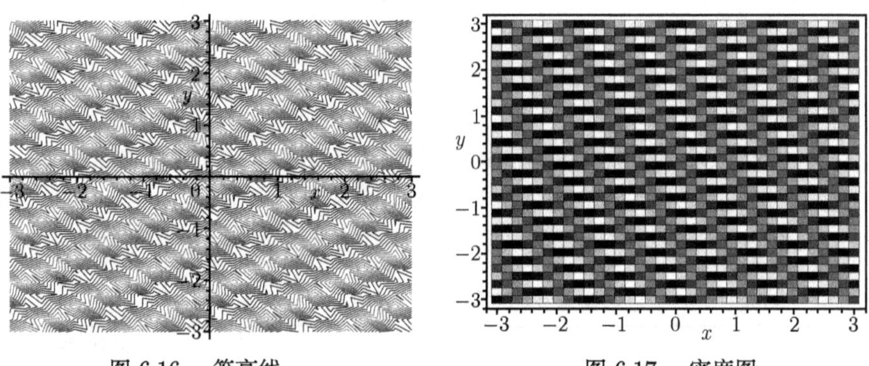

图 6.16　等高线　　图 6.17　密度图

表 6.5　绝对误差和相对误差 ($m = 0.9, k = 2, \lambda = 1, l = 5$)

x_i	y_i	t_i	绝对误差 $\|u-\phi_{\rm appr}\|$	相对误差 $\frac{\|u-\phi_{\rm appr}\|}{\|u(x,y,t)\|}$
5	15	0.01	$0.41e-8$	$0.6624643312e-8$
5	15	0.03	$0.15e-7$	$0.1321247205e-7$
5	15	0.05	$0.8e-8$	$0.4757149566e-8$
3	10	0.01	$0.1e-7$	$0.8886569313e-9$
3	10	0.03	$0.1e-7$	$0.8526622064e-9$
3	10	0.05	$0.1e-7$	$0.8209099018e-9$
1	5	0.01	$0.1e-7$	$0.5972896058e-9$
1	5	0.03	$0.1e-7$	$0.5926747600e-9$
1	5	0.05	$0.1e-7$	$0.5886158602e-9$

注 6.3.3　对于具有全色散项的B(m,n) 方程

$$u_{tt} - (u^n)_{xx} - (u^m)_{xxxx} = 0,$$

利用Adomian分解方法, 研究了它的具有三角函数初值问题的近似解, 获得了近似的compacton解 [414].

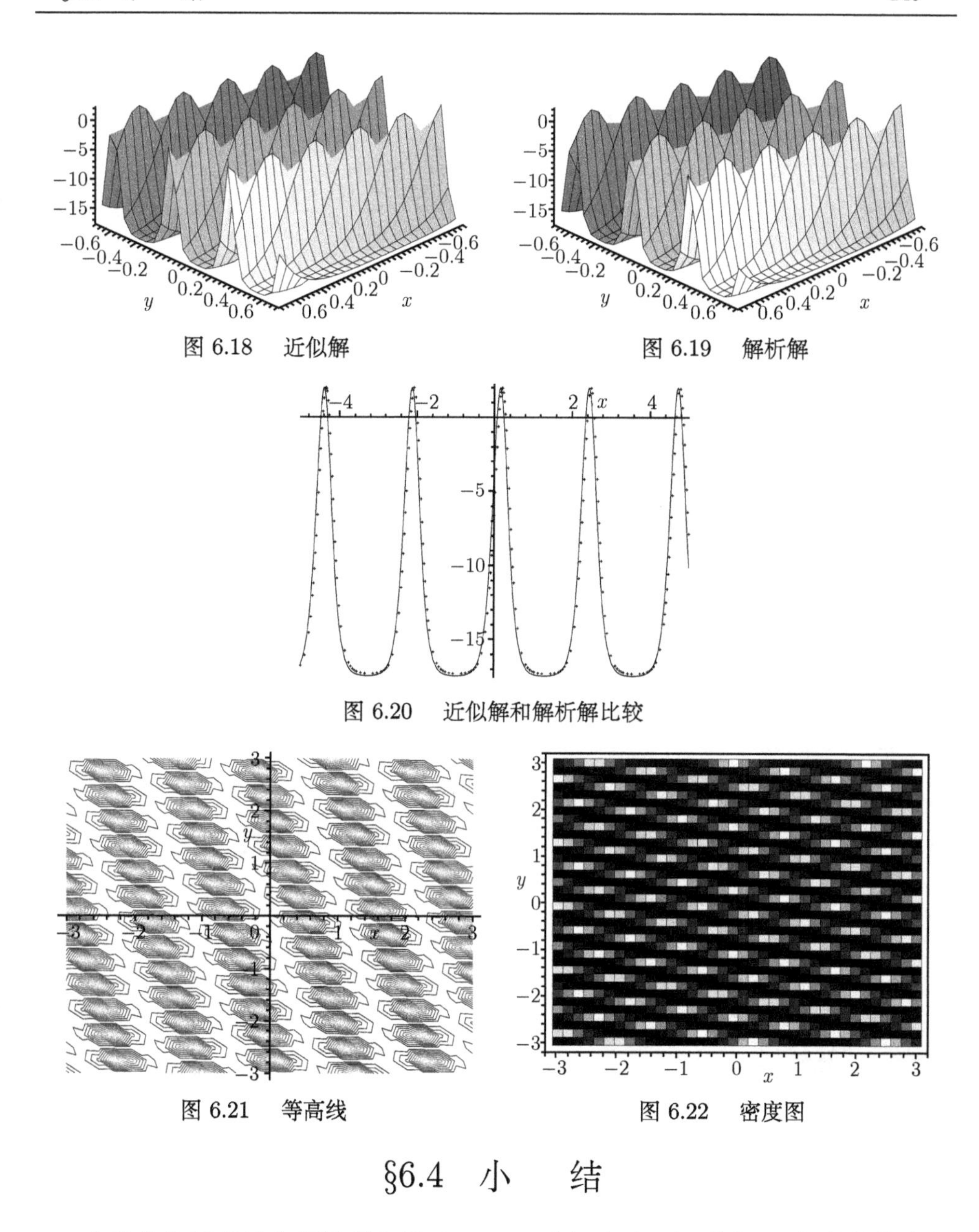

图 6.18　近似解

图 6.19　解析解

图 6.20　近似解和解析解比较

图 6.21　等高线

图 6.22　密度图

§6.4 小　结

本章首先简单地介绍了著名的 Adomian 分解方法, 它不同于一般的数值分析方法, 不需要线性化和摄动变换等技巧, 仅仅利用初值和线性项的逆变换就可以获得方程的显式的近似解. 将 Adomian 分解方法推广到具有双周期函数的初始条件的 mKdV 方程和 (2+1) 维 Boussinesq 方程, 通过 Adomian 多项式分解, 获得了它们的近似的双周期解, 并且利用图表与精确解进行了比较. 该方法也可以推广到研究其他非线性波方程的近似双周期解.

第三部分

对 称 分 析

第七章　非线性微分方程的对称

本章主要研究非线性波方程的对称和相似解, 基于古典和非古典对称方法, 讨论了许多扩展的方法和理论：势系统对称法、势方程对称法、非古典势系统对称法和非古典势方程对称法. 利用非古典势方程对称法, 研究了非线性热传导方程的非古典势对称和新的非古典势解. 另外, 将直接约化法推广到具有全色散项的高次 $E(m,n)$ 方程和高维广义 KdV 方程中, 获得了很多类型的对称, 并且也获得了一些解析解. 最后推广直接约化法来研究高维广义 Burgers 方程的条件对称, 获得了很多类型的条件对称.

§7.1　对称理论、方法和作用

为了准确地反映物理现象, 寻找相应的数学模型 (包括微分方程 (组)、差分方程、微分差分方程等) 的解析解是重要且必须的. 前面几章我们介绍了获得非线性科学领域中出现的非线性波方程求解的一些有效的构造性方法. 众所周知, 很多微分方程 (特别是非线性微分方程) 是很难直接求出其显式解析解的. 人们往往借助于扰动渐近方法、数值方法或其他方法. 对称的方法是其中的一种, 利用对称约化, 可能获得新的解析解或相似解, 另外对称群在微分方程 (特别是非线性微分方程) 中具有其他一些作用 [83,86,311,312]：

- 从已知解来推导新解. 应用对称群可以从已知的解获得新解 (如从平凡解得到有物理意义的非平凡新解).
- 降低 ODEs 的阶次. 将 ODEs 从高阶降到低阶.
- 约化 PDEs. 对称群可以减少自变量和因变量的个数来约化 PDEs, 使得高维 PDEs 变为低维 PDEs, 甚至变为 ODEs.
- 对微分方程 (组) 进行分类. 根据微分方程的对称可以获得一些具有特殊性质的子方程.
- PDEs 的渐近解. 因为 PDEs 的渐近解趋于由对称群获得的低维方程的解, 这些解可用于研究渐近性和 Blow-up 性质.
- 检验数值方法. 对称群和精确解可用于检验和估计数值方法的有效性.
- 构造微分方程的守恒律等等.

当然, 这些作用也适合于其他的方程, 如微分差分方程.

寻找微分方程的对称的方法很多，其中最著名且基本的方法有三种：古典 Lie

方法 (无穷小 Lie 变换法)[71,83,84]、非古典方法 [78] 和 C-K 直接约化法 [81].

- 古典方法, 也称为无穷小 Lie 群方法. 虽然这种方法比较系统, 但它经常与很大的包含复杂的代数和微分计算的线性系统相联系. 随着符号计算的发展, 1994 年, Hereman[307] 给出了一个软件包, 用来计算微分方程的古典对称.
- 1969 年, Bluman 和 Cole[78] 提出了群不变解的非古典方法, 也称条件对称方法, 或第一型的偏对称方法 [103], 这种方法与更大的包含代数和微分计算的非线性系统相联系. 这种方法一直都没有被注意, 直到大约 20 年后, 即 1989 年, Clarkson 和 Kruskal[81] 提出了一种直接的方法, 人们才注意到非古典方法具有很好的特性, 并且得到进一步的推广. 1994 年, Clarkson 和 Mansfield[311] 给出了求 PDEs 的非古典对称的软件包.
- 1989 年, Clarkson 和 Kruskal[81] 提出了一种直接的方法, 用于获得方程的对称. 与上两种方法相比, 它的新的特征是没用到群论. 1994 年, Olver[104] 证明, 当独立变量的无穷小关于产生保纤变换的因变量是自控的时, 直接法等价于非古典方法.

§7.2　古典 Lie 对称

古典对称方法 (古典 Lie 对称方法), 也称为无穷小 Lie 群方法 [84,85,311]. 对于给定的偏微分方程系统, 即

$$P=\{f_1=0,\cdots,f_r=0\}, \tag{7.2.1}$$

其中 f_i 为独立变量 $(x_1,\cdots,x_n)$、因变量 $(u_1,\cdots,u_m)$ 及导数项 $u_{k,\alpha}=\dfrac{\partial^{|\alpha|}}{\partial x_1^{\alpha_1}\cdots\partial x_n^{\alpha_n}}$ $(\alpha\in \mathrm{N}^n)$ 的表达式.

令 $u^{(N)}$ 表示 $u_{k,\alpha}(k=1,2,\cdots,m)$ 系列, $|\alpha|=\sum_{i=1}^n\alpha_i=N, \alpha+i=(\alpha_1,\cdots,\alpha_i+1,\cdots,\alpha_n), \alpha+\gamma=(\alpha_1+\gamma_1,\cdots,\alpha_n+\gamma_n)(\gamma\in\mathrm{N}^n)$.

为了发现系统 P 的 Lie 点对称, 设

$$\begin{aligned} x_i^*&=x_i+\varepsilon\xi_i(x,u)+O(\varepsilon^2),\quad i=1,2,\cdots,n,\\ u_j^*&=u_j+\varepsilon\phi_j(x,u)+O(\varepsilon^2),\quad j=1,2,\cdots,n.\end{aligned} \tag{7.2.2}$$

要求这个变换使得这个解

$$S_P=\{u(x)|f_1=0,f_2=0,\cdots,f_r=0\} \tag{7.2.3}$$

形式不变.

用 $\phi_j^{|\alpha|}$ 表示第 N 次扩展, 根据

$$\frac{\partial^N u_j^*}{\partial x_1^{*,\alpha_1} x_2^{*,\alpha_2} \cdots x_n^{*,\alpha_n}} = u_{j,\alpha} + \varepsilon \phi_j^{|\alpha|}(x, u, u^{(1)}, \cdots, u^{(N)}) + O(\varepsilon^2). \tag{7.2.4}$$

我们可得到第 N 个偏导数的表达式:

$$\phi_j^{|\alpha+i|}(x, u, u^{(1)}, \cdots, u^{(N)}) = \frac{D\phi_j^{|\alpha|}}{Dx_i} - \sum_{l=1}^{n} \frac{Dx_l^{|\alpha|}}{Dx_i} u_{j,\alpha+l}, \tag{7.2.5}$$

其中

$$\frac{D}{Dx_i} = \frac{\partial}{\partial x_i} + \sum_{s=1}^{m} u_{s,\alpha} \frac{\partial}{\partial u_{s,\alpha}}$$

为全导数算子.

定义

$$D_\alpha = \frac{D^{\alpha_1}}{Dx_1^{\alpha_1}} \frac{D^{\alpha_2}}{Dx_2^{\alpha_2}} \cdots \frac{D^{\alpha_n}}{Dx_n^{\alpha_n}},$$

将 (7.2.1) 中 u 和 x 分别换成 u^* 和 x^*, 得

$$\{f_i(x^*, u^*, u^{*(1)}(x^*), \cdots, u^{*(N)}(x^*)) = 0 | i = 1, 2, \cdots, r\}. \tag{7.2.6}$$

将 (7.2.2) 代入 (7.2.6), 得

$$\begin{aligned} & f_i(x^*, u^*, u^{*(1)}(x^*), \cdots, u^{*(N)}(x^*)) \\ & = f_i(x, u, u^{(1)}(x), \cdots, u^{(N)}(x)) + \varepsilon pr^{(N)} v(f_i) + O(\varepsilon^2), \end{aligned} \tag{7.2.7}$$

其中

$$pr^{(N)} v = \sum_{j=1}^{n} \xi_j \frac{\partial}{\partial x_j} + \sum_{k=1}^{m} \phi_k \frac{\partial}{\partial u_k} + \sum_{k=1}^{m} \sum_{|\alpha| \geqslant 1} \phi_k^{|\alpha|} \frac{\partial}{\partial u_{k,\alpha}}$$

称为无穷小算子

$$v = \sum_{j=1}^{n} \xi_j(x, u) \frac{\partial}{\partial x_j} + \sum_{k=1}^{m} \phi_k(x, u) \frac{\partial}{\partial u_k} \tag{7.2.8}$$

的第 N 次延拓.

假设系统 $\sum$ 的阶为 N, 要求 (7.2.1) 在变换作用下不变, 即

$$pr^{(N)} v(f_i)|_{\sum=0} = 0, \quad i = 1, 2, \cdots, r. \tag{7.2.9}$$

通过令其中的 $\{u_{k,\alpha} | 1 \leqslant k \leqslant m, |\alpha| \neq 0\}$ 的系数为零, 则可得一个关于 $\xi(x,u), \phi(x,u)$ 的超定的线性系统. 然后通过解这个系统可得到 $\xi(x,u), \phi(x,u)$, 进而获得 (7.2.1) 的 Lie 点对称.

§7.2.1　古典对称法

为了更简要地阐明古典对称法、(古典) 势对称法、非古典方法、非古典势系统方法和非古典势方程方法, 考虑给定的二阶标量偏微分方程

$$F(x,t,u,u_x,u_t,u_{xx},u_{xt},u_{tt})=0, \tag{7.2.10}$$

并且该方程可以改写为守恒形式

$$\begin{aligned}&F(x,t,u,u_x,u_t,u_{xx},u_{xt},u_{tt})\\&\quad=\frac{D}{Dx}f(x,t,u,u_x,u_t)-\frac{D}{Dt}g(x,t,u,u_x,u_t)=0,\end{aligned} \tag{7.2.11}$$

其中下标表示 u 的偏导数. 通过守恒形式 (7.2.11) 和引入辅助的势变量 $v=v(x,t)$, (7.2.10) 变为辅助的**势系统** (potential system):

$$v_t=f(x,t,u,u_x,u_t), \tag{7.2.12a}$$

$$v_x=g(x,t,u,u_x,u_t). \tag{7.2.12b}$$

对于很多数学物理方程组, 可以从势系统 (7.2.12a,b) 中消去变量 $u=u(x,t)$, 以至于产生**势方程** (potential equation):

$$G(x,t,v,v_x,v_t,v_{xx},v_{xt},v_{tt})=0. \tag{7.2.13}$$

一般来说, 如果下面三个条件中的任一个成立:

(1) $\left(\dfrac{\partial f}{\partial u_x}\right)^2+\left(\dfrac{\partial f}{\partial u_t}\right)^2=0$;

(2) $\left(\dfrac{\partial g}{\partial u_x}\right)^2+\left(\dfrac{\partial g}{\partial u_t}\right)^2=0$;

(3) $\dfrac{\partial f}{\partial u}=\dfrac{\partial g}{\partial u}=0$.

那么势方程 (7.2.13) 是存在的.

命题 7.2.1[110]　给定的标量偏微分方程 (7.2.11) 和势系统 (7.2.12a, b) 是等价的. 如果势方程 (7.2.13) 存在, 那么微分系统 (7.2.11), (7.2.12a, b) 和 (7.2.13) 是等价的.

证明　(Ia) 如果 $u=\theta(x,t)$ 为 (7.2.11) 的解, 那么从 (7.2.12a,b) 的可积性条件 $v_{xt}=v_{tx}$, 可知 (7.2.12a,b) 存在相应的解 $(u,v)=(\theta(x,t),\phi(x,t))$. 并且在相差任意常数的条件下, $\phi(x,t)$ 是唯一的.

(Ib) 如果 $(u,v)=(\theta(x,t),\phi(x,t))$ 为 (7.2.12a,b) 的解, 很显然 $u=\theta(x,t)$ 为 (7.2.11) 的解.

现在假设势方程 (7.2.13) 存在, 那么有

(IIa) 如果 $(u,v)=(\theta(x,t),\phi(x,t))$ 为 (7.2.12a,b) 的解, 很显然 $v=\phi(x,t)$ 为 (7.2.13) 的解.

(IIb) 如果 $v=\phi(x,t)$ 为 (7.2.13) 的解, 那么从势系统的定义, 可知存在函数 $u=\theta(x,t)$ 以至于 $(u,v)=(\theta(x,t),\phi(x,t))$ 为 (7.2.12a,b) 的解.

因此从 Iab 和 IIab, 有

(IIIa) 若 $u=\theta(x,t)$ 为 (7.2.11) 的解, 那么在相差任意常数的条件下, 从势系统 (7.2.12a,b) 的相容性可知, 势方程 (7.2.13) 存在相应的解 $v=\phi(x,t)$.

(IIIb) 如果 $v=\phi(x,t)$ 为势方程 (7.2.13) 的解, 那么根据 IIb 可知, (7.2.11) 有解 $u=\theta(x,t)$.

注 7.2.2 特别地, 微分方程 (7.2.11) 具有这种形式 $u_t=\dfrac{D}{Dx}f(x,t,u,u_x,u_t)$, 在IIb和IIIb中, 有这种关系 $\theta(x,t)=\phi_x(x,t)$.

1. 点对称

(7.2.11) 拥有如下的点对称:

$$X=\xi(x,t,u)\frac{\partial}{\partial x}+\tau(x,t,u)\frac{\partial}{\partial t}+\eta(x,t,u)\frac{\partial}{\partial u} \tag{7.2.14}$$

当且仅当

$$[X^{(2)}(F)]|_{F=0}=0, \tag{7.2.15}$$

其中 X 的二阶延拓为

$$X^{(2)}=X+\eta^x\frac{\partial}{\partial u_x}+\eta^t\frac{\partial}{\partial u_t}+\eta^{xt}\frac{\partial}{\partial u_{xt}}+\eta^{tt}\frac{\partial}{\partial u_{tt}}+\eta^{xx}\frac{\partial}{\partial u_{xx}}, \tag{7.2.16}$$

这里

$$\begin{aligned}
&\eta^x=\frac{D\eta}{Dx}-\frac{D\xi}{Dx}u_x-\frac{D\tau}{Dx}u_t,\quad \eta^t=\frac{D\eta}{Dt}-\frac{D\xi}{Dt}u_x-\frac{D\tau}{Dt}u_t,\\
&\eta^{xt}=\frac{D\eta^t}{Dx}-\frac{D\xi}{Dx}u_{xt}-\frac{D\tau}{Dx}u_{tt}=\frac{D\eta^x}{Dt}-\frac{D\xi}{Dt}u_{xx}-\frac{D\tau}{Dt}u_{xt},\\
&\eta^{tt}=\frac{D\eta^t}{Dt}-\frac{D\xi}{Dt}u_{xt}-\frac{D\tau}{Dt}u_{tt},\quad \eta^{xx}=\frac{D\eta^x}{Dx}-\frac{D\xi}{Dx}u_{xx}-\frac{D\tau}{Dx}u_{xt},
\end{aligned}$$

$\dfrac{D}{Dx}$ 和 $\dfrac{D}{Dt}$ 为全导数, 定义为

$$\begin{aligned}
\frac{D}{Dx}&=\frac{\partial}{\partial x}+u_x\frac{\partial}{\partial u}+u_{xx}\frac{\partial}{\partial u_x}+u_{xt}\frac{\partial}{\partial u_t}+\cdots,\\
\frac{D}{Dt}&=\frac{\partial}{\partial t}+u_t\frac{\partial}{\partial u}+u_{xt}\frac{\partial}{\partial u_x}+u_{tt}\frac{\partial}{\partial u_t}+\cdots.
\end{aligned}$$

类似地, 势系统 (7.2.12a,b) 具有点对称：

$$X=\xi(x,t,u,v)\frac{\partial}{\partial x}+\tau(x,t,u,v)\frac{\partial}{\partial t}+\eta(x,t,u,v)\frac{\partial}{\partial u}+\zeta(x,t,u,v)\frac{\partial}{\partial v}. \tag{7.2.17}$$

对于 (7.2.17) 的一阶延拓 $X^{(1)}$, 当且仅当

$$\begin{aligned}&[X^{(1)}(v_t-f)]\Big|_{(v_t,v_x)=(f,g)}=0,\\&[X^{(1)}(v_x-g)]\Big|_{(v_t,v_x)=(f,g)}=0.\end{aligned} \tag{7.2.18}$$

势方程 (7.2.13) 具有点对称：

$$X=\xi(x,t,v)\frac{\partial}{\partial x}+\tau(x,t,v)\frac{\partial}{\partial t}+\zeta(x,t,v)\frac{\partial}{\partial v}. \tag{7.2.19}$$

对于 (7.2.19) 的二阶延拓 $X^{(1)}$, 当且仅当

$$[X^{(2)}(G)]\Big|_{G=0}=0. \tag{7.2.20}$$

详见文献 [84].

2. 不变解

定义 7.2.3　偏微分方程的点对称将方程的解变为同一方程的其他解. 如果一个解在点变换作用下, 变为它自身, 则该解称为不变解.

情况 1.　PDE (7.2.11)

(7.2.11) 的点对称 (7.2.14) 产生的不变解 $u=\theta(x,t)$ 满足**不变曲面条件**[78]：

$$[X(u-\theta(x,t))]\Big|_{u=\theta(x,t)}=0, \tag{7.2.21}$$

即

$$\xi(x,t,u)u_x+\tau(x,t,u)u_t=\eta(x,t,u) \tag{7.2.22}$$

以及方程 (7.2.11).

一阶偏微分方程 (7.2.22) 的特征方程：

$$\frac{dx}{\xi(x,t,u)}=\frac{dt}{\tau(x,t,u)}=\frac{du}{\eta(x,t,u)}$$

的一般解可以写成如下形式：

$$z(x,t,u)=\text{const}=c_1,\quad \text{相似变量}, \tag{7.2.23a}$$

$$W(x,t,u)=\text{const}=c_2=w(z), \tag{7.2.23b}$$

理论上, 解 (7.2.23b) 产生 (7.2.11) 的解的假设形式

$$u = \Phi(x,t,w(z(x,t,u))). \tag{7.2.24}$$

将 (5.2.24) 代入 (5.2.11), 导致一个仅含有自变量 z 和因变量 w 的约化的 ODE.

注 7.2.4 $z_u = 0$ 当且仅当 $\tau = 0$ 或 $\dfrac{\partial}{\partial u}\left(\dfrac{\xi}{\tau}\right) = 0$.

情况 2. 势系统 (7.2.12a,b)

(7.2.12a,b) 的点对称 (7.2.17) 产生的不变解 $(u,v) = (\theta(x,t),\phi(x,t))$ 满足不变曲面条件:

$$[X(u-\theta(x,t))]\Big|_{(u,v)=(\theta(x,t),\phi(x,t))} = 0,$$

$$[X(v-\phi(x,t))]\Big|_{(u,v)=(\theta(x,t),\phi(x,t))} = 0,$$

即

$$\begin{aligned}&\xi(x,t,u,v)u_x + \tau(x,t,u,v)u_t = \eta(x,t,u,v),\\ &\xi(x,t,u,v)v_x + \tau(x,t,u,v)v_t = \zeta(x,t,u,v)\end{aligned} \tag{7.2.25}$$

和 (7.2.12a,b).

偏微分方程组 (7.2.25) 的特征方程

$$\frac{dx}{\xi(x,t,u,v)} = \frac{dt}{\tau(x,t,u,v)} = \frac{du}{\eta(x,t,u,v)} = \frac{dv}{\zeta(x,t,u,v)}$$

的一般解可以写成如下形式:

$$z(x,t,u,v) = \text{const} = c_1,\quad \text{相似变量}, \tag{7.2.26a}$$

$$W_1(x,t,u,v) = \text{const} = c_2 = w_1(z), \tag{7.2.26b}$$

$$W_2(x,t,u,v) = \text{const} = c_3 = w_2(z), \tag{7.2.26c}$$

理论上, 解 (7.2.26b,c) 产生 (7.2.12a,b) 的解的假设形式:

$$u = \Phi(x,t,w_1(z(x,t,u,v)),w_2(z(x,t,u,v))), \tag{7.2.27a}$$

$$v = \Psi(x,t,w_1(z(x,t,u,v)),w_2(z(x,t,u,v))). \tag{7.2.27b}$$

将 (7.2.26a,b) 代入 (7.2.12a,b), 导致一个仅含有自变量 z 和因变量 $w_1(z)$ 和 $w_2(z)$ 的约化的 ODE 系统.

注 7.2.5 $z_u = z_v = 0$ 当且仅当 $\tau = 0$ 或 $\dfrac{\partial}{\partial u}\left(\dfrac{\xi}{\tau}\right) = \dfrac{\partial}{\partial v}\left(\dfrac{\xi}{\tau}\right) = 0$. 特别地, 可以得到 (7.2.11) 的解 $u = \Phi(x,t,w_1(z),w_2(z))$ 且 $w_i(z) = w_i(z(x,t,u,v))$, $i = 1,2$.

情况 3. 势方程 (7.2.13)

对于势方程 (7.2.13) 情况, 类似于 PDE(7.2.11), (7.2.13) 的点对称 (7.2.19) 产生的不变解 $v=\phi(x,t)$ 满足不变曲面条件:

$$[X(v-\phi(x,t))]\Big|_{v=\phi(x,t)}=0, \tag{7.2.28}$$

即

$$\xi(x,t,v)v_x+\tau(x,t,v)v_t=\zeta(x,t,v) \tag{7.2.29}$$

和 (7.2.13).

偏微分方程 (7.2.29) 的特征方程

$$\frac{dx}{\xi(x,t,v)}=\frac{dt}{\tau(x,t,v)}=\frac{dv}{\zeta(x,t,v)}$$

的一般解可以写成如下形式:

$$z(x,t,v)=\text{const}=c_1 \quad \text{相似变量}, \tag{7.2.30a}$$

$$W(x,t,v)=\text{const}=c_2=w(z), \tag{7.2.30b}$$

理论上, 解 (7.2.30b) 产生 (7.2.13) 的解的假设形式

$$v=\Psi(x,t,w(z(x,t,v))). \tag{7.2.31}$$

将 (7.2.31) 代入 (7.2.13), 导致一个仅含有自变量 z 和因变量 $w(z)$ 的约化的 ODE.

注 7.2.6 $z_v=0$ 当且仅当 $\tau=0$ 或 $\dfrac{\partial}{\partial v}(\dfrac{\xi}{\tau})=0$.

注 7.2.7 对于特殊情况, (7.2.11) 具有这种形式 $u_t=\dfrac{D}{Dx}f(x,t,u,u_x,u_t)$, 假设 (7.2.31) 产生 (7.2.11) 的解

$$u=v_x=\frac{F_1(x,t,w_1(z))+w_2(z)F_2(x,t,w_1(z))}{1+w_2(z)F_3(x,t,w_1(z))}, \tag{7.2.32}$$

且

$$F_1=\Psi_x, \quad F_2=z_x\Psi_{w_1}, \quad F_3=-z_v\Psi_{w_1}, \quad w_2(z)=\frac{dw_1(z)}{dz}.$$

另外 $F_3=0$, $z_v=0$; $F_2=0$, $z_x=0$.

§7.2.2 势系统对称法

定义 7.2.8 如果 $\xi_v^2+\tau_v^2+\eta_v^2\neq 0$, 那么势系统 (7.2.12a, b) 的点对称 (7.2.17) 产生的非局部对称叫做 PDE (7.2.11) 的**势系统对称**.

注 7.2.9[84] 势系统对称通常也称为势对称.

§7.2.3 势方程对称法

定义 7.2.10 如果 $\xi_v^2+\tau_v^2\neq 0$, 那么势方程 (7.2.13) 的点对称 (7.2.19) 产生的非局部对称叫做PDE (7.2.11) 的**势方程对称**.

定义 7.2.11 对于由势系统对称和势方程对称所得到 PDE (7.2.11) 的解, 如果它不是PDE (7.2.11) 的不变解, 即由 (7.2.11) 的点对称所得到的解, 那么该解称为PDE(7.2.11) 的**古典势解**.

作为典型的例子, 考虑 (I) **非线性热传导方程**:

$$u_t=(K(u)u_x)_x,\quad K'(u)\neq 0, \tag{7.2.33}$$

该方程已经具有守恒形式.

因此通过引入势函数 v 且 $u=v_x$, 获得 (II) **势系统**:

$$\begin{cases} v_x=u,\\ v_t=K(u)u_x. \end{cases} \tag{7.2.34}$$

进而通过消去系统 (7.2.34) 中的变量 u 得到 (III) **势方程**:

$$v_t=K(v_x)v_{xx}. \tag{7.2.35}$$

引理 7.2.12[84] 非线性热传导方程 (7.2.33) 的古典对称 (无穷小 Lie 点对称) 为:

情况 1. 任意函数 $K(u)$,

$$X_1=\frac{\partial}{\partial x},\quad X_2=\frac{\partial}{\partial t},\quad X_3=x\frac{\partial}{\partial x}+2t\frac{\partial}{\partial t};$$

情况 2. $K(u)=\lambda(u+k)^\nu$,

$$X_1,\quad X_2,\quad X_3,\quad X_4=x\frac{\partial}{\partial x}+\frac{2}{\upsilon}(u+k)\frac{\partial}{\partial u},$$

关于极限情况 $K(u)=\lambda e^{\upsilon u}$, 对称 X_4 变为

$$X_4=x\frac{\partial}{\partial x}+\frac{2}{\upsilon}\frac{\partial}{\partial u};$$

情况 3. $K(u)=\lambda(u+k)^{-4/3}$,

$$X_1,\ X_2,\ X_3,\ X_4=x\frac{\partial}{\partial x}-\frac{3}{2}(u+k)\frac{\partial}{\partial u},\ X_5=x^2\frac{\partial}{\partial x}-3x(u+k)\frac{\partial}{\partial u}.$$

引理 7.2.13[84] 非线性热传导方程 (7.2.33) 所对应的势系统 (7.2.34) 的古典对称 (无穷小点对称) 为:

情况 1. 任意函数 $K(u)$,

$$X_1 = \frac{\partial}{\partial x}, \quad X_2 = \frac{\partial}{\partial t}, \quad X_3 = x\frac{\partial}{\partial x} + 2t\frac{\partial}{\partial t} + v\frac{\partial}{\partial v}, \quad X_4 = \frac{\partial}{\partial v};$$

情况 2. $K(u) = \lambda(u+k)^{\upsilon}$,

$$X_1,\ X_2,\ X_3,\ X_4,\ X_5 = x\frac{\partial}{\partial x} + \frac{2}{\upsilon}(u+k)\frac{\partial}{\partial u} + \left(\frac{2+\upsilon}{\upsilon}v + \frac{2kx}{\upsilon}\right)\frac{\partial}{\partial v};$$

情况 3. $K(u) = \lambda(u+k)^{-2}$,

$$X_1, \quad X_2, \quad X_3, \quad X_4, \quad X_5|_{\upsilon=-2},$$

$$X_6 = -x(v+kx)\frac{\partial}{\partial x} + (u+k)[v + x(u+2k)]\frac{\partial}{\partial u} + [2\lambda t + kx(v+kx)]\frac{\partial}{\partial v},$$

$$X_7 = -x[(v+kx)^2 + 2\lambda t]\frac{\partial}{\partial x} + 4\lambda t^2\frac{\partial}{\partial t} + [kx(v+kx)^2 + 2\lambda t(2v+3kx)]\frac{\partial}{\partial v}$$
$$+(u+k)[6\lambda t + (v+kx)^2 + 2x(u+k)(v+kx)]\frac{\partial}{\partial u},$$

$$X_\infty = \phi(z,t)\frac{\partial}{\partial x} - (u+k)^2\phi_z(z,t)\frac{\partial}{\partial u} - k\phi(z,t)\frac{\partial}{\partial v},$$

其中 $z = v = kx$, $\phi(z,t)$ 满足线性热方程 $\lambda\phi_{zz} - \phi_{tt} = 0$.

情况 4. $K(u) = \dfrac{1}{u^2+pu+q}\exp\left[r\displaystyle\int\frac{du}{u^2+pu+q}\right]$, 且 $p^2 - 4q - r^2 \neq 0$,

$$X_1,\ X_2,\ X_3,\ X_4,\ X_5 = v\frac{\partial}{\partial x} + (r-p)t\frac{\partial}{\partial t} - (u^2+pu+q)\frac{\partial}{\partial u} - (qx+pv)\frac{\partial}{\partial v}.$$

引理 7.2.14[84]　非线性热传导方程 (7.2.33) 所对应的势方程 (7.2.35) 的古典Lie对称（无穷小点对称）为:

情况 1. 任意函数 $K(u)$,

$$X_1 = \frac{\partial}{\partial x}, \quad X_2 = \frac{\partial}{\partial t}, \quad X_3 = x\frac{\partial}{\partial x} + 2t\frac{\partial}{\partial t} + v\frac{\partial}{\partial v}, \quad X_4 = \frac{\partial}{\partial v};$$

情况 2. $K(u) = \lambda(u+k)^{\upsilon}$,

$$X_1, \quad X_2, \quad X_3, \quad X_4, \quad X_5 = x\frac{\partial}{\partial x} + \left(\frac{2+\upsilon}{\upsilon}v + \frac{2kx}{\upsilon}\right)\frac{\partial}{\partial v};$$

情况 3. $K(u) = \lambda(u+k)^{-2}$,

$$X_1, \quad X_2, \quad X_3, \quad X_4, \quad X_5|_{\upsilon=-2},$$

$$X_6 = -x(v+kx)\frac{\partial}{\partial x} + [2\lambda t + kx(v+kx)]\frac{\partial}{\partial v},$$

$$X_7 = -x[(v+kx)^2 + 2\lambda t]\frac{\partial}{\partial x} + 4\lambda t^2\frac{\partial}{\partial t} + [kx(v+kx)^2 + 2\lambda t(2v+3kx)]\frac{\partial}{\partial v},$$

$$X_\infty = \phi(z,t)\frac{\partial}{\partial x} - k\phi(z,t)\frac{\partial}{\partial v},$$

其中 $z = v = kx$, $\phi(z,t)$ 满足线性热方程 $\lambda\phi_{zz} - \phi_{tt} = 0$.

情况 4. $K(u) = \dfrac{1}{u^2+pu+q}\exp\left[r\displaystyle\int\frac{du}{u^2+pu+q}\right]$, 且 $p^2-4q-r^2 \neq 0$,

$$X_1,\ \ X_2,\ \ X_3,\ \ X_4,\ \ X_5 = v\frac{\partial}{\partial x} + (r-p)t\frac{\partial}{\partial t} - (qx+pv)\frac{\partial}{\partial v}.$$

根据引理 7.2.13 和 7.2.14, 可得:

定理 7.2.15[84] 非线性热传导方程 (7.2.33) 拥有势 (系统或方程) 对称, 当且仅当传导函数 $K(u)$ 具有这种形式:

$$K(u) = \frac{1}{u^2+pu+q}\exp\left[r\int\frac{du}{u^2+pu+q}\right],$$

其中 p, q, r 为任意常数.

§7.3 非古典 Lie 对称

简单地说, 非古典对称方法是寻找包含不变曲面条件以及原方程整个系统的古典对称. 这个不变曲面条件为 [78]

$$\psi_i \equiv \xi_1 u_{i,x_1} + \xi_2 u_{i,x_2} + \cdots + \xi_n u_{i,x_n} - \phi_i = 0, \quad i = 1,2,\cdots,m.$$

在这个非古典方法里, 要求 $S_\sum$ 的子集

$$S_{\sum\Psi} = \{u(x) | f_1 = 0, f_2 = 0, \cdots, f_r = 0, \psi_1 = 0, \cdots, \psi_m = 0\}$$

在无穷小变换下不变.

§7.3.1 非古典对称法

定义 7.3.1 对于所有的解 $(\xi(x,t,u), \tau(x,t,u), \eta(x,t,u))$, 如果对称 (7.2.14) 使得由 (7.2.11), (7.2.22) 以及 (7.2.22) 的微分结果所组成的系统在 (7.2.14) 保持不变, 那么对称 (7.2.14) 是非古典对称.

非古典方法推广了古典的方法, 并且包含古典方法所得到所有这种形式的解 $u = \Phi(x,t,w(z(x,t,u)))$, 其中 $w(z)$ 满足约化的 ODE. 对于不变曲面条件 (7.2.22), 不失一般性, 存在两种情形的考虑:

(i) $\tau \equiv 1$;

(ii) $\tau \equiv 0,\ \xi \equiv 1$.

不变曲面条件 (7.2.22) 以及它的微分结果引入了 u 的导数之间的额外的关系，这些关系多于由 (7.2.11) 的点对称 (古典对称) 所导致的关系.

定义 7.3.2　如果方程 (7.2.11) 的解是由非古典对称得到的，但不是由它的点对称所产生的不变解，那么这个解叫做 (7.2.11) 的非古典解.

考虑非线性热传导方程 (7.2.33)，应用非古典方法得到如下的关于 $\xi(x,t,u)$ 和 $\eta(x,t,u)$ 确定方程组：

(i) $\tau \equiv 1$,

$$
\begin{aligned}
&K'(u)\xi_u - K(u)\xi_{uu} = 0,\\
&[K(u)K''(u) - K'^2(u)]\eta + K(u)K'(u)\eta_u + 2K(u)\xi\xi_u\\
&\quad + K^2(u)(\eta_{uu} - 2\xi_{xu}) = 0,\\
&K(u)\xi_t - 2K(u)\xi_u\eta - K'(u)\xi\eta + K^2(u)(2\eta_{xu} - \xi_{xx})\\
&\quad + 2K(u)\xi\xi_x + 2K(u)K'(u)\eta_x = 0,\\
&K'(u)\eta^2 - 2K(u)\eta\xi_x + K^2(u)\eta_{xx} - K(u)\eta_t = 0.
\end{aligned}
\tag{7.3.1}
$$

(ii) $\tau \equiv 0,\ \xi \equiv 1$.

$$
K(u)(\eta_{xx} + 2\eta\eta_{xu} + \eta^2\eta_{uu}) + K''(u)\eta^3 + K'(u)(3\eta\eta_x + 2\eta^2\eta_u) - \eta_t = 0. \tag{7.3.2}
$$

下面我们考虑这种情况：$K(u) = \dfrac{1}{u^2+u}$. 当 $\tau \equiv 1$ 时，从 (7.3.1) 可以获得

$$
\xi = \frac{c_3x + c_2}{2c_3t + c_1}, \qquad \eta = 0,
$$

这对应的非古典对称为

$$
Y = \frac{c_3x + c_2}{2c_3t + c_1}\frac{\partial}{\partial x} + \frac{\partial}{\partial t}, \tag{7.3.3}
$$

其中 c_1, c_2 和 c_3 为任意常数且 $c_1^2 + c_3^2 \neq 0$.

命题 7.3.3　对于方程 (7.2.33) 且 $K(u) = \dfrac{1}{u^2+u}$，当 $\tau \equiv 1$，非古典对称 (7.3.3) 并不能产生 (7.2.33) 的非古典解.

§7.3.2　非古典势系统对称法

定义 7.3.4　对于所有的解 $(\xi(x,t,u,v), \tau(x,t,u,v), \eta(x,t,u,v), \zeta(x,t,u,v))$，如果对称 (7.2.17) 使得由 (7.2.12a, b), (7.2.25) 以及 (7.2.25) 的微分结果所组成的系统在 (7.2.17) 保持不变，并且 $\xi_v^2 + \tau_v^2 + \eta_v^2 \neq 0$，那么对称 (7.2.17) 称为PDE (7.2.11) 的非古典势系统对称.

根据古典方法, 知道 (7.2.12a,b) 的解具有这种形式: $(u,v)=(\Phi(x,t,w_1(z(x,t,u,v)),w_2(z(x,t,u,v))),\Psi(x,t,w_1(z(x,t,u,v)),w_2(z(x,t,u,v))))$, 其中 $w_1(z)$ 和 $w_2(z)$ 满足约化的 ODE 系统.

注 7.3.5 如果 $\xi_v^2+\tau_v^2+\eta_v^2\equiv 0$, 那么用非古典势系统对称方法并没有得到PDE (7.2.11)的新的非古典势系统对称, 因此也没有获得PDE (7.2.11) 的新的解, 即用古典势系统对称方法所得到的 (7.2.11) 的全部解可以由 (7.2.11) 的非古典对称所得到.

对于不变曲面条件 (7.2.25), 不失一般性, 存在两种情形的考虑:

(i) $\tau\equiv 1$;

(ii) $\tau\equiv 0,\ \xi\equiv 1$.

不变曲面条件 (7.2.22) 以及它的微分结果引入了 u 和 v 的导数之间的额外的关系, 这些关系多于由 (7.1.12a,b) 的点对称 (古典对称) 所导致的关系.

考虑非线性热传导方程的势系统 (7.2.3a,b), 应用非古典方法得到如下的关于 $\xi(x,t,u)$ 和 $\eta(x,t,u)$ 确定方程组:

(i) $\tau\equiv 1$,

$$\frac{1}{K(u)}(\zeta-u\xi)(\zeta_u-u\xi_u)+u(\zeta_v-\xi_x)-\xi_v u^2-\eta+\zeta_x=0,$$

$$\begin{aligned}&(\zeta_u-u\xi_u)\Big[\eta-\frac{1}{K(u)}\xi(\zeta-u\xi)\Big]+(\zeta_v-u\xi_v)(\zeta-u\xi)-(K(u)\eta_v+\xi_t)u\\&\quad -K(u)\eta_x+\frac{1}{K(u)}(\zeta-u\xi)[K(u)\xi_x+K(u)\xi_v u-K'(u)\eta-K(u)\eta_u]\\&\quad +\frac{1}{K(u)}\xi_u(\zeta-u\xi)^2+\zeta_t=0.\end{aligned}$$

目前并没有得到非平凡的非古典对称.

(ii) $\tau\equiv 0,\ \xi\equiv 1$. 这种情况只能获得不变解 $u=f(x)$.

§7.3.3 非古典势方程对称法

定义 7.3.6 对于所有的解 $(\xi(x,t,u,v),\tau(x,t,u,v),\eta(x,t,u,v),\zeta(x,t,u,v))$, 如果对称 (7.2.19) 使得由 (7.2.13), (7.2.29) 以及 (7.2.29) 的微分结果所组成的系统在 (7.2.19) 保持不变, 并且 $\xi_v^2+\tau_v^2\neq 0$, 那么对称 (7.2.19) 称为PDE (7.2.11) 的非古典势方程对称.

根据古典方法, 知道 (7.2.13) 的解具有这种形式 $v=\Psi(x,t,w_1(z(x,t,v)))$, 其中 $w_1(z)$ 满足约化的 ODE 系统.

注 7.3.7 在特殊情况 (7.2.11) 具有这种形式 $u_t=\dfrac{D}{Dx}f(x,t,u,u_x,u_t)$, 即使 $\xi_v^2+\tau_v^2\equiv 0$, 即 $z_v=0$, 或许也可以获得 (7.2.11) 的新解, 该解既不能由势系统的点对称所得到, 也不是 (7.2.11) 的非古典解.

对于不变曲面条件 (7.2.29), 不失一般性, 存在两种情形的考虑:

(i) $\tau \equiv 1$;

(ii) $\tau \equiv 0,\ \xi \equiv 1$.

不变曲面条件 (7.2.29) 以及它的微分结果引入了 v 的导数之间的额外的关系, 这些关系多于由 (7.1.13) 的点对称 (古典对称) 所导致的关系.

定义 7.3.8 由非古典势系统对称和古典势方程对称所得到的 (7.2.11) 的解称为 (7.2.11) 的非古典势解, 如果它不能由 $\tau \equiv 1$ 时的非古典对称得到, 也不是 (7.2.11), (7.2.12a, b) 和 (7.2.13) 的不变解.

考虑非线性热传导方程的势系统 (7.2.3a,b), 应用非古典方法得到如下的关于 $\xi(x,t,u)$ 和 $\eta(x,t,u)$ 确定方程组:

(i) $\tau \equiv 1$.

将非古典方法应用于势方程 (7.3.35), 得到求解非古典对称的确定方程:

$$\begin{aligned}&[-\xi\xi_v v_x^3 + (\xi_v\zeta - \xi\xi_x + \xi\zeta_v)v_x^2 + (\xi_x\zeta - \zeta\zeta_v + \xi\zeta_x)v_x - \zeta\zeta_x]K'(v_x)\\&\quad +[-2\xi\xi_v v_x^2 + (2\xi_v\zeta - 2\xi\xi_x - \xi_t)v_x + 2\zeta\xi_x + \zeta_t]K(v_x)\\&\quad +[\xi_{vv}v_x^3 + (2\xi_{xv} - \zeta_{vv})v_x^2 + (\xi_{xx} - 2\zeta_{xv})v_x - \zeta_{xx}]K^2(v_x) = 0. \qquad (7.3.4)\end{aligned}$$

因为 (7.3.4) 对所有的 x, t, v 和 v_x 成立, 因此 $K(u) = K(v_x)$ 必须满足一阶变系数 Bernoulli 方程

$$\begin{aligned}&(A_1v_x^3 + A_2v_x^2 + A_3v_x + A_4)K'(v_x) + (B_1v_x^2 + B_2v_x + B_3)K(v_x)\\&\quad +(C_1v_x^3 + C_2v_x^2 + C_3v_x + C_4)K^2(v_x) = 0, \qquad (7.3.5)\end{aligned}$$

其中 A_i, B_j, C_k 为待定的参数. 结果可知 $K(u)$ 至多与 11 个参数有关.

借助于符号计算, 用 $(A_1v_x^3+A_2v_x^2+A_3v_x+A_4)$ 和 $(-\xi\xi_v v_x^3+(\xi_v\zeta-\xi\xi_x+\xi\zeta_v)v_x^2+(\xi_x\zeta-\zeta\zeta_v+\xi\zeta_x)v_x-\zeta\zeta_x)$ 分别乘以 (7.3.4) 和 (7.3.5), 并且相减, 得

$$\begin{aligned}&\Big\{(A_1\xi_{vv} + C_1\xi\xi_v)v_x^6 + [A_1(2\xi_{xv} - \zeta_{vv}) + A_2\xi_{vv} - C_1(\xi_v\zeta - \xi\xi_x + \xi\zeta_v) + C_2\xi\xi_v]v_x^5\\&+[A_1(\xi_{xx}-2\zeta_{xv})+A_2(2\xi_{xv}-\zeta_{vv})+A_3\xi_{vv}-C_1(\xi_x\zeta-\zeta\zeta_v+\xi\zeta_x)-C_2(\xi_v\zeta-\xi\xi_x+\xi\zeta_v)\\&+C_3\xi\xi_v]v_x^4 + [-A_1\zeta_{xx} + A_2(\xi_{xx} - 2\zeta_{xv}) + A_3(2\xi_{xv} - \zeta_{vv}) + A_4\xi_{vv} + C_1\zeta\zeta_x\\&-C_2(\xi_x\zeta-\zeta\zeta_v+\xi\zeta_x)-C_3(\xi_v\zeta-\xi\xi_x+\xi\zeta_v)+C_4\xi\xi_v]v_x^3+[-A_2\zeta_{xx}+A_3(\xi_{xx}-2\zeta_{xv})\\&+A_4(2\xi_{xv} - \zeta_{vv}) + C_2\zeta\zeta_x - C_3(\xi_x\zeta - \zeta\zeta_v + \xi\zeta_x) - C_4(\xi_v\zeta - \xi\xi_x + \xi\zeta_v)]v_x^2\\&+[-A_3\zeta_{xx}+A_4(\xi_{xx}-2\zeta_{xv})+C_3\zeta\zeta_x-C_4(\xi_x\zeta-\zeta\zeta_v+\xi\zeta_x)]v_x+(C_4\zeta\zeta_x-A_4\zeta_{xx})\Big\}K(v_x)\\&+\Big\{(B_1-2A_1)\xi\xi_v v_x^5+[A_1(2\xi_v\zeta-2\xi\xi_x-\xi_t)-2A_2\xi\xi_v-B_1(\xi_v\zeta-\xi\xi_x+\xi\zeta_v)+B_2\xi\xi_v]v_x^4\end{aligned}$$

$$+[A_1(2\xi_x\zeta+\zeta_t)+A_2(2\xi_v\zeta-2\xi\xi_x-\xi_t)-2A_3\xi\xi_v-B_1(\xi_x\zeta-\zeta\zeta_v+\xi\zeta_x)$$

$$-B_2(\xi_v\zeta-\xi\xi_x+\xi\zeta_v)+B_3\xi\xi_v]v_x^3+[A_2(2\xi_x\zeta+\zeta_t)+A_3(2\xi_v\zeta-2\xi\xi_x-\xi_t)$$

$$-2A_4\xi\xi_v+B_1\zeta\zeta_x-B_2(\xi_x\zeta-\zeta\zeta_v+\xi\zeta_x)-B_3(\xi_v\zeta-\xi\xi_x+\xi\zeta_v)]v_x^2$$

$$+[A_3(2\xi_x\zeta+\zeta_t)+A_4(2\xi_v\zeta-2\xi\xi_x-\xi_t)+B_2\zeta\zeta_x-B_3(\xi_x\zeta-\zeta\zeta_v+\xi\zeta_x)]v_x$$

$$+[A_4(2\xi_x\zeta+\zeta_t)+B_3\zeta\zeta_x]\Big\}=0. \tag{7.3.6}$$

(7.3.6) 简写为

$$(\alpha_1v_x^6+\alpha_2v_x^5+\alpha_3v_x^4+\alpha_4v_x^3+\alpha_5v_x^2+\alpha_6v_x+\alpha_7)K(v_x)$$

$$+\beta_1v_x^5+\beta_2v_x^4+\beta_3v_x^3+\beta_4v_x^2+\beta_5v_x+\beta_6=0. \tag{7.3.7}$$

其中 α_i 和 β_j 为 (7.3.6) 中相应项的系数. 因此两种情况需要考虑:

(ia) $\sum_{i=1}^7\alpha_i^2\equiv0$. 很显然 $\beta_j\equiv0$ $(j=1,2,\cdots,6)$. 因此有确定方程组:

$$A_1\xi_{vv}+C_1\xi\xi_v=0, \tag{7.3.8a}$$

$$A_1(2\xi_{xv}-\zeta_{vv})+A_2\xi_{vv}-C_1(\xi_v\zeta-\xi\xi_x+\xi\zeta_v)+C_2\xi\xi_v=0, \tag{7.3.8b}$$

$$A_1(\xi_{xx}-2\zeta_{xv})+A_2(2\xi_{xv}-\zeta_{vv})+A_3\xi_{vv}-C_1(\xi_x\zeta-\zeta\zeta_v+\xi\zeta_x)$$

$$-C_2(\xi_v\zeta-\xi\xi_x+\xi\zeta_v)+C_3\xi\xi_v=0, \tag{7.3.8c}$$

$$-A_1\zeta_{xx}+A_2(\xi_{xx}-2\zeta_{xv})+A_3(2\xi_{xv}-\zeta_{vv})+A_4\xi_{vv}+C_1\zeta\zeta_x$$

$$-C_2(\xi_x\zeta-\zeta\zeta_v+\xi\zeta_x)-C_3(\xi_v\zeta-\xi\xi_x+\xi\zeta_v)+C_4\xi\xi_v=0, \tag{7.3.8d}$$

$$-A_2\zeta_{xx}+A_3(\xi_{xx}-2\zeta_{xv})+A_4(2\xi_{xv}-\zeta_{vv})+C_2\zeta\zeta_x$$

$$-C_3(\xi_x\zeta-\zeta\zeta_v+\xi\zeta_x)-C_4(\xi_v\zeta-\xi\xi_x+\xi\zeta_v)=0, \tag{7.3.8e}$$

$$-A_3\zeta_{xx}+A_4(\xi_{xx}-2\zeta_{xv})+C_3\zeta\zeta_x-C_4(\xi_x\zeta-\zeta\zeta_v+\xi\zeta_x)=0, \tag{7.3.8f}$$

$$-A_4\zeta_{xx}+C_4\zeta\zeta_x=0, \tag{7.3.8g}$$

$$(B_1-2A_1)\xi\xi_v=0, \tag{7.3.8h}$$

$$A_1(2\xi_v\zeta-2\xi\xi_x-\xi_t)-2A_2\xi\xi_v-B_1(\xi_v\zeta-\xi\xi_x+\xi\zeta_v)+B_2\xi\xi_v=0, \tag{7.3.8i}$$

$$A_1(2\xi_x\zeta+\zeta_t)+A_2(2\xi_v\zeta-2\xi\xi_x-\xi_t)-2A_3\xi\xi_v-B_1(\xi_x\zeta-\zeta\zeta_v+\xi\zeta_x)$$

$$-B_2(\xi_v\zeta-\xi\xi_x+\xi\zeta_v)+B_3\xi\xi_v=0, \tag{7.3.8j}$$

$$A_2(2\xi_x\zeta+\zeta_t)+A_3(2\xi_v\zeta-2\xi\xi_x-\xi_t)-2A_4\xi\xi_v+B_1\zeta\zeta_x$$

$$-B_2(\xi_x\zeta-\zeta\zeta_v+\xi\zeta_x)-B_3(\xi_v\zeta-\xi\xi_x+\xi\zeta_v)=0, \tag{7.3.8k}$$

$$A_3(2\xi_x\zeta+\zeta_t)+A_4(2\xi_v\zeta-2\xi\xi_x-\xi_t)+B_2\zeta\zeta_x$$
$$-B_3(\xi_x\zeta-\zeta\zeta_v+\xi\zeta_x)=0, \tag{7.3.8l}$$

$$A_4(2\xi_x\zeta+\zeta_t)+B_3\zeta\zeta_x=0. \tag{7.3.8m}$$

(ib) $\sum_{i=1}^{7}\alpha_i^2\not\equiv 0$. 这种情况, (7.3.7) 改写为

$$K(v_x)=-\frac{\beta_1v_x^5+\beta_2v_x^4+\beta_3v_x^3+\beta_4v_x^2+\beta_5v_x+\beta_6}{\alpha_1v_x^6+\alpha_2v_x^5+\alpha_3v_x^4+\alpha_4v_x^3+\alpha_5v_x^2+\alpha_6v_x+\alpha_7}. \tag{7.3.9}$$

借助于符号计算, 将 (7.3.9) 代入 (7.3.5) 得到一个 13 阶的关于 v_x 的多项式方程. 通过平衡 v_x^i 的系数得到 14 个关于 $\xi(x,t,v),\zeta(x,t,v)$ 和 A_i,B_j,C_k 的超定 PDE 组. 大部分都包含非常多的项数. 例如, v_x^2 的系数产生的方程为

$$\begin{aligned}
&\Big[A_4(2\xi_x\zeta+\zeta_t)+B_3\zeta\zeta_x\Big]\Big\{C_2[A_4(2\xi_x\zeta+\zeta_t)+B_3\zeta\zeta_x]+2C_3[A_3(2\xi_x\zeta+\zeta_t)+B_2\zeta\zeta_x\\
&+A_4(2\xi_v\zeta-2\xi\xi_x-\xi_t)-B_3(\xi_x\zeta-\zeta\zeta_v+\xi\zeta_x)]+2C_4[A_2(2\xi_x\zeta+\zeta_t)-2A_4\xi\xi_v\\
&+A_3(2\xi_v\zeta-2\xi\xi_x-\xi_t)+B_1\zeta\zeta_x-B_2(\xi_x\zeta-\zeta\zeta_v+\xi\zeta_x)-B_3(\xi_v\zeta-\xi\xi_x+\xi\zeta_v)]\\
&-B_1(C_4\zeta\zeta_x-A_4\zeta_{xx})+(A_2-B_2)[A_4(\xi_{xx}-2\zeta_{xv})-A_3\zeta_{xx}+C_3\zeta\zeta_x-C_4(\xi_x\zeta-\zeta\zeta_v+\xi\zeta_x)]\\
&+(2A_3-B_3)[-A_2\zeta_{xx}+A_3(\xi_{xx}-2\zeta_{xv})+A_4(2\xi_{xv}-\zeta_{vv})+C_2\zeta\zeta_x-C_3(\xi_x\zeta-\zeta\zeta_v+\xi\zeta_x)\\
&-C_4(\xi_v\zeta-\xi\xi_x+\xi\zeta_v)]+3A_4[-A_1\zeta_{xx}+A_2(\xi_{xx}-2\zeta_{xv})+A_3(2\xi_{xv}-\zeta_{vv})+A_4\xi_{vv}+C_1\zeta\zeta_x\\
&-C_2(\xi_x\zeta-\zeta\zeta_v+\xi\zeta_x)-C_3(\xi_v\zeta-\xi\xi_x+\xi\zeta_v)+C_4\xi\xi_v]\Big\}+\Big[A_3(2\xi_x\zeta+\zeta_t)+A_4(2\xi_v\zeta-2\xi\xi_x-\xi_t)\\
&+B_2\zeta\zeta_x-B_3(\xi_x\zeta-\zeta\zeta_v+\xi\zeta_x)\Big]\Big\{C_4[A_3(2\xi_x\zeta+\zeta_t)+A_4(2\xi_v\zeta-2\xi\xi_x-\xi_t)+B_2\zeta\zeta_x\\
&-B_3(\xi_x\zeta-\zeta\zeta_v+\xi\zeta_x)]-(A_2+B_2)(-A_4\zeta_{xx}+C_4\zeta\zeta_x)-B_3[-A_3\zeta_{xx}+A_4(\xi_{xx}-2\eta_{xv})+C_3\zeta\zeta_x\\
&-C_4(\xi_x\zeta-\zeta\zeta_v+\xi\zeta_x)]+A_4[-A_2\zeta_{xx}+A_3(\xi_{xx}-2\zeta_{xv})+A_4(2\xi_{xv}-\zeta_{vv})+C_2\zeta\zeta_x\\
&-C_3(\xi_x\zeta-\zeta\zeta_v+\xi\zeta_x)-C_4(\xi_v\zeta-\xi\xi_x+\xi\zeta_v)]-(A_2+B_2)(-A_4\zeta_{xx}+C_4\zeta\zeta_x)\Big\}\\
&+\Big[A_2(2\xi_x\zeta+\zeta_t)+A_3(2\xi_v\zeta-2\xi\xi_x-\xi_t)-2A_4\xi\xi_v+B_1\zeta\zeta_x-B_2(\xi_x\zeta-\zeta\zeta_v+\xi\zeta_x)\\
&-B_3(\xi_v\zeta-\xi\xi_x+\xi\zeta_v)\Big]\Big\{-(2A_3+B_3)(-A_4\zeta_{xx}+C_4\zeta\zeta_x)-A_4[-A_3\zeta_{xx}+A_4(\xi_{xx}-2\zeta_{xv})\\
&+C_3\zeta\zeta_x-C_4(\xi_x\zeta-\zeta\zeta_v+\xi\zeta_x)]\Big\}-3A_4(-A_4\zeta_{xx}+C_4\zeta\zeta_x)\Big[A_1(2\xi_x\zeta+\zeta_t)-2A_3\xi\xi_v\\
&+A_2(2\xi_v\zeta-2\xi\xi_x-\xi_t)-B_1(\xi_x\zeta-\zeta\zeta_v+\xi\zeta_x)-B_2(\xi_v\zeta-\xi\xi_x+\xi\zeta_v)+B_3\xi\xi_v\Big]=0.
\end{aligned}$$

(ii) $\tau \equiv 0$, $\xi \equiv 1$. 这种情况, 不变曲面条件约化为 $v_x = \zeta(x,t,v)$. 因此相应的非古典对称的确定方程为

$$(2\zeta\zeta_x\zeta_v + \zeta^2\zeta_v^2 + \zeta_x^2)K'(\zeta) + (\zeta^2\zeta_{vv} + 2\zeta\zeta_{xv} + \zeta_{xx})K(\zeta) - \zeta_t = 0. \tag{7.3.10}$$

一般来说, 任意 $K(u) = K(\zeta)$ 产生 (7.3.10) 的解. 实际上, 必须用一些假设来寻找特解.

§7.3.4 非线性热传导方程的非古典势解

为了研究非线性热传导方程的非古典势解, 首先给出一个命题. 从引理 (7.2.12), (7.2.13) 和 (7.2.14), 我们知道：当 $K(u) = \dfrac{1}{u^2+u}$ 时, 有如下点对称：

(i) 非线性热传导方程 (7.2.33) 具有点对称：

$$X_1 = \frac{\partial}{\partial x}, \quad X_2 = \frac{\partial}{\partial t}, \quad X_3 = x\frac{\partial}{\partial x} + 2t\frac{\partial}{\partial t}, \tag{7.3.10a}$$

(ii) 势系统 (7.2.34) 具有点对称：

$$\begin{aligned} &X_1 = \frac{\partial}{\partial x}, \quad X_2 = \frac{\partial}{\partial t}, \quad X_3 = \frac{\partial}{\partial v}, \quad X_4 = x\frac{\partial}{\partial x} + 2t\frac{\partial}{\partial t} + v\frac{\partial}{\partial v}, \\ &X_5 = v\frac{\partial}{\partial x} - t\frac{\partial}{\partial t} - v\frac{\partial}{\partial v} - (u^2+u)\frac{\partial}{\partial u}, \end{aligned} \tag{7.3.10b}$$

(iii) 势方程 (7.2.35) 具有点对称：

$$\begin{aligned} &X_1 = \frac{\partial}{\partial x}, \quad X_2 = \frac{\partial}{\partial t}, \quad X_3 = \frac{\partial}{\partial v}, \\ &X_4 = x\frac{\partial}{\partial x} + 2t\frac{\partial}{\partial t} + v\frac{\partial}{\partial v}, \quad X_5 = v\frac{\partial}{\partial x} - t\frac{\partial}{\partial t} - v\frac{\partial}{\partial v}, \end{aligned} \tag{7.3.10c}$$

很显然, 势系统 (7.2.34) 具有点对称 (7.3.10b) 和势方程 (7.2.35) 具有点对称 (7.3.10c) 产生 (7.2.33) 的同样的解. 因此从命题 7.3.3 以及对称 (7.3.10a,b,c), 有

命题 7.3.9[110] 当 $K(u) = \dfrac{1}{u^2+u}$ 时, 由势方程 (7.2.35) 的点对称 (7.3.10c) 所产生的非线性热传导方程 (7.2.33) 的解集包含由非线性热传导方程 (7.2.33) 的点对称和非古典对称所得到的解.

1. 非古典势对称

一般来说, 很难获得超定偏微分方程组 (7.3.8) 的所有解 $(\xi(x,t,v,A_i,B_j,C_k), \zeta(x,t,v,A_i,B_j,C_k))$. 考虑系统 (7.3.8) 这种形式的解 $(\xi(\beta v+\gamma x+\lambda t+c), \zeta(\beta v+\gamma x+\lambda t+c))$. 令

$$\xi = \xi_1 = b\tanh[b(\beta v + \gamma x + \lambda t) + c], \tag{7.3.11a}$$

$$\xi = \xi_2 = b\coth[b(\beta v + \gamma x + \lambda t) + c], \tag{7.3.11b}$$

$$\zeta = \zeta_1 = \alpha b\tanh[b(\beta v + \gamma x + \lambda t) + c], \tag{7.3.12a}$$

$$\zeta = \zeta_2 = \alpha b\coth[b(\beta v + \gamma x + \lambda t) + c], \tag{7.3.12b}$$

其中 $\alpha, b, \beta, \gamma, \lambda, c$ 为待定的常数, 且

$$A_1 = -\beta, \quad C_1 = -2\beta^2, \quad A_4 = -\alpha^2\gamma, \quad C_4 = 2\alpha\gamma^2.$$

将可所有组合的解 $(\xi_1, \zeta_1), (\xi_2, \zeta_1), (\xi_1, \zeta_2)$ 和 (ξ_2, ζ_2) 分别代入 (7.3.8m), 得到可能的解对:

$$(\xi_1, \zeta_1), \quad (\xi_2, \zeta_2), \quad \lambda = 0, \quad B_3 = 2\alpha\gamma.$$

对于系统 (7.3.8) 中其他的方程, 产生如下的解对:

$$(\xi_1, \zeta_1) = (b\tanh[b(\beta v + \gamma x) + c], \alpha b\tanh[b(\beta v + \gamma x) + c]), \tag{7.3.13}$$

$$(\xi_2, \zeta_2) = (b\coth[b(\beta v + \gamma x) + c], \alpha b\coth[b(\beta v + \gamma x) + c]), \tag{7.3.14}$$

且常数 A_i, B_j, C_k 满足

$$\begin{gathered}
A_1 = -\beta, \quad A_2 = 2\alpha\beta - \gamma, \quad A_3 = 2\alpha\gamma - \alpha^2\beta, \quad A_4 = -\alpha^2\gamma, \\
B_1 = -2\beta, \quad B_2 = 2\alpha\beta - 2\gamma, \quad B_3 = 2\alpha\gamma, \\
C_1 = -2\beta^2, \quad C_2 = 2\alpha\beta^2 - 4\beta\gamma, \quad C_3 = -2\gamma^2 + 4\alpha\beta\gamma, \quad C_4 = 2\alpha\gamma^2.
\end{gathered} \tag{7.3.15}$$

将 (7.3.13) 或 (7.3.14) 以及 (7.3.15) 代入 (7.3.5), 得

$$(v_x - \alpha)K'(v_x) + 2K(v_x) + (2\beta v_x + 2\gamma)K^2(v_x) = 0. \tag{7.3.16}$$

容易知道 (7.4.6) 的一般解为

$$K(v_x) = \frac{1}{Av_x^2 + Bv_x + C}, \tag{7.3.17}$$

其中 A 为任意常数,

$$B = -2A\alpha - 2\beta, \quad C = A\alpha^2 - \gamma + \alpha\beta. \tag{7.3.18}$$

定理 7.3.10[110] 当 $K(v_x) = \dfrac{1}{Av_x^2 + Bv_x + C}$ 时, 其中 B, C 由 (7.3.18) 定义, 非线性热传导方程所对应的势方程 (7.2.35) 拥有如下的两个非古典对称:

$$Y_1 = b\tanh[b(\beta v + \gamma x) + c]\frac{\partial}{\partial x} + \frac{\partial}{\partial t} + \alpha b\tanh[b(\beta v + \gamma x) + c]\frac{\partial}{\partial v}, \tag{7.3.19a}$$

$$Y_2 = b\coth[b(\beta v+\gamma x)+c]\frac{\partial}{\partial x}+\frac{\partial}{\partial t}+\alpha b\coth[b(\beta v+\gamma x)+c]\frac{\partial}{\partial v}. \tag{7.3.19b}$$

换句话说, 当 $K(u)=\dfrac{1}{Au^2+Bu+C}$, 非线性热传导方程 (7.2.33) 具有非古典势 (方程) 对称 (7.3.19a, b).

特别地, 若 $A=1$, $\alpha=-2\gamma$, $\beta=2\gamma-\dfrac{1}{2}$, 那么 $K(v_x)=\dfrac{1}{v_x^2+v_x}$. 因此有

推论 7.3.11 当 $K(v_x)=\dfrac{1}{v_x^2+v_x}$ 时, 非线性热传导方程所对应的势方程 (7.2.35) 拥有如下的两个非古典对称:

$$\begin{aligned} Y_1 = {} & b\tanh\left[b\left(2\gamma-\frac{1}{2}\right)v+b\gamma x+c\right]\frac{\partial}{\partial x}+\frac{\partial}{\partial t} \\ & -2\gamma b\tanh\left[b\left(2\gamma-\frac{1}{2}\right)v+b\gamma x+c\right]\frac{\partial}{\partial v}, \end{aligned} \tag{7.3.20a}$$

$$\begin{aligned} Y_2 = {} & b\coth\left[b\left(2\gamma-\frac{1}{2}\right)v+b\gamma x+c\right]\frac{\partial}{\partial x}+\frac{\partial}{\partial t} \\ & -2\gamma b\coth\left[b\left(2\gamma-\frac{1}{2}\right)v+b\gamma x+c\right]\frac{\partial}{\partial v}. \end{aligned} \tag{7.3.20b}$$

换句话说, 当 $K(u)=\dfrac{1}{u^2+u}$, 非线性热传导方程 (7.2.33) 具有非古典势 (方程) 对称 (7.3.20a, b).

2. 非古典势解

现在考虑非古典对称 (7.3.20a,b) 且 $b\neq 0,\gamma\neq 0,\dfrac{1}{2}$. 如果 $b=0,\gamma=0$, 或 $\gamma=\dfrac{1}{2}$, 相应的非古典对称仅仅产生势方程 (7.2.35) 的古典解 (即由点对称产生的不变解). 非古典对称 (7.3.20a,b) 的不变曲面条件对应的特征方程为

$$\frac{dx}{b\tanh\left[b\left(2\gamma-\frac{1}{2}\right)v+b\gamma x+c\right]}=\frac{dt}{1}=\frac{dv}{-2\gamma b\tanh\left[b\left(2\gamma-\frac{1}{2}\right)v+b\gamma x+c\right]}. \tag{7.3.21a}$$

$$\frac{dx}{b\coth\left[b\left(2\gamma-\frac{1}{2}\right)v+b\gamma x+c\right]}=\frac{dt}{1}=\frac{dv}{-2\gamma b\coth\left[b\left(2\gamma-\frac{1}{2}\right)v+b\gamma x+c\right]}. \tag{7.3.21b}$$

从这两组特征方程, 可解得如下的相似变量和相似变量:

$$\left|\sinh\left[b\left(2\gamma-\frac{1}{2}\right)v+b\gamma x+c\right]\right|=e^{b^2(-4\gamma^2+2\gamma)t}F(Z),\quad Z=v+2\gamma x, \tag{7.3.22a}$$

$$\cosh\left[b\left(2\gamma-\frac{1}{2}\right)v+b\gamma x+c\right]=e^{b^2(-4\gamma^2+2\gamma)t}F(Z),\quad Z=v+2\gamma x. \tag{7.3.22b}$$

将相似变量和相似变量 (7.3.22a) 或 (7.3.22b) 代入势方程 (7.3.35) 且 $K(v_x) = \dfrac{1}{v_x^2 + v_x}$, 得到关于函数 $F(Z)$ 的线性 ODE:

$$F''(Z) - \frac{1}{4}b^2 F(Z) = 0. \tag{7.3.23}$$

通过解 (7.3.23), 可以得到势方程 (7.2.35) 且 $K(v_x) = \dfrac{1}{v_x^2 + v_x}$ 的两组解析解:

$$\begin{aligned}&\left|\sinh\left[b\left(2\gamma - \frac{1}{2}\right)v + b\gamma x + c\right]\right| \\ &\quad = e^{b^2(-4\gamma^2+2\gamma)t}\left[b_1 \sinh\left(\frac{1}{2}bv + b\gamma x\right) + b_2 \cosh\left(\frac{1}{2}bv + b\gamma x\right)\right],\end{aligned} \tag{7.3.24a}$$

$$\begin{aligned}&\cosh\left[b\left(2\gamma - \frac{1}{2}\right)v + b\gamma x + c\right] \\ &\quad = e^{b^2(-4\gamma^2+2\gamma)t}\left[\delta_1 \sinh\left(\frac{1}{2}bv + b\gamma x\right) + \delta_2 \cosh\left(\frac{1}{2}bv + b\gamma x\right)\right],\end{aligned} \tag{7.3.24b}$$

其中 $b, c, \gamma, b_1, b_2, \delta_1, \delta_2$ 为任意常数, 且 $b \neq 0, \gamma \neq 0, \dfrac{1}{2}$, $b_2 > |b_1|$, $\delta_2 > |\delta_1|$.

3. 势方程 (7.2.35) 的点对称 (7.3.10c) 所产生的解

为了比较所得到的解是非线性热传导方程 (7.2.33) 的非古典势 (方程) 解, 需要将解 (7.3.24) 与势方程 (7.2.35) 的点对称 (7.3.10c) 所产生的非线性热传导方程 (7.2.33) 的解进行比较, 为了这个目的, 首先需要获得势方程 (7.2.35) 的点对称 (7.3.10c) 所产生的非线性热传导方程 (7.2.33) 的解.

势方程 (7.2.35) 的点对称 (7.3.10c) 可改写为 5 参数的算子形式:

$$X = (a_2 + a_4 x + a_5 v)\frac{\partial}{\partial x} + [a_3 + (2a_4 - a_5)t]\frac{\partial}{\partial t} + [a_1 + (a_4 - a_5)v]\frac{\partial}{\partial v}, \tag{7.3.25}$$

其中 a_i $(i = 1, 2, \cdots, 5)$ 为任意常数.

点对称所对应的不变曲面的特征方程为

$$\frac{dx}{a_2 + a_4 x + a_5 v} = \frac{dt}{a_3 + (2a_4 - a_5)t} = \frac{dv}{a_1 + (a_4 - a_5)v}.$$

通过考虑常数 a_i 的不同情况, 我们得到势方程 (7.2.35) 的相似解 (见表 7.1). 其他情况, 所得到的解仅仅具有这种形式: $v = c_1 x + c_2$ 且 $c_1(c_1 + 1) \neq 0$, 这里并不考虑.

表 7.1 对不同的参数 a_i, 势方程 (7.2.35) 的相似解

情况	相似变量	相似解	$F(Z)$ 满足的 ODE
I: $a_4\neq 0$, $a_5\neq a_4$, $a_5\neq 2a_4$	$Z=(v+x-c_1-c_2)\times(v-c_1)^{\alpha}$	$(v-c_1)^{(1-\alpha)}=(t-c_3)F(Z)$, $c_1=\dfrac{a_1}{a_5-a_4}$, $c_2=-\dfrac{a_2+a_1c_1}{a_4}$, $c_3=\dfrac{a_3}{a_5-2a_4}$, $\alpha=\dfrac{a_4}{a_5-a_4}\neq 0,1$	$F(Z)=\dfrac{F'(Z)}{(1-\alpha)F(Z)-\alpha ZF'(Z)}\left[\alpha(1-\alpha)+\alpha Z\dfrac{F''(Z)}{F'(Z)}-\alpha(1-\alpha)Z\dfrac{F'(Z)}{F(Z)}\right]+(1-\alpha)\dfrac{F''(Z)}{F'(Z)}+2\alpha\dfrac{F'(Z)}{F(Z)}$
II: $a_2\neq -a_1$, $a_4=0$, $a_5\neq 0$	$Z=(v-c_1)\times\exp[c_2(v+x-c_1)]$	$v-c_1=(t-c_3)F(Z)$, $c_1=\dfrac{a_1}{a_5}$, $c_3=\dfrac{a_3}{a_5}$, $c_2=\dfrac{a_5}{a_1+a_2}$	$F(z)=\dfrac{c_2ZF(Z)F''(Z)}{F'(Z)[F(Z)-ZF'(Z)]}+\dfrac{c_2}{F(Z)}[F(Z)+ZF'(Z)]$
III: $a_2=-a_1$, $a_4=0$, $a_5\neq 0$	$Z=v+x$	$v-c_1=(t-c_2)F(Z)$, $c_1=\dfrac{a_1}{a_5}$, $c_2=\dfrac{a_3}{a_5}$	$F''(Z)-F(Z)F'(Z)=0$, $F'(Z)\not\equiv 0$
IV: $a_3\neq 0$, $a_4\neq 0$, $a_5=2a_4$	$Z=(v-c_1)\times(v+x-c_1-c_2)$	$v=c_1+e^{c_3t}F(Z)$, $c_1=\dfrac{a_1}{a_4}$, $c_2=-\dfrac{2a_1+a_2}{a_4}$, $c_3=-\dfrac{a_4}{a_3}$	$\dfrac{F''(Z)F(Z)}{F'(Z)[F(Z)-ZF'(Z)]}+\dfrac{2F'(Z)}{F(Z)}-c_3=0$
V: $a_3=0$, $a_4\neq 0$, $a_5=2a_4$	$Z=t$	$(v-c_1)(v+x-c_1-c_2)=F(Z)$, $c_1=\dfrac{a_1}{a_4}$, $c_2=-\dfrac{2a_1+a_2}{a_4}$	$F'(Z)=-2$
VI: $a_1\neq 0$, $a_4\neq 0$, $a_5=a_4$	$Z=c_1v-\log\|v+x+c_2\|$	$e^{c_1v}=(t+c_3)F(Z)$, $c_1=\dfrac{a_4}{a_1}$, $c_3=\dfrac{a_3}{a_4}$, $c_2=\dfrac{a_1+a_2}{a_4}$	$c_1e^Z\left[\dfrac{F(Z)F''(Z)}{F'^2(Z)}+\dfrac{F'(Z)}{F(Z)}\times\left(1-\dfrac{F(Z)}{F'(Z)}\right)^2-1\right]=F(Z)\times\left(1-\dfrac{F(Z)}{F'(Z)}\right)$, $F'(Z)\not\equiv F(Z)$
VII: $a_1=0$, $a_4\neq 0$, $a_5=a_4$	$Z=v$	$v=(t+c_2)F(Z)-x-c_1$, $c_1=\dfrac{a_2}{a_4}$, $c_2=\dfrac{a_3}{a_4}$	$F''(Z)-F(Z)F'(Z)=0$, $F'(Z)\not\equiv 0$
VIII: $a_1a_2a_3\neq 0$, $a_2\neq -a_1$, $a_4=a_5=0$	$Z=a_2v-a_1x$	$a_3v=a_1t+F(Z)$	$a_3^2F''(Z)-(a_1+a_2)F'^2(Z)+a_3F'(Z)=0, F'(Z)\not\equiv\dfrac{a_3}{a_1+a_2},0$

续表

情况	相似变量	相似解	$F(Z)$ 满足的 ODE
IX : $a_1=a_4$ $=a_5=0$, $a_2a_3\neq 0$	$Z=v$	$a_3x=a_2t+F(Z)$	$a_3F''(Z)-a_2F'(Z)-a_2a_3=0$, $F'(Z)\not\equiv -a_3$
X : $a_2=a_4$ $=a_5=0$, $a_1a_3\neq 0$	$Z=x$	$a_3v=a_1t+F(Z)$	$a_3^2F''(Z)-a_1F'^2(Z)$ $-a_1a_3F'(Z)=0$, $F'(Z)\not\equiv -a_3, 0$

4. 解的比较

下面证明解 (7.3.24a) 中至少包含势方程 (7.2.35) 的一个非古典解, 即可得到 (7.2.35) 的一个解, 这个解不是由它的任意的点对称所产生的不变解. 特别地, 令

$$b=2,\quad \gamma=1,\quad c=0,\quad b_1=0,\quad b_2=1,$$

那么从 (7.3.24a) 可得到特解

$$t=-\frac{1}{8}\left[\log|\sinh(3v+2x)|-\log(\cosh(v+2x))\right]. \tag{7.3.26}$$

定理 7.3.12　解 (7.3.26) 为势方程 (7.2.35) 的非古典解, 即它是非线性热传导方程 (7.2.33) 的非古典势 (方程) 解.

证明　对于情况 I, 有相似解

$$x=Z(v-c_1)^{-\alpha}-v+c_1+c_2,\quad t=\frac{(v-c_1)^{1-\alpha}}{F(Z)}+c_3,\quad \alpha\neq 0,1. \tag{7.3.27}$$

将 (7.3.27) 代入 (7.3.26), 得

$$\frac{8(v-c_1)^{1-\alpha}}{F(Z)}+8c_3+\log|\sinh(v+2Z(v-c_1)^{-\alpha}+2c_1+2c_2)|$$
$$-\log[\cosh(v-2Z(v-c_1)^{-\alpha}-2c_1-2c_2)]=0. \tag{7.3.28}$$

情况 I. 所对应的不变解包含解 (7.3.26), 当且仅当存在常数 α, c_1, c_2, c_3, 以至于方程 (7.3.28) 对所有的 v 和 Z 成立. 根据 $\alpha-1$ 的正负, 分两种情况考虑:

(i) $\alpha<1$. 当 $v\to+\infty$, (7.3.28) 的左侧趋于 $\dfrac{8v^{1-\alpha}}{F(Z)}$, 这是不可能的.

(ii) $\alpha>1$. 当 $v\to+\infty$ (7.3.28) 的左侧趋于 $8c_3$, 因此得到 $c_3=0$. 进而 (7.3.28) 约化为

$$\frac{8}{F(Z)}+\frac{\log|\sinh(v+y)|-\log[\cosh(v-y)]}{(v-c_1)^{1-\alpha}}=0, \tag{7.3.29}$$

其中 $y = 2Z(v-c_1)^{-\alpha} + 2c_1 + 2c_2$. 对于某些常数 α, c_1, c_2, (7.3.29) 必须对所有的 v 和 Z 成立. 现在, 让 $v \to +\infty$, 那么 (7.3.29) 的左侧趋于 $\dfrac{8}{F(Z)}$, 这是不可能的. 这就完成了情况 I 的证明.

对于其他情况的比较, 简单地总结如下:

情况 II~V. 需要比较当 $v \to +\infty$ 时解的情况.

情况 VI. 需要比较当 (i) $c_1 > 0$ 且 $v \to -\infty$ 和 (ii) $c_1 < 0$ 且 $v \to +\infty$ 时解的情况.

情况 VII. 需要比较当 $x \to +\infty$ 时解的情况.

情况 VIII.(i) 对于 $c_3c_4(c_3-c_4) > 0$, 首先需要比较当 $v \to +\infty$ 时解的情况, 然后再分别比较当 $v \to -\infty$ 和 $x \to -\infty$ 时解的情况;

(ii) 对于 $c_3c_4(c_3-c_4) < 0$, 首先需要比较当 $v \to -\infty$ 时解的情况, 然后再分别比较当 $v \to +\infty$ 和 $x \to +\infty$ 时解的情况.

情况 IX. 需要比较当 $x \to -\infty$ 时解的情况.

情况 X. 需要比较当 (i) $c_3 > 0$ 且 $x \to +\infty$ 和 (ii) $c_3 < 0$ 且 $x \to -\infty$ 时解的情况.

这就完成了该定理的证明, 即当 $K(u) = \dfrac{1}{u^2+u}$ 时, (7.3.26) 是势方程 (7.2.35) 的非古典解, 也是非线性热传导方程 (7.2.33) 的非古典势 (方程) 解.

类似地, 也可以证明如下的定理:

定理 7.3.13 当 $K(u) = \dfrac{1}{u^2+u}$ 时, 解 (7.3.24b) 至少包含一个势方程 (7.2.35) 的非古典解和非线性热传导方程 (7.2.33) 的非古典势 (方程) 解.

通过将解 (7.3.24a) 中的参数扩充到复数域, 可以得到势方程 (7.2.35) 的拟周期型的非古典解.

推论 7.3.14 当 $K(u) = \dfrac{1}{u^2+u}$ 时, 势方程 (7.2.35) 拥有拟周期型的非古典解

$$\sin\left[b\left(2\gamma+\frac{1}{2}\right)v + b\gamma x + c\right]$$

$$= e^{b^2(4\gamma^2+2\gamma)t}\left[c_1\sin\left(\frac{1}{2}bv - b\gamma x\right) + c_2\cos\left(\frac{1}{2}bv - b\gamma x\right)\right],$$

事实上, 通过变换 $v = u_x$, 可以得到相应的非线性热传导方程 (7.2.33) 的非古典势解, 其中 b, c, γ, c_1, c_2 为任意常数, 且 $b \neq 0, \gamma \neq 0, -\dfrac{1}{2}$ 和 $c_1^2 + c_2^2 \neq 0$.

定理 7.3.15 如果非线性热传导方程 (7.2.33) 拥有与势方程 (7.2.35) 有关的非古典势 (方程) 解, 那么对于某些常数 A_i, B_j, C_k, 传导函数 $K(u)$ 必须满足如下的一阶Bernoulli方程:

$$(A_1u^3 + A_2u^2 + A_3u + A_4)K'(u) + (B_1u^2 + B_2u + B_3)K(u)$$

$$+(C_1u^3+C_2u^2+C_3u+C_4)K^2(u)=0. \tag{7.3.30}$$

注 7.3.16　对于 $\tau\equiv 1$, 非古典方法应用到势方程中比作用到势系统或许是更容易些, 这并不像寻找它们的点对称的情况.

§7.3.5　非古典势方程对称法的推广

1. 高阶微分方程情形的推广

可以将上面的非古典势方程对称方法推广到高阶的 PDE:

$$\frac{\partial^n u}{\partial t^n}=\frac{D}{Dx}(f(x,t,u,\partial u,\cdots,\partial^N u)), \tag{7.3.31}$$

其中 $\partial^k u$ 表示 u 的第 k 阶偏导数. 令 $u=\dfrac{\partial w}{\partial x}$, 易知 PDE (7.3.31) 等价于势方程

$$\frac{\partial^n w}{\partial t^n}=[f(x,t,u,\partial u,\cdots,\partial^N u)]\Big|_{u=w_x}, \tag{7.3.32}$$

其中 $w=u_x$ 为势变量. 如果 $w=\phi(x,t)$ 为势方程 (7.3.32) 的解, 那么 $u=\phi_x(x,t)$ 为 (7.3.31) 的解.

更一般地, 如果 PDE (7.3.31) 具有这种形式:

$$\frac{\partial^n u}{\partial t^n}=\frac{D^m}{Dx^m}(f(x,t,u,\partial u,\cdots,\partial^N u))+\sum_{k=1}^{m-1}\sum_{j=0}^{q_k}A_{kj}(t)\frac{\partial^{k+j}u}{\partial x^k\partial t^j}, \tag{7.3.33}$$

那么, 令 $u=\dfrac{\partial^i w}{\partial x^i}$, 可以证明 (7.3.33) 等价于下面 m 个势方程中的任一个:

$$\frac{\partial^n w}{\partial t^n}=\left[\frac{D^{m-i}}{Dx^{m-i}}(f(x,t,u,\partial u,\cdots,\partial^N u))\right]\Big|_{u=\frac{\partial^i w}{\partial x^i}}+\sum_{k=1}^{m-1}\sum_{j=0}^{q_k}A_{kj}(t)\frac{\partial^{k+j}w}{\partial x^k\partial t^j}, \tag{7.3.34}$$

$i=1,2,\cdots,m$. 而且如果 $w=\phi_i(x,t)$ 为势方程 (7.3.34) 的解, 那么 $u=\dfrac{\partial^i\phi_i(x,t)}{\partial x^i}$ $(i=1,2,\cdots,m)$ 为 (7.3.33) 的解.

■ **非线性热传导方程**

(7.2.33) 可以改写为

$$\frac{\partial u}{\partial t}=\frac{\partial^2}{\partial x^2}(L(u))=\frac{\partial}{\partial x}(K(u)u_x), \tag{7.3.35}$$

其中 $L(u)=\int^u K(s)ds$. 从 (7.3.35) 可以产生势系统

$$\begin{cases} v_x=u, \\ v_t=\dfrac{\partial}{\partial x}(L(u))=K(u)u_x \end{cases} \tag{7.3.36}$$

和

$$\begin{cases} v_x = u, \\ w_x = v, \\ w_t = L(u). \end{cases} \tag{7.3.37}$$

从 (7.3.36) 中消去 u, 可得到第一个等价的势方程:

$$v_t = K(v_x)v_{xx} = L'(v_x)v_{xx}. \tag{7.3.38}$$

如果 $v = \phi(x,t)$ 解势方程 (7.3.38), 那么 $u = \phi_x(x,t)$ 解非线性热传导方程 (7.3.35). 这种情况已经在上一节中详细地研究过.

从 (7.3.37) 中消去 u 和 v, 可得到第二个等价的势方程:

$$w_t = L(w_{xx}). \tag{7.3.39}$$

如果 $w = \phi(x,t)$ 解势方程 (7.3.39), 那么 $u = \phi_{xx}(x,t)$ 解非线性热传导方程 (7.3.35).

■ **Boussinesq 方程**

它拥有如下的守恒形式:

$$u_{tt} = au_{xx} + b(u^2)_{xx} + cu_{xxxx} = \frac{D^2}{Dx^2}(au + bu^2 + cu_{xx}), \tag{7.3.40}$$

令 $v_x = u_t$, (7.3.40) 产生如下的等价的势系统:

$$\begin{cases} v_x = u_t, \\ v_t = \dfrac{D}{Dx}(au + bu^2 + cu_{xx}). \end{cases} \tag{7.3.41}$$

进一步, 令 $w_x = u$, (7.3.41) 产生如下的等价的势系统:

$$\begin{cases} w_t = v, \\ w_x = u, \\ v_t = \dfrac{D}{Dx}(au + bu^2 + cu_{xx}). \end{cases} \tag{7.3.42}$$

从 (7.3.42) 可以消去 u 和 v, 得第一个等价的势方程:

$$w_{tt} = aw_{xx} + 2bw_xw_{xx} + cw_{xxxx} = \frac{D}{Dx}(aw_x + bw_x^2 + cw_{xxx}). \tag{7.3.43}$$

如果 $w = \phi(x,t)$ 解势方程 (7.3.43), 那么 $u = \phi_x(x,t)$ 解 Boussinesq 方程 (7.3.40).

类似地, 势方程 (7.3.43) 又等价于势系统:

$$\begin{cases} Z_x^{(1)} = w_t, \\ Z_t^{(1)} = aw_x + bw_x^2 + cw_{xxx} \end{cases} \tag{7.3.44}$$

和

$$\begin{cases} Z_t^{(2)} = Z^{(1)}, \\ Z_x^{(2)} = w, \\ Z_t^{(1)} = aw_x + bw_x^2 + cw_{xxx}. \end{cases} \tag{7.3.45}$$

从 (7.3.45) 可以消去 w 和 $Z^{(1)}$, 得第二个等价的势方程:

$$Z_{tt} = aZ_{xx} + b(Z_{xx})^2 + cZ_{xxxx}, \tag{7.3.46}$$

其中 $Z = Z^{(2)}$.

如果 $Z = \Phi(x,t)$ 解势方程 (7.3.46), 那么 $u = \Phi_{xx}(x,t)$ 解 Boussinesq 方程 (7.3.40).

2. 高维微分方程情形的推广

考虑 (2+1) 维广义 KP 方程:

$$u_{yy} = u_{xt} + u_{xxxx} + 6(u^n u_x)_x = \frac{D}{Dx}(u_t + u_{xxx} + 6u^n u_x), \tag{7.3.47}$$

令 $v_x = u_y$, (7.3.47) 产生如下的等价的势系统:

$$\begin{cases} v_x = u_y, \\ v_y = u_t + u_{xxx} + 6u^n u_x. \end{cases} \tag{7.3.48}$$

进一步, 令 $w_x = u$, (7.3.41) 产生如下的等价的势系统:

$$\begin{cases} w_y = v, \\ w_x = u, \\ v_y = u_t + u_{xxx} + 6u^n u_x. \end{cases} \tag{7.3.49}$$

从 (7.3.49) 可以消去 u 和 v, 得第一个等价的势方程:

$$\begin{aligned} w_{yy} &= w_{tx} + w_{xxxx} + 6(w_x)^n w_{xx} \\ &= \frac{D}{Dx}\left(w_t + w_{xxx} + \frac{6}{n+1} w_x^{n+1}\right), \quad n \neq -1. \end{aligned} \tag{7.3.50}$$

如果 $w = \phi(x,t)$ 解势方程 (7.3.50), 那么 $u = \phi_x(x,t)$ 解 (2+1) 维广义 KP 方程 (7.3.47).

类似地, 势方程 (7.3.50) 又等价于势系统:

$$\begin{cases} Z_x^{(1)} = w_y, \\ Z_y^{(1)} = w_t + w_{xxx} + \frac{6}{n+1} w_x^{n+1} \end{cases} \tag{7.3.51}$$

和

$$\begin{cases} Z_y^{(2)} = Z^{(1)}, \\ Z_x^{(2)} = w, \\ Z_y^{(1)} = w_t + w_{xxx} + \dfrac{6}{n+1} w_x^{n+1}. \end{cases} \tag{7.3.52}$$

从 (7.3.52) 可以消去 w 和 $Z^{(1)}$, 得第二个等价的势方程:

$$Z_{yy} = Z_{tx} + Z_{xxxx} + \frac{6}{n+1} w_{xx}^{n+1}, \tag{7.3.53}$$

其中 $Z = Z^{(2)}$. 如果 $Z = \Phi(x,t)$ 解势方程 (7.3.53), 那么 $u = \Phi_{xx}(x,t)$ 解 (2+1) 维广义 KP 方程 (7.3.47).

3. 变系数微分方程情形的推广

考虑非线性变系数高次 KdV 方程:

$$\begin{aligned} u_t &= k_1(t)(u_{xxx} + 6u^n u_x) + 4k_2(t)u_x - k_3(t)(u + xu_x) \\ &= \frac{D}{Dx}\left(k_1(t)\left(u_{xx} + \frac{6}{n+1}u^{n+1}\right) + 4k_2(t)u - k_3(t)xu\right), \end{aligned} \tag{7.3.54}$$

其中 $n \neq -1$, $k_i(t)$ 为 t 的任意函数. 当 $n = 1$ 时, (7.3.54) 为变系数 KdV 方程; 当 $n = 2$ 时, (7.3.54) 为变系数 mKdV 方程.

令 $v_x = u$, 则 (7.3.54) 等价于势系统:

$$\begin{cases} v_x = u, \\ v_t = k_1(t)\left(u_{xx} + \dfrac{6}{n+1}u^{n+1}\right) + 4k_2(t)u - k_3(t)xu, \end{cases} \tag{7.3.55}$$

因此得到势方程

$$v_t = k_1(t)\left(v_{xxx} + \frac{6}{n+1}v_x^{n+1}\right) + 4k_2(t)v_x - k_3(t)xv_x. \tag{7.3.56}$$

注 7.3.17 更重要的是, 除了解析的方法 (如古典对称法、非古典对称法等), 其他的数值方法、摄动法等应用于微分方程相应的势方程中, 或许可以得到新的结果.

§7.4 C-K 直接约化法

§7.4.1 直接约化原理

前面我们已经论述了古典对称法、势系统对称法、势方程对称法、非古典对称法、非古典势系统对称法和非古典势方程对称法, 这些方法可以有效地获得方程的对称和相似解, 甚至解析解, 但它们都要求解很复杂甚至超定的线性微分系统 (古典对称等情形) 和非线性微分系统 (非古典对称等情形). 1989 年, Clarkson 和 Kruskal[81] 提出了一种有效的方法——直接约化法, 也称为 C-K 直接约化法. 之后, Lou[91] 进一步完善了该约化法. 它的主要特点是没用到群论. 利用该方法和及其修正的方法, 人们已经研究了一大批非线性 PDE 的对称 [91~102].

它的一般步骤为: 对给定的 PDE, 假如含有两个变量 x,t,

$$F(u,u_t,u_x,u_{xt},u_{tt},u_{xx},\cdots)=0. \tag{7.4.1}$$

对称约化的一般形式为

$$u(x,t)=U(x,t,w(z(x,t))). \tag{7.4.2}$$

将 (7.4.2) 代入 (7.4.1) 得到一个复杂的方程. 为了使该方程成为 $w(z)$ 的 ODE, 则要求它们的系数的比率仅为 z 的函数. 根据这个要求, 对于一大批微分方程的对称约化可以取如下的特殊形式:

$$u(x,t)=U(x,t,w(z(x,t)))=\alpha(x,t)+\beta(x,t)w(z),\quad z=z(x,t). \tag{7.4.3}$$

将 (7.4.3) 代入 (7.4.1), 得到一个关于 w 及其导数的方程. 为了使该方程成为 $w(z)$ 的 ODE, 要求它们的系数的比率仅为 z 的函数. 因此可得到关于 α,β 和 z 的超定的非线性微分方程组. 如果能从该方程组中确定 α,β 和 z, 则可获得 (7.4.1) 的对称.

直接解这个超定的非线性微分方程组是比较困难的. 为了较容易地确定 α,β 和 z, 可使用如下的规则:

规则 1. 如果 $\alpha(x,t)=\alpha_0(x,t)+\beta(x,t)Q(z)$, 那么可取 $Q=0$ (作变换 $w(z)\rightarrow w(z)-Q(z)$).

规则 2. 如果 $\beta(x,t)=\beta_0(x,t)Q(z)$, 那么可取 $Q=1$ (作变换 $w(z)\rightarrow w(z)/Q(z)$).

规则 3. 如果 $z(x,t)$ 由 $Q(z)=z_0(x,t)$ 确定且 $Q(z)$ 可逆, 那么可取 $Q=z$ (作变换 $z\rightarrow Q^{-1}(z)$).

当然, 该规则也可以推广到更高维空间中非线性波方程的约化问题.

§7.4.2 高次 E(m,n) 方程的对称

考虑 Estevez-Mansfield-Clarkson (EMC)$E(m,n)$ 方程的对称 [418]:

$$(u_z^m)_{zz\tau}+\gamma(u_z^n u_\tau)_z+u_{\tau\tau}=0, \tag{7.4.4}$$

其中 γ 为常数. 当 $(m,n)=(1,1),u=w,\gamma=\beta$, (7.4.4) 变为可积的 Estevez-Mansfield-Clarkson (EMC) 方程 [312]:

$$u_{zzz\tau}+\beta u_z u_{z\tau}+\beta u_{zz}u_\tau+u_{\tau\tau}=0. \tag{7.4.5}$$

其为 (2+1) 维浅水波方程

$$u_{yt}+\alpha u_x u_{xy}+\beta u_y u_{xx}+u_{xxxy}=0 \tag{7.4.6}$$

的约化方程.

设 (7.4.4) 有如下的相似解:

$$u(z,\tau)=U(z,\tau,W(\xi(z,\tau)))=\alpha(z,\tau)+\beta(z,\tau)W(\xi(z,\tau)), \tag{7.4.7}$$

其中 $\alpha(z,\tau),\beta(z,\tau),\xi(z,\tau)$ 为待定的函数, $W(\xi)$ 满足某一 ODE.

令

$$u_z^m=\sum_{i=0}^{m}\frac{m!}{i!(m-i)!}\alpha_z^{m-i}\left(\sum_{j=0}^{i}\frac{i!}{j!(i-j)!}(\beta_z W)^{i-j}(\beta\xi_z W')^j\right), \tag{7.4.8}$$

$$u_z^n=\sum_{i=0}^{n}\frac{n!}{i!(n-i)!}\alpha_z^{n-i}\left(\sum_{j=0}^{i}\frac{i!}{j!(i-j)!}(\beta_z W)^{i-j}(\beta\xi_z W')^j\right). \tag{7.4.9}$$

借助于符号计算, 将 (7.4.7)~(7.4.9) 代入 (7.4.4), 得

$$\begin{aligned}
&\alpha_{\tau\tau}+\beta\xi_\tau^2W''+(\beta\xi_{\tau\tau}+2\beta_\tau\xi_\tau)W'+\beta_{\tau\tau}W+m[\alpha_{zzz\tau}+\beta_{zzz\tau}W\\
&\quad+(\beta_{zzz}\xi_\tau+(3\beta_{zz}\xi_z+3\beta_z\xi_{zz}+\beta\xi_{zzz})_\tau)W'+(\xi_\tau(3\beta_{zz}\xi_z+2\beta_z\xi_{zz}+\beta\xi_{zzz})\\
&\quad+(3\beta_z\xi_z^2+3\beta\xi_z\xi_{zz})_\tau)W''+(\xi_\tau(3\beta_z\xi_z^2+3\beta\xi_z\xi_{zz})+(\beta\xi_z^3)_\tau)W'''\\
&\quad+\beta\xi_z^3\xi_\tau W'''']\sum_{i=0}^{m-1}\frac{(m-1)!}{i!(m-1-i)!}\alpha_z^{m-1-i}\left(\sum_{j=0}^{i}\frac{i!}{j!(i-j)!}(\beta_zW)^{i-j}(\beta\xi_zW')^j\right)\\
&\quad+m(m-1)[\alpha_{z\tau}+\beta\xi_z\xi_\tau W''+(\beta\xi_{z\tau}+\beta_\tau\xi_z+\beta_z\xi_\tau)W'+\beta_{z\tau}W][\alpha_{zzz}\\
&\quad+\beta_{zzz}W+(3\beta_{zz}\xi_z+3\beta_z\xi_{zz}+\beta\xi_{zzz})W'+(3\beta_z\xi_z^2+3\beta\xi_z\xi_{zz})W''\\
&\quad+\beta\xi_z^3W''']\sum_{i=0}^{m-2}\frac{(m-2)!}{i!(m-2-i)!}\alpha_z^{m-2-i}\left(\sum_{j=0}^{i}\frac{i!}{j!(i-j)!}(\beta_zW)^{i-j}(\beta\xi_zW')^j\right)\\
&\quad+2m(m-1)[\alpha_{zz}+\beta\xi_z^2W''+(\beta\xi_{zz}+2\beta_z\xi_z)W'+\beta_{zz}W][\alpha_{zz\tau}+\beta_{zz\tau}W\\
&\quad+(2\beta_{z\tau}\xi_z+\beta_{zz}\xi_\tau+2\beta_z\xi_{z\tau}+\beta_\tau\xi_{zz}+\beta\xi_{zz\tau})W'+(2\beta_z\xi_z\xi_\tau+2\beta\xi_z\xi_{z\tau}+\beta_\tau\xi_z^2\\
&\quad+\beta\xi_{zz}\xi_\tau)W''+\beta\xi_z^2\xi_\tau W''']\sum_{i=0}^{m-2}\frac{(m-2)!}{i!(m-2-i)!}\alpha_z^{m-2-i}\\
&\quad\times\left(\sum_{j=0}^{i}\frac{i!}{j!(i-j)!}(\beta_zW)^{i-j}(\beta\xi_zW')^j\right)+m(m-1)(m-2)[\alpha_{z\tau}+\beta\xi_z\xi_\tau W''
\end{aligned}$$

$$+(\beta\xi_{z\tau}+\beta_\tau\xi_z+\beta_z\xi_\tau)W'+\beta_{z\tau}W][\alpha_{zz}+\beta\xi_z^2W''+(\beta\xi_{zz}+2\beta_z\xi_z)W'$$

$$+\beta_{zz}W]^2\sum_{i=0}^{m-3}\frac{(m-3)!}{i!(m-3-i)!}\alpha_z^{m-3-i}\left(\sum_{j=0}^{i}\frac{i!}{j!(i-j)!}(\beta_zW)^{i-j}(\beta\xi_zW')^j\right)$$

$$+n\gamma(\alpha_\tau+\beta_\tau W+\beta\xi_\tau W')(\alpha_{zz}+\beta\xi_z^2W''+(\beta\xi_{zz}+2\beta_z\xi_z)W'$$

$$+\beta_{zz}W)^2\sum_{i=0}^{n-1}\frac{(n-1)!}{i!(n-1-i)!}\alpha_z^{n-1-i}\left(\sum_{j=0}^{i}\frac{i!}{j!(i-j)!}(\beta_zW)^{i-j}(\beta\xi_zW')^j\right)$$

$$+\gamma[\alpha_{z\tau}+\beta\xi_z\xi_\tau W''+(\beta\xi_{z\tau}+\beta_\tau\xi_z+\beta_z\xi_\tau)W'+\beta_{z\tau}W]$$

$$\times\sum_{i=0}^{n}\frac{n!}{i!(n-i)!}\alpha_z^{n-i}\left(\sum_{j=0}^{i}\frac{i!}{j!(i-j)!}(\beta_zW)^{i-j}(\beta\xi_zW')^j\right)=0,$$

该方程可改写为

$$\sum_{i=0}^{1}\sum_{j=0}^{1}\sum_{k=0}^{3}\sum_{l=0}^{N}\sum_{s=0}^{N}F_{ijkls}W^s(W')^l(W'')^k(W''')^j(W'''')^i=0, N=\max\{m,n+1\},$$

其中 $F_{ijkls}=F_{ijkls}(\alpha,\beta,\xi,\cdots)$ 为 $W^s(W')^l(W'')^k(W''')^j(W'''')^i$ 的系数. 为了使该方程成为 W 关于 ξ 的 ODE, 要求这些系数的比率仅为 ξ 的函数.

情况 1. $\xi_x\xi_\tau\neq0$

如果选择 $W'^{m-1}W''''$ 的系数 (即 $F_{1000(m-1)}=m\beta^m\xi_z^{m+2}\xi_\tau$) 为规正项, 那么其他项的系数具有这种形式 $m\beta^m\xi_z^{m+2}\xi_\tau\Gamma(\xi)$ (其中 $\Gamma(\xi)$ 为待定的函数). 因此有

$$F_{ijkls}=m\beta^m\xi_z^{m+2}\xi_\tau\Gamma_{ijkls}(\xi),\quad i,j=0,1;k=0,1,2,3;l=0,\cdots,N;s=0,\cdots,N,$$

其中 $\Gamma_{ijkls}(\xi)$ 仅仅为 ξ 的待定函数.

利用规则 1~3, 有如下的结论:

类型 1. 当 $m\neq n+1$, $a\neq0$ 时, (7.4.4) 的第一类型的对称为

$$u(z,\tau)=\theta(\tau)^{\frac{m-n+1}{n-m+1}}W(\xi),\quad \xi(z,\tau)=\theta(\tau)z+\phi(\tau),\tag{7.4.10}$$

且 $\theta(z,\tau),\phi(z,\tau)$ 和 $W(\xi)$ 满足

$$\theta_t=a\theta^{\frac{4n-2m+2}{n-m+1}},\qquad \phi_\tau=\theta^{\frac{4n-2m+2}{n-m+1}}(a\phi+b).\tag{7.4.11}$$

$$m(W')^{m-1}W''''+3m(m-1)(W')^{m-2}W''W'''+m(m-1)$$

$$\times(m-2)(W')^{m-3}W''^3+\frac{2(n+1}{n-m+1}\frac{A}{A\xi+b/a}[m(m-1)(W')^{m-2}(W'')^2$$

$$+m(W')^{m-1}W''']+\gamma(n+1)(W')^nW''+\frac{n\gamma(m-n+1)}{n-m+1}$$

$$\times\frac{A}{A\xi+b/a}(W')^{n-1}WW''+\frac{2\gamma}{n-m+1}\frac{A}{A\xi+b/a}(W')^{n+1}+(a\xi+b)W''$$
$$+\frac{a(2n+4)}{n-m+1}+\frac{aA}{A\xi+a/b}(m-n+1)(2n+2)(n-m+1)^2W=0, \qquad (7.4.12)$$

其中 A, a 和 b 为常数.

从 (7.4.11), 可得

$$\begin{cases}\theta(\tau)=\left[\dfrac{-3n+m-1}{n-m+1}(a\tau+\tau_0)\right]^{(n-m+1)/(-3n+m-1)},\\ \phi(\tau)=-\dfrac{b}{a}+\dfrac{c_1(n-m+1)}{a(-3n+m-1)}(a\tau+\tau_0),\end{cases}$$

其中 c_1 和 τ_0 为常数.

因此得到如下的对称：

$$u(z,\tau)=\left[\frac{-3n+m-1}{n-m+1}(a\tau+\tau_0)\right]^{(m-n+1)/(-3n+m-1)}W(\xi), \qquad (7.4.13)$$

其中

$$\xi(z,\tau)=\left[\frac{-3n+m-1}{n-m+1}(a\tau+\tau_0)\right]^{(n-m+1)/(-3n+m-1)}z-\frac{b}{a}+\frac{c_1(n-m+1)}{a(-3n+m-1)}(a\tau+\tau_0),$$

且 $W(\xi)$ 满足 (7.4.12).

类型 2. 当 $m\neq n+1$, $a=0$ 时, (7.3.4) 的第二类型的对称为

$$u(z,\tau)=\theta_0^{\frac{m-n+1}{n-m+1}}W(\xi), \qquad (7.4.14)$$

$$\xi(z,\tau)=\theta_0 z+b\theta_0^{\frac{3n-m+1}{n-m+1}}\tau+\phi_0, \qquad (7.4.15)$$

且 $W(\xi)$ 满足

$$m(W')^{m-1}W''''+3m(m-1)(W')^{m-2}W''W'''+\gamma(n+1)(W')^nW''$$
$$+m(m-1)(m-2)(W')^{m-3}W''^3+bW''=0, \qquad (7.4.16)$$

其中 θ_0, b, ϕ_0 为常数.

令 $V(\xi)=W'(\xi)$, 则 (7.4.16) 变为

$$(V^m)'''+\gamma(V^{n+1})'+bV'=0. \qquad (7.4.17)$$

积分它一次, 可得

$$(V^m)''+\gamma V^{n+1}+bV+c_2=0, \qquad (7.4.18)$$

其中 c_2 为任意常数. 如果令 $c_2=0$, 则 (7.4.18) 约化为

$$(V^m)''+\gamma V^{n+1}+bV=0, \tag{7.4.19}$$

再设 $V^m=Q$ 并且积分 (7.4.19), 得

$$Q'^2+\frac{2m\gamma}{n+m+1}Q^{(m+n+1)/m}+\frac{2bm}{m+1}Q^{(m+1)/m}-c_3=0. \tag{7.4.20}$$

它的一般解为

$$\int^Q\frac{dQ}{\sqrt{c_3-\frac{2m\gamma}{n+m+1}Q^{(m+n+1)/m}-\frac{2bm}{m+1}Q^{(m+1)/m}}}=\xi-\xi_0, \tag{7.4.21}$$

其中 c_3 为常数.

类型 3. 当 $m=n+1$ 时, (7.4.4) 的第三类型的对称为

$$u(z,\tau)=\psi_\tau^{1/n}W(\xi),$$

$$\xi=\theta z+\psi(\tau), \tag{7.4.22}$$

其中 $\psi(\tau)$ 和 $W(\xi)$ 满足

$$\psi_{\tau\tau}=q\psi_\tau, \tag{7.4.23}$$

$$\begin{aligned}&(n+1)(W')^nW''''+3n(n+1)(W')^{n-1}W''W'''+(n+1)\theta^{-2}\gamma(W')^nW''\\&\quad+n(n+1)(n-1)(W')^{n-2}W''^3+\frac{q(n+1)}{n}[n(n+1)(W')^{n-1}(W'')^2\\&\quad+(n+1)(W')^nW''']+\frac{q\gamma}{\theta^2}(W')^{n-1}WW''+\frac{q\gamma}{\theta^2}(W')^{n+1}\\&\quad+W''+\frac{qn}{(n+2)\theta^{n+3}}W'+\frac{q^2(n+1)}{n^2\theta^{n+3}}=0,\end{aligned} \tag{7.3.24}$$

其中 q,θ 为常数.

特别地, 从 (7.4.23), 有

$$\psi(\tau)=-\frac{1}{q}\ln[q(k_1\tau+k_2)].$$

因此有如下的对称

$$u(z,\tau)=(-\frac{k_1}{q(k_1\tau+k_2)})^{1/n}W(\xi),\quad \xi(z,\tau)=\theta z-\frac{1}{q}\ln[q(k_1\tau+k_2)], \tag{7.4.25}$$

其中 q,k_1,k_2 为常数且 W 满足 (7.4.24).

情况 2. $\xi_z=0$, i.e. $\xi=\xi(\tau)$

可取 $\xi(\tau)=\tau$. 因此得到

$$\sum_{i=0}^{1}\sum_{j=0}^{1}\sum_{k=0}^{N}G_{ijk}W^k(W')^j(W'')^i=0,\quad N=\max\{m-1,\ n\},\tag{7.4.26}$$

其中 $G_{ijk}=G_{ijk}(\alpha,\beta,\alpha_z,\beta_z,\cdots)$ 为 $W^k(W')^j(W'')^i$ 的系数. 为了使 (7.4.26) 成为 ODE, 要求这些系数的比仅为 τ 的函数. 取 W'' 的系数 (即 β) 作为规正系数, 则

$$G_{ijk}=\beta\Gamma_{ijk}(\tau),\quad i,j=0,1;\quad k=0,1,2,\cdots;\quad N=\max\{m-1,n\},\tag{7.4.27}$$

其中 $\Gamma_{ijk}(\tau)$ 为 τ 的待定的函数.

类型 4. 当 $m=3n+1$ 时, (7.4.4) 的第四类型的对称为

$$u(z,\tau)=A(z-z_0)^{(n+1)/n}W(\tau),\tag{7.4.28}$$

且 $W(\tau)$ 满足

$$\begin{aligned}&W''+A^{3n}(3n+1)^2\left(\frac{n+1}{n}\right)^{3n}\frac{2n+1}{n^2}W^{3n}W'\\&+A^n\left(\frac{n+1}{n}\right)^n\frac{2n+1}{n}W^nW'=0,\end{aligned}\tag{7.4.29}$$

它有一般解

$$\int^W\frac{dW}{\sqrt{c_4-A^{3n}(3n+1)\left(\frac{n+1}{n}\right)^{3n}\frac{2n+1}{n^2}W^{3n+1}-\frac{A^n}{n+1}\left(\frac{n+1}{n}\right)^n\frac{2n+1}{n}W^{n+1}}}=\tau-\tau_0,$$

其中 c_4 为常数.

类型 5. 当 $m=2n$ 时, (7.4.4) 的第五类型的对称为

$$u(z,\tau)=A(z-z_0)^{(n+1)/n}W(\tau),\tag{7.4.30}$$

且 $W(\tau)$ 满足

$$W''+A^n\left(\frac{n+1}{n}\right)^n\frac{2n+1}{n}W^nW'=0,\tag{7.4.31}$$

其有一般解

$$\int^W\frac{dW}{\sqrt{c_5-\frac{A^n}{n+1}(\frac{n+1}{n})^n\frac{2n+1}{n}W^{n+1}}}=\tau-\tau_0,\tag{7.4.32}$$

其中 c_5 为常数.

根据上面约化的方程, 我们可得到 (7.4.4) 的一些解:

(i) $\mathbf{E}(1,n)$ 的类孤波解

$$u(z,\tau)=\theta_0^{(2-n)/n}\int^{\xi}\left[\frac{(k^2(4+2n)}{\gamma n^2}\operatorname{sech}^2(k\xi)\right]^{1/n}\mathrm{d}\xi, \tag{7.4.33}$$

其中 $\xi=\theta_0 z-\dfrac{4K^2\theta_0^3}{n^2}\tau+\phi_0$. 特别地, 当 $n=1$ 时, 得到 Estevez-Mansfield-Clarkson (EMC) 方程的类冲击波解:

$$u(z,\tau)=\theta_0^{(2-n)/n}\frac{k(4+2n)}{\gamma n^2}\tanh\left[k\left(\theta_0 z-\frac{4K^2\theta_0^3}{n^2}\tau+\phi_0\right)\right]. \tag{7.4.34}$$

(ii) $\mathbf{E}(m,m-1)$ 方程的类 compacton解

$$u=\begin{cases}\displaystyle\int^{\xi}\left[\frac{-2m\lambda}{r(m+1)}\left(\pm\frac{2m}{\sqrt{\gamma}(m-1)}\right)^m\cos^2(\xi)\right]^{\frac{1}{m-1}}\mathrm{d}\xi, & |\xi|\leqslant\dfrac{\pi}{2},\\ c=\text{const}, & |\xi|>\dfrac{\pi}{2},\end{cases} \tag{7.4.35}$$

其中 $\xi=\pm\frac{\sqrt{\gamma}(m-1)}{2m}z+\lambda\tau+\xi_0$.

特别地, 当 $m=3,n=2$ 时, 得到 E(3,2) 方程的 compacton 解:

$$u=\begin{cases}\sqrt{-\dfrac{84\lambda}{2\gamma^{5/2}}}\sin\left(\pm\dfrac{\sqrt{\gamma}}{3}z+\lambda\tau+\xi_0\right), & \left|\pm\dfrac{\sqrt{\gamma}}{3}z+\lambda\tau+\xi_0\right|\leqslant\dfrac{\pi}{2},\\ 0, & \left|\pm\dfrac{\sqrt{\gamma}}{3}z+\lambda\tau+\xi_0\right|>\dfrac{\pi}{2},\end{cases}$$

当 $m=2,n=1$ 时, 得到 E(2,1) 方程的新解:

$$u=\begin{cases}-\dfrac{16\lambda}{3\gamma^2}\sin(2\xi)-\dfrac{32\lambda}{3\gamma^2}\xi, & \left|\pm\dfrac{\sqrt{\gamma}}{4}z+\lambda\tau+\xi_0\right|\leqslant\dfrac{\pi}{2},\\ c, & \left|\pm\dfrac{\sqrt{\gamma}}{4}z+\lambda\tau+\xi_0\right|>\dfrac{\pi}{2},\end{cases}$$

其中 $\xi=\pm\dfrac{\sqrt{\gamma}}{4}z+\lambda\tau+\xi_0$. 当 $c=0$ 时, 它是 compacton 解 $-\dfrac{16\lambda}{3\gamma^2}\sin(2\xi)$ 和单项式解 $\dfrac{32\lambda}{3\gamma^2}\xi$ 的线性组合解.

(iii) $\mathbf{E}(m,m-1)$ 方程的类孤波斑图解

$$u=\int^{\xi}\left[\frac{2m\lambda}{r(m+1)}\left(\frac{2m}{\pm\sqrt{-\gamma}(m-1)}\right)^m\sinh^2(\xi)\right]^{\frac{1}{m-1}}\mathrm{d}\xi,$$

其中 $\xi=\pm\dfrac{\sqrt{-\gamma}(m-1)}{2m}z+\lambda\tau+\xi_0$.

(iv) E(m,$m-1$) 方程的类孤波斑图解

$$u=\int^{\xi}\left[-\frac{2m\lambda}{r(m+1)}\left(\frac{2m}{\pm\sqrt{-\gamma}(m-1)}\right)^{m}\cosh^2(\xi)\right]^{\frac{1}{m-1}}\mathrm{d}\xi,$$

其中 $\xi=\pm\dfrac{\sqrt{-\gamma}(m-1)}{2m}z+\lambda\tau+\xi_0$.

§7.4.3 高维广义 KdV 方程的对称和解

1986—1987 年, Boiti 等人 [140~143] 从弱的 Lax 对, 提出如下的方程:

$$u_t=-(ua)_{\xi\xi\xi}+(ua_{\xi})_{\xi\xi}+(ua_{\xi\xi})_{\xi}+3(ua\partial_{\eta}^{-1}u_{\xi})_{\xi}+(ua_{\xi}\partial_{\eta}^{-1}u)_{\xi}-(ub)_{\eta\eta\eta}$$

$$+(uc)_{\xi}+(ub_{\eta})_{\eta\eta}+(ub_{\eta\eta})_{\eta}+3(ub\partial_{\xi}^{-1}u_{\eta})_{\eta}+(ub_{\eta}\partial_{\xi}^{-1}u)_{\eta}+(ud)_{\eta},\qquad(7.4.36)$$

其中 $a(\xi,t),b(\eta,t),c(\xi,t),d(\eta,t)$ 为任意函数. 特别地, 当 $a=1,b=c=d=0$ 时, 得到

$$u_t+u_{\xi\xi\xi}-3(u\partial_{\eta}^{-1}u_{\xi})_{\xi}=0.\qquad(7.4.37)$$

如果令 $\xi=\eta$, 则 (7.4.37) 变为 KdV 方程. Boiti, Leon, Manna 和 Pempinelli 发展了一个 I.S.T. 格式来求解 (7.3.36) 的 Cauchy 问题. Radha 和 Lakshmanan[144] 研究了 (7.4.37) 的奇异结构和 dromion 解. Lou[147] 获得了 (7.4.37) 的更广义的 dromion 解. Zhang[146] 又得到了 (7.3.47) 的类 dromion 解.

我们将直接法推广到 (2+1) 维广义 Kroteweg-de Vries 方程 (7.4.37). 下面研究 (7.4.47) 的势函数的对称, 即 $u=w_{\eta}$[419],

$$w_{\eta t}+w_{\xi\xi\xi\eta}-3w_{\xi\xi}w_{\eta}-3w_{\xi}w_{\xi\eta}=0.\qquad(7.4.38)$$

1. (1+1) 维情形的对称

设 (7.4.38) 具有如下的解:

$$w(\xi,\eta,t)=U(\xi,\eta,t,P(\xi',\eta')=\alpha(\xi,\eta,t)+\beta(\xi,\eta,t)P(\xi',\eta')=\alpha+\beta P,\qquad(7.4.39)$$

其中 $\alpha(\xi,\eta,t),\beta(\xi,\eta,t),\xi'(\xi,\eta,t)$ 和 $\eta'(\xi,\eta,t)$ 为待定的函数, $P(\xi',\eta')$ 满足某一 PDE.

借助于符号计算, 将 (7.4.39) 代入 (7.4.38), 得

$$\beta\xi_{\xi}'^{3}\xi_{\eta}'P_{\xi'\xi'\xi'\xi'}+\beta\xi_{\xi}'^{2}(\eta_{\eta}'\xi_{\xi}'+3\eta_{\xi}'\xi_{\eta}')P_{\xi'\xi'\xi'\eta'}+3\beta\xi_{\xi}'\eta_{\xi}'(\eta_{\eta}'\xi_{\xi}'+\eta_{\xi}'\xi_{\eta}')P_{\xi'\xi'\eta'\eta'}$$

$$+\beta\eta_{\xi}'^{2}(\eta_{\xi}'\xi_{\eta}'+3\eta_{\eta}'\xi_{\xi}')P_{\xi'\eta'\eta'\eta'}+\beta\eta_{\xi}'^{3}\eta_{\eta}'P_{\eta'\eta'\eta'\eta'}+\xi_{\xi}'(\beta_{\eta}\xi_{\xi}'^{2}+3\beta(\xi_{\xi}'\xi_{\eta}')_{\xi}+3\beta_{\xi}\xi_{\xi}'\xi_{\eta}')P_{\xi'\xi'\xi'}$$

$$+[3\xi_{\xi}'^{2}(\beta_{\eta}\eta_{\xi}'+\beta_{\xi}\eta_{\eta}')+6(\beta\xi_{\eta}')_{\xi}\xi_{\xi}'\eta_{\xi}'+3\beta\xi_{\eta}'(\xi_{\xi}'\eta_{\xi}')_{\xi}+3\beta\xi_{\xi}'(\xi_{\xi}'\eta_{\eta}')_{\xi}]P_{\xi'\xi'\eta'}$$

$$+[3\eta_{\xi}'^{2}(\beta_{\eta}\xi_{\xi}'+\beta_{\xi}\xi_{\eta}')+6(\beta\eta_{\eta}')_{\xi}\xi_{\xi}'\eta_{\xi}'+3\beta\eta_{\eta}'(\xi_{\xi}'\eta_{\xi}')_{\xi}+3\beta\eta_{\xi}'(\xi_{\eta}'\eta_{\xi}')_{\xi}]P_{\xi'\eta'\eta'}$$

$$
\begin{aligned}
&+\eta'_\xi(\beta_\eta\eta'^2_\xi+3\eta'_\xi\eta'_\eta+3\beta\eta'_\xi\eta'_{\xi\eta}+3\beta\eta'_\eta\eta'_{\xi\xi})P_{\eta'\eta'\eta'}-3\beta^2\xi'_\xi(\eta'_\eta\xi'_\xi+\eta'_\xi\xi'_\eta)P_{\eta'}P_{\xi'\xi'}\\
&-3(\beta_\eta\beta_\xi)_\xi P^2-6\beta^2\xi'^2_\xi\xi'_\eta P_{\xi'}P_{\xi'\xi'}-6\beta^2\eta'^2_\xi\eta'_\eta P_{\eta'}P_{\eta'\eta'}-3\beta^2\eta'_\xi(\eta'_\xi\xi'_\eta+\eta'_\eta\xi'_\xi)P_{\xi'}P_{\eta'\eta'}\\
&-3\beta\eta'_\xi(\beta_\eta\eta'_\xi+\eta'_\eta\beta_\xi)PP_{\eta'\eta'}-3\beta[\eta'_\eta(\beta\eta'_{\xi\xi}+2\beta_\xi\eta'_\xi)+\eta'_\xi((\beta\eta'_\eta)_\xi+\beta_\eta\eta'_\xi)]P^2_{\eta'}\\
&-3\beta(2\beta_\eta\xi'_\xi\eta'_\xi+\beta_\xi\xi'_\eta\eta'_\xi+\beta_\xi\xi'_\xi\eta'_\eta)PP_{\xi'\eta'}-3\beta^2\xi'_\xi(\xi'_\xi\eta'_\eta+3\eta'_\xi\xi'_\eta)P_{\xi'}P_{\xi'\eta'}\\
&-3\beta^2\eta'_\xi(\xi'_\eta\eta'_\xi+3\eta'_\eta\xi'_\xi)P_{\eta'}P_{\xi'\eta'}-3[\beta(\beta_\eta\eta'_{\xi\xi}+\beta_{\xi\xi}\eta'_\eta+(\beta_\xi\eta'_\eta)_\eta)+\beta^2_\xi\eta'_\eta\\
&+3\beta_\eta\beta_\xi\eta'_\xi]PP_{\eta'}-3\beta[\beta(\eta'_\xi\xi'_\xi)_\eta+3\beta_{xi}(\eta'_\eta\xi'_\xi+\eta'_\xi\xi'_\eta)+2\beta_\eta\xi'_\xi\eta'_\xi+\beta(\eta'_{\xi\xi}\xi'_\eta+\xi'_{\xi\xi}\eta'_\eta)]P_{\xi'}P_{\eta'}\\
&-3[\beta_\xi\xi'_\eta+\beta_\eta\beta_\xi+\beta(\beta_\xi\xi'_\xi)_\eta+\beta\beta_\eta\xi'_{\xi\xi}+\beta\beta_{\xi\xi}\xi'_\eta+2\beta_\xi\beta_\eta\xi'_\xi]PP_{\xi'}-3\beta[\xi'_\xi((\beta\xi'_\eta)_\xi)\\
&+\xi'_\eta(\beta\xi'_{\xi\xi}+2\xi'_\xi\beta_\xi)]P^2_{\xi'}+[\beta\xi'_t\xi'_\eta+6\beta_\xi\xi'_\xi\xi'_{\xi\eta}+3\beta\xi'_\xi\xi'_{\xi\xi\eta}+3\xi'_{\xi\xi}(\beta\xi'_\xi)_\eta-3\beta\alpha_\xi\xi'_\xi\xi'_\eta\\
&-3\xi'_\eta(\beta_\xi\xi'_\xi)_\xi-3\alpha_\eta\beta\xi'^2_\xi-\beta\xi'_{\xi\xi\xi}\xi'_\eta-3\beta_{\xi\eta}\xi'^2_\xi]P_{\xi'\xi'}+[\beta\eta'_t\eta'_\eta+3(\beta\eta'_\xi)_\eta\eta'_{\xi\xi}\\
&-3\alpha_\eta\beta\eta'^2_\xi-3\beta\alpha_\xi\eta'_\xi\eta'_\eta+3\eta'^2_\xi\beta_{\xi\eta}+3\beta\eta'_\xi\eta'_{\xi\xi\eta}+\beta\eta'_{\xi\xi\xi}\eta'_\eta+6\beta_\xi\eta'_\xi\eta'_{\xi\eta}+3\eta'_\eta(\beta_\xi\eta'_\xi)_\xi]P_{\eta\eta}\\
&+[(6\beta_{\xi\eta}-6\alpha_\eta\beta)\eta'_\xi\xi'_\xi+(3\beta_{\xi\xi}-3\alpha_\xi\beta)\eta'_\eta\xi'_\xi+\beta\eta'_t\xi'_\eta+3(\beta\eta'_{\xi\xi})_\eta\xi'_\xi+6\beta_{x1}\eta'_{\xi\eta}\xi'_\xi\\
&+\xi'_\eta((-3\beta\alpha_\xi+3\beta_{\xi\xi})\eta'_\xi+\beta\eta'_{\xi\xi\xi}+3\beta_\xi\eta'_{\xi\xi})+\eta'_\xi(6\xi'_{\xi\eta}\beta_\xi+3(\xi'_{\xi\xi}\beta)_\eta)+\eta'_\eta(\beta\xi'_t+3\xi'_{\xi\xi}\beta_\xi\\
&+\beta\xi'_{\xi\xi\xi})+3\beta(\xi'_{\xi\eta}\eta'_{\xi\xi}+\xi'_{\xi\eta}\eta'_{\xi\eta})]P_{\xi\eta}+[-3\eta'_\xi(\beta\alpha_\xi)_\eta-3\alpha_\xi(\beta\eta'_\eta)_\xi-3\alpha_\eta\beta\eta'_{\xi\xi}\\
&-3\beta\alpha_{\xi\xi}\eta'_\eta-6\alpha_\eta\beta_\xi\eta'_\xi+3\eta'_\xi\beta_{\xi\xi\eta}+\beta_{\xi\xi\xi}\eta'_\eta+\beta\eta'_{\xi\xi\xi\eta}+3(\beta_\xi\eta'_{\xi\xi})_\eta+3\beta_{\xi\xi}\eta'_{\xi\eta}+\beta_\eta\eta'_{\xi\xi\xi}\\
&+\beta_t\eta'_\eta+(\beta\eta'_t)_\eta]P_{\eta'}+[-3\alpha_\xi(\beta\xi'_\eta)_\xi-3\xi'_\eta(\beta\alpha_\xi)_\eta-3\beta\alpha_\eta\xi'_{\xi\xi}-6\alpha_\eta\beta_\xi-3\beta\alpha_{\xi\xi}\xi'_\eta\\
&+\beta_\eta\xi'_{\xi\xi\xi}+3(\beta_\xi\xi'_{\xi\xi})_\eta+\beta_{\xi\xi\xi}\xi'_\eta+3(\beta_{\xi\xi}\xi'_\eta+\beta\xi'_{\xi\xi\xi\eta}+\beta_t\xi'_\eta\beta\xi'_{\eta t})]P_{\xi'}+[-3((\alpha_\xi\beta_\xi)_\eta+\beta_\eta\alpha_{\xi\xi}\\
&+\alpha_\eta\beta_{\xi\xi})+\beta_{\xi\xi\xi\eta}+\beta_{\eta t}]P+\alpha_{\eta t}+\alpha_{\xi\xi\xi\eta}-3\alpha_\xi\alpha_{\xi\eta}-3\alpha_\eta\alpha_{\xi\xi}=0,
\end{aligned}
\tag{7.4.40}
$$

为了方便论述, (7.4.40) 可改写为

$$
\begin{aligned}
&\sum_{i_j=0}^{1}\sum_{i_{13}=0}^{2}\sum_{i_{14}=0}^{2}\sum_{i_{15}=0}^{2}F_{i_1\cdots i_{15}}P^{i_1}_{\xi'\xi'\xi'\xi'}P^{i_2}_{\xi'\xi'\xi'\eta'}P^{i-3}_{\xi'\xi'\eta'\eta'}P^{i_4}_{\xi'\eta'\eta'\eta'}P^{i_5}_{\eta'\eta'\eta'\eta'}P^{i_6}_{\xi'\xi'\xi'}\\
&\times P^{i_7}_{\xi'\xi'\eta'}P^{i_8}_{\xi'\eta'\eta'}P^{i_9}_{\eta'\eta'\eta'}P^{i_{10}}_{\xi'\xi'}P^{i_{11}}_{\xi'\eta'}P^{i_{12}}_{\eta'\eta'}P^{i_{13}}_{\xi'}P^{i_{14}}_{\eta'}P^{i_{15}}=0,\quad j=1,2,\cdots,12,
\end{aligned}
\tag{7.4.41}
$$

其中 $F_{i_1\cdots i_{15}}=F_{i_1\cdots i_{15}}(\alpha,\alpha_\xi,\alpha_t,\beta_\xi,\beta_\eta,\beta_t,\xi'_\xi,\xi'_\eta,\xi'_t,\eta'_\xi,\eta'_\eta,\eta'_t,\cdots)$ 为相应项的系数.

类似于 Clarkson 和 Kruskal 的直接法, (7.4.41) 应该是关于 ξ' 和 η' 的 (1+1) 维的 PDE. 因此所有的 $F_{i_1\cdots i_{15}}$ 的比应是 ξ' 和 η' 函数, 即

$$
F_{i_1\cdots i_{15}}=F_{j_1\cdots j_{15}}\Gamma_i(\xi',\eta'),
\tag{7.4.42}
$$

为了确定 $\alpha(\xi,\eta,t),\beta(\xi,\eta,t),\xi'(\xi,\eta,t),\eta'(\xi,\eta,t),P(\xi',\eta')$ 和 $\Gamma_i(\xi',\eta')$, 我们将直接法的规则 1~3 推广为:

规则 1. 如果 $\alpha(\xi,\eta,t)$ 由 $\alpha(\xi,\eta,t)=\alpha_0(\xi,\eta,t)+\beta(\xi,\eta',t)Q(\xi',\eta')$ 确定, 则可取 $Q(\xi',\eta')=0$ (作变换 $P(\xi',\eta')\to P(\xi',\eta')-Q(\xi',\eta')$).

规则 2. 若 $\beta(\xi',\eta',t)$ 由 $\beta(\xi',\eta',t)=\beta_0(\xi',\eta',t)Q(\xi',\eta')$ 确定, 则取 $Q(\xi',\eta')=\text{const}=Q_0$ (作变换 $P(\xi',\eta')\to P(\xi',\eta')Q_0/Q(\xi',\eta')$).

规则 3. 如果 $\xi'=\xi'(\xi_0'(\xi,\eta,t),\eta')$ $(\eta'=\eta'(\xi',\eta_0'(\xi,\eta,t)))$, 则取 $\xi'=\xi_0'$ $(\eta'=\eta_0')$ (作变换 $P(\xi'(\xi_0',\eta'),\eta')\to P(\xi_0',\eta')$, 或 $P(\xi',\eta'(\xi',\eta_0'))\to P(\xi',\eta_0')$).

规则 4. 如果 $\xi'(\xi,\eta,t)$ $(\eta'(\xi,\eta,t))$ 具有形式 $Q(\xi')=\xi_0'(\xi,\eta,t)$ $(Q(\eta')=\eta_0'(\xi,\eta,t))$, 其中 Q 为可逆函数, 则取 $Q(\xi')=\xi'$ $(Q(\eta')=\eta')$ (作变换 $\xi'=Q^{-1}(\xi')$ 或 $\eta'=Q^{-1}(\eta')$.

根据上面的规则, 从 (7.4.42) 可得到 (7.4.38) 的对称. 进而利用 $u=w_\eta$ 可得到 (7.4.37) 的对称.

情况 1. (7.4.38) 的第一种对称约化为

$$\begin{aligned}
w(\xi,\eta,t)=&-\frac{1}{3}k_4(-3k_1t+k_2)^{-2/3}\eta+\frac{1}{3}(-3k_1t+k_2)^{-2/3}[k_1f_1(t)\\
&-(-3k_1t+k-2)f_{1t}-k_5]\xi+f_2(t)+(-3k_1t+k_2)^{-1/3}P(\xi',\eta'),\\
\xi'(\xi,\eta,t)=&(-3k_1t+k_2)^{-1/3}\xi-f_1(t),\\
\eta'(\xi,\eta,t)=&(-3k_1t+k_2)^{-1/3}\eta,
\end{aligned}$$

其中 $f_1=f_1(t)$ 和 $f_2=f_2(t)$ 为 t 的任意函数, $k_i(i=1,\cdots,5)$ 为常数, $P=P(\xi',\eta')$ 满足 PDE:

$$P_{\xi'\xi'\xi'\eta'}-3(P_{\xi'}P_{\eta'})_{\xi'}+(k_1\xi'+k_5)P_{\xi'\eta'}+k_1(\eta'P)_{\eta'\eta'}+k_4P_{\xi'\xi'}-\frac{2}{3}k_1k_4=0.$$

情况 2. (7.4.38) 的第二种对称约化为

$$\begin{aligned}
w(\xi,\eta,t)&=-\frac{1}{3}k_4e^{k_1t}\eta-\frac{1}{6}k_2\xi^2+\left(\frac{1}{3}k_2f_1-\frac{1}{3}f_{1t}-\frac{1}{3}k_3\right)\xi+f_2(t)+P(\xi',\eta'),\\
\xi'(\xi,\eta,t)&=\xi-f_1(t),\\
\eta'(\xi,\eta,t)&=\exp(k_1t)\eta,
\end{aligned}$$

其中 $f_1=f_1(t)$ 和 $f_2=f_2(t)$ 为 t 的任意函数, $k_i(i=1,\cdots,4)$ 为常数, $P=P(\xi',\eta')$ 满足 PDE:

$$P_{\xi'\xi'\xi'\eta'}-3(P_{\xi'}P_{\eta'})_{\xi'}+(-k_1\xi'+k_3)P_{\xi'\eta'}+k_1(\eta'P_{\eta'\eta'}+P_{\eta'})+k_4P_{\xi'\xi'}=0.$$

情况 3. (7.4.38) 的第三种对称约化为

$$w(\xi,\eta,t)=-\frac{k_3}{3(-3k_1t+k_2)}+\frac{1}{3}f_1(-3k_1t+k_2)^{1/3}\xi-\frac{1}{3}k_4(-3k_1t+k_2)^{-2/3}\eta$$
$$+f_2(t)+(-3k_1t+k_2)^{-1/3}P(\xi',\eta'),$$
$$\xi'(\xi,\eta,t)=(-3k_1t+k_2)^{-1/3}\xi-f_1(t),$$
$$\eta'(\xi,\eta,t)=\frac{k_1}{k_2}(-3k_1t+k_2)^{-1/3}+\eta,$$

其中 $f_1=f_1(t)$ 和 $f_2=f_2(t)$ 为 t 的任意函数, $k_i(i=1,\cdots,4)$ 为常数, $P=P(\xi',\eta')$ 满足 PDE:

$$P_{\xi'\xi'\xi'\eta'}-3(P_{\xi'}P_{\eta'})_{\xi'}+k_3P_{\xi'\eta'}+k_2P_{\eta'\eta'}+k_1P_{\eta'}+k_4P_{\xi'\xi'}-\frac{2}{3}k_1k_4=0.$$

情况 4. (7.4.38) 的第四种对称约化为

$$w(\xi,\eta,t)=-\frac{1}{3}(k_3-f_{1t})\xi-\frac{1}{3}k_1k_4\eta+f_2+P(\xi',\eta'),$$
$$\xi'(\xi,\eta,t)=\xi+f_1(t),$$
$$\eta'(\xi,\eta,t)=k_1\eta+k_2t,$$

其中 $f_1=f_1(t)$ 和 $f_2=f_2(t)$ 为 t 的任意函数, $k_i(i=1,\cdots,4)$ 为常数, $P=P(\xi',\eta')$ 满足 PDE:

$$P_{\xi'\xi'\xi'\eta'}-3(P_{\xi'}P_{\eta'})_{\xi'}+k_3P_{\xi'\eta'}+k_2P_{\eta'\eta'}+k_4P_{\xi'\xi'}=0.$$

情况 5. (7.3.38) 的第五种对称约化为

$$w(\xi,\eta,t)=-3\xi'\eta'\int^t f_1^{-1}(s)ds-\frac{1}{6}f_1f_{1t}\eta'^2+f_4(t)+P(\xi',t)$$
$$+\frac{1}{3}\left[f_1f_{2t}-f_1\left(-9f_1^{-1}f_2\int^t f_1^{-1}(s)ds+f_3(t)\right)\right]\eta',$$
$$\xi'(\xi,\eta,t)=\xi+f_1(t)\eta+f_2(t),$$
$$\eta'(\xi,\eta,t)=t,$$

其中 $f_i=f_i(t)(i=1,2,3,4)$ 为 t 的任意函数, $P=P(\xi',\eta')$ 满足 PDE:

$$P_{\xi'\xi'\xi'\xi'}-6P_{\xi'}P_{\xi'\xi'}+P_{\xi't}+9f_1^{-1}\int^t f_1^{-1}(s)dsP_{\xi'}$$
$$+\left[9f_1^{-1}\int^t f_1^{-1}(s)ds\xi'+f_3(t)\right]P_{\xi'\xi'}-27f_1^{-2}\left(\int^t f_1^{-1}(s)ds\right)^2(\xi'+f_2(t))=0.$$

情况 6. (7.4.38) 的第六种对称约化为

$$w(\xi,\eta,t)=-\frac{1}{6}f_1f_{1t}\eta'^2+\frac{1}{3}[f_1f_{2t}-f_1f_3(t)]\eta'+f_4(t)+P(\xi',t),$$

$$\xi'(\xi,\eta,t)=\xi+f_1(t)\eta+f_2(t),$$

$$\eta'(\xi,\eta,t)=t,$$

其中 $f_i=f_i(t)(i=1,2,3,4)$ 为 t 的任意函数, $P=P(\xi',\eta')$ 满足 PDE:

$$P_{\xi'\xi'\xi'\xi'}-6P_{\xi'}P_{\xi'\xi'}+P_{\xi't}+f_3(t)P_{\xi'\xi'}=0.$$

在变换作用下 $P_{\xi'}=U_\zeta,\quad \zeta=\xi'-\int^t f_3(s)ds,\quad \tau=t$, PDE 约化为著名的 KdV 方程:

$$U_{\zeta\zeta\zeta}-6UU_\zeta+U_\tau=0.$$

情况 7. (7.4.38) 的第七种对称约化为

$$w(\xi,\eta,t)=f(t)\xi+g(\eta)+P(\xi,t),$$

其中 $f(t),g(\eta)$ 和 $P(\xi,t)$ 分别为 t,η 和 (ξ,t) 的任意函数.

情况 8. (7.4.38) 的第八种对称约化为

$$w(\xi,\eta,t)=P(\eta,t)+\frac{\xi^2}{-9t+f(\eta)}P_\eta-\frac{k\xi}{-9t+f(\eta)},$$

其中 $f=f(\eta)$ 为 η 的任意函数, k 为任意常数, $P=P(\xi',t)$ 满足 PDE:

$$P_{\eta t}+\frac{1}{-9t+f(\eta)}P_\eta-\frac{3k^2f_\eta}{(-9t+f(\eta))^3}=0.$$

2. ODE 情形的对称

根据前面的结果, 可得到 (7.4.37) 的一些一维情形的对称.

类型 1. (7.4.37) 的第一型的 ODE 型的对称:

$$u(\xi,\eta,t)=c_1\alpha'(\eta)Q(z),$$

$$z(\xi,\eta,t)=c_1\xi+Bc_1^3t+\alpha(\eta). \tag{7.4.43a}$$

其中 c_1,B 为常数, $\alpha(\eta)$ 为 η 的任意函数, $Q=Q(z)$ 满足

$$Q'''-6QQ'+BQ'=0. \tag{7.4.43b}$$

类型 2. (7.4.37) 的第二型的 ODE 型的对称：

$$u(\xi,\eta,t)=\frac{1}{A\sqrt[3]{(c_3-3At)^2}}\beta'(\eta)e^{\beta(\eta)}Q(z),$$

$$z(\xi,\eta,t)=\frac{1}{\sqrt[3]{c_3-3At}}\xi+\frac{\exp[\beta(\eta)]-B\sqrt[3]{c_3-3At}}{A\sqrt[3]{c_3-3At}},\tag{7.4.44a}$$

其中 A,B,c_3 为常数, $\beta(\eta)$ 为 η 的任意函数, $Q(z)$ 满足

$$Q'''-6QQ'+(Az+B)Q'+2AQ=0.\tag{7.4.44b}$$

注 7.4.1　特别地, 做变换 $Q(z)=\dfrac{dV(z)}{dz}+V^2(z)$, 将其代入 (7.4.44b), 得

$$\begin{aligned}0&=Q'''-6QQ'+(Az+B)Q'+2AQ\\&=V^{(4)}+2VV'''-12VV'^2-6V^2V''-12V^3V'+AzV''\\&\quad+2AzVV'+2AV'+2AV^2+BV''+2BVV'\\&=(D_z+2V)(V'''-6V^2V'+AzV'+BV'+AV).\end{aligned}\tag{7.4.45}$$

因此有

$$V''-2V^3+(Az+B)V+C=0,\tag{7.4.46}$$

其中 C 为积分常数. 如果取 $z=z'-\dfrac{B}{A}$, 那么 (7.4.46) 变为

$$V''(z')=2V^3-Az'V(z')-C.$$

即著名的Painlevé-II方程.

类型 3. (7.4.37) 的第三型的 ODE 型的对称：

$$u(\xi,\eta,t)=\lambda^{\lambda\eta}Q(z)+\frac{1}{3}\lambda(2kt+l)e^{\lambda\eta},$$

$$z=\xi+e^{\lambda\eta}+kt^2+lt,\tag{7.4.47}$$

其中 λ,k,l 为常数且 $Q(z)$ 满足

$$Q'''-6QQ'+\frac{2k}{3}=0.$$

积分一次可得到 Painlevé I 方程：

$$Q''-3Q^2+\frac{2k}{3}z+c_4=0.\tag{7.4.48}$$

3. Cnoidal 波和类 Dromion 结构

基于所得到的对称, 考虑 (7.4.37) 的精确解. 积分 (7.4.43b) 两次可得

$$\frac{1}{2}(Q')^2 = Q^3 - \frac{1}{2}BQ^2 - MQ - N. \tag{7.4.49}$$

在变换 $Q=-H$, (7.4.49) 变为

$$\frac{1}{2}(H')^2 = F(H) := -H^3 - \frac{1}{2}BH^2 + MH - N, \tag{7.4.50}$$

其中 M, N 为常数.

因为这里只考虑 (2+1) 维广义 KdV 方程 (7.4.37) 的实的有界解, 因此要求 $F(H) \geqslant 0$.

情况 1. $F(H)$ 仅有一个实根 H_1

这种情况下, 存在如下两种中的一种: (a) 如果 $H'(0)<0$, 那么对所有的 $z>0$, 都有 $F(H)>0$, 且当 $z\to\infty$ 时, H 趋向于 $-\infty$; (b) 如果 $H'(0)>0$, 那么 H 增加直到 H_1. 例如在 z_1 (即 $H(z_1)=H_1$), 其为 H 的一个最大点. 因此对 $z>z_1$ 有 $H'(z)<0$, 那么当 $z\to\infty$ 时, H 减小到 $-\infty$. 所以在这种情况下, (7.4.37) 没有有界解.

情况 2. $F(H)$ 有三个实根, H_1, H_2 和 H_3 $(H_1 \leqslant H_2 \leqslant H_3)$

这种情况, 可得到

$$F(H) = -(H-H_1)(H-H_2)(H-H_3), \tag{7.4.51}$$

其中 $B=-2(H_1+H_2+H_3)$, $M=-(H_1H_2+H_2H_3+H_1H_3)$, $N=H_1H_2H_3$.

因为 H_1, H_2 和 H_3 是实的, 所以应有

$$\Delta^2 := B^2+12M \geqslant 0, \quad F\left(\frac{1}{3}(-B+\Delta)\right) \geqslant 0, \quad F\left(\frac{1}{3}(-B-\Delta)\right) \geqslant 0. \tag{7.4.52}$$

情况 2a. H_1, H_2, H_3 都不同

这种情况, (5.4.37) 具有 cnoidal 波解, 可以用 Jacobi 椭圆函数 $\mathrm{cn}(z;K)$ 表示, 即

$$\begin{aligned} u(\xi,\eta,t) = &-c_1\alpha'(\eta)\Big[H_2+(H_3-H_2) \\ &\times \mathrm{cn}^2\left\{\left[\frac{1}{2}(H_3-H_1)\right]^{1/2}\left[c_1\xi-2(H_1+H_2+H_3)c_1^3t+\alpha(\eta)\right];K\right\}\Big], \end{aligned} \tag{7.4.53}$$

其中 K 为 Jacobi 椭圆函数 $\mathrm{cn}(z;K)$ 的模, 即

$$K^2 = \frac{H_3-H_2}{H_3-H_1}, \quad \text{i.e. } 0<K<1. \tag{7.4.53b}$$

情况 2b. $H_1 = H_2 \neq H_3$.

若取极限 $H_2 \to H_1 (K \to 1)$, 那么 (7.4.53a) 变为孤波解：

$$u(\xi,\eta,t) = -c_1\alpha'(\eta)H_1 - c_1\alpha'(\eta)(H_3 - H_1) \times \mathrm{sech}^2\left\{\left[\frac{1}{2}(H_3 - H_1)\right]^{1/2}\left[c_1\xi - 2(2H_1 + H_3)c_1^3 t + \alpha(\eta)\right]\right\}. \tag{7.4.54}$$

Zhang[95] 所得解为 (7.3.32) 的特例.

因为 $\alpha(\eta)$ 为 η 的任意函数, 所以解 (7.4.54) 具有丰富的结构. 这里举三种形式, 即

$$\alpha'(\eta) = \begin{cases} \mathrm{sech}^n(\eta - \eta_0), \\ \mathrm{sech}^n[\cosh(\eta - \eta_0) - 1], \\ \dfrac{1}{(\eta - \eta_0)^{2n} + 1}. \end{cases}$$

因此有 (7.4.37) 的如下的类孤波解：

$$\begin{aligned} u_1(\xi,\eta,t) = & - c_1 H_1 \,\mathrm{sech}^n(\eta - \eta_0) - c_1(H_3 - H_1)\,\mathrm{sech}^n(\eta - \eta_0) \\ & \times \mathrm{sech}^2\left\{\left[\frac{1}{2}(H_3 - H_1)\right]^{\frac{1}{2}}\left[c_1\xi - 2(2H_1 + H_3)c_1^3 t \right.\right. \\ & \left.\left. + \int^{\eta} \mathrm{sech}^n(\eta' - \eta_0)d\eta'\right]\right\}, \end{aligned}$$

$$\begin{aligned} u_2(\xi,\eta,t) = & - c_1 H_1 \,\mathrm{sech}^n[\cosh(\eta - \eta_0) - 1] - c_1(H_3 - H_1)\,\mathrm{sech}^n[\cosh(\eta - \eta_0) - 1] \\ & \times \mathrm{sech}^2\left\{\left[\frac{1}{2}(H_3 - H_1)\right]^{\frac{1}{2}}\left[c_1\xi - 2(2H_1 + H_3)c_1^3 t \right.\right. \\ & \left.\left. + \int^{\eta} \mathrm{sech}^n[\cosh(\eta' - \eta_0) - 1]d\eta'\right]\right\}. \end{aligned}$$

$$\begin{aligned} u_3(\xi,\eta,t) = & - \frac{c_1 H_1}{(\eta - \eta_0)^{2n} + 1} - \frac{c_1(H_3 - H_1)}{(\eta - \eta_0)^{2n} + 1} \\ & \times \mathrm{sech}^2\left\{\left[\frac{1}{2}(H_3 - H_1)\right]^{\frac{1}{2}}\left[c_1\xi - 2(2H_1 + H_3)c_1^3 t \right.\right. \\ & \left.\left. + \int^{\eta} \frac{1}{(\eta' - \eta_0)^{2n} + 1}d\eta'\right]\right\}. \end{aligned}$$

u_1 在所有方向上都以指数的速度衰败; u_2 在 y 方向上衰败的速度比 u_1 更快; 然而 u_3 在 y 方向上衰败的速度比 u_1 慢得多.

如果 $\alpha'(\eta)$ 取 N 个平行于 x 轴的线孤子, 那么可得到 (7.4.37) 的 N 类 dromion 解：

$$u(\xi,\eta,t)=-c_1H_1\left(\sum_{i=1}^{N}g_i(\eta)\right)-c_1(H_3-H_1)\left(\sum_{i=1}^{N}g_i(\eta)\right)$$
$$\times\operatorname{sech}^2\left\{\left[\frac{1}{2}(H_3-H_1)\right]^{\frac{1}{2}}\left[c_1\xi-2(2H_1+H_3)c_1^3t+\int^{\eta}\left(\sum_{i=1}^{N}g_i(\eta')\right)d\eta'\right]\right\}.$$

同样因为 $g_i(\eta)$ 为任意函数, 所以它也有丰富的结构. 在此略.

§7.4.4 高维微分方程的条件对称

2000 年, Lou[109] 推广直接约化法, 提出条件对称的概念, 并且研究了 (2+1) 广义 KdV 方程的条件对称. 这里我们推广直接约化法来研究 (2+1) 维广义 Burgers 方程 II (4.3.1) 的对称和条件对称. 为了更方便地讨论它的对称, 取它的势函数 $u=w_\eta$. 因此 (4.3.1) 变为

$$w_{xt}+w_{xxy}+w_xw_{xy}+w_yw_{xx}=0. \tag{7.4.55}$$

根据前面的理论可以得到如下的对称.

1. (1+1) 维情形的对称

类似于 7.3 节的内容, 略去中间的步骤, 可得到 (7.4.56) 的如下 11 种对称:

类型 1. (7.4.56) 的第一种对称为

$$w(x,y,t)=k_4x+\left[\frac{k_1f_2(t)}{f_1(t)[-(k_1+k_2)t+k_3]}-\frac{f_{2t}}{f_1}\right]y+f_3(t)+W(\xi,\eta),$$

$$\xi(x,y,t)=f_1(t)x+f_2(t),$$

$$\eta(x,y,t)=\frac{y}{f_1(t)[-(k_1+k_2)t+k_3)]}+[-(k_1+k_2)t+k_3]^{-k_1/(k_1+k_2)}$$
$$\times\left[k_5-k_4\int f_1^{-1}(t)(-(k_1+k_2)t+k_3)^{-k_1/(k_1+k_2)}dt\right],$$

其中 $f_i=f_i(t)$ $(i=1,2,3)$ 为 t 的任意函数, k_i $(i=1,\cdots,5)$ 为常数. $W=W(\xi,\eta)$ 满足

$$W_{\xi\xi\eta}+(W_\xi W_\eta)_\xi+k_2\eta W_{\xi\eta}+k_1\xi W_{\xi\xi}+k_1W_\xi=0. \tag{7.4.56}$$

特别地, 可得到如下的对称:

$$w(x,y,t)=k_3x+\left[\frac{k_1f_1(t)}{\sqrt{-2k_1t+k_2}}-\sqrt{-2k_1t+k_2}f_{1t}\right]y+f_2(t)+W(\xi,\eta),$$

$$\xi(x,y,t)=\frac{x}{\sqrt{-2k_1t+k_2}}+f_1(t),$$

$$\eta(x,y,t)=\frac{-k_3t+k_4}{\sqrt{-2k_1t+k_2}},$$

其中 $f_i = f_i(t)$ $(i = 1, 2)$ 为 t 的任意函数, k_i $(i = 1, \cdots, 4)$ 为常数, $W = W(\xi, \eta)$ 满足 PDE:

$$W_{\xi\xi\eta} + (W_\xi W_\eta)_\xi + k_1\eta W_{\xi\eta} + k_1\xi W_{\xi\xi} + k_1 W_\xi = 0. \tag{7.4.57}$$

类型 2. (7.4.56) 的第二种对称为

$$w(x,y,t) = \left[\frac{k_4}{k_1}\exp(k_1 t + k_3) + k_5\right]x - f_{1t}y + f_2(t) + W(\xi, \eta),$$

$$\xi(x,y,t) = x + f_1(t),$$

$$\eta(x,y,t) = \exp(k_1 t + k_3)y + \frac{k_2 - k_5}{k_1}\exp(k_1 t + k_3)$$
$$-\frac{k_4}{2k_1^2}\exp(2(k_1 t + k_3)) + k_6,$$

其中 $f_i = f_i(t)$ $(i = 1, 2)$ 为 t 的任意函数, k_i $(i = 1, \cdots, 6)$ 为常数, $W = W(\xi, \eta)$ 满足 PDE:

$$W_{\xi\xi\eta} + (W_\xi W_\eta)_\xi + (k_1\eta + k_2)W_{\xi\eta} + k_4 = 0. \tag{7.4.58}$$

类型 3. (7.4.56) 的第三种对称为

$$w(x,y,t) = \left(\frac{k_4}{k_2(-k_2 t + k_3)} + k_5\right)x + +[k_1 f_1(t) + k_7]y + f_2(t) + W(\xi, \eta),$$

$$\xi(x,y,t) = \frac{1}{-k_2 t + k_3}x + f_1(t),$$

$$\eta(x,y,t) = y + \frac{k_1}{k_2}\ln(-k_2 t + k_3) + \frac{k_4}{k_2^2}\ln(-k_2 t + k_3) - k_5 t + k_6,$$

其中 $f_i = f_i(t)$ $(i = 1, 2)$ 为 t 的任意函数, k_i $(i = 1, \cdots, 7)$ 为常数, $W = W(\xi, \eta)$ 满足 PDE:

$$W_{\xi\xi\eta} + (W_\xi W_\eta)_\xi + k_1 W_{\xi\eta} + (k_2\xi + k_7)W_{\xi\xi} + k_2 W_\xi + k_4 = 0. \tag{7.4.59}$$

类型 4. (7.4.56) 的第四种对称为

$$w(x,y,t) = k_2 x + [f_1(t) - f_{1t}]\exp(-k_3 t)y + f_2(t) + W(\xi, \eta),$$

$$\xi(x,y,t) = \exp(k_3 t)x + f_1(t),$$

$$\eta(x,y,t) = \exp(-k_3 t)(y - k_2 t + k_4),$$

其中 $f_i = f_i(t)$ $(i = 1, 2)$ 为 t 的任意函数, k_i $(i = 1, \cdots, 4)$ 为常数, $W = W(\xi, \eta)$ 满足 PDE:

$$W_{\xi\xi\eta} + (W_\xi W_\eta)_\xi - k_3 W_{\xi\eta} + k_3\xi W_{\xi\xi} + k_3 W_\xi = 0. \tag{7.4.60}$$

类型 5. (7.4.56) 的第五种对称为

$$w(x,y,t)=k_1xt-f_{1t}y+f_2(t)+W(\xi,\eta),$$
$$\xi(x,y,t)=x+f_1(t),$$
$$\eta(x,y,t)=y-\frac{1}{2}k_1t^2+k_2t+k_3,$$

其中 $f_i=f_i(t)$ $(i=1,2)$ 为 t 的任意函数, k_i $(i=1,\cdots,4)$ 为常数, $W=W(\xi,\eta)$ 满足 PDE:

$$W_{\xi\xi\eta}+(W_\xi W_\eta)_\xi+k_2W_{\xi\eta}+k_1=0. \tag{7.4.61}$$

类型 6. (7.4.56) 的第六种对称为

$$w(x,y,t)=k_3x-\frac{k_4}{k_3}y+f(t)+W(\xi,\eta),$$
$$\xi(x,y,t)=(k_1y+k_2t)\left(x+\frac{k_4}{2k_3}t^32+\frac{k_5-2}{k_3}t+k_6\right),$$
$$\eta(x,y,t)=t,$$

其中 $f=f(t)$ 为 t 的任意函数, $k_i(i=1,\cdots,6)$ 为常数, $W=W(\xi,\eta)=W(\xi,t)$ 满足 PDE:

$$\xi W_{\xi\xi\xi}+2\xi W_\xi W_{\xi\xi}+W_\xi^2+(k_4t+k_5)W_{\xi\xi}+\frac{1}{k_1}W_{\xi t}=0. \tag{7.4.62}$$

类型 7. (7.4.56) 的第七种对称为

$$w(x,y,t)=\frac{k_1}{k_1t+k_2}xy+\frac{k_1}{(k_1t+k_2)^2}y^2+\frac{f_1(t)}{k_1t+k_2}y+f_2(t)+W(\xi,\eta),$$
$$\xi(x,y,t)=x+\frac{1}{k_1t+k_2}y,$$
$$\eta(x,y,t)=t,$$

其中 $f_i=f_i(t)(i=1,2)$ 为 t 的任意函数, $k_i(i=1,\cdots,4)$ 为常数, $W=W(\xi,\eta)$ 满足 PDE:

$$W_{\xi\xi\xi}+2W_\xi W_{\xi\xi}+(k_1\xi+f_1(t))W_{\xi\xi}+k_1W_\xi+(k_1t+k_2)W_{\xi t}=0. \tag{7.4.63}$$

注 7.4.2 在变换

$$W_\xi=V(z,\tau),\quad z=\xi-\frac{1}{k_2}\int^t f_1(s)ds,\quad \tau=\frac{1}{k_2}t$$

作用下, (7.4.64) 约化为Burgers 方程:

$$V_{zz}+2VV_z+V_\tau=0.$$

类型 8. (7.4.56) 的第八种对称为

$$w(x,y,t)=W(y,t)+\frac{xy}{t}+\frac{k_1x^{k_2}}{t}, \tag{7.4.64}$$

其中 $W(y,t)$ 为 y,t 的任意函数, k_1 和 k_2 为常数.

类型 9. (7.4.56) 的第九种对称为

$$w(x,y,t)=W(y,t)+(\frac{x}{t}+f_1(t))y+f_2(t), \tag{7.4.65}$$

其中 $W(y,t)$ 为 y,t 的任意函数, f_1 和 f_2 为 t 的任意函数.

类型 10. (7.4.56) 的第十种对称为

$$w(x,y,t)=(x+f_3(t))W(y,t)+k_1\ln(x+f_1(t))+f_{1t}y+f_2(t),$$

其中 $f_i=f_i(t)(i=1,2,3)$ 为 t 的任意函数, k_1 为常数, $W=W(y,t)$ 满足 PDE:

$$W_t+WW_y=0.$$

有一般解

$$g(W)+\frac{y}{W}-t=0,$$

其中 $g(W)$ 为 $W=W(y,t)$ 的任意函数.

类型 11. (7.4.56) 的第十一种对称为

$$w(x,y,t)=W(x,t)+\left(\frac{x}{t}+f_1(t)\right)y+f_2(t),$$

其中 $f_i=f_i(t)(i=1,2)$ 为 t 的任意函数, k_1 为常数, $W=W(x,t)$ 满足 PDE:

$$W_{xt}+\left(\frac{x}{t}+f_1(t)\right)W_{xx}+\frac{1}{t}W_x=0. \tag{7.4.66}$$

有一般解

$$W(x,t)=G(z)+f_3(t),\qquad z=\frac{x}{t}-\int^t\frac{f_1(s)}{s}ds,$$

其中 $G(z)$ 为 z 的任意函数, $f_3(t)$ 为 t 的任意函数.

2. (7.4.56) 的条件对称

我们知道一般寻找某一单个的方程的对称, 往往将该方程的约化场满足某一约化的方程. 事实上, 这个要求并不是必须的. 根据 Lou 提出的条件对称理论 [109], 我们来研究 (7.4.56) 的条件对称. 在此假设 (7.4.56) 的约化场满足两个约化方程, 可得到如下的条件对称:

$$w(x,y,t) = -\frac{\eta_t}{\eta_y}x + \alpha_0 + W_{\xi,\eta},$$
$$\xi = \theta(t)x + \phi(y,t),$$
$$\eta = \eta(y,t), \quad \alpha_0 = \alpha_0(y,t), \tag{7.4.67}$$

其中 $W(\xi,\eta)$ 满足

$$W_{\xi\xi\xi} + 2W_\xi W_{\xi\xi} + H_5 W_{\xi\xi} + H_8 W_\xi + H_{26} = 0,$$
$$W_{\xi\xi\eta} + (W_\xi W_\eta)_\xi + \Gamma_5 W_{\xi\xi} + \Gamma_8 W_\xi + \Gamma_{26} = 0, \tag{7.4.68}$$

这里 $\eta, \theta, \alpha_0, \Gamma_{26}, \Gamma_8, \Gamma_5, H_5, H_8, H_{26}$ 满足

$$\frac{\eta_t}{\eta_y}\frac{\partial}{\partial y}\left(\frac{\eta_t}{\eta_y}\right) - \frac{\partial}{\partial t}\left(\frac{\eta_t}{\eta_y}\right) = \theta^2(\phi_y H_{26} + \eta_y \Gamma_{26}),$$
$$\theta\left[\theta_x + \phi_t - \phi_y\frac{\eta_t}{\eta_y} - \theta\left(x\frac{\partial}{\partial y}\left(\frac{\eta_t}{\eta_y}\right) + \alpha_{0y}\right)\right] = \theta^2(\phi_y H_5 + \eta_y \Gamma_5),$$
$$\theta_t - \theta\frac{\partial}{\partial y}\left(\frac{\eta_t}{\eta_y}\right) = \theta^2(\phi_y H_8 + \eta_y \Gamma_8). \tag{7.4.69}$$

下面研究具体的几种类型的条件对称:

类型 1. (7.4.56) 的第一种条件对称为

$$\Gamma_{26} = k_2\eta + k_3,\ \Gamma_8 = k_4,\ \Gamma_5 = k - 4\xi,\ H_5 = H_5(\eta),\ H_8 = h_{26} = 0,$$
$$\theta(t) = \sqrt{\frac{\gamma^2+\gamma}{k_1^2 k_2}}t^{-\gamma-1},$$
$$\eta(y,t) = k_1 t^\gamma y + k_4 t^{\gamma+1} + k_5 t^\gamma - \frac{k_3}{k_2},$$
$$\alpha_0(y,t) = \frac{1}{\theta}\int\left(\phi_{0t} - \frac{\eta_t}{\eta_y}\phi_{0y} - \theta\phi_y H_5(\eta) - \frac{k_4\eta_y}{\theta}\phi_0\right)d\eta + F(t),$$

其中 $\phi = \phi(y,t) = \phi_0(\eta,t) = \phi_0, H_5(\eta)$ 和 $F(t)$ 为任意函数, $\gamma, k_i\ (i = 1,\cdots,6)$ 为常数.

类型 2. (7.4.56) 的第二种条件对称为

$$\Gamma_{26}=\frac{\gamma^2}{k_1^2}\eta+k_2,\ \Gamma_8=k_3,\quad \Gamma_5=k_3\xi,\quad H_5=H_5(\eta),\quad H_8=H_{26}=0,$$

$$\theta(t)=\exp(\gamma t),$$

$$\eta(y,t)=k_1\exp(-\gamma t)y+(k_3t+k_4)\exp(-\gamma t)-\frac{k_2k_1^2}{\gamma^2},$$

$$\alpha_0(y,t)=\frac{1}{\theta}\int\left(\phi_t-\frac{\eta_t}{\eta_y}\phi_y-\theta\phi_yH_5(\eta)-\frac{k_4\eta_y}{\theta}\phi\right)d\eta+F(t),$$

其中 $\phi=\phi(y,t)=\phi_0(\eta,t)=\phi_0, H_5(\eta)$ 和 $F(t)$ 为任意函数, $\gamma,k_i(i=1,\cdots,4)$ 为常数.

类型 3. (7.4.56) 的第三种条件对称为

$$\Gamma_{26}=H_8=0,\ \Gamma_8=k_3,\ \Gamma_5=k_3\xi,\ H_{26}=k_4,\quad H_5=H_5(\eta),$$

$$\theta(t)=k_2t^{-\gamma-1},$$

$$\eta(y,t)=k_1t^{\gamma}+g(t),$$

$$\phi=\frac{\gamma^2+1}{k_2^2k_4}t^{2\gamma-2}y^2+\frac{t^{\gamma+1}}{k_1k_2^2k_4}(2\gamma g_t-tg_{tt})y+f(t),$$

$$\alpha_0(y,t)=\frac{1}{\theta}\int\left(\phi_t-\frac{\eta_t}{\eta_y}\phi_y-\theta\phi_yH_5(\eta)-\frac{k_4\eta_y}{\theta}\phi\right)d\eta+F(t),$$

其中 $H_5(\eta),g(t),f(t)$ 和 $F(t)$ 为任意函数, $\gamma,k_i(i=1,\cdots,4)$ 为常数.

类型 4. (7.4.56) 的第四种条件对称为

$$\Gamma_{26}=H_8=0,\ \Gamma_8=k_3,\ \Gamma_5=k_3\xi,\ H_{26}=k_4,\quad H_5=H_5(\eta),$$

$$\theta(t)=k_2\exp(-\gamma t),$$

$$\eta(y,t)=k_1\exp(\gamma t)+f_1(t),$$

$$\phi=\frac{\gamma^2}{2k_2^2k_4}\exp(2\gamma t)y^2+\frac{\exp(\gamma t)}{k_1k_2^2k_4}(2\gamma g_t-tg_{tt})y+f_2(t),$$

$$\alpha_0(y,t)=\frac{1}{\theta}\int\left(\phi_t-\frac{\eta_t}{\eta_y}\phi_y-\theta\phi_yH_5(\eta)-\frac{k_4\eta_y}{\theta}\phi\right)d\eta+f_3(t),$$

其中 $H_5(\eta),f_i(i=1,2,3)$ 为任意函数, $\gamma,k_i(i=1,\cdots,4)$ 为常数.

类型 5. (7.4.56) 的第五种条件对称为

$$\Gamma_{26}=k_2\eta+k_3,\ H_{26}=k_4\eta+k_5,\ \Gamma_5=\Gamma_8=0,\ H_5=k_1\xi+H_5(\eta),\ H_8=k_1,$$

$$\eta(y,t)=\theta^{-2}\theta_ty+g(t),$$

$$\phi = \frac{3\theta_t^2 - \theta\theta_{tt}}{k_1\theta^2\theta_t} y + f_1(t)$$

$$\alpha_0(y,t) = \frac{1}{\theta}\int \left(\phi_t - \frac{\eta_t}{\eta_y}\phi_y - \theta\phi_y H_5(\eta) - \frac{k_4\eta_y}{\theta}\phi\right) d\eta + f_2(t),$$

其中 $H_5(\eta), f_i\ (i=1,2)$ 为任意函数, $\gamma, k_i\ (i=1,\cdots,5)$ 为常数, $\theta(t)$ 和 $g(t)$ 满足

$$2(\theta^{-1}\theta_{tt} - \theta^{-2}\theta_t^2)^2 - \theta_t(\theta^{-2}\theta_{ttt} - 6\theta^{-3}\theta_{tt} + 6\theta^{-4}\theta_t^3) = \frac{1}{k_1}((3k_4 - k_1k_2)\theta_t^2 - k_4\theta\theta_{tt}),$$

$$2(\theta^{-2}\theta_{tt} - \theta^{-3}\theta_t^2)g_t - \theta^{-2}\theta_t g_{tt} = (k_4 g + k_5)\frac{3\theta_t^2 - \theta\theta_{tt}}{k_1\theta_t} + \theta_t(k_2 g + k_3).$$

类型 6. (7.4.56) 的第六种条件对称为

$$\Gamma_{26} = k_2\eta + k_3,\quad H_{26} = k_4\eta + k_5,\quad \Gamma_5 = k_2\xi,$$

$$H_5 = k_1\xi + H_5(\eta),\quad \Gamma_8 = k_2,\quad H_8 = k_1,$$

$$\eta(y,t) = f(t)y + g(t),$$

$$\phi = \phi_1(t)y + \phi_2(t),$$

$$\alpha_0(y,t) = \frac{1}{\theta}\int \left(\phi_t - \frac{\eta_t}{\eta_y}\phi_y - \theta\phi_y H_5(\eta) - \frac{k_4\eta_y}{\theta}\phi\right) d\eta + f_1(t),$$

其中 $H_5(\eta)$, $\phi_2(t)$, $f_1(t)$ 为任意函数, $k_i\ (i=1,\cdots,5)$ 为常数, $\theta(t)$, $f(t)$, $g(t)$ 和 $\phi_1(t)$ 满足

$$2f_t^2 - ff_{tt} = \theta^2(k_4 f\phi_1 + k_2 f^2),$$

$$2f_t g_t - f g_{tt} = \theta_t^2[(k_4 g + k_5)\phi_1 + f(k_2 g + k_3)],$$

$$\theta - \theta f^{-1} f_t = \theta^2(k_1\phi_1 + k_5 f).$$

注 7.4.3 若要求约化场满足更多的约化方程，可以获得更多的新的条件对称.

注 7.4.4 基于直接约化法, 还研究了变系数mKdV方程：

$$u_t + K_0(t)(u_{xxx} + 6u^2u_x) + 4K_1(t)u_x + h(t)(u + xu_x) = 0$$

的对称问题 [375].

§7.5 小　结

A. Einstein 曾经说过：“每件事情都应该尽可能地做的简单, 但不要太简单”. 描述很多物理现象的数学模型是不可能仅仅用线性方程就可以的, 虽然非线性数学模

型研究起来比较困难, 但非线性数学模型可以较准确地反映事物的本质. 为了研究非线性数学模型, 特别是非线性波方程, 本章从微分方程的对称约化的角度来简化非线性波方程, 进而通过对称或许可以获得原方程的解析解或相似解. 基于著名的古典和非古典对称方法, 讨论了它们的一些扩展的方法和理论: 势系统对称法、势方程对称法、非古典势系统对称法和非古典势方程对称法. 特别是, 利用非古典势方程对称法, 通过研究非线性热传导方程所对应的势方程的非古典对称, 获得了非线性热传导方程的新非古典势对称和新的非古典势解. 这种框架也被推广到高阶、高次、高维以及变系数非线性波方程中.

另外, 将不需要群理论的直接约化法推广到具有非线性色散项的高次 $E(m,n)$ 方程和高维广义 KdV 方程中, 获得了很多类型的对称, 并且也获得了一些解析解, 如 compacton 解、类 compacton 解、类孤波斑图解和 dromion 解. 最后, 推广直接约化法来研究高维广义 Burgers 方程的对称和条件对称, 获得了很多类型的对称和条件对称. 这些对称对于进一步研究这些系统提供了更多的数据. 当然, 直接约化方法也可以推广到其他复杂的非线性波方程.

本章仅仅研究非线性微分方程的对称问题, 并没有涉及到其他形式的方程, 如微分差分方程的对称, 这将在以后讨论.

第四部分

可 积 系 统

第八章　可积系统

本章首先介绍了可积系统的一些基本理论包括 Lax 和 Liouville 可积性, 用于研究 Lax 和 Liouville 可积方程族的屠格式、谱梯度法和非线性化以及高阶约束流. 然后, (i) 将 Loop 代数 $L(A_1)$ 中的屠格式推广到 Loop 代数 $L(A_2)$ 的一个子代数中, 从一个含有五个位势函数的等谱问题, 得到了一族含有任意函数的 Lax 可积的方程族, 特别地, 构造了它的 Liouville 可积的 Hamilton 结构, 还证明了 NLS-MKdV 族、AKNS 族和 cKdV 族为其特例. (ii) 构造了一个 Loop 代数及其一组基所满足的对易关系, 考虑了其中一个隐式的等谱问题, 利用零曲率表示得到了一个新的 Lax 可积的演化方程族. 并且证明了该方程族为已知的著名 TC 可积族的可积耦合; (iii) 研究与 G 族有关的高阶约束流, Lax 表示和 Liouville 可积性.

§8.1　基本理论

§8.1.1　Lax 和 Liouville 可积

有限维 Hamilton 系统已经很完善, 并且存在著名的 Liouville 定理：若一个自由度为 n 的 Hamilton 系统具有 n 个相互对合的首次积分, 则该 Hamilton 系统是可积的, 即其解可用首次积分来表示 [46,205]. 但有限维 Hamilton 系统中的 Liouville 定理并不能推广到无限维 Hamilton 系统中, 在无限维 Hamilton 系统中, 即使存在无穷多个彼此对合的首次积分, 也不能将其解显式表示. 到目前为止, 人们还没有完全从整体上认识无穷维 Hamilton 系统的完全可积性, 只是局部地来研究无穷维 Hamilton 系统的一些基本性质. 一般来说采用两种类型可积性：Lax 可积和 Liouville 可积. 在定义这两种可积性之前, 先引入一些基本概念 [217,218,222].

令 S 为 R 上的 Schwartz 空间, $S^M = \underbrace{S \otimes \cdots \otimes S}_{M}$. 在 S^M 中, 算子 $\partial = \dfrac{\partial}{\partial x}$ 表示一个等价关系, 即

$$f \sim g \Leftrightarrow \exists h, \quad f = g + \partial h, \quad f, g, h \in S^M.$$

定义 8.1.1　对于算子 $f, g \in S^M$, 它们的标量积为

$$(f, g) = \int fg dx = \int \sum_i f_i g_i dx.$$

定义 8.1.2　算子 $J=J(u):S^M\to S^M$ 为Hamilton 算子或辛算子, 如果它满足下面两个条件:

(i) 关于上面的标量积是斜算子, 即 $(Jf,g)=-(f,Jg),\ \forall f,g\in S^M$.

(ii) $(J'(u)[Jf]g,h)+(J'(u)[Jg]h,f)+(J'(u)[Jh]f,g)=0,\quad \forall f,g,h\in S^M$, 其中 $J'(u)[f]=\dfrac{d}{d\varepsilon}J(u+\varepsilon f)\Big|_{\varepsilon=0}$ 为 J 的Frechet 导数.

定义 8.1.3　如果 J 为辛算子, 那么可定义Poisson括号为 $\{f,g\}=\left(\dfrac{\delta f}{\delta u},J\dfrac{\delta g}{\delta u}\right)$, 广义Hamilton 方程可表示为 $u_t=J\dfrac{\delta H}{\delta u}$, 其中 H 为Hamilton 函数, 变分导数定义为

$$\frac{\delta}{\delta u_j}=\sum_{n\geqslant 0}(-\partial)^n\frac{\partial}{\partial u_j^{(n)}},\quad u_j^{(n)}=\partial^n u_j,\quad j=1,\cdots,s.$$

两种线性问题:

(i) 第一型 Lax 对

$$\begin{aligned}&L\phi=\lambda\phi,\\&\phi_t=M\phi,\end{aligned}\tag{8.1.1}$$

其中 L,M 为 $n\times n$ 的矩阵算子, ϕ 为特征向量, λ 为常数特征值. 很显然 (8.1.1) 的相容性条件为 Lax 方程:

$$L_t+[L,M]=0,\quad [L,M]\equiv LM-ML.\tag{8.1.2}$$

(ii) 第二型 Lax 对

$$\begin{aligned}&\phi_x=U(u,\lambda)\phi,\\&\phi_t=M(u,\lambda)\phi,\end{aligned}\tag{8.1.3}$$

其中 U,M 为 $n\times n$ 的矩阵算子, ϕ 为特征向量, λ 为常数特征值. 很显然 (8.1.3) 的相容性条件为零曲率方程:

$$U_t-M_x+[U,M]=0,\quad [U,M]\equiv UM-MU.\tag{8.1.4}$$

定义 8.1.4(Lax 可积)　如果方程 $u_t=K(u)$ 拥有Lax表示 (8.1.1) 或零曲率表示 (8.1.3), 则称该方程是Lax可积的.

定义 8.1.5(Liouville 可积)　如果方程 $u_t=K(u)$ 可写为广义Hamilton形式 $u_t=J\dfrac{\delta H}{\delta u}$, J 为辛算子, 且存在可列个两两对合的守恒密度, 则称该方程是Liouville可积的.

§8.1.2 屠格式的一般理论

下面给出屠格式的一般理论 [217,218], 设 G 为 C 上的有限维 Lie 代数, $L(G)$ 为相应的扩充的无穷维 Loop 代数 $L(G)=G\otimes C(\lambda,\lambda^{-1})$. 假设 $\{e_1,\cdots,e_s\}$ 为 G 的一组基, 那么 $\{e_1(n),\cdots,e_s(n)|n\in Z,\}$, $e_i(n)=e_i\otimes\lambda^n=e_i\lambda^n$ 构成 $L(G)$ 的一组基.

定义 8.1.6 $P\in L(G)$ 为伪正则元, 若对

$$\mathrm{Ker}P=\{x|x\in L(G),\quad [x,P]=0\},$$

$$\mathrm{Im}P=\{x|\exists y\in L(G),\quad x=[y,P]\},$$

满足 (i) $L(G)=\mathrm{Ker}P\otimes\mathrm{Im}P$; (ii) $\mathrm{Ker}P$ 是可交换的.

如果 $x\in G$ 为半单 Lie 代数 G 的正则元, 则 $P=x\otimes\lambda^n$ 为 $L(G)$ 的伪正则元. $L(G)$ 具有不同的阶次, 其中的一种定义为 $\deg(X\otimes\lambda^n)=n$. 若 $f=\sum_n f_n$, 记 $f_+=\sum_{n\geqslant 0}f_n$, $f_-=\sum_{n<0}f_n$.

对于等谱问题

$$\phi_x=U(u,\lambda)\phi, \tag{8.1.5}$$

其中

$$U=P(\lambda)+u_1e_1(\lambda)+\cdots+u_se_s(\lambda), \tag{8.1.6}$$

$u_i(i=1,\cdots,s)\in S$, $P(\lambda),e_1(\lambda),\cdots,e_s(\lambda)\in L(G)$ 满足下面的条件:

(i) $P(\lambda)$ 为 $L(G)$ 的伪正则元,

(ii) $P(\lambda),e_1(\lambda),\cdots,e_s(\lambda)$ 线性无关,

(iii) $\deg(P)>0$, $\deg(P)>\deg(e_i)$, $i=1,\cdots,s$.

下面定义 $\partial,u_i(i=1,\cdots,s),\lambda$ 和 $x\in L(G)$ 的秩满足如下的规律:

$$\mathrm{rank}(ab)=\mathrm{rank}(a)+\mathrm{rank}(b).$$

根据这个规律, 考虑 (6.1.6) 的 U 具有齐次秩, 即 $\mathrm{rank}(P)=\mathrm{rank}(u_ie_i)$ $(i=1,\cdots,s)$, 因此有

$$\begin{aligned}
&\mathrm{rank}(x)=\deg(x),\quad x\in L(G),\\
&\mathrm{rank}(\lambda)=\deg(x\lambda)-\deg(x),\\
&\mathrm{rank}(u_i)=\deg(P)-\deg(e_i),\quad i=1,\cdots,s,\\
&\mathrm{rank}(\partial)=\deg(P),\\
&\mathrm{rank}(\mathrm{const}\neq 0)=0.
\end{aligned}$$

屠格式步骤为 [217]:

• **步骤 1.** 对于齐次秩的等谱问题 (8.1.5), 考虑它的伴随方程：

$$V_x - [U,V] = 0, \quad [U,V] \equiv UV - VU \tag{8.1.7}$$

的同秩解 $V = \sum_{m\geqslant 0} V_m(-m) = \sum_{m\geqslant 0}[a_{1m}e_1(-m) + \cdots + a_{sm}e_s(-m)]$.

• **步骤 2.** 寻找修正项 $\Delta_n \in L(G)$, 以至于 $V^{(n)} = (\lambda^n V)_+ + \Delta_n$ 使得定态零曲率方程满足

$$V_x^{(n)} - [U, V^{(n)}] = f_1 e_1 + \cdots + f_s e_s \in Ce_1 + \cdots + Ce_s. \tag{8.1.8}$$

那么有零曲率方程 (8.1.4), 可得一族 Lax 可积的发展方程：

$$u_{it_n} = f_i, \quad i = 1, \cdots, s, \tag{8.1.9}$$

或者

$$u_{t_n} = JL^n f(u), \quad u = (u_1, \cdots, u_s), \tag{8.1.10}$$

其中 J 为辛算子 (有时或许不是辛算子), L 为递推算子.

• **步骤 3.** 根据迹恒等式

$$\frac{\delta}{\delta u_i}\left(\left\langle V, \frac{\partial U}{\partial \lambda}\right\rangle\right) = \left(\lambda^{-\beta}\frac{\partial}{\partial\lambda}\lambda^{\beta}\right)\left\langle V, \frac{\partial U}{\partial u_i}\right\rangle. \tag{8.1.11}$$

可推出

$$L^n f(u) = \frac{\delta H_n}{\delta u}, \tag{8.1.12}$$

那么整个方程族 (6.1.10) 具有 Hamilton 形式：

$$u_{t_n} = JL^n f(u) = J\frac{\delta H_n}{\delta u}. \tag{8.1.13}$$

• **步骤 4.** Liouville 可积性. 如果 J 和 JL 都是斜对称算子, 那么 (8.1.13) 在 Liouville 意义下是可积的, 且拥有可列个彼此对合的守恒密度 H_n, 因为

$$\begin{aligned}
\{H_n, H_m\}_J &= \int \left\langle \frac{\delta H_n}{\delta u}, J\frac{\delta H_m}{\delta u}\right\rangle dx = \int \left\langle \frac{\delta H_n}{\delta u}, JL\frac{\delta H_{m-1}}{\delta u}\right\rangle dx \\
&= \int \left\langle \frac{\delta H_n}{\delta u}, L^* J\frac{\delta H_{m-1}}{\delta u}\right\rangle dx = \int \left\langle L\frac{\delta H_n}{\delta u}, J\frac{\delta H_{m-1}}{\delta u}\right\rangle dx \\
&= \{H_{n+1}, H_{m-1}\}_J = \cdots = \{H_m, H_n\}_J, \quad n, m \geqslant 0.
\end{aligned}$$

所以 $\{H_n\}_{n=0}^{\infty}$ 是对合的.

下面给出方程族的 Lax 可积的另一屠格式及相应 Liouville 可积性的充分条件.

定理 8.1.7[218] (i) 设 $V=V(u,\lambda)$ 为伴随方程 $V_x(\lambda)=[U(\lambda),V(\lambda)]$ 的解, 如果存在 $\Delta=\Delta(\lambda,\mu)$ 满足

$$\frac{\mu}{\lambda-\mu}[U(\lambda)-U(\mu),V(\mu)]+\Delta_x(\lambda,\mu)-[U(\lambda),\Delta(\lambda,\mu)]=\sum_{i=1}^{s}f_i(\mu,u)e_i(\lambda),$$

其中 $f_i(i=1,\cdots,s)$ 为 s 个无关的函数, 那么可得到与 (8.1.5) 有关的Lax可积的方程族:

$$u_{t_n}=(f_{1n},\cdots,f_{sn})^{\mathrm{T}},\quad f_i(\mu,u)=\sum_{i\geqslant 0}f_{in}(u)\mu^{-n}. \tag{8.1.14}$$

(ii) 如果算子由

$$J\lambda^k\left(\left\langle V,\frac{\partial U}{\partial u_1}\right\rangle,\cdots,\left\langle V,\frac{\partial U}{\partial u_s}\right\rangle\right)^{\mathrm{T}}=(f_{1n},\cdots,f_{sn})^{\mathrm{T}}$$

确定, 其中算子 J 为Hamilton 算子, 那么方程族 (8.1.14) 可写为Hamilton 方程 (8.1.13), 其中 H_n 由

$$(\lambda^{-\gamma}(\partial/\partial\lambda)\lambda^{\gamma})H=\langle V,\ \partial U/\partial\lambda\rangle,\quad \gamma=\text{const},$$
$$\delta H_n/\delta u_i=\langle V,\partial U/\partial u_i\rangle$$

且 $\{H_n\}$ 为公共的无穷多守恒密度并且两两对合. 因此Hamilton 方程 (8.1.13) 是Liouville 可积的.

§8.2 具有五个位势的 3 × 3 等谱问题

20 世纪 80 年代末期, Tu[217] 基于 Loop 代数 $\tilde{A}_1$ 提出了屠格式, 用于研究 Lax 和 Liouville 可积系统. 后来, Hu[223] 推广了该格式到 Lie 超代数 $\mathrm{sl}(m/n)=\left\{X=\begin{pmatrix}A & B\\ C & D\end{pmatrix}:\mathrm{Str}X=\mathrm{tr}A-\mathrm{tr}D=0\right\}$ 情形. 1997 年, Guo[224] 将屠格式 Loop 代数 $\tilde{A}_2$ 的子代数上, 并研究了与 NLS-MKdV 族有关的等谱问题. 下面进一步推广屠格式到 $\tilde{A}_2$ 的更广的子代数上, 不妨还记作 $\tilde{A}_2$.

考虑 Loop 代数 $\tilde{A}_2=A_2\otimes C[\lambda,\lambda^{-1}]$ (A_2 为一仿射 Lie 代数) 并取它的基为

$$\{h_1(n),\ h_2(n),\ h_3(n),\ e(n),\ f(n)|n\in Z\}, \tag{8.2.1}$$

其中 Z 为整数集, $x(n)=x\otimes\lambda^n\equiv x\lambda^n, x\in A_2$, h_1,h_2,h_3,e,f 为 A_2 的基, 即

$$h_1=\begin{pmatrix}1&0&0\\0&0&0\\0&0&1\end{pmatrix},\quad h_2=\begin{pmatrix}0&0&0\\0&1&0\\0&0&0\end{pmatrix},\quad h_3=\begin{pmatrix}0&0&1\\0&0&0\\1&0&0\end{pmatrix},$$

$$e=\begin{pmatrix}0&1&0\\0&0&0\\0&1&0\end{pmatrix},\quad f=\begin{pmatrix}0&0&0\\1&0&1\\0&0&0\end{pmatrix},$$

因此可得到如下的关系：

$$\begin{aligned}&[h_1(m),e(n)]=[h_3(m),e(n)]=-[h_2(m),e(n)]=e(m+n),\\&[h_1(m),f(n)]=[h_3(m),f(n)]=-[h_2(m),f(n)]=-f(m+n),\\&[e(m),f(n)]=h_1(m+n)+h_3(m+n)-2h_2(m+n),\\&[h_i(m),h_j(m)]=0,\quad i,j=1,2,3.\end{aligned}\tag{8.2.2}$$

考虑含有 5 个位势函数的等谱问题：

$$\phi_x=W\phi,\quad W(\lambda,u)=\begin{pmatrix}\alpha_1\lambda+u_1&\alpha_4+u_4&\alpha_3\lambda+u_3\\\alpha_5+u_5&\alpha_2\lambda+u_2&\alpha_5+u_5\\\alpha_3\lambda+u_3&\alpha_4+u_4&\alpha_1\lambda+u_1\end{pmatrix},\quad\phi=\begin{pmatrix}\phi_1\\\phi_2\\\phi_3\end{pmatrix},\tag{8.2.3}$$

其中 $u_1(i=1,\cdots,5)$ 为位势函数, $\alpha_i(i=1,\cdots,5)$ 为常数, λ 为谱常数. 利用 $\tilde{A}_2$ 的基 (8.2.1), W 改写为

$$W=(\alpha_1\lambda h_1+\alpha_2\lambda h_2+\alpha_3\lambda h_3+\alpha_4e+\alpha_5f)+u_1h_1+u_2h_2+u_3h_3+u_4e+u_5f.\tag{8.2.4}$$

考虑 (8.2.4) 的伴随方程：

$$V_x=[W,V]\equiv WV-VW,\quad V=V(\lambda,u)=\sum_{m=0}^{\infty}\begin{pmatrix}a_m&b_m&a_m\\c_m&-2a_m&c_m\\a_m&b_m&a_m\end{pmatrix}\lambda^{-m}.\tag{8.2.5}$$

可得

$$\begin{aligned}&a_{nx}=(\alpha_4+u_4)c_n-(\alpha_5+u_5)b_n,\\&b_{nx}=(\alpha_1+\alpha_3-\alpha_2)b_{n+1}+(u_1+u_3-u_2)b_n-4(\alpha_4+u_4)a_n,\\&c_{nx}=(\alpha_2-\alpha_1-\alpha_3)c_{n+1}+(u_2-u_1-u_3)c_n+4(\alpha_5+u_5)a_n,\\&a_0=a_1=0,\quad b_0=c_0=0,\quad b_1=\frac{4(\alpha_4+u_4)}{\alpha_1+\alpha_3-\alpha_2},\quad c_1=\frac{4(\alpha_5+u_5)}{\alpha_1+\alpha_3-\alpha_2},\cdots.\end{aligned}$$

令 $a=\sum_{m=0}^{\infty}a_m\lambda^{-m}$, $b=\sum_{m=0}^{\infty}b_m\lambda^{-m}$, $c=\sum_{m=0}^{\infty}c_m\lambda^{-m}$, 则有

$$V=ah_1-2ah_2+ah_3+be+cf,\tag{8.2.6}$$

当 $f=f(\lambda)$, $f'=f(\mu)$, 从 (8.2.3) 和 (8.2.6) 可得

$$\begin{aligned}&\frac{\mu}{\lambda-\mu}[W(\lambda)-W(\mu),V(\mu)]\\&\qquad=[\mu(\alpha_1h_1+\alpha_2h_2+\alpha_3h_3,a'(h_1+h_3-2h_2)+b'e+c'f]\end{aligned}$$

$$= (\alpha_1+\alpha_3-\alpha_2)\mu b'e - (\alpha_1+\alpha_3-\alpha_2)\mu c'f, \tag{8.2.7}$$

取 $\Delta_n(\lambda)=\sum_{i=1}^{3}\delta_i h_i+\delta_4 e+\delta_5 f=\sum_{i=1}^{3}\delta_i(\lambda)h_i+\delta_4(\lambda)e+\delta_5(\lambda)f$, 那么有

$$\begin{aligned}\Delta_x(\mu)-[W(\lambda),\Delta(\mu)] =&[\delta'_{1x}+(\alpha_5+u_5)\delta'_4-(\alpha_4+u_4)\delta'_5]h_1\\&+[\delta'_{2x}-2(\alpha_5+u_5)\delta'_4+2(\alpha_4+u_4\delta'_5]h_2\\&+[\delta'_{3x}+(\alpha_5+u_5)\delta'_4-(\alpha_4+u_4)\delta'_5]h_3\\&+[\delta'_{4x}+(\alpha_4+u_4)(\delta'_1+\delta'_3-\delta'_2)\\&+(\alpha_2\lambda-\alpha_1\lambda-\alpha_3\lambda+u_2-u_1-u_3)\delta'_4]e\\&+[\delta'_{5x}+(\alpha_5+u_5)(\delta'_2-\delta'_1-\delta'_3)\\&+(-\alpha_2\lambda+\alpha_1\lambda+\alpha_3\lambda-u_2+u_1+u_3)\delta'_5]f,\end{aligned} \tag{8.2.8}$$

因此得到用于获得 Lax 可积方程族的一个表示：

$$\begin{aligned}&\frac{\mu}{\lambda-\mu}[W(\lambda)-W(\mu),V(\mu)]+\Delta_x(\mu)-[W(\lambda),\Delta(\mu)]\\&=[\delta'_{1x}+(\alpha_5+u_5)\delta'_4-(\alpha_4+u_4)\delta'_5]h_1\\&\quad+[\delta'_{2x}-2(\alpha_5+u_5)\delta'_4+2(\alpha_4+u_4)\delta'_5]h_2\\&\quad+[\delta'_{3x}+(\alpha_5+u_5)\delta'_4-(\alpha_4+u_4)\delta'_5]h_3+[\delta'_{4x}+(\alpha_1+\alpha_3-\alpha_2)\mu b'\\&\quad+(\alpha_4+u_4)(\delta'_1+\delta'_3-\delta'_2)+(\alpha_2\lambda-\alpha_1\lambda-\alpha_3\lambda+u_2-u_1-u_3)\delta'_4]e\\&\quad+[\delta'_{5x}+(\alpha_2-\alpha_1-\alpha_3)\mu c'+(\alpha_5+u_5)(\delta'_2-\delta'_1-\delta'_3)\\&\quad+(-\alpha_2\lambda+\alpha_1\lambda+\alpha_3\lambda-u_2+u_1+u_3)\delta'_5]f.\end{aligned} \tag{8.2.9}$$

令 $\delta_i=\sum_{n=0}^{\infty}\delta_{in}\lambda^{-n}$, 根据定理, 得到含有 5 个任意函数的 Lax 可积方程族：

$$\left\{\begin{aligned}u_{1t_n}&=\delta_{1nx}+(\alpha_5+u_5)\delta_{4n}-(\alpha_4+u_4)\delta_{5n},\\u_{2t_n}&=\delta_{2nx}-2(\alpha_5+u_5)\delta_{4n}+2(\alpha_4+u_4)\delta_{5n},\\u_{3t_n}&=\delta_{3nx}+(\alpha_5+u_5)\delta_{4n}-(\alpha_4+u_4)\delta_{5n},\\u_{4t_n}&=\delta_{4nx}+(\alpha_1+\alpha_3-\alpha_2)b_{n+1}+(\alpha_4+u_4)(\delta_{1n}+\delta_{3n}-\delta_{2n})\\&\quad+(\alpha_2-\alpha_1-\alpha_3)\delta_{4,n+1}+(u_2-u_1-u_3)\delta_{4n},\\u_{5t_n}&=\delta_{5nx}+(\alpha_2-\alpha_1-\alpha_3)(c_{n+1}-\delta_{5,n+1})\\&\quad+(\alpha_5+u_5)(\delta_{2n}-\delta_{1n}-\delta_{3n})+(u_1+u_3-u_2)\delta_{5n}.\end{aligned}\right. \tag{8.2.10}$$

下面我们研究方程族 (8.2.10) 的 Hamilton 结构及 Liouville 可积性：

取 5 个任意函数为

$$\delta_{1n}=2d_1a_{n+1}+2d_2c_{n+1},\quad \delta_{2n}=2d_3a_{n+1}+2d_4c_{n+1},$$

$$\delta_{3n}=2d_5a_{n+1}+2d_6c_{n+1},\quad \delta_{4n}=2b_{n+1},\quad \delta_{5n}=2c_{n+1},\tag{8.2.11}$$

其中 $d_i(i=1,\cdots,6)$ 为常数.

在条件 (8.2.11) 作用下, (8.2.10) 改写为

$$(u_{1t_n},u_{2t_n},u_{3t_n},u_{4t_n},u_{5t_n})^{\mathrm{T}}=J(2a_{n+1},-2a_{n+1},2a_{n+1},2c_{n+1},2b_{n+1})^{\mathrm{T}},\tag{8.2.12}$$

其中

$$J=\begin{bmatrix} A_0\partial & 0 & 0 & d_2\partial+A_1 & A_2\\ 0 & -d_3\partial & 0 & d_4\partial+2A_4 & -2A_5\\ 0 & 0 & d_5\partial & d_6\partial-A_4 & A_5\\ d_2\partial-A_1 & d_4\partial-2A_4 & d_6\partial+A_4 & 0 & A_3\\ -A_2 & 2A_5 & -A_5 & -A_3 & 0\end{bmatrix},$$

其中 $\partial=\partial/\partial x,\partial\partial^{-1}=\partial^{-1}\partial=1$, $A_0=-7d_1+d_5-d_3$, $A_1=(d_1+d_5-d_3+7)(\alpha_4+u_4)$, $A_2=(d_3-d_1-d_5-7)(\alpha_5+u_5)$, $A_3=\frac{1}{2}(\alpha_1+\alpha_3-\alpha_2)+(d_2+d_6-d_4)(\alpha_5+u_5)$, $A_4=\alpha_4+u_4$, $A_5=\alpha_5+u_5$. 易证 J 为 Hamilton 算子.

直接计算, 可得

$$\left\langle V,\frac{\partial W}{\partial\lambda}\right\rangle=(2\alpha_1+\alpha_3-\alpha_2)a,\quad \left\langle V,\frac{\partial W}{\partial u_1}\right\rangle=2a,\quad \left\langle V,\frac{\partial W}{\partial u_2}\right\rangle=-2a,$$

$$\left\langle V,\frac{\partial W}{\partial u_3}\right\rangle=2a,\quad \left\langle V,\frac{\partial W}{\partial u_4}\right\rangle=2c,\quad \left\langle V,\frac{\partial W}{\partial u_5}\right\rangle=2b.$$

利用迹恒等式, 可得

$$\frac{\delta}{\delta u}\left(\left\langle V,\frac{\partial Ww}{\partial\lambda}\right\rangle\right)=\lambda^{-\beta}\frac{\partial}{\partial\lambda}\lambda^{\beta}\Bigg(\left\langle V,\frac{\partial W}{\partial u_1}\right\rangle,\left\langle V,\frac{\partial W}{\partial u_2}\right\rangle,$$

$$\left\langle V,\frac{\partial W}{\partial u_3}\right\rangle,\left\langle V,\frac{\partial W}{\partial u_4}\right\rangle,\left\langle V,\frac{\partial W}{\partial u_5}\right\rangle\Bigg)^{\mathrm{T}}.$$

即

$$\frac{\delta}{\delta u}[2a(\alpha_1+\alpha_3-\alpha_2)]=\lambda^{-\beta}\frac{\partial}{\partial\lambda}\lambda^{\beta}(2a,-2a,2a,2c,2b)^{\mathrm{T}},\tag{8.2.13}$$

比较 (8.2.13) 两边的 λ^{-n-1} 的系数, 可得

$$\frac{\delta}{\delta u}(\alpha_1+\alpha_3-\alpha_2)a_{n+1}=(\beta-n)(a_n,-a_n,a_n,c_n,b_n)^{\mathrm{T}},\tag{8.2.14}$$

令 $n=0$, 则有 $0=\beta(1,-1,1,0,0)$. 因此得 $\beta=0$.

所以在条件 (8.2.11) 作用下, 得到 (8.2.10) 的 Hamilton 结构：

$$(u_{1t_n},u_{2t_n},u_{3t_n},u_{4t_n},u_{5t_n})^{\mathrm{T}}=J\left(\frac{\delta}{\delta u_1},\ \frac{\delta}{\delta u_2},\ \frac{\delta}{\delta u_3},\ \frac{\delta}{\delta u_4},\ \frac{\delta}{\delta u_5}\right)^{\mathrm{T}}H_n, \tag{8.2.15}$$

其中 Hamilton 函数为

$$H_n=\frac{2(\alpha_2-\alpha_1-\alpha_3)a_{n+1}}{n},\ n\geqslant 1,\quad H_0=2(u_1+u_3-u_2). \tag{8.2.16}$$

下面证明该 Hamilton 方程 (6.4.22) 是 Liouville 可积的.

令 $H(\lambda)=\sum_{n=0}^{\infty}H_n\lambda^{-n}$, 则有

$$\frac{\delta H}{\delta u}=\left(\left\langle V,\frac{\partial W}{\partial u_1}\right\rangle,\left\langle V,\frac{\partial W}{\partial u_2}\right\rangle,\left\langle V,\frac{\partial W}{\partial u_3}\right\rangle,\left\langle V,\frac{\partial W}{\partial u_4}\right\rangle,\left\langle V,\frac{\partial W}{\partial u_5}\right\rangle\right)^{\mathrm{T}}$$

直接计算, 可得

$$\begin{aligned}\frac{\delta H(\lambda)}{\delta u}J\frac{\delta H(\mu)}{\delta u}&=\langle V(\mu),V(\mu)/(\mu-\lambda)+\Delta(\mu)/\lambda\rangle_x\\&=\left\{(8aa'+2bc'+2cb'(\mu-\lambda)^{-1}+[2a(\delta_1'+\delta_3'-\delta_2')+2b\delta_5'+2c\delta_4']\lambda^{-1}\right\}_x.\end{aligned}$$

因此有

$$\{H(\lambda),H(\mu)\}=\int\left(\frac{\delta H(\lambda)}{\delta u},J\frac{\delta H(\mu)}{\delta u}\right)dx=0.$$

这表明 $\{H_n\}_{n=0}^{\infty}$ 为公共的守恒密度, 并且在 Poisson 括号作用下是对合的, 即 $\{H_n,H_m\}=0$. 我们知道 $\{dH_n\}_{n=0}^{\infty}$ 是线性无关的. 因此可知 (8.2.15) 是 Liouville 可积系统.

又因为

$$\left[J\frac{\delta H_n}{\delta u},\ J\frac{\delta H_m}{\delta u}\right]=J\frac{\delta}{\delta u}\{\tilde{H}_n,\tilde{H}_n\}=0,\quad 0\leqslant m,n<\infty,$$

其中 $\tilde{H}_n=\displaystyle\int H_n dx$. 因此 (6.4.22) 拥有一簇公共的对称 $\left\{\sigma_n=J\dfrac{\delta H_n}{\delta u}\right\}_{n=0}^{\infty}$.

§8.3 可积耦合系统

众所周知, 在孤立子和可积系统方面, 寻找新的 Lax 可积的演化方程族及它们的 Liouville 可积的 Hamilton 结构具有重要的意义. 目前人们利用谱梯度法和屠格式及其他方法来研究很多方程族的可积性. 获得了很多方程族, 如 AKNS, TA, TB, TC, BTP, Kaup-Newell, WKI 等 [13~15,46~48,217,218].

很自然的问题是怎么能够从简单方程族到复杂的, 从低维到高维来扩展已知的可积系统, 并且使得得到的可积系统中包含且并不是简单地包含原有的可积系统. 最近, Fuchssteiner 等人 [420] 提出了"可积耦合"的概念, 它起源于可积系统或孤子方程的无中心元的 Virasoro 对称代数. 下面给出可积耦合的粗略的定义 [421].

定义 8.3.1 数学上的可积耦合系统是指这样一个非平凡的系统, 它满足这样的条件: (i) 本身是可积的; (ii) 包含已知的可积系统 (如 $u_t = F(u)$) 作为自己的子系统.

简单地说, 对于一个可积的发展方程系统:

$$u_t = F(u) = F(u, u_x, u_{xx}, \cdots), \tag{8.3.1}$$

如果能获得新的更大可积的发展方程系统:

$$\begin{cases} u_t = F(u), \\ w_t = C(u, w), \end{cases} \tag{8.3.2}$$

且满足条件 $\dfrac{\partial C}{\partial [u]} \neq 0$, 那么我们说 (8.3.2) 称为 (8.3.1) 的可积耦合系统. 其中 $[u]$ 表示 u 的所有关于空间变量的导数组成的向量.

对称途径、扰动系统方法 [420,421] 和直接法已经被用于构造方程的可积耦合系统. 2000 年, Ma[422] 利用扰动法提出了一个广义理论, 用于研究 KdV 族的可积耦合系统. 但是该方法比较麻烦, 它的推广性不强. 因此发现更有效的方法来研究方程的可积耦合是很重要的. 受文献 [423] 的启发, 我们提出了一个新的 Loop 代数的一组隐式基, 基于该组基, 通过构造一个新的等谱问题, 来研究著名的 TC 族含有任意函数的可积耦合系统 [424].

§8.3.1 理论和构造方法

1. *著名的 TC 族*

考虑如下的著名的 TC 族 [217]:

$$u_t = \begin{pmatrix} q_{t_n} \\ r_{t_n} \end{pmatrix} = J \begin{pmatrix} -b_n \\ c_n \end{pmatrix}, \quad J = \begin{pmatrix} \partial & \partial \dfrac{q}{r} \\ \dfrac{q}{r}\partial & \partial \end{pmatrix}, \tag{8.3.3}$$

其对应的等谱问题为

$$\begin{aligned} &\phi_x = U(\lambda, u)\phi = U\phi, \\ &U = \begin{pmatrix} 0 & 1 + \dfrac{q+r}{2\lambda} \\ \lambda + \dfrac{q-r}{2} & 0 \end{pmatrix}, \quad \phi = \begin{pmatrix} \phi_1 \\ \phi_2 \end{pmatrix}, \quad u = \begin{pmatrix} q \\ r \end{pmatrix}. \end{aligned} \tag{8.3.4}$$

对于 (8.4), 取 Loop 代数 $L(A_1)$ 的一组基为

$$\left\{\begin{array}{l} h(n)=\begin{pmatrix} \frac{1}{2}\lambda^n & 0 \\ 0 & -\frac{1}{2}\lambda^n \end{pmatrix}, \quad e_+(n)=\begin{pmatrix} 0 & \frac{1}{2}\lambda^{n-1} \\ \frac{1}{2}\lambda^n & 0 \end{pmatrix}, \\ e_-(n)=\begin{pmatrix} 0 & \frac{1}{2}\lambda^{n-1} \\ -\frac{1}{2}\lambda^n & 0 \end{pmatrix}, \\ \deg e_\pm(n)=2n-1, \deg h(n)=2n. \end{array}\right. \tag{8.3.5}$$

它们具有如下的交换关系：

$$[h(m),\ e_\pm(n)]=e_\mp(m+n), \quad [e_-(m),\ e_+(n)]=h(m+n-1). \tag{8.3.6}$$

因此 (8.3.4) 变为

$$\phi_x=U\phi, \quad U=2e_+(1)+qe_+(0)+re_-(0). \tag{8.3.7}$$

考虑 (8.3.4) 的辅助的等谱问题：

$$\begin{aligned} \phi_{t_n} &= V^{(n)}\phi=V^{(n)}(\lambda,u)\phi, \\ V^{(n)} &= (\lambda^n V)^+ +\triangle_n \\ &= \sum_{i=0}^{n}(a_i h(n-i)+b_i e_+(n-i)+c_i e_-(n-i)) \\ &\quad +\left[\frac{q}{r}c_n-b_n\right]e_+(0), \end{aligned} \tag{8.3.8}$$

因此 (8.3.4) 和 (8.3.8) 的相容条件导致零曲率方程 $U_{t_n}-V_x^{(n)}+[U,V^{(n)}]=0$, 即 TC 族

$$u_t=\begin{pmatrix} q_{t_n} \\ r_{t_n} \end{pmatrix}=J_0\begin{pmatrix} -b_n \\ c_n \end{pmatrix}=J_0L_0^{n-1}\begin{pmatrix} 0 \\ \frac{1}{2}\beta r \end{pmatrix}, \tag{8.3.9}$$

其中 β 为常数且

$$J_0=\begin{pmatrix} \partial & \partial\frac{q}{r} \\ \frac{q}{r}\partial & \partial \end{pmatrix}, \quad L_0=-\frac{1}{4}\begin{pmatrix} 2\partial^{-1}q\partial & 2\partial^{-1}r\partial \\ 2r-\partial\frac{q}{r}\partial & 2q-\partial^2 \end{pmatrix}. \tag{8.3.10}$$

2. 理论和方法

为了用零曲率方程来研究 TC 族的可积耦合, 我们需要寻找一个更大的 Loop 代数 $\widetilde{P}$ 且构造它的基为 $\{h_i(n)(i=1,2,\cdots,m)\}$.

如果 $\widetilde{P}_1=\{h_1(n),h_2(n),h_3(n)\}$ 和 $\widetilde{P}_2=\{h_4(n),h_5(n),\cdots,h_m(n)\}$ 满足

$$[\widetilde{P}_1,\widetilde{P}_1]\subset\widetilde{P}_1,\quad [\widetilde{P}_1,\widetilde{P}_2]\subset\widetilde{P}_2,\quad [\widetilde{P}_2,\widetilde{P}_2]\subset\widetilde{P}_2, \tag{8.3.11}$$

且 $\tilde{P}_1$ 同构于 $\tilde{A}_1$, 那么对于新的等谱问题:

$$\phi_x=U\phi,\quad U=2h_2(1)+qh_2(0)+rh_3(0)+\sum_{i=3}^{m-1}u_ih_{i+1}(0)$$

及它的辅助的等谱问题

$$\phi_{t_n}=V^{(n)}\phi=V^{(n)}(\lambda,u)\phi,\quad V^{(n)}\in\tilde{P},$$

易知上两个方程的相容条件 $\phi_{xt}=\phi_{tx}$, 即

$$\phi_{xt}=U_t\phi+U\phi_t=U_t\phi+UV^{(n)}\phi=\phi_{tx}=V_x^{(n)}\phi+V^{(n)}\phi_x=V_x^{(n)}\phi+V^{(n)}U\phi_x,$$

导致零曲率方程

$$U_{t_n}-V_x^{(n)}+[U,V^{(n)}]=0.$$

该方程就是我们要找的 TC 族的可积耦合.

§8.3.2　TC 族的可积耦合

根据上面的一般理论, 我们下面构造一个新的 Loop 代数 $\tilde{P}$ 且 $m=5$, 它的一组基为 $\{h_1(n),h_2(n),h_3(n),h_4(n),h_5(n)\}$ 且满足下面的交换关系 [424]:

$$\begin{cases}[h_1(m),h_2(n)]=h_3(m+n),\quad [h_1(m),h_3(n)]=h_2(m+n),\\ [h_1(m),h_4(n)]=0,\quad [h_1(m),h_5(n)]=0,\\ [h_2(m),h_3(n)]=-h_1(m+n-1),\quad [h_2(m),h_4(n)]=h_5(m+n),\\ [h_2(m),h_5(n)]=h_4(m+n),\quad [h_3(m),h_4(n)]=h_5(m+n),\\ [h_3(m),h_5(n)]=h_4(m+n),\quad [h_4(m),h_5(n)]=0,\\ \deg\ h_1(n)=2n,\\ \deg\ h_2(n)=\deg\ h_3(n)=\deg\ h_4(n)=\deg\ h_5(n)=2n-1.\end{cases} \tag{8.3.12}$$

令

$$\tilde{P}_1=\{h_1(n),h_2(n),h)3(n)\},\quad \tilde{P}_2=\{h_4(n),h_5(n)\}. \tag{8.3.13}$$

那么易知 $\tilde{P}_1$ 同构于 $\tilde{A}_1$ 且有 $[\tilde{P},\tilde{P}_2]\subset\tilde{P}_2$.

为了构造 TC 族的可积耦合, 选择 Loop 代数 $\tilde{P}$ 中的等谱问题为

$$\begin{cases}\phi_x=U\phi,\quad \lambda_t=0,\\ U=2h_2(1)+u_1h_2(0)+u_2h_3(0)+u_3h_4(0)+u_4h_5(0).\end{cases} \tag{8.3.14}$$

其伴随方程为

$$V_x = [U, V] \equiv UV - VU, \tag{8.3.15}$$

且

$$V = \sum_{m=0}^{\infty} \left[a_m h_1(-m) + b_m h_2(-m) + c_m h_3(-m) + d_m h_4(-m) + e_m h_5(-m)\right],$$

其中 $a_m, b_m, c_m, d_m, e_m (m = 0, 1, 2, \cdots)$ 为 $u_i (i = 1, 2, 3, 4, 5)$ 的待定函数.

由 (8.3.15) 得

$$\begin{cases} a_{m,x} = -u_1 c_{m-1} + u_2 b_{m-1} - 2c_m, \\ b_{m,x} = -u_2 a_m, \\ c_{m,x} = -u_1 a_m - 2a_{m+1}, \\ d_{m,x} = 2e_{m+1} + (u_1 + u_2)e_m - u_4(b_m + c_m), \\ e_{m,x} = 2d_{m+1} + (u_1 + u_2)d_m - u_3(b_m + c_m). \end{cases} \tag{8.3.16}$$

从 (8.3.16) 可推出如下的递推公式:

$$(-b_{n+1},\ c_{n+1},\ d_{n+1},\ e_{n+1})^{\mathrm{T}} = L(-b_n,\ c_n,\ d_n,\ e_n)^{\mathrm{T}}, \tag{8.3.17}$$

其中

$$L = \begin{pmatrix} -\frac{1}{2}\partial^{-1}u_1\partial & -\frac{1}{2}\partial^{-1}u_2\partial & 0 & 0 \\ -\frac{1}{2}u_2 + \frac{1}{4}\partial\frac{u_1}{u_2}\partial & -\frac{1}{2}u_1 + \frac{1}{4}\partial^2 & 0 & 0 \\ -\frac{1}{2}u_3 & \frac{1}{2}u_3 & -\frac{1}{2}(u_1 + u_2) & \frac{1}{2}\partial \\ -\frac{1}{2}u_4 & \frac{1}{2}u_4 & \frac{1}{2}\partial & -\frac{1}{2}(u_1 + u_2) \end{pmatrix}, \tag{8.3.18}$$

$\partial = \dfrac{\partial}{\partial x}$, $\partial\partial^{-1} = \partial^{-1}\partial = 1$.

如果取初值为 $a_0 = 0$, $b_0 = \beta = \text{const}.$ $c_0 = d_0 = e_0 = 0$, 那么从 (8.3.17) 和 (8.3.18) 得到

$$a_1 = 0,\quad b_1 = 0,\quad c_1 = \frac{1}{2}\beta u_2,\quad d_1 = \frac{1}{2}\beta u_3,\quad e_1 = \frac{1}{2}\beta u_4,$$

$$a_2 = -\frac{1}{4}\beta u_{2x},\quad b_2 = \frac{1}{8}\beta u_2^2,\quad c_2 = \frac{1}{8}(u_{2,xx} - 2u_1 u_2),$$

$$d_2 = \frac{1}{4}\beta u_{4x} - \frac{1}{4}\beta u_1 u_3,\quad e_2 = \frac{1}{4}\beta u_{3x} - \frac{1}{4}\beta u_1 u_4, \cdots.$$

令

$$\begin{cases}(\lambda^n V)_+ = \sum_{m=0}^n [a_m h_1(n-m) + b_m h_2(n-m) + c_m h_3(n-m) \\ \qquad\qquad +d_m h_4(n-m) + e_m h_5(n-m)], \\ (\lambda^n V)_- = \lambda^n V - (\lambda^n V)_+.\end{cases} \tag{8.3.19}$$

则从 (8.3.15) 和 (8.3.19), 可得

$$-(\lambda^n V)_{+,x} + [U, (\lambda^n V)_+] = (\lambda^n V)_{-,x} - [U, (\lambda^n V)_-], \tag{8.3.20}$$

易知 (8.3.20) 的左侧项的次 $\leqslant -2$, 而右侧项的次 $\geqslant -1$. 因此 (8.3.20) 两侧的次应为 -1 和 -2, 即

$$\begin{aligned}-(\lambda^n V)_{+,x} + [U, (\lambda^n V)_+] = &(u_2 b_n - u_1 c_n) h_1(-1) - (b_{n,x} + u_2 a_n) h_2(0) \\ &-(c_{nx} + u_1 a_n) h_3(0) + [-d_{nx} + u_1 e_n + u_2 e_n \\ &-u_4(b_n + c_n)] h_4(0) + [-e_{nx} + u_1 d_n \\ &+u_2 d_n - u_3(b_n + c_n)] h_5(0).\end{aligned} \tag{8.3.21}$$

为了删去 $(u_2 b_n - u_1 c_n) h_1(-1)$, 引入修正项:

$$\Delta_n = \left[\frac{u_1}{u_2} c_n - b_n\right] h_2(0) + \delta_{1n} h_4(0) + \delta_{2n} h_5(0), \tag{8.3.22}$$

其中 δ_{1n} 和 δ_{2n} 为 $u_i (i = 1, 2, 3, 4, 5)$ 的任意函数.

因此, 如果令

$$V^{(n)} = (\lambda^n V)_+ + \Delta_n, \tag{8.3.23}$$

那么可得

$$\begin{aligned}-(\lambda^n V)_{+,x} + [U, (\lambda^n V)_+] = &\left(b_n - \frac{u_1}{u_2} c_n\right)_x h_2(0) + \left(c_{nx} - \frac{u_1}{u_2} b_{nx}\right) h_3(0) \\ &+ \left[-d_{nx} - \delta_{1nx} + (u_1 + u_2)(e_n + \delta_{2n}) - u_4 \left(1 + \frac{u_1}{u_2}\right) c_n\right] h_4(0) \\ &+ \left[-e_{nx} - \delta_{2nx} + (u_1 + u_2)(d_n + \delta_{1n} - u_3 \left(1 + \frac{u_1}{u_2}\right) c_n\right] h_5(0).\end{aligned} \tag{8.3.24}$$

因此据零曲率方程, 有如下的具有两个任意函数的 Lax 可积的方程族:

$$u_{t_n}=\begin{pmatrix}u_1\\u_2\\u_3\\u_4\end{pmatrix}_{t_n}=-\begin{pmatrix}\left(b_n-\dfrac{u_1}{u_2}c_n\right)_x\\-\left(c_{nx}-\dfrac{u_1}{u_2}b_{nx}\right)\\-d_{nx}-\delta_{1nx}+(u_1+u_2)(e_n+\delta_{2n})-u_4\left(1+\dfrac{u_1}{u_2}\right)c_n\\-e_{nx}-\delta_{2nx}+(u_1+u_2)(d_n+\delta_{1n})-u_3\left(1+\dfrac{u_1}{u_2}\right)c_n\end{pmatrix}. \tag{8.3.25}$$

它的 Lax 对为

$$\phi_x=U\phi,\quad \phi_{t_n}=V^{(n)}\phi, \tag{8.3.26}$$

其中 U 和 $V^{(n)}$ 分别为 (8.3.14) 和 (8.3.23).

注 8.3.2 特别地, 取 $\delta_{1n}=\delta_{2n}=0$, 则有

$$u_{t_n}=\begin{pmatrix}u_1\\u_2\\u_3\\u_4\end{pmatrix}_{t_n}=-\begin{pmatrix}\left(b_n-\dfrac{u_1}{u_2}c_n\right)_x\\-\left(c_{nx}-\dfrac{u_1}{u_2}b_{nx}\right)\\-d_{nx}+(u_1+u_2)e_n-u_4\left(1+\dfrac{u_1}{u_2}\right)c_n\\-e_{nx}+(u_1+u_2)d_n-u_3\left(1+\dfrac{u_1}{u_2}\right)c_n\end{pmatrix}$$

$$=\begin{pmatrix}\partial & \partial\dfrac{u_1}{u_2} & 0 & 0\\ \dfrac{u_1}{u_2}\partial & \partial & 0 & 0\\ 0 & u_4+\dfrac{u_1u_4}{u_2} & \partial & -(u_1+u_2)\\ 0 & u_3+\dfrac{u_1u_3}{u_2} & -(u_1+u_2) & \partial\end{pmatrix}\begin{pmatrix}-b_n\\c_n\\d_n\\e_n\end{pmatrix}$$

$$=J\begin{pmatrix}-b_n\\c_n\\d_n\\e_n\end{pmatrix}=JL^{n-1}\begin{pmatrix}-b_1\\c_1\\d_n\\e_1\end{pmatrix}=JL^{n-1}\begin{pmatrix}0\\\frac{1}{2}\beta u_2\\\frac{1}{2}\beta u_3\\\frac{1}{2}\beta u_4\end{pmatrix}. \tag{8.3.27}$$

令

$$w_{t_n} = \begin{pmatrix} u_1 \\ u_2 \end{pmatrix}_{t_n}, \qquad v_{t_n} = \begin{pmatrix} u_3 \\ u_4 \end{pmatrix}_{t_n},$$

那么 (8.3.27) 可改写为

$$\begin{aligned} w_{t_n} &= \begin{pmatrix} u_1 \\ u_2 \end{pmatrix}_{t_n} = \begin{pmatrix} \partial & \partial\dfrac{u_1}{u_2} & 0 & 0 \\ \dfrac{u_1}{u_2}\partial & \partial & 0 & 0 \end{pmatrix} \begin{pmatrix} -b_n \\ c_n \\ d_n \\ e_n \end{pmatrix} \\ &= J_0 \begin{pmatrix} -b_n \\ c_n \end{pmatrix} = J_0 L_0^{n-1} \begin{pmatrix} 0 \\ \dfrac{1}{2}\beta u_2 \end{pmatrix} = F_n(w), \end{aligned}$$

$$\begin{aligned} v_{t_n} = \begin{pmatrix} u_3 \\ u_4 \end{pmatrix}_{t_n} &= \begin{pmatrix} 0 & u_4 + \dfrac{u_1 u_4}{u_2} & \partial & -(u_1+u_2) \\ 0 & u_3 + \dfrac{u_1 u_3}{u_2} & -(u_1+u_2) & \partial \end{pmatrix} \begin{pmatrix} -b_n \\ c_n \\ d_n \\ e_n \end{pmatrix} \\ &= C_n(w, v). \end{aligned} \tag{8.3.28}$$

如果令 $u_1 = q, u_2 = r$, 那么可得 (8.3.28) 的第一个方程族:

$$w_{t_n} = F_n(w) = J_0 L_0^{n-1} \begin{pmatrix} 0 \\ \dfrac{1}{2}\beta r \end{pmatrix}, \tag{8.3.29}$$

它正是TC 族 (8.3.9).

注 8.3.3 当 $n = 2, \beta = 8$, (8.3.28) 变为

$$\begin{cases} w_{t_2} = \begin{pmatrix} u_1 \\ u_2 \end{pmatrix}_{t_2} = F_2(w) = \begin{pmatrix} \left(\dfrac{u_1}{u_2}u_{2xx} - 2u_1^2 - u_2^2\right)_x \\ u_{2xxx} - 2u_{1x}u_2 - 4u_1u_{2x} \end{pmatrix}, \\ v_{t_2} = \begin{pmatrix} u_3 \\ u_4 \end{pmatrix}_{t_2} = C_2(w, v) \\ = \begin{pmatrix} 2u_{4xx} - 2u_{1x}u_3 - 2u_2u_{3x} + u_4(1 + \dfrac{u_1}{u_2})(u_{2xx} - 2u_1u_2) + u_1u_4(u_1+u_2) \\ 2u_{3xx} - 2u_{1x}u_4 - 2u_2u_{4x} + u_3(1 + \dfrac{u_1}{u_2})(u_{2xx} - 2u_1u_2) + u_1u_3(u_1+u_2) \end{pmatrix}. \end{cases} \tag{8.3.30}$$

如果令 $u_1 = q, u_2 = r$, 那么 (8.3.29) 的第一个方程正是文献 [217] 中 (8.3.20). 当 $q = \pm r$, 该系统约化为KdV 方程. 另外可证 $\dfrac{\partial C_2(w,v)}{\partial [w]} \neq 0$. 并且因为 (8.3.28) 拥有 Lax 对, 因此我们说 (8.3.28) 是可积的. 根据前面的可积耦合的定义, 可知 (8.3.28) 是我们要寻找的TC 族 (8.3.9) 的可积耦合系统.

§8.4 高阶约束流和可积性

§8.4.1 基本理论和方法

1. 谱梯度法

下面简单地介绍谱梯度法的一些基本理论 [425,426]. 对于等谱问题

$$\psi_x = U(u,\lambda)\psi, \quad \psi = (\psi_1, \cdots, \psi_N)^{\mathrm{T}}. \tag{8.4.1}$$

考虑它的伴随的谱问题

$$\phi_x = -U^{\mathrm{T}}\phi, \quad \phi = (\phi_1, \cdots, \phi_N)^{\mathrm{T}}. \tag{8.4.2}$$

令 $\bar{V} = \psi\phi$. 那么容易验证

$$\bar{V}_x = [U, \bar{V}]. \tag{8.4.3}$$

对 (8.4.1) 两边取 Fretchet (或 Gateaux) 导数, 得

$$\partial_x \psi'[\sigma_i] = U'[\sigma_i]\psi + U\psi'[\sigma_i] = \left(\frac{\partial U}{\partial \lambda}\lambda'[\sigma_i] + \frac{\partial U}{\partial u_i}u_i'[\sigma_i]\right)\psi + U\psi'[\sigma_i]. \tag{8.4.4}$$

因此有

$$\langle \phi, \partial_x \psi'[\sigma_i]\rangle = \left\langle \phi, \frac{\partial U}{\partial \lambda}\psi\lambda'[\sigma_i]\right\rangle + \left\langle \phi, \frac{\partial U}{\partial u_i}\psi u_i'[\sigma_i]\right\rangle + \langle \phi, U\psi'[\sigma_i]\rangle. \tag{8.4.5}$$

又因为

$$\begin{aligned}(\phi, \partial_x \psi'[\sigma_i]) &= \int_{-\infty}^{\infty} \langle \phi, \partial_x \psi'[\sigma_i]\rangle\, dx = -\int_{-\infty}^{\infty} \langle \partial_x \phi, \psi'[\sigma_i]\rangle\, dx \\ &= \int_{-\infty}^{\infty} \langle \phi U, \psi'[\sigma_i]\rangle\, dx = \int_{-\infty}^{\infty} \langle \phi, U\psi'[\sigma_i]\rangle\, dx.\end{aligned} \tag{8.4.6}$$

所以从 (8.4.5) 和 (8.4.6), 可得

$$\int_{-\infty}^{\infty} \left[\left\langle \bar{V}, \frac{\partial U}{\partial \lambda}\right\rangle \lambda'[\sigma_i] + \left\langle \bar{V}, \frac{\partial U}{\partial u_i}\right\rangle \sigma_i\right] dx = 0,$$

表明

$$\lambda'[\sigma_i] = \Gamma \int_{-\infty}^{\infty} \left\langle \bar{V}, \frac{\partial U}{\partial u_i}\right\rangle \sigma_i dx, \tag{8.4.7}$$

其中

$$\Gamma = -\left(\int_{-\infty}^{\infty} \left\langle \bar{V}, \frac{\partial U}{\partial \lambda}\right\rangle dx\right)^{-1} = \mathrm{const}.$$

因为

$$\lambda'[\sigma_i] = \frac{d}{d\varepsilon}|_{\varepsilon=0}\lambda(u_1,\cdots,u_i+\varepsilon\sigma_i\cdots,u_s) = \int_{-\infty}^{\infty}\frac{\delta\lambda}{\delta u_i}\sigma_i dx.$$

因此从 (8.4.7), 可得

$$\frac{\delta\lambda}{\delta u_i} = \left\langle \Gamma\bar{V}, \frac{\partial U}{\partial u_i}\right\rangle.$$

定理 8.4.1　(8.4.1) 的谱梯度满足驻定零曲率方程, 即 $(\nabla\lambda)_x = [U,\nabla\lambda]$, 其中 $\nabla\lambda = \left(\frac{\delta\lambda}{\delta u_1},\cdots,\frac{\delta\lambda}{\delta u_s}\right)$.

注 8.4.2　特别地, 当 $N=2$ 时, 在 $sl(2,C)$ 中, 容易知道 $\phi=\psi^{\mathrm{T}}J$, $J=\begin{pmatrix}0 & -1\\ 1 & 0\end{pmatrix}$ 满足 (8.4.2). 因此有

$$\bar{V} = \psi\phi = \psi\psi^{\mathrm{T}}J = \begin{pmatrix}\psi_1\psi_2 & -\psi_1^2\\ \psi_2^2 & -\psi_1\psi_2\end{pmatrix}. \tag{8.4.8}$$

定义 8.4.3　如果算子 K,J 满足 $K\nabla\lambda = \lambda^k\nabla\lambda$ (k 为常数), 则称 K,J 为Lenard 算子对.

利用 Lenard 算子可得到如下的递推序列:

(i) $JG_{-1}=0,\quad KG_j = JG_{j+1},\quad j\in Z^+$.

(ii) $KG_{-1}=0,\quad JG_j = KG_{j+1},\quad j\in Z^-$.

当 $j>-1$ 时, 得到高阶发展方程 $u_t = X_j = JG_j$, $j=-1$ 时, 得到平凡发展方程 $u_t=0$, 而 $j<-1$ 时, 得到反向发展方程 [181].

2. 非线性化

A. **Lax对非线性化法**[178,225]

对于第一型的 Lenard 序列, 有如下两种重要的约束条件:

(i) Bargman 约束.　$G_0 = \sum_{j=1}^N \nabla\lambda_j = \sum_{j=1}^N \gamma_j\frac{\delta\lambda_j}{\delta u_j}$,

(ii) Neuman 约束.　$G_{-1} = \sum_{j=1}^N \nabla\lambda_j = \sum_{j=1}^N \gamma_j\frac{\delta\lambda_j}{\delta u_j}$.

B. **Lax对和伴随 Lax 对的双非线性化法**[229,230,427,428]

考虑这样的约束

$$G_{m_0} = \sum_{j=1}^N E_j\mu_j\nabla\lambda_j = \sum_{j=1}^N \mu_j\psi^{(j)\mathrm{T}}\frac{\partial U(u,\lambda_j)}{\partial u}\phi^{(j)}, \tag{8.4.9}$$

其中 $E_j = -\int_\Omega \psi^{(j)\mathrm{T}}\frac{\partial U(u,\lambda_j)}{\partial\lambda_j}\phi^{(j)}dx$.

从 (8.4.9) 可以推出几种不同的约束条件:

(i) Bargman 约束. (8.4.9) 与 u 的任何空间导数无关, 且从 (8.4.9) 可解出 u,

(ii) Neuman 约束. (8.4.9) 与 u 的任何空间导数无关, 且从 (8.4.9) 中不可能可解出 u,

(iii) Ostrogradsky 约束. (8.4.9) 与 u 的空间导数有关.

3. 高阶约束流、Lax 表示和 r 矩阵

考虑 Hamilton 方程族 (8.1.13) 的约束条件 [227]:

$$\frac{\delta H_k}{\delta u} - \beta \sum_{j=1}^{N} \frac{\delta \lambda_j}{\delta u} = 0, \quad k = 0, 1, \cdots. \tag{8.4.10}$$

当 $k=0$, 从 (6.1.15) 一般可得到 Bargman 约束条件 (i), 而对于 $k \geqslant 1$, 可得到高阶约束条件. 利用这些约束条件, 可获得相应的约束流. 再利用伴随表示可得到约束流的 Lax 表示, 根据 Lax 阵可研究约束流的 r 矩阵及有限对合系统. 利用 r 矩阵可引入分离变量, 以至于将 Hamilton 系统分离.

§8.4.2 G 族的高阶约束流和可积性

考虑如下的 G 族 [221] 对应的等谱问题的阶约束流和可积性问题 [429]:

$$\phi_x = U\phi = U(\lambda, u), \quad \phi = (\phi_1, \phi_2)^{\mathrm{T}}, \quad u = (q, r)^{\mathrm{T}},$$
$$U = \frac{1}{2}\begin{pmatrix} \lambda^{-1} & q+r \\ q-r & -\lambda^{-1} \end{pmatrix}. \tag{8.4.11}$$

(8.4.11) 对应的伴随表示为

$$V_x = [U, V], \qquad V = \sum_{m=0}^{\infty} V_m \lambda^{-m},$$
$$V_m = \frac{1}{2}\begin{pmatrix} a_m & b_m + c_m \\ b_m - c_m & -a_m \end{pmatrix}. \tag{8.4.12}$$

由此可得

$$a_0 = 1, \quad b_0 = c_0 = a_1 = 0, \quad b_1 = q, \quad c_1 = r,$$
$$a_2 = \tfrac{1}{2}(r^2 - q^2), \quad b_2 = r_x, \quad c_2 = q_x, \quad a_3 = q_x r - q r_x,$$
$$b_3 = q_{xx} + \tfrac{1}{2}(qr^2 - q^3), \quad c_3 = r_{xx} + \tfrac{1}{2}(r^3 - q^2 r), \cdots$$

及递推公式

$$\begin{pmatrix} b_{m+1} \\ -c_{m+1} \end{pmatrix} = \begin{pmatrix} q\partial^{-1}r & -\partial + q\partial^{-1}q \\ -\partial - r\partial^{-1}r & -r\partial^{-1}q \end{pmatrix} \begin{pmatrix} b_m \\ -c_m \end{pmatrix} = L \begin{pmatrix} b_m \\ -c_m \end{pmatrix}, \tag{8.4.13a}$$

$$a_{m+1,x} = rb_{m+1} - qc_{m+1}, \quad \partial = \frac{\partial}{\partial x}, \quad \partial\partial^{-1} = \partial^{-1}\partial = 1. \tag{8.4.13b}$$

考虑 (8.4.11) 的辅助的等谱问题：

$$\phi_{t_n} = V^{(n)}\phi = V^{(n)}(\lambda, u)\phi, \qquad V^{(n)} = \sum_{m=0}^{n} V_m \lambda^{n-m}. \tag{8.4.14}$$

因此可证明 Lax 对 (8.4.11) 和 (8.4.14) 的相容条件 $\phi_{xt} = \phi_{tx}$ 导致零曲率方程 $U_{t_n} - V_x^{(n)} + [U, V^{(n)}] = 0$, 然后由迹恒等式可得 G 族的 Hamilton 结构：

$$u_{t_n} = \begin{pmatrix} q \\ r \end{pmatrix}_{t_n} = J\frac{\delta H_n}{\delta u}, \tag{8.4.15}$$

其中

$$J = \begin{pmatrix} \partial + r\partial^{-1}r & r\partial^{-1}q \\ q\partial^{-1}r & -\partial - q\partial^{-1}q \end{pmatrix}, \quad H_n = -\frac{a_{n+1}}{n+1}, \quad n = 0, 1, \cdots.$$

为了构造有限维的可积 Hamilton 系, 令 $\lambda_j (j = 1, 2, \cdots, N)$ 为 (8.4.11) 的 N 个不同的特征值, 且 $\phi_j = (\phi_{1j}, \phi_{2j})^{\mathrm{T}}$ 为相应的向量, 那么 (8.4.11) 变为

$$\begin{pmatrix} \phi_{1j} \\ \phi_{2j} \end{pmatrix}_x = \frac{1}{2}\begin{pmatrix} \lambda_j^{-1} & q + r \\ q - r & -\lambda_j^{-1} \end{pmatrix}\begin{pmatrix} \phi_{1j} \\ \phi_{2j} \end{pmatrix}, \quad j = 1, \cdots, N. \tag{8.4.16}$$

直接计算可得谱梯度为

$$\nabla\lambda_j = \frac{\delta\lambda_j}{\delta u} = \left(\frac{\delta\lambda_j}{\delta q}, \frac{\delta\lambda_j}{\delta r}\right)^{\mathrm{T}} = \frac{1}{4}\Gamma_j^{-1}\begin{pmatrix} \phi_{2j}^2 - \phi_{1j}^2 \\ \phi_{2j}^2 + \phi_{1j}^2, \end{pmatrix}, \tag{8.4.17}$$

其中 $\Gamma = \int (\lambda_j^{-2}\phi_{1j}^2\phi_{2j}^2) dx$.

A. 高阶约束流

下面引入如下的约束条件

$$\frac{\delta H_{k+1}}{\delta u} = \begin{pmatrix} b_{k+1} \\ -c_{k+1} \end{pmatrix} = \beta\sum_{j=1}^{N}\frac{\delta\lambda_j}{\delta u} = \frac{\beta}{4}\begin{pmatrix} \langle\Phi_2, \Phi_2\rangle - \langle\Phi_1, \Phi_1\rangle \\ \langle\Phi_2, \Phi_2\rangle + \langle\Phi_1, \Phi_1\rangle \end{pmatrix}, \tag{8.4.18}$$

其中 $\Phi_i = (\phi_{i1}, \phi_{i2}, \cdots, \phi_{iN})^{\mathrm{T}} (i = 1, 2)$, $\langle \cdot, \cdot \rangle$ 为 R^N 中标准内积, β 为恰当的常数.

情况 1. 当 $k = 0$ 时, 得到第一个约束条件：

$$\frac{\delta H_1}{\delta u} = \begin{pmatrix} q \\ -r \end{pmatrix} = \frac{\beta}{4}\begin{pmatrix} \langle\Phi_2, \Phi_2\rangle - \langle\Phi_1, \Phi_1\rangle \\ \langle\Phi_2, \Phi_2\rangle + \langle\Phi_1, \Phi_1\rangle \end{pmatrix}. \tag{8.4.19}$$

在该条件下, (8.4.16) 约化为正则的约束流:

$$\Phi_{1x} = \frac{\partial \tilde{H}_1}{\partial \Phi_2}, \quad \Phi_{2x} = -\frac{\partial \tilde{H}_1}{\partial \Phi_1}, \tag{8.4.20}$$

其中 Hamilton 函数为

$$\tilde{H}_1 = \frac{1}{2}\left\langle \Lambda^{-1}\Phi_1, \Phi_2 \right\rangle - \frac{1}{4}\beta \left\langle \Phi_1, \Phi_1 \right\rangle \left\langle \Phi_2, \Phi_2 \right\rangle, \tag{8.4.21}$$

其中 $\Lambda = \mathrm{diag}(\lambda_1, \cdots, \lambda_N)$,

情况 2. 当 $k=1$, $\beta=-1$ 时, 得到第二个约束条件:

$$\frac{\delta H_2}{\delta u} = \begin{pmatrix} r_x \\ -q_x \end{pmatrix} = -\frac{1}{4}\begin{pmatrix} \langle \Phi_2, \Phi_2 \rangle - \langle \Phi_1, \Phi_1 \rangle \\ \langle \Phi_2, \Phi_2 \rangle + \langle \Phi_1, \Phi_1 \rangle \end{pmatrix}, \tag{8.4.22}$$

其中 $H_2 = \int_{-\infty}^{\infty} q r_x dx$. 引入 Jacobi-Ostrogradsky 坐标:

$$\begin{aligned} &q_{N+1} = q, \quad p_{N+1} = r, \\ &Q = (\phi_{11}, \cdots, \phi_{1N}, q_{N+1})^{\mathrm{T}}, \ P = (\phi_{21}, \cdots, \phi_{2N}, p_{N+1})^{\mathrm{T}}, \end{aligned} \tag{8.4.23}$$

在该条件下, (8.4.16) 约化为高阶正则的约束流:

$$Q_x = \frac{\partial \tilde{H}_2}{\partial P}, \quad P_x = -\frac{\partial \tilde{H}_2}{\partial Q}, \tag{8.4.24}$$

其中 Hamilton 函数为

$$\begin{aligned} \tilde{H}_2 = &\frac{1}{2}\left\langle \Lambda^{-1}\Phi_1, \Phi_2 \right\rangle + \frac{1}{4}(p_{N+1} + q_{N+1}) \left\langle \Phi_2, \Phi_2 \right\rangle \\ &- \frac{1}{4}(q_{N+1} - p_{N+1}) \left\langle \Phi_1, \Phi_1 \right\rangle. \end{aligned} \tag{8.4.25}$$

情况 3. 当 $k=2$ 时, 得到第三个约束条件

$$\frac{\delta H_3}{\delta u} = \begin{pmatrix} q_{xx} + \frac{1}{2}(qr^2 - q^3) \\ -r_{xx} - \frac{1}{2}(r^3 - q^2 r) \end{pmatrix} = \frac{\beta}{4}\begin{pmatrix} \langle \Phi_2, \Phi_2 \rangle - \langle \Phi_1, \Phi_1 \rangle \\ \langle \Phi_2, \Phi_2 \rangle + \langle \Phi_1, \Phi_1 \rangle \end{pmatrix}, \tag{8.4.26}$$

其中 $H_3 = \int_{-\infty}^{\infty} \frac{1}{2}\left(q_x^2 - r_x^2 + \frac{1}{2}q^2 r^2 - \frac{1}{4}q^4 - \frac{1}{4}r^4\right) dx$. 引入 Jacobi-Ostrogradsky 坐标:

$$q_{N+1} = q, \quad q_{N+2} = -\frac{1}{\beta} r_x, \quad p_{N+1} = -\frac{1}{\beta} q_x, \quad p_{N+2} = r,$$

$$Q = (\phi_{11}, \cdots, \phi_{1N}, q_{N+1}, q_{N+2})^{\mathrm{T}}, \quad P = (\phi_{21}, \cdots, \phi_{2N}, p_{N+1}, p_{N+2})^{\mathrm{T}},$$

在该条件下, (8.4.16) 约化为高阶正则的约束流:

$$Q_x = \frac{\partial \tilde{H}_3}{\partial P}, \quad P_x = -\frac{\partial \tilde{H}_3}{\partial Q}, \tag{8.4.27}$$

其中 Hamilton 函数为

$$\begin{aligned}\tilde{H}_3 =& \frac{1}{2}\left\langle \Lambda^{-1}\Phi_1, \Phi_2\right\rangle + \frac{1}{4}(p_{N+2}+q_{N+1})\left\langle \Phi_2, \Phi_2\right\rangle \\ &- \frac{1}{4}(q_{N+1}-p_{N+2})\left\langle \Phi_1, \Phi_1\right\rangle - \frac{1}{2}\beta q_{N+1}^2 + \frac{1}{2}\beta p_{N+2}^2 \\ &- \frac{1}{4\beta}q_{n+1}^2 p_{N+2}^2 - \frac{1}{8\beta}q_{N+1}^4 + \frac{1}{8\beta}p_{N+2}^4.\end{aligned} \tag{8.4.28}$$

B. Lax 表示和 r 矩阵

为推导约束流 (7.3.11), (7.3.16) 和 (7.3.20)的 Lax 表示, 首先引入如下的高阶项

$$\begin{pmatrix} \tilde{b}_{m+1} \\ -\tilde{c}_{m+1} \end{pmatrix} = \frac{\beta}{4}\begin{pmatrix} \langle \Lambda^{m-k}\Phi_2, \Phi_2\rangle - \langle \Lambda^{m-k}\Phi_1, \Phi_1\rangle \\ \langle \Lambda^{m-k}\Phi_2, \Phi_2\rangle + \langle \Lambda^{m-k}\Phi_1, \Phi_1\rangle \end{pmatrix}, \quad m \geqslant k \tag{8.4.29}$$

$$\begin{gathered}\tilde{a}_{m+1} = \frac{1}{2}\beta\langle \Lambda^{m-k}\Phi_1, \Phi_2\rangle, \quad m \geqslant k, \\ \tilde{a}_m = a_m, \quad \tilde{b}_m = b_m, \quad \tilde{c}_m = c_m, \quad m < k.\end{gathered} \tag{8.4.30}$$

令

$$M^{(k)}(\lambda) = \lambda^k \sum_{m=0}^{\infty} \tilde{V}_m \lambda^{-m} = \frac{1}{2}\lambda^k \sum_{m=0}^{\infty} \begin{pmatrix} \tilde{a}_m & \tilde{b}_m + \tilde{c}_m \\ \tilde{b}_m - \tilde{c}_m & -\tilde{a}_m \end{pmatrix} \lambda^{-m}.$$

由 (8.4.29) 和 (8.4.30), 可得

$$\begin{aligned} M^{(k)}(\lambda) =& \lambda^{k-m}\tilde{V}_m + \sum_{m=k+1}^{\infty} \tilde{v}_m \lambda^{k-m} \\ =& \sum_{m=0}^{k} \tilde{v}_m \lambda^{k-m} + \frac{1}{2}\sum_{m=0}^{\infty}\begin{pmatrix} \tilde{a}_{m+1} & \tilde{b}_{m+1} + \tilde{c}_{m+1} \\ \tilde{b}_{m+1} - \tilde{c}_{m+1} & -\tilde{a}_{m+1} \end{pmatrix} \lambda^{k-m+1}. \end{aligned}$$

又因为

$$\sum_{m=k}^{\infty} \frac{1}{2}\tilde{a}_{m+1}\lambda^{k-m-1} = \frac{\beta}{4\lambda}\sum_{m=0}^{\infty}\sum_{i=1}^{N}\left(\frac{\lambda_i}{\lambda}\right)^m \phi_{1i}\phi_{2i} = \frac{\beta}{4}\sum_{i=1}^{N}\frac{\phi_{1i}\phi_{2i}}{\lambda-\lambda_i},$$

$$\frac{1}{2}\sum_{m=k}^{\infty}(\tilde{b}_{m+1}+\tilde{c}_{m+1})\lambda^{k-m-1} = \frac{-\beta}{4\lambda}\sum_{m=0}^{\infty}\sum_{i=1}^{N}\left(\frac{\lambda_i}{\lambda}\right)^m \phi_{1i}^2 = \frac{\beta}{4}\sum_{i=1}^{N}\frac{-\phi_{1i}^2}{\lambda-\lambda_i},$$

$$\sum_{m=k}^{\infty}\frac{1}{2}(\tilde{b}_{m+1}-\tilde{c}_{m+1})\lambda^{k-m-1} = \frac{\beta}{4\lambda}\sum_{m=0}^{\infty}\sum_{i=1}^{N}\left(\frac{\lambda_i}{\lambda}\right)^m \phi_{2i}^2 = \frac{\beta}{4}\sum_{i=1}^{N}\frac{\phi_{2i}^2}{\lambda-\lambda_i},$$

因此可知 $M^{(k)}$ 满足伴随表示：

$$M_x^{(k)}(\lambda) = [U,\ M^{(k)}(\lambda)]. \tag{8.4.31}$$

就是约束流 (8.4.20), (8.4.24) 和 (8.4.27) 的 Lax 表示. 其中 $M^{(k)}, U$ 分别为：

情况 1. 当 $k=0$ 时,

$$M^{(0)} = \begin{pmatrix} \frac{1}{2} & 0 \\ 0 & -\frac{1}{2} \end{pmatrix} + \frac{\beta}{4}\sum_{i=1}^{N}\frac{1}{\lambda-\lambda_i}\begin{pmatrix} \phi_{1i}\phi_{2i} & -\phi_{1i} \\ \phi_{2i}^2 & -\phi_{1i}\phi_{2i} \end{pmatrix},$$

$$U = \begin{pmatrix} \frac{1}{2}\lambda^{-1} & -\frac{1}{4}\beta\langle\Phi_1,\Phi_1\rangle \\ \frac{1}{4}\beta\langle\Phi_2,\Phi_2\rangle & -\frac{1}{2}\lambda^{-1} \end{pmatrix}.$$

情况 2. 当 $k=1, \beta=-1$ 时,

$$M^{(1)} = \begin{pmatrix} \frac{1}{2}\lambda & \frac{1}{2}(q_{N+1}+p_{N+1}) \\ \frac{1}{2}(q_{N+1}-p_{N+1}) & -\frac{1}{2}\lambda \end{pmatrix} - \frac{1}{4}\sum_{i=1}^{N}\frac{1}{\lambda-\lambda_i}\begin{pmatrix} \phi_{1i}\phi_{2i} & -\phi_{1i} \\ \phi_{2i}^2 & -\phi_{1i}\phi_{2i} \end{pmatrix},$$

$$U = \begin{pmatrix} 1/2\lambda^{-1} & 1/2(q_{N+1}+p_{N+1}) \\ 1/2(q_{N+1}-p_{N+1}) & -1/2\lambda^{-1} \end{pmatrix}.$$

情况 3. 当 $k=2$ 时,

$$M^{(2)} = \frac{1}{2}\begin{pmatrix} \lambda^2+p_{N+2}^2-q_{N+1}^2 & \lambda(p_{N+2}+q_{N+1})-2\beta q_{N+2} \\ \lambda(q_{N+1}-p_{N+2})-2\beta p_{N+1} & -(\lambda^2+p_{N+2}^2-q_{N+1}^2) \end{pmatrix}$$

$$+\frac{\beta}{4}\sum_{i=1}^{N}\frac{1}{\lambda-\lambda_i}\begin{pmatrix} \phi_{1i}\phi_{2i} & -\phi_{1i} \\ \phi_{2i}^2 & -\phi_{1i}\phi_{2i} \end{pmatrix},$$

$$U = \begin{pmatrix} 1/2\lambda^{-1} & 1/2(q_{N+1}+p_{N+2}) \\ 1/2(q_{N+1}-p_{N+2}) & -1/2\lambda^{-1} \end{pmatrix}.$$

如果令

$$M^{(k)}(\lambda) = \begin{pmatrix} A^{(k)}(\lambda) & B^{(k)}(\lambda) \\ C^{(k)}(\lambda) & -A^{(k)}(\lambda) \end{pmatrix}, \quad k=0,1,2.$$

那么有

命题 8.4.4 对两个任意参数 λ 和 μ, $A(\lambda)=A^{(k)}(\lambda)$, $B(\lambda)=B^{(k)}(\lambda)$ 和 $C(\lambda)=C^{(k)}(\lambda)$ 满足

$$\begin{cases} \{A(\lambda),A(\mu)\} = \{C(\lambda),C(\mu)\} = \{B(\lambda),B(\mu)\} = 0, \\ \{A(\lambda),B(\mu)\} = \dfrac{\beta}{2(\mu-\lambda)}[B(\mu)-B(\lambda)], \\ \{A(\lambda),C(\mu)\} = \dfrac{\beta}{\mu-\lambda}[C(\lambda)-\mu C(\mu)], \\ \{B(\lambda),C(\mu)\} = \dfrac{\beta}{\mu-\lambda}[A(\mu)-A(\lambda)]. \end{cases}$$

令 $M_1(\lambda)=I\otimes M(\lambda), M_2(\mu)=M(\mu)\otimes I$, I 为 2×2 单位阵, $M=M^{(k)}$ $(k=0,1,2)$, 因此得

命题 8.4.5 由上面所定义的Lax阵 M 满足下面的Poisson括号：

$$\{M_1(\lambda),M_2(\mu)\}=[r_{12}(\lambda,\mu),M_1(\lambda)]-[r_{21}(\mu,\lambda),M_2(\mu)],$$

其中 r 矩阵 $r_{12}(\lambda,\mu)$ 由下式确定：

$$r_{21}(\lambda,\mu)=P^{(12)}r_{12}(\lambda,\mu)P^{(12)},\qquad r_{ij}(\mu,\lambda)=\frac{\beta}{2(\mu-\lambda)}P^{(ij)},$$

其中 $P^{(ij)}$ 为置换阵且由 $\frac{1}{2}\sum_{m=0}^{3}\sigma_m^{(i)}\otimes\sigma_m^{(j)}$ 确定, σ 为标准的Pauli阵.

下面考虑约束流的守恒积分的对合性. 考虑守恒积分的生成函数 $\mathrm{Tr}(M^2)$：

(i) 约束流 (8.4.20) 的守恒积分为

$$\frac{1}{2}\mathrm{Tr}(M^{(0)}(\lambda))^2=(A^{(0)}(\lambda))^2+B^{(0)}(\lambda)C^{(0)}(\lambda)=\frac{1}{4}+\frac{\beta}{4}\sum_{i=1}^{N}\frac{F^{(i)}}{\lambda-\lambda_i},$$

其中

$$F^{(i)}=\phi_{1i}\phi_{2i}+\frac{1}{4}\beta\sum_{k=1,k\neq i}^{N}\frac{1}{\lambda_i-\lambda_k}(\phi_{1i}\phi_{2k}-\phi_{2i}\phi_{1i})^2,\quad i=1,\cdots,n.$$

(ii) 约束流 (8.4.24) 的守恒积分为

$$\frac{1}{2}\mathrm{Tr}(M^{(1)}(\lambda))^2=(A^{(1)}(\lambda))^2+B^{(1)}(\lambda)C^{(1)}(\lambda)=\frac{1}{4}\lambda^2+F_1+\sum_{i=1}^{N}\frac{F^{(i)}}{\lambda-\lambda_i},$$

其中

$$\begin{aligned}F_1&=\frac{1}{4}(q_{N+1}^2-p_{N+1}^2),\\F_2^{(i)}&=-\frac{1}{4}\lambda_i\phi_{1i}\phi_{2i}+\frac{1}{8}(q_{N+1}-p_{N+1})\phi_{1i}^2+\frac{1}{8}(q_{N+1}+p_{N+1})\phi_{2i}^2\\&\quad+\frac{1}{16}\sum_{k=1,k\neq i}^{N}\frac{1}{\lambda_i-\lambda_k}(\phi_{1i}\phi_{2k}-\phi_{2i}\phi_{1i})^2,\quad i=1,\cdots,n.\end{aligned}$$

根据生成函数在 Poisson 括号作用下是对合的, 即 $\{\mathrm{Tr}(M^2(\lambda)),\mathrm{Tr}(M^2(\lambda))\}=0$, 可知守恒积分是独立的, 且它们的梯度是线性无关的. 因此可知约束流 (8.4.20) 和 (8.4.24) 是 Liouville 可积的. 同理可证 (8.4.27) 也是 Liouville 可积的.

§8.5 小　结

本章简单地介绍了可积系统的一些基本理论, 包括 Lax 和 Liouville 可积性, 用于研究 Lax 和 Liouville 可积方程族的屠格式、谱梯度法和非线性化以及高阶约束流. 通过将 Loop 代数 $L(A_1)$ 中的屠格式推广到 Loop 代数 $L(A_2)$ 的一个子代数中, 从一个含有五个位势函数的等谱问题, 得到了一族含有任意函数的 Lax 可积的方程族, 特别地, 构造了它的 Liouville 可积的 Hamilton 结构, 还证明了 NLS-MKdV 族、AKNS 族和 cKdV 族为其特例. 另外, 构造了一个 Loop 代数及其一组隐式基所满足的对易关系, 考虑了其中一个等谱问题, 利用零曲率表示得到了一个新的 Lax 可积的演化方程族. 并且证明了该方程族为已知的著名 TC 可积族的可积耦合. 最后, 研究与 G 族有关的高阶约束流, Lax 表示和 r 矩阵, 并且证明这些约束流是 Liouville 意义下可积的.

基于方程族的 Lax 对或零曲率表示, 可以构造方程的 Darboux 变换和双 Darboux 变换, 参看文献 [11, 13, 60, 179, 251, 255] 等. 另外在第三章, 我们也考虑了一些非线性波方程的等谱或非等谱 Darboux 变换.

第五部分

混沌同步与控制

第九章　连续混沌同步

首先介绍混沌同步的类型, 然后提出了连续的广义 Q-S 型同步的 Backstep 自动推理格式, 并且借助于符号计算, 将该格式应用于研究两个一致超混沌系统和两个不同超混沌系统的广义 Q-S 型同步. 另外利用三种反馈方法: (i) 线性反馈控制法; (ii) 自适应反馈控制法; (iii) 线性和自适应反馈控制的组合法来研究 LC 混沌系统的全局 (滞后) 同步.

§9.1　混沌同步的类型

混沌系统存在于非线性科学领域的很多分支中, 如物理学、力学、生物学、化学、电子电路系统、医学、神经网络、保密通信、交通流、金融市场、股票、社会科学、复杂网络等. 自从 1963 年美国气象学家 Lorenz[260] 提出著名的蝴蝶效应的 Lorenz 混沌系统以来, 混沌系统作为非线性动力系统的一个特殊的分支越来越引起人们的高度重视. 特别是自从 1983 年 Fujisaka 和 Yamada[282] 对混沌同步的理论研究和 1990 年 Pecora 和 Carroll[283] 提出完全同步以来, 人们对混沌系统的认识更加深入. 以前认为混沌系统是不可确定和不可控制的, 现在也可以得到控制. 另外, 对于有用的混沌系统, 可以进行反控制 (混沌化) 将弱的或不是混沌的系统变为混沌系统. 目前, 混沌 (超混沌) 同步及其推广越来越受到人们的重视, 混沌同步在混沌理论及其应用中具有重要的作用, 特别是在混沌保密通信中具有潜在的应用价值. 目前存在很多类型的同步 [282,247~249,284]:

- 完全同步 [complete synchronization][282,283]:

$$\lim_{t\to\infty}||\boldsymbol{e}(t)|| = \lim_{t\to\infty}||\boldsymbol{y}(t)-\boldsymbol{x}(t)|| = 0.$$

- 滞后同步 [lag synchronization][430]:

$$\lim_{t\to\infty}||\boldsymbol{e}(t)|| = \lim_{t\to\infty}||\boldsymbol{y}(t)-\boldsymbol{x}(t-\tau)|| = 0,\quad \tau>0.$$

- 预期同步 [anticipated synchronization][431]:

$$\lim_{t\to\infty}||\boldsymbol{e}(t)|| = \lim_{t\to\infty}||\boldsymbol{y}(t)-\boldsymbol{x}(t+\tau)|| = 0,\quad \tau>0.$$

- 广义同步 [generalized synchronization][432]:

$$\lim_{t\to\infty}||\boldsymbol{e}(t)|| = \lim_{t\to\infty}||\boldsymbol{f}[\boldsymbol{y}(t)]-\boldsymbol{x}(t)|| = 0.$$

- 广义 (滞后或预期) 同步 [generalized(lag, or anticipated) synchronization]:

$$\lim_{t\to\infty}||\boldsymbol{e}(t)|| = \lim_{t\to\infty}||\boldsymbol{f}[\boldsymbol{y}(t)]-\boldsymbol{x}(t-\tau)|| = 0,\quad \tau\in \mathrm{R}.$$

- Q-S 同步 [Q-S synchronization][433]:

$$\lim_{t\to\infty}||\boldsymbol{e}(t)|| = \lim_{t\to\infty}||\boldsymbol{Q}[\boldsymbol{y}(t)] - \boldsymbol{S}[\boldsymbol{x}(t)]|| = 0.$$

- Q-S(滞后或预期) 同步 [Q-S (lag, or anticipated) synchronization][434]:
$$\lim_{t\to\infty}||\boldsymbol{e}(t)|| = \lim_{t\to\infty}||\boldsymbol{Q}[\boldsymbol{y}(t)] - \boldsymbol{S}[\boldsymbol{x}(t-\tau)]|| = 0. \quad \tau \in \mathrm{R}.$$
- 相同步 [phase synchronization][435,436].
- 部分同步 [partial synchronization][437].
- 脉冲同步 [implusive synchronization][438].
- 射影同步 [projective synchronization][439].

还存在其他类型的同步, 这里不再列举.

§9.2　广义 Q-S 型同步的 Backstep 连续格式

§9.2.1　定义和判定命题

定义 9.2.1[434]　对于给定的两个连续动力系统 (特别是混沌系统):

$$\dot{x} = F(x,t), \tag{9.2.1a}$$

$$\dot{y} = G(y,t) + u(x,y,t), \quad (x,y) \in \mathrm{R}^m \times \mathrm{R}^n, \tag{9.2.1b}$$

假设 $Q(y,t) = [Q_1(y,t), Q_2(y,t), \cdots, Q_h(y,t)]^{\mathrm{T}}$ 和 $S(x,t) = [S_1(x,t), S_2(x,t), \cdots, S_h(x,t)]^{\mathrm{T}}$ 为光滑且有界的两个向量函数, 并且误差变量为 $E(t) = Q(y(t),t) - S(x(t-\tau),t-\tau) = [Q_1(y(t),t) - S_1(x(t-\tau),t-\tau), \cdots, Q_h(y(t),t) - S_h(x(t-\tau),t-\tau)]^{\mathrm{T}}$, 那么驱动系统 (9.2.1a) 和响应系统 (9.2.1b) 之间的Q-S误差动力系统为

$$\begin{aligned}\dot{E}(t) =& \dot{Q}[y(t),t] - \dot{S}(x(t-\tau),t-\tau)\\ =& \mathrm{D}Q[y(t),t]\big(G(y(t),t) + u(x(t),y(t),t)\big) + Q_t[y(t),t]\\ &-\mathrm{D}S(x(t-\tau),t-\tau)F(x(t-\tau),t-\tau)) - S_t(x(t-\tau),t-\tau),\end{aligned} \tag{9.2.2}$$

其中 $\mathrm{D}Q(y(t),t)$ 和 $\mathrm{D}S(x(t-\tau),t-\tau)$ 分别为 $Q(y(t),t)$ 和 $S(x(t-\tau),t-\tau)$ 关于 $y(t)$ 和 $x(t-\tau)$ 的Jacobi矩阵:

$$\mathrm{D}Q(y(t),t) = \begin{bmatrix} \dfrac{\partial Q_1(y(t),t)}{\partial y_1(t)} & \dfrac{\partial Q_1(y(t),t)}{\partial y_2(t)} & \cdots & \dfrac{\partial Q_1(y(t),t)}{\partial y_n(t)} \\ \dfrac{\partial Q_2(y(t),t)}{\partial y_1(t)} & \dfrac{\partial Q_2(y(t),t)}{\partial y_2(t)} & \cdots & \dfrac{\partial Q_2(y(t),t)}{\partial y_n(t)} \\ \vdots & \vdots & & \vdots \\ \dfrac{\partial Q_h(y(t),t)}{\partial y_1(t)} & \dfrac{\partial Q_h(y(t),t)}{\partial y_2(t)} & \cdots & \dfrac{\partial Q_h(y(t),t)}{\partial y_n(t)} \end{bmatrix}.$$

因此我们说驱动 – 响应系统 (9.2.1a, b) 关于 $Q(y(t),t)$ 和 $S(x(t-\tau),t-\tau)$ 是全局 (i) Q-S 滞后同步 ($\tau>0,\tau$ 叫做Q-S同步延迟); (ii) Q-S同步 ($\tau=0$); (iii) Q-S 预期同步 ($\tau<0,-\tau>0$ 叫做Q-S同步预期), 如果存在控制器 $u(x,y,t)$, 以至于当 $t\to\infty$ 时, 在区间 $P=R_x^m\times R_y^n\subset R^m\times R^n$ 上, 从任意初值 $(x(0),y(0))$ 出发的 (9.2.1a, b) 的所有轨迹 $(x(t-\tau),y(t))$ 趋于流形 $M=\{(x(t-\tau),y(t))|Q_i(y(t),t)=S_i(x(t-\tau),t-\tau),i=1,2,\cdots,h\}$ 且 $M\subset P$, 即 $\lim_{t\to+\infty}[Q_i(y(t),t)-S_i(x(t-\tau),t-\tau)]=0$, 这表明误差动力系统 (9.2.2) 是全局渐近稳定的.

命题 9.2.2 对于误差系统 (9.2.2), 令 $L(E_1(t),\cdots,E_h(t))$ 为正定 Lyapuonv 函数, 且 $L(E_1(t),\cdots,E_h(t))\big|_{\{E_i(t)\equiv 0\ (i=1,2,\cdots,h)\}}\equiv 0$, 驱动系统 (9.2.1a) 和响应系统 (9.2.1b) 关于 $Q(y,t)$ 和 $S(x,t)$ 是全局Q-S(预期或滞后) 同步的, 如果 $\dot{L}(t)\leqslant 0$, 且等号成立当且仅当 $E_i(t)\equiv 0\ (i=1,2,\cdots,h)$.

§9.2.2 广义 Backstep 自动推理格式

考虑两个自治连续动力系统. 驱动系统为

$$\begin{cases}\dot{x}_1=f_1(x_1,x_2,\cdots,x_n),\\ \dot{x}_2=f_2(x_1,x_2,\cdots,x_n),\\ \qquad\cdots\cdots\cdots\\ \dot{x}_i=f_i(x_1,x_2,\cdots,x_n),\\ \qquad\cdots\cdots\cdots\\ \dot{x}_n=f_n(x_1,x_2,\cdots,x_n),\quad i=3,\cdots,n-1.\end{cases}\tag{9.2.3}$$

响应系统为下面具有严格反馈形式的系统 [440,441]:

$$\begin{cases}\dot{y}_1=g_1(y_1)y_2+h_1(y_1),\\ \dot{y}_2=g_2(y_1,y_2)y_3+h_2(y_1,y_2),\\ \qquad\cdots\cdots\cdots\\ \dot{y}_i=g_i(y_1,y_2,...,y_i)y_{i+1}+h_i(y_1,y_2,\cdots,y_i),\\ \qquad\cdots\cdots\cdots\\ \dot{y}_n=g_n(y_1,y_2,\cdots,y_{n-1},y_n)+u(x,y),\quad i=3,\cdots,n-1,\end{cases}\tag{9.2.4}$$

其中 $x=[x_1,x_2,\cdots,x_n]^{\mathrm{T}},y=[y_1,y_2,\cdots,y_n]^{\mathrm{T}}\in\mathrm{R}^n$, $u(x,y)$ 为待定的标量控制器, $f_i(\cdot),g_i(\cdot)\neq 0,h_i(\cdot),(i=1,2,\cdots,n)$ 为光滑函数, 且它们的 k $(k=0,1,\cdots,n-i)$ 阶导数是有界的.

下面基于 Backstep 方法 [310], 提出混沌广义同步的广义 Backstep 自动推理格式 [434].

• **步骤 1.** 引入新的变量

$$E_1(t) = Q_1(y(t)) - S_1(x(t-\tau)) = Q_1(y_1(t)) - S_1(x(t-\tau)), \tag{9.2.5}$$

其中 $Q_1(y_1(t)), S_1(x(t-\tau))$ 为选择的光滑有界函数, 且 $\dfrac{dQ_1(y_1(t))}{dy_1(t)} \neq 0,\ \tau \geqslant 0$. 根据 (9.2.3) 和 (9.2.4), 可知 $E_1(t)$ 的一阶导数为

$$\dot{E}_1(t) = Q_{1,y_1}[g_1(y_1(t))y_2(t) + h_1(y_1(t))] - \dot{S}_1(x(t-\tau)), \tag{9.2.6}$$

考虑第一个部分 Lyapunov 函数：$L_1(t) = \dfrac{1}{2}E_1^2(t)$, 它的一阶导数为

$$\dot{L}_1(t) = -c_1E_1^2(t) + E_1(t)[c_1E_1(t) + \dot{E}_1(t)], \quad c_1 \in R^+. \tag{9.2.7}$$

• **步骤 2.** 根据 (9.2.7), 引入第二个新的变量

$$\begin{aligned} E_2(t) &= Q_2(y(t)) - S_2(x(t-\tau)) = c_1E_1(t) + \dot{E}_1(t) \\ &= c_1Q_1(y_1(t)) + Q_{1,y_1}[g_1(y_1(t))y_2(t) + h_1(y_1(t))] \\ &\quad -[c_1S_1(x(t-\tau)) + \dot{S}_1(x(t-\tau))]. \end{aligned} \tag{9.2.8}$$

从 (9.2.3), (9.2.4) 和 (9.2.6), 得到 $E_2(t)$ 的一阶导数

$$\begin{aligned} \dot{E}_2(t) &= c_1\dot{E}_1(t) + \ddot{E}_1(t) \\ &= c_1Q_{1,y_1}[g_1(y_1(t))y_2(t) + h_1(y_1(t))] - c_1\dot{S}_1[x(t-\tau)] - \ddot{S}_1[x(t-\tau)] \\ &\quad + Q_{1,y_1}\{[h_{1,y_1}(y_1(t)) + g_{1,y_1}(y_1(t))y_2(t)][g_1(y_1(t))y_2(t) + h_1(y_1(t))] \\ &\quad + g_1(y_1(t))[g_2(y_1(t), y_2(t))y_3(t) + h_2(y_1(t), y_2(t))]\} \\ &\quad + Q_{1,y_1y_1}[g_1(y_1(t))y_2(t) + h_1(y_1(t))]^2, \end{aligned} \tag{9.2.9}$$

考虑第二个部分 Lyapunov 函数：$L_2(t) = L_1(t) + \dfrac{1}{2}E_2^2(t)$, 它的一阶导数为

$$\dot{L}_2(t) = -c_1E_1^2(t) - c_2E_2^2(t) + E_2(t)[E_1(t) + c_2E_2(t) + \dot{E}_2(t)], \quad c_2 \in R^+. \tag{9.2.10}$$

• **步骤 3.** 根据 (9.2.10), 引入第三个新的变量

$$\begin{aligned} E_3(t) &= Q_3(y(t)) - S_3(x(t-\tau)) = E_1(t) + c_2E_2(t) + \dot{E}_2(t) \\ &= \ddot{E}_1(t) + (c_1+c_2)\dot{E}_1(t) + (1+c_1c_2)E_1(t), \end{aligned} \tag{9.2.11}$$

其中, $Q_3(y(t)) = (c_1+c_2)Q_{1,y_1}[g_1(y_1(t))y_2(t)+h_1(y_1(t))]+(1+c_1c_2)Q_1(y_1(t))$

$$+Q_{1,y_1}\{[h_{1,y_1}(y_1(t)) + g_{1,y_1}(y_1(t))y_2(t)][g_1(y_1(t))y_2(t) + h_1(y_1(t))]$$

$$+g_1(y_1(t))[g_2(y_1(t),y_2(t))y_3(t)+h_2(y_1(t),y_2(t))]\}$$

$$+Q_{1,y_1y_1}[g_1(y_1(t))y_2(t)+h_1(y_1(t))]^2,$$

$$S_3(x(t-\tau))=\ddot{S}_1[x(t-\tau)]+(c_1+c_2)\dot{S}_1[x(t-\tau)]+(1+c_1c_2)S_1[x(t-\tau)].$$

从 (9.2.3), (9.2.4) 和 (9.2.11), 可知 $E_3(t)$ 的导数

$$\begin{aligned}\dot{E}_3(t)&=\dot{E}_1(t)+c_2\dot{E}_2(t)+\ddot{E}_2(t)\\&=\frac{d^3E_1(t)}{dt^3}+(c_1+c_2)\ddot{E}_1(t)+(1+c_1c_2)\dot{E}_1(t).\end{aligned}\tag{9.2.12}$$

借助于符号计算, 将 $E_1(t)=Q_1(y_1(t))-S_1(x(t-\tau))$ 代入 (9.2.12), 可以确定 $\dot{E}_3(t)$. 考虑第三个部分 Lyapunov 函数 $L_3(t)=L_2(t)+\dfrac{1}{2}E_3^2(t)$, 其导数为

$$\dot{L}_3(t)=c_1E_1^2(t)-c_2E_2^2(t)-c_3E_3^3(t)+E_3(t)[E_2(t)+c_3E_3(t)+\dot{E}_3(t)],\tag{9.2.13}$$

其中 $c_3\in\mathrm{R}^+$.

步骤 i. 根据前三步, 引入第 i 个新的变量

$$E_i(t)=E_{i-2}(t)+c_{i-1}E_{i-1}(t)+\dot{E}_{i-1}(t),\quad 3<i<n,\quad c_{i-1}\in R^+.\tag{9.2.14}$$

根据 (9.2.8),(9.2.11) 和 (9.2.14), 知道 $E_i(t)$ 可以表示为 $E_1(t)$ 及其导数 $\dfrac{d^kE_1(t)}{dt^k}(k=1,2,\cdots,i-1)$ 的线性组合:

$$E_i(t)=\frac{d^{i-1}E_1(t)}{dt^{i-1}}+\sum_{k=0}^{i-2}p_{ik}(c_1,\cdots,c_{i-1})\frac{d^kE_1(t)}{dt^k}=Q_i(y(t))-S_i(x(t-\tau)),\tag{9.2.15}$$

其中 $p_{ik}(c_1,\cdots,c_{i-1})$ 由递推公式 (9.2.14) 确定, 且

$$Q_i(y(t))=\frac{d^{i-1}Q_1(y_1(t))}{dt^{i-1}}+\sum_{k=0}^{i-2}p_{ik}(c_1,\cdots,c_{i-1})\frac{d^kQ_1(y_1(t))}{dt^k},\tag{9.2.16a}$$

$$S_i(x(t-\tau))=\frac{d^{i-1}S_1(x(t-\tau))}{dt^{i-1}}+\sum_{k=0}^{i-2}p_{ik}(c_1,\cdots,c_{i-1})\frac{d^kS_1(x(t-\tau))}{dt^k}.\tag{9.2.16b}$$

考虑第 i 个部分 Lyapunov 函数 $L_i(t)=L_{i-1}(t)+\dfrac{1}{2}E_i^2(t)$, 其导数为

$$\dot{L}_i(t)=-\sum_{j=1}^{i}c_jE_j^2(t)+E_i(t)[E_{i-1}(t)+c_iE_i(t)+\dot{E}_i(t)].\tag{9.2.17}$$

步骤 $\boldsymbol{n}$. 引入最后一个变量

$$
\begin{aligned}
E_n(t) &= Q_n[y(t)] - S_n[x(t-\tau)] \\
&= E_{n-2}(t) + c_{n-1}E_{n-1}(t) + \dot{E}_{n-1}(t),
\end{aligned} \tag{9.2.18}
$$

考虑 Lyapunov 函数 $L(t) = L_{n-1}(t) + \dfrac{1}{2}E_n^2(t)$, 其导数为

$$
\dot{L}(t) = -\sum_{j=1}^{n} c_j E_j^2(t) + E_n(t)[E_{n-1}(t) + c_n E_n(t) + \dot{E}_n(t)], \quad c_n \in R^+. \tag{9.2.19}
$$

从下面两个表达式：

$$
\begin{aligned}
0 &= E_{n-1}(t) + c_n E_n(t) + \dot{E}_n(t) \\
&= \frac{d^{n-2}Q_1(y_1)}{dt^{n-2}} + \sum_{k=0}^{n-3} p_{n-1,k}\frac{d^kQ_1(y_1)}{dt^k} - \frac{d^{n-2}S_1(x(t-\tau))}{dt^{n-2}} \\
&\quad + \frac{d^nQ_1(y_1)}{dt^n} - \sum_{k=0}^{n-3} p_{n-1,k}\frac{d^kS_1(x(t-\tau))}{dt^k} + \sum_{k=0}^{n-2} p_{n,k}\frac{d^kQ_1(y_1)}{dt^k} \\
&\quad + c_n\frac{d^{n-1}Q_1(y_1)}{dt^{n-1}} - c_n\frac{d^{n-1}S_1(x(t-\tau))}{dt^{n-1}} - \sum_{k=0}^{n-2} p_{n,k}\frac{d^kS_1(x(t-\tau))}{dt^k} \\
&\quad + \sum_{k=0}^{n-1} p_{n,k}\frac{d^kQ_1(y_1)}{dt^k} - \frac{d^nS_1(x(t-\tau))}{dt^n} - \sum_{k=0}^{n-1} p_{n,k}\frac{d^kS_1(x(t-\tau))}{dt^k},
\end{aligned} \tag{9.2.20}
$$

$$
\begin{aligned}
\frac{d^nQ_1(y_1(t))}{dt^n} &= Q_{1,y_1}(y_1(t))\prod\nolimits_{k=1}^{n-1} g_k(y_1,\cdots,y_k)\{g_n(y_1,\cdots,y_n) + u(x,y)\} \\
&\quad + q[y_1,\cdots,y_{n-1}],
\end{aligned} \tag{9.2.21}
$$

其中 $q[y_1,\cdots,y_{n-1}] = q[y_1(t),\cdots,y_{n-1}(t)]$ 为 $y_1(t),\cdots,y_{n-1}(t)$ 的函数, 且由 (9.2.4) 确定. 因此可以确定控制器：

$$
\begin{aligned}
u = &-\Big\{Q_{1,y_1}(y_1(t))\prod_{k=1}^{n-1} g_k(y_1,\cdots,y_k)\Big\}^{-1}\Big\{\frac{d^{n-2}Q_1(y_1(t))}{dt^{n-2}} - \frac{d^{n-2}S_1(x(t-\tau))}{dt^{n-2}} \\
&+ \sum_{k=0}^{n-3} p_{n-1,k}\frac{d^kQ_1(y_1(t))}{dt^k} - \sum_{k=0}^{n-3} p_{n-1,k}\frac{d^kS_1(x(t-\tau))}{dt^k} c_n\frac{d^{n-1}Q_1(y_1(t))}{dt^{n-1}} \\
&+ \sum_{k=0}^{n-2} p_{n,k}\frac{d^kQ_1(y_1(t))}{dt^k} - c_n\frac{d^{n-1}S_1(x(t-\tau))}{dt^{n-1}} - \sum_{k=0}^{n-2} p_{n,k}\frac{d^kS_1(x(t-\tau))}{dt^k} \\
&+ Q_{1,y_1}(y_1(t))\prod_{k=1}^{n} g_k(y_1,\cdots,y_k) + q[y_1,\cdots,y_{n-1}] + \sum_{k=0}^{n-1} p_{n,k}\frac{d^kQ_1(y_1(t))}{dt^k}
\end{aligned}
$$

$$-\frac{d^n S_1(x(t-\tau))}{dt^n}-\sum_{k=0}^{n-1}p_{n,k}\frac{d^k S_1(x(t-\tau))}{dt^k}\bigg\},\tag{9.2.22}$$

因此, 根据 (9.2.19) 和 (9.2.20), 可知

$$\begin{aligned}\dot{L}(t)&=-\sum_{j=1}^{n}c_jE_j^2(t)\leqslant-\min\{c_1,c_2,\cdots,c_n\}\sum_{j=1}^{n}E_j^2(t)\\&=-2\min\{c_1,c_2,\cdots,c_n\}L(t),\end{aligned}\tag{9.2.23}$$

表明 $\lim_{t\to+\infty}E_i(t)=\lim_{t\to+\infty}[Q_i(y(t))-S_i(x(t-\tau))]=0\ (i=1,2,\cdots,h)$. 因此在控制器 (9.2.22) 作用下, 驱动 – 响应系统 (9.2.3) 和 (9.2.4) 是关于 $Q_i(y(t))$ 和 $S_i(x(t-\tau)$)Q-S (滞后 ($\tau>0$) 或完全 ($\tau=0$)) 同步的.

注 9.2.3 这种格式可以应用于一大类连续的具有严格反馈形式 (9.2.3) 的混沌 (超混沌) 系统. 并且要求选择 $Q_1(y_1(t)), S_1(x(t-\tau))$ 是光滑函数且 $\dfrac{dQ_1(y_1(t))}{dy_1(t)}\neq 0$, $\tau\in R$.

注 9.2.4 如果 $c_i=1(i=1,2,\cdots,n)$, (9.2.3) 中 $f_i(\cdot)=g_i(\cdot)x_{i+1}+h_i(\cdot)\ (i=1,2,\cdots,n-1)$, $f_n(\cdot)=g_n(\cdot)$, 并且 $\tau=0$, $Q_1(y_1(t))=y_1(t)$, $S_1(x(t-\tau))=x_1(t)$, 那么这个格式约化为已知的混沌同步格式 [440~443]. 但是, 我们的格式可以研究很多类型的同步问题: (i) 滞后同步 ($\tau\in R^+$, (9.2.3) 和 (9.2.4) 为两个一致的严格反馈系统); (ii) 完全同步 ($\tau=0$, (9.2.3) 和 (9.2.4) 为两个一致的严格反馈系统); (iii) Q-S 滞后同步 ($\tau\in R^+$); (iv) Q-S 同步 ($\tau=0$).

注 9.2.5 混沌同步在保密通信中具有潜在的应用价值. 超混沌系统比混沌系统具有更复杂的结构, Q-S (滞后或完全) 同步在保密通信方面或许比完全 (滞后或预期) 同步更难于解密. 因此超混沌系统的Q-S (滞后或完全) 同步具有潜在的应用价值. 根据 $Q_1(y_1(t))$ 和 $S_1(x(t-\tau))$ 的条件, 存在很多类型的选择, 如 $Q_1(y_1(t))$ 可选择 $y_1(t)$, $\sinh(y_1(t))$, $\tanh(y_1(t))$, $e^{\alpha y_1(t)+\beta}$, $b_1y_1(t)+b_2\cos(y_1(t))$ ($|b_1|>|b_2|$) 等, $S_1(x(t-\tau))$ 可选择 $x(t-\tau)$, $\mathrm{sech}(x(t-\tau))$, $\sin(x(t-\tau))$, $\sum_{i=0}^{l}a_jx^j(t-\tau)$ 等.

注 9.2.6 Q-S(滞后或完全) 同步的Backstep 格式总结为如下的步骤:

输入:

步骤 1. 驱动系统;

步骤 2. 具有严格反馈形式的响应系统;

步骤 3. 选择合适的光滑有界函数 $Q_1(y_1(t))$ $\left(\dfrac{dQ_1(y_1(t))}{dy_1(t)}\neq 0\right)$ 和 $S_1(x(t-\tau))$ (见注 9.2.5), 并且 $c_i\in R^+$;

输出:

步骤 4. $E_1(t)=Q_1(y_1(t))-S_1(x(t-\tau))$, $E_2(t)=c_1E_1(t)+\dot{E}_1(t)$;

步骤 5. $E_i(t)=E_{i-2}(t)+c_{i-1}E_{i-1}(t)+\dot{E}_{i-1}(t), i=3,4,\cdots,n$;

步骤 6. 解 $E_{n-1}(t)+c_nE_n(t)+\dot{E}_n(t)=0$ 可得到标量控制器 $u(x,y)$; 借助于符号计算, 该格式可以在计算机上实现自动推理.

注 9.2.7 很多混沌 (超混沌) 系统具有这种严格反馈形式 (9.2.24), 如:

- Rössler 系统 [269];
- 蔡氏电路 [270];
- 广义蔡氏电路 [444];
- 变换Rössler系统 [445];
- Hindmarsh-Rose 系统 [446]:
  $\dot{x}=0.006[4(y+1.56)-x],\quad \dot{y}=z-y^3+3y^2-x+3, \dot{z}=1-5y^2-z;$
- 化学Chua模型 [447]:
  $\dot{x}=k_{10}-k_{11}y,\quad \dot{y}=k_6z-k_7y+k_8x-k_9,\quad \dot{z}=k_y-k_2z^3+k_3z^2-k_4z+k_5;$
- 二次耗散混沌流 [448]:
  $\dot{y}_1=y_2,\quad \dot{y}_2=y_3,\quad \dot{y}_3=-2.017y_3+y_2^2-y_1;$
- 分段线性耗散混沌流 [449]:
  $\dot{y}_1=y_2,\quad \dot{y}_2=y_3,\quad \dot{y}_3=-0.6y_3-y_2-|y_1|+1;$
- Sprott提出的混沌系统 [450]:

D: $\dot{y}_1=-y_2$, $\dot{y}_2=y_1+y_3$, $\dot{y}_3=y_1y_3+3y_2^2$.

F: $\dot{y}_1=-y_2+0.5y_1$, $\dot{y}_2=y_1+y_3$, $\dot{y}_3=y_2^2-y_3$,

G: $\dot{y}_1=0.4y_1+y_2$, $\dot{y}_2=-y_1+y_3$, $\dot{y}_3=y_1y_2-y_3$,

H: $\dot{y}_1=y_2-y_1$, $\dot{y}_2=-y_3+y_1^2$, $\dot{y}_3=y_2+0.5y_3$,

I: $\dot{y}_1=0.2y_2$, $\dot{y}_2=y_3+y_1$, $\dot{y}_3=y_1+y_2^2-y_3$,

J: $\dot{y}_1=2y_1+y_2$, $\dot{y}_2=-y_3+y_1+y_1^2$, $\dot{y}_3=2y_2$,

K: $\dot{y}_1=y_2-y_1$, $\dot{y}_2=-y_3+y_1y_2$, $\dot{y}_3=y_2+0.3y_3$,

L: $\dot{y}_1=y_2-y_1$, $\dot{y}_2=-y_3+y_1^2$, $\dot{y}_3=y_2+0.5y_3$,

M: $\dot{y}_1=-y_2$, $\dot{y}_2=1.7+1.7y_1+y_3$, $\dot{y}_3=-y_1^2-y_3$,

N: $\dot{y}_1=1+y_2-2y_1$, $\dot{y}_2=y_3+y_1^2$, $\dot{y}_3=-2y_2$,

O: $\dot{y}_1=y_2$, $\dot{y}_2=-y_3+y_1$, $\dot{y}_3=y_1+y_1y_3+2.7y_2$,

P: $\dot{y}_1=-y_2+y_1^2$, $\dot{y}_2=y_3+2.7y_2$, $\dot{y}_3=y_2+y_1$,

Q: $\dot{y}_1=y_2-y_1$, $\dot{y}_2=-y_3$, $\dot{y}_3=3.1y_2+y_1^2+0.5y_3$,

R: $\dot{y}_1=0.9-y_2$, $\dot{y}_2=0.4+y_3$, $\dot{y}_3=y_1y_2-y_3$,

S: $\dot{y}_1=1+y_2$, $\dot{y}_2=-y_2-4y_3$, $\dot{y}_3=y_2+y_1^2$;

- 超混沌Tamasevicius-Namajunas-Cenys(TNC)系统 [451];
- 4D超混沌Chua电路 [452].

1. 两个一致超混沌系统之间的 Q-S 广义型同步

考虑由超混沌 Tamasevicius-Namajunas-Cenys(TNC) 系统 [451] 给定的驱动系统：

$$\begin{cases} \dot{x}_1 = x_2, \\ \dot{x}_2 = -x_3 + 0.7x_2 - x_1, \\ \dot{x}_3 = -3x_4 + 3x_2, \\ \dot{x}_4 = 3x_3 - 30(x_4 - 1)H(x_4 - 1) \end{cases} \tag{9.2.24}$$

和具有未知控制器的响应系统：

$$\begin{cases} \dot{y}_1 = y_2, \\ \dot{y}_2 = -y_3 + 0.7y_2 - y_1, \\ \dot{y}_3 = -3y_4 + 3y_2, \\ \dot{y}_4 = 3y_3 - 30(y_4 - 1)H(y_4 - 1) + u(x, y), \end{cases} \tag{9.2.25}$$

其中 $H(z)$ 为 Heaviside 函数, 即 $H(z < 0) = 0$ 和 $H(z \geqslant 0) = 1$, $u(x, y)$ 为待定的标量控制器. 图 9.1(a),(b) 展示了系统 (9.2.24) 在空间 (x_1, x_2, x_3) 和 (x_1, x_2, x_4) 上的吸引子.

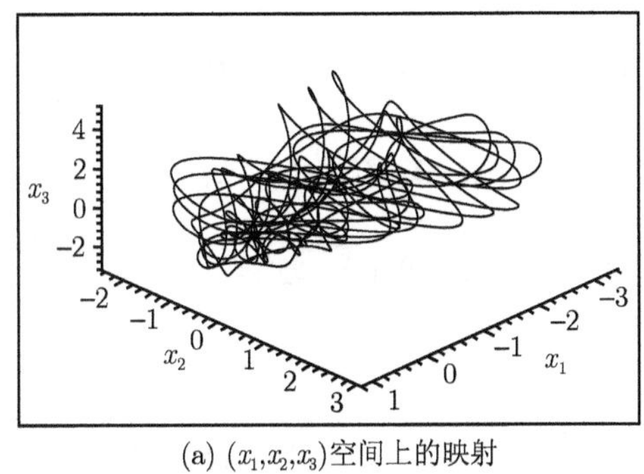

(a) (x_1, x_2, x_3)空间上的映射

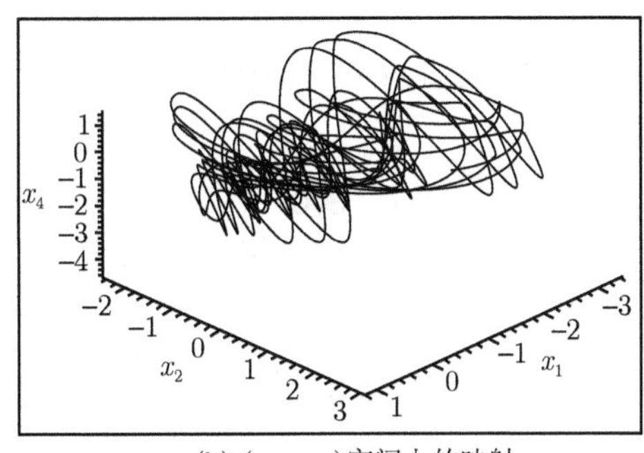

(b) (x_1, x_2, x_4)空间上的映射

图 9.1 超混沌吸引子

令 Lyapunov 函数为

$$L(t) = \frac{1}{2}(E_1^2(t) + E_2^2(t) + E_3^2(t) + E_4^2(t)),$$

这里 $c_i = i (i = 1, 2, 3, 4)$, $Q_1(y_1(t)) = e^{y_1(t)}$, $S_1(x(t - \tau)) = \mathrm{sech}(x_1(t - \tau))$, $\dfrac{dQ_1(y_1(t))}{dy_1(t)} = e^{y_1(t)} \neq 0$. 借助于符号计算, 得

$$E_1(t) = Q_1(y_1(t)) - S_1(x(t - \tau)) = e^{y_1(t)} - \mathrm{sech}(x_1(t - \tau)), \tag{9.2.26}$$

$$E_2(t) = Q_2(y(t)) - S_2(x(t-\tau)) = E_1(t) + \dot{E}_1(t), \tag{9.2.27}$$

$$E_3(t) = Q_3(y(t)) - S_3(x(t-\tau)) = E_1 + 2E_2(t) + \dot{E}_2(t), \tag{9.2.28}$$

$$E_4(t) = Q_4(y(t)) - S_4(x(t-\tau)) = E_2 + 3E_3(t) + \dot{E}_3(t), \tag{9.2.29}$$

其中 $Q_i(y(t)), S_i(x(t-\tau))$ $(i=2,3,4)$ 为

$$\begin{aligned}
&Q_2(y(t)) = (1+y_2(t))e^{y_1(t)},\\
&S_2(x(t-\tau)) = \text{sech}(x_1(t-\tau))[1 - x_2(t-\tau)\tanh(x_1(t-\tau))],\\
&Q_3(y(t)) = [3 + y_1(t) + 3.7y_2(t) + y_2^2(t) - y_3(t)]e^{y_1(t)},\\
&S_3(x(t-\tau)) = [x_1(t-\tau) + x_3(t-\tau) - 3.7x_2(t-\tau)]\tanh(x_1(t-\tau))\text{sech}(x_1(t-\tau))\\
&\qquad\qquad + [x_2^2(t-\tau)+3]\text{sech}(x_1(t-\tau)) - 2x_2^2(t-\tau)\text{sech}^3(x_1(t-\tau)),\\
&Q_4(y(t)) = [-6.7y_3(t) - 6.7y_1(t) + 8.1y_2(t)^2 + 10 + 3y_4(t) + 13.6y_2(t) - 3y_2(t)y_3(t)\\
&\qquad\qquad - 3y_2(t)y_1(t) + y_2(t)^3]\exp(y_1(t)),\\
&S_4 = [8.1x_2^2(t-\tau) - 3x_2(t-\tau)x_3(t-\tau) - 3x_1(t-\tau)x_2(t-\tau) - 10]\text{sech}(x_1(t-\tau))\\
&\qquad + 6x_2^3\tanh(x_1(t-\tau))\text{sech}^3(x_1(t-\tau)) + [6.7x_1(t-\tau) + 6.7x_3(t-\tau)\\
&\qquad - x_2^3(t-\tau) - 3x_4(t-\tau) - 13.69x_2(t-\tau)]\tanh(x_1(t-\tau))\text{sech}(x_1(t-\tau))\\
&\qquad + [6x_1(t-\tau)x_2(t-\tau) - 16.5x_2^2(t-\tau) + 6x_2(t-\tau)x_3(t-\tau)]\text{sech}^3(x_1(t-\tau)).
\end{aligned}$$

最后, 从方程 $E_2(t) + 4E_4(t) + \dot{E}_4(t) = 0$, 可确定控制器 $u(x(t-\tau), y(t))$:

$$\begin{aligned}
u(x,y) = {} & y_2^2(t)\left[-\frac{4643}{300} + 2y_1(t) + 2y_3(t)\right] + 30(y_4(t)-1)H(y_4(t)-1)\\
& - \frac{71}{15}y_2(t)^3 - \frac{43}{3} - \frac{1}{3}y_2(t)^4 + y_1(t)[13.83 - y_1(t) + \frac{37}{3}y_2(t) - 2y_3(t)]\\
& + y_3(t)\left[\frac{37}{3}y_2(t) + 10.83 - y_3(t)\right] - 1.7081y_2(t) + y_4(t)[-4y_2(t) - 10.7]\\
& + e^{-y_1(t)}\Big\{\Big[\text{sech}^3(x_1(t-\tau))x_2^2(t-\tau)\Big(\frac{142}{5}x_2(t-\tau) - 12x_3(t-\tau)\\
& - 12x_1(t-\tau)\Big) + \text{sech}(x_1(t-\tau))\Big(-17.081x_2(t-\tau)\\
& + 30H(x_4(t-\tau)-1)(x_4(t-\tau)-1) + 1.383x_1(t-\tau) + 1.083x_3(t-\tau)\\
& + 2x_2^2(t-\tau)[x_3(t-\tau) + x_1(t-\tau)] - \frac{71}{15}x_2^3(t-\tau) - 10.7x_4(t-\tau)\Big)\Big]\\
& \times\tanh(x_1(t-\tau)) + 8\text{sech}^5(x_1(t-\tau))x_2^4(t-\tau) + \Big[-2x_3^2(t-\tau)\\
& - 2x_1^2(t-\tau) + x_2(t-\tau)\Big(-\frac{4643}{150}x_2(t-\tau) + \frac{74}{3}x_1(t-\tau) + \frac{74}{3}x_3(t-\tau)
\end{aligned}$$

$$-8x_4(t-\tau)\Big) - 4x_1(t-\tau)x_3(t-\tau) - \frac{20}{3}x_2^4(t-\tau)\Big]\operatorname{sech}^3(x_1(t-\tau))$$
$$+\Big[\frac{1}{3}x_2^4(t-\tau) + x_3(t-\tau)\big(x_3(t-\tau) - \frac{37}{3}x_2(t-\tau) + 2x_1(t-\tau)\big)$$
$$+\frac{43}{3} + x_1^2(t-\tau) + x_2(t-\tau)\Big(-\frac{37}{3}x_1(t-\tau) + \frac{4643}{300}x_2(t-\tau)$$
$$+4x_4(t-\tau)\Big)\Big]\operatorname{sech}(x_1(t-\tau))\Big\}. \tag{9.2.30}$$

另外可以获得关于 $[E_1(t), E_2(t), E_3(t), E_4(t)]$ 的误差动力系统, 这里略去. 将 (9.2.26)~(9.2.30) 代入上面的 Lyapunov 函数, 得到

$$\dot{L}(t) = -E_1^2(t) - 2E_2^2(t) - 3E_3^2(t) - 4E_4^2(t) \leqslant -2L(t), \tag{9.2.31}$$

表明 $\lim_{t\to+\infty} E_i(t) = \lim_{t\to+\infty}[Q_i(y(t)) - S_i(x(t-\tau))] = 0, i = 1, 2, 3, 4.$

定理 9.2.8 对于控制器 (9.2.30), 与超混沌TNC系统有关的驱动 – 响应系统 (9.2.24) 和 (9.2.25) 关于 $Q_i(y(t))$ 和 $S_i(x(t-\tau))$ 是Q-S(滞后或完全) 同步的.

下面我们用数值仿真来证明所得到的控制器的有效性. 这里仅仅考虑 $\tau = 0$ 的情况. 取驱动 – 响应系统 (9.2.24) 和 (9.2.25) 的初值为 $[x_1(0) = -0.1, x_2(0) = 0.2, x_3(0) = -0.6, x_4(0) = 0.4]$ 和 $[y_1(0) = -1, y_2(0) = 0.5, y_3(0) = -6, y_4(0) = 10]$. 从 (9.2.26)~(9.2.29) 得 $[E_1(0) = -.6271413077, E_2(0) = -.4630359312, E_3(0) = 1.362481801, E_4(0) = 29.06417930]$. 图 9.2(a)~(d) 展示了 Q-S 同步误差变量的渐近行为.

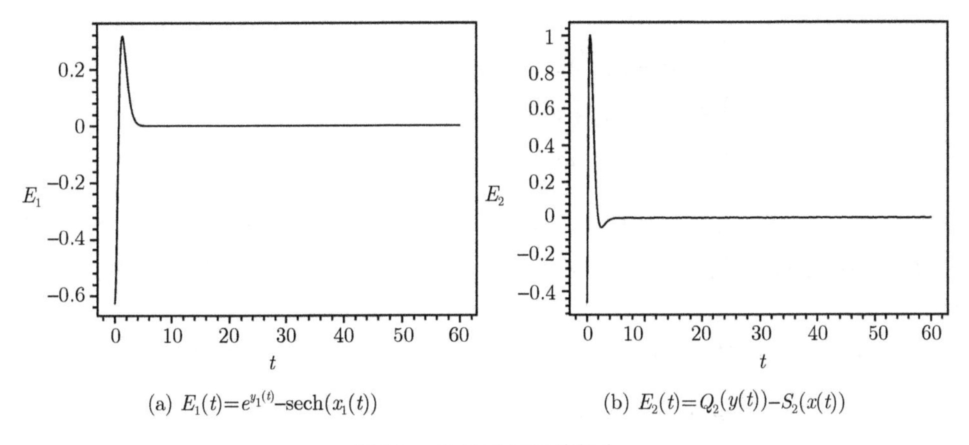

(a) $E_1(t) = e^{y_1(t)} - \operatorname{sech}(x_1(t))$ (b) $E_2(t) = Q_2(y(t)) - S_2(x(t))$

图 9.2 Q-S 同步误差行为

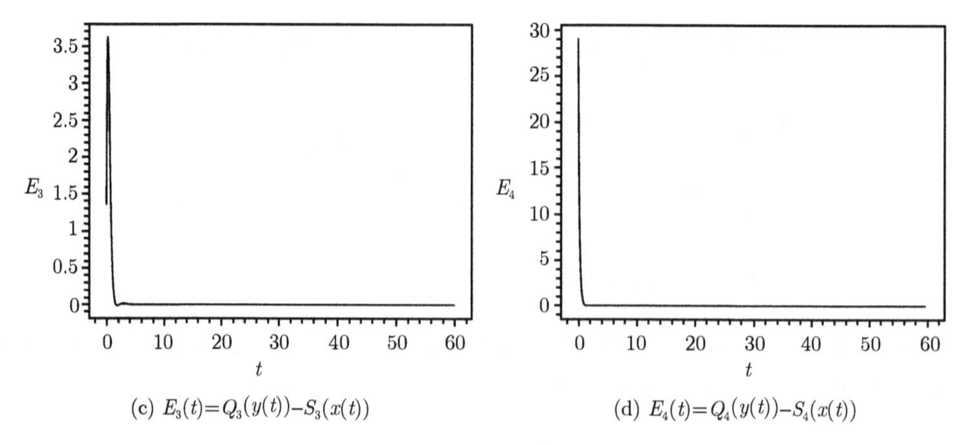

(c) $E_3(t)=Q_3(y(t))-S_3(x(t))$ (d) $E_4(t)=Q_4(y(t))-S_4(x(t))$

图 9.2(续) Q-S 同步误差行为

2. 两个不同超混沌系统之间的 Q-S 广义型同步

选择超混沌 Rössler 系统为驱动系统 [272]：

$$\begin{cases} \dot{x}_1 = -x_2 - x_3, \\ \dot{x}_2 = x_1 - 0.25x_2 + x_4, \\ \dot{x}_3 = 3 + x_1x_2, \\ \dot{x}_4 = -0.5x_3 + 0.05x_4. \end{cases} \tag{9.2.32}$$

具有标量控制器 $u(x,y)$ 的被控超混沌 TNC 系统为响应系统：

$$\begin{cases} \dot{y}_1 = y_2, \\ \dot{y}_2 = -y_3 + 0.7y_2 - y_1, \\ \dot{y}_3 = -3y_4 + 3y_2, \\ \dot{y}_4 = 3y_3 - 30(y_4 - 1)H(y_4 - 1) + u(x,y). \end{cases} \tag{9.2.33}$$

令 $c_i = i(i = 1,2,3,4)$, $Q_1(y_1) = y_1(t)$, $S_1(x) = x_1(t-\tau)x_2(t-\tau)$. 因此得到 $E_1(t) = Q_1(y_1(t)) - S_1(x(t-\tau)) = y_1(t) - x_1(t-\tau)x_2(t-\tau)$. 从 (9.2.32) 和 (9.2.33), 得

$$\begin{aligned} \dot{E}_1(t) = y_2(t) + x_2^2(t-\tau) + x_2(t-\tau)x_3(t-\tau) - x_1(t-\tau)[x_1(t-\tau) \\ +0.25x_2(t-\tau) + x_4(t-\tau)], \end{aligned} \tag{9.2.34}$$

取第一个 Lyapunov 函数：$L_1(t) = \dfrac{1}{2}E_1^2(t)$. 则有 $\dot{L}_1(t) = -E_1^2(t) + E_1(t)[E_1(t) + \dot{E}_1(t)]$. 进而取

$$E_2(t) = E_1(t) + \dot{E}_1(t) = Q_2(y(t)) - S_2(x(t-\tau)), \tag{9.2.35}$$

其中

$$
\begin{aligned}
Q_2 &= y_1(t) + y_2(t),\\
S_2 &= x_1(t-\tau)[x_1(t-\tau) + 1.25x_2(t-\tau) + x_4(t-\tau)]\\
&\quad -x_2(t-\tau)[x_2(t-\tau) + x_3(t-\tau)].
\end{aligned}
$$

因此可得

$$
\begin{aligned}
\dot{E}_2 =& 1.7y_2(t) + x_2(t-\tau)[1.75x_2(t-\tau) + 1.5x_3(t-\tau) + 3x_4(t-\tau) + 3]\\
&- y_1(t) - y_3(t) + 2\,x_3(t-\tau)x_4(t-\tau) + x_1(t-\tau)[59/16x_2(t-\tau)\\
&- 1.25x_1(t-\tau) - 1.3x_4(t-\tau) + x_3(t-\tau)(3.5 + x_2(t-\tau))],
\end{aligned}
\tag{9.2.36}
$$

取第二个 Lyapunov 函数：$L_2(t) = L_1(t) + \dfrac{1}{2}E_2^2(t)$. 得到 $\dot{L}_2(t) = -E_1^2(t) + 2E_2^2(t) + E_2(t)[E_1(t) + 2E_2(t) + \dot{E}_2(t)]$. 因此取

$$
E_3(t) = E_1(t) + c_2E_2(t) + \dot{E}_2(t) = Q_3(y(t)) - S_3(x(t-\tau)),
\tag{9.2.37}
$$

其中

$$
\begin{aligned}
Q_3(y(t)) &= 2y_1(t) + 3.7y_2(t) - y_3(t),\\
S_3(x(t-\tau)) &= x_1(t-\tau)\left[\frac{13}{4}x_1(t-\tau) + \frac{33}{10}x_4(t-\tau) - \frac{7}{2}x_3(t-\tau)\right]\\
&\quad -2\,x_3(t-\tau)x_4(t-\tau) - x_2(t-\tau)\left[\frac{3}{16}x_1(t-\tau) + \frac{15}{4}x_2(t-\tau)\right.\\
&\quad \left.+\frac{7}{2}x_3(t-\tau) + 3x_4(t-\tau) - x_1(t-\tau)x_3(t-\tau) + 3\right].
\end{aligned}
$$

从 (9.2.37) 得

$$
\begin{aligned}
\dot{E}_3(t) =& \frac{1}{64}x_2(t-\tau)x_3(t-\tau)[-276x_1^2(t-\tau) + 240x_1(t-\tau) - x_2(t-\tau)\\
&-x_3(t-\tau)] + 1091x_1(t-\tau)x_2(t-\tau) + x_1(t-\tau)x_3(t-\tau)[3x_4(t-\tau)\\
&+11.65 + 4.5x_1(t-\tau)] + 13.5x_1(t-\tau) - 3.7y_3(t) + \frac{45}{4}\,x_2(t-\tau)\\
&+9\,x_4(t-\tau) + 1.59y_2(t) - 3.7y_1(t) + 3\,y_4(t) + \frac{27}{16}x_2^2(t-\tau)\\
&-4.5x_3^2(t-\tau) + x_4(t-\tau)[6.9x_3(t-\tau) + 11.7x_2(t-\tau)\\
&+\frac{12.09}{4}x_1(t-\tau) + 3x_4(t-\tau)] + \frac{3}{16}x_1^2(t-\tau),
\end{aligned}
\tag{9.2.38}
$$

取第三个 Lyapunov 函数 $L_3(t) = L_2(t) + \dfrac{1}{2}E_3^2(t)$. 得到 $\dot{L}_3(t) = -E_1^2(t) - 2E_2^2(t) - 3E_3^2(t) + E_3(t)[E_2(t) + 3E_3(t) + \dot{E}_3(t)]$. 进而取

$$
E_4(t) = E_2(t) + 3E_3(t) + \dot{E}_3(t) = Q_4(y(t)) - S_4(x(t-\tau)),
\tag{9.2.39}
$$

其中

$$
\begin{aligned}
Q_4 &= 3.3y_1(t)+13.69y_2(t)-6.7y_3(t)+3y_4(t),\\
S_4 &= x_1(t-\tau)x_2(t-\tau)\left[-\frac{1047}{64}-x_1(t-\tau)x_3(t-\tau)-\frac{27}{4}x_3(t-\tau)\right]\\
&\quad -\frac{115}{16}x_2(t-\tau)x_3(t-\tau)+x_1(t-\tau)x_4(t-\tau)\left[x_4(t-\tau)+\frac{3151}{400}\right]\\
&\quad -x_3(t-\tau)\left[\frac{443}{20}x_1(t-\tau)+\frac{129}{10}x_4(t-\tau)\right]+4.5x_3^2(t-\tau)\\
&\quad +x_2(t-\tau)\left[-\frac{207}{10}x_4(t-\tau)+x_3^2(t-\tau)\right]+x_3(t-\tau)\\
&\quad \times[-4.5x_1^2(t-\tau)+x_2^2(t-\tau)]-3x_4^2(t-\tau)-9x_4(t-\tau)\\
&\quad -\frac{81}{4}x_2(t-\tau)-\frac{27}{2}x_1(t-\tau)+\frac{169}{16}x_1^2(t-\tau)-\frac{223}{16}x_2^2(t-\tau).
\end{aligned}
$$

从 (9.2.32), (9.2.33) 和 (9.2.39) 得到

$$
\begin{aligned}
\dot{E}_4(t) &= x_2(t-\tau)x_3(t-\tau)\Big[-4x_1^2(t-\tau)-28x_1(t-\tau)+4x_2(t-\tau)\\
&\quad +4x_3(t-\tau)-\frac{129}{4}\Big]-x_4(t-\tau)\Big[\frac{429}{5}x_2(t-\tau)+\frac{268}{5}x_3(t-\tau)\\
&\quad -34.81x_1(t-\tau)\Big]+18x_3^2(t-\tau)-59.5x_2^2(t-\tau)-\frac{76}{5}y_1(t)\\
&\quad -x_1(t-\tau)x_3(t-\tau)[92.1+12x_4(t-\tau)+18x_1(t-\tau)]+\frac{91}{2}x_1^2(t-\tau)\\
&\quad -12x_4^2(t-\tau)-12y_4(t)-x_1(t-\tau)\left(\frac{525}{8}x_2(t-\tau)-54\right)-84x_2(t-\tau)\\
&\quad -36x_4(t-\tau)-\frac{292.3}{5}y_2(t)+\frac{139}{5}y_3(t),
\end{aligned}
\tag{9.2.40}
$$

取 Lyapunov 函数 $L(t)=L_3(t)+\dfrac{1}{2}E_4^2(t)$. 因此得到

$$
\dot{L}(t)=-E_1^2(t)-2E_2^2(t)-3E_3^2(t)-4E_4^2(t)+E_4(t)[E_3(t)+4E_4(t)+\dot{E}_4(t)],
$$

借助于符号计算, 从 $E_3(t)+4E_4(t)+\dot{E}_4(t)=0$ 可获得控制器 $u(x(t-\tau),y(t))$:

$$
\begin{aligned}
u(x,y) &= x_1(t-\tau)\Big[-\frac{35575}{768}x_2(t-\tau)-\frac{11}{3}x_2(t-\tau)x_1(t-\tau)x_3(t-\tau)\\
&\quad -\frac{53}{5}x_3(t-\tau)x_4(t-\tau)-\frac{7237}{2000}x_4(t-\tau)\Big]+\frac{111}{16}x_2(t-\tau)x_3(t-\tau)\\
&\quad -x_2(t-\tau)x_1(t-\tau)\left[\frac{69}{8}x_3(t-\tau)+x_1(t-\tau)\right]-\frac{11}{6}x_1^3(t-\tau)x_3(t-\tau)\\
&\quad +30H(y_4(t)-1)(y_4(t)-1)-\frac{99481}{2400}x_1(t-\tau)x_3(t-\tau)-x_4(t-\tau)
\end{aligned}
$$

$$\times\left[\frac{6631}{300}x_3(t-\tau)+\frac{3407}{80}x_2(t-\tau)\right]-x_3(t-\tau)\left[\frac{469}{30}x_1^2(t-\tau)\right.$$
$$\left.-\frac{15}{4}x_2^2(t-\tau)\right]-\frac{151}{300}y_1(t)-17.081y_2(t)-10.7y_4(t)+x_3^2(t-\tau)$$
$$\times\left[\frac{233}{15}+\frac{11}{3}x_2(t-\tau)\right]-11x_4^2(t-\tau)+10.83y_3(t)-\frac{159}{5}x_4(t-\tau)$$
$$+15x_3(t-\tau)-\frac{259}{8}x_2(t-\tau)-\frac{469}{10}x_1(t-\tau)+\frac{1001}{192}x_1^2(t-\tau)$$
$$-x_2^2(t-\tau)\left[\frac{1005}{64}-x_1(t-\tau)x_3(t-\tau)\right]+x_3(t-\tau)x_4(t-\tau)$$
$$\times\left[-\frac{4}{3}x_1^2(t-\tau)+\frac{5}{3}x_2(t-\tau)\right]+\frac{1}{6}x_3^2(t-\tau)[8x_4(t-\tau)+41x_1(t-\tau)$$
$$+8x_1(t-\tau)x_2(t-\tau)]-\frac{1}{3}x_2(t-\tau)x_1^3(t-\tau)x_3(t-\tau). \tag{9.2.41}$$

因此得到

$$\dot{L}(t)=-E_1^2-2E_2^2-3E_3^2-4E_4^2\leqslant-2L(t), \tag{9.2.42}$$

其表明 $\lim_{t\to+\infty}E_i(t)=\lim_{t\to+\infty}[Q_i(y(t))-S_i(x(t-\tau))]=0$.

定理 9.2.9 对于控制器 (9.2.41), 超混沌 Rössler 系统 (9.2.32) 和 TNC 系统 (9.2.33) 关于 $Q_i(y(t))$ 和 $S_i(x(t-\tau))$ 是Q-S(滞后或完全) 同步的.

下面我们用数值仿真来证明所得到的控制器的有效性. 这里仅仅考虑 $\tau=0$ 的情况. 驱动 – 响应系统 (9.2.32) 和 (9.2.33) 的初值为 $[x_1(0)=0,x_2(0)=0,x_3(0)=0,x_4(0)=35]$ 和 $[y_1(0)=0,y_2(0)=1,y_3(0)=0,y_4(0)=1]$. 从 $E_1(t)$, (9.2.35), (9.2.37) 和 (9.2.39) 得到误差动力系统 (9.2.34), (9.2.36), (9.2.38) 和 (9.2.40) 的相应的初值条件: $[E_1(0)=0,E_2(0)=1,E_3(0)=3.7,E_4(0)=4006.69]$. 图 9.3(a)~(d) 展示了 Q-S 同步误差变量的渐近行为. 对于 $\tau>0$ 情况, 类似地, 也可以数值仿真 Q-S 滞后同步的控制器的有效性, 这里不再详细说明.

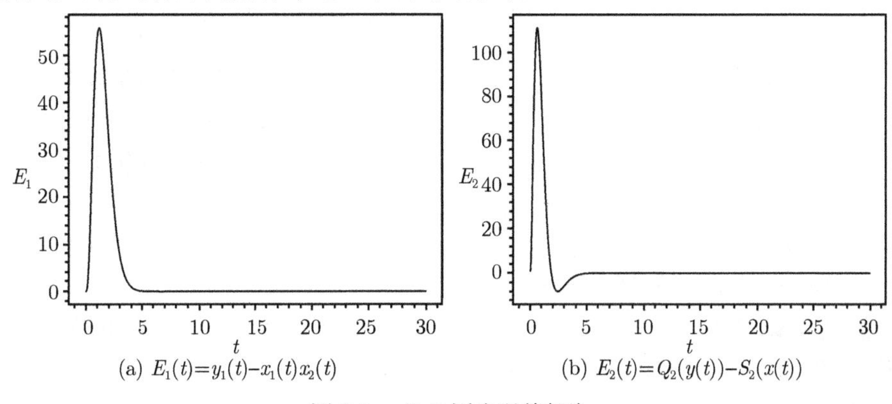

(a) $E_1(t)=y_1(t)-x_1(t)x_2(t)$　(b) $E_2(t)=Q_2(y(t))-S_2(x(t))$

图 9.3 Q-S 同步误差行为

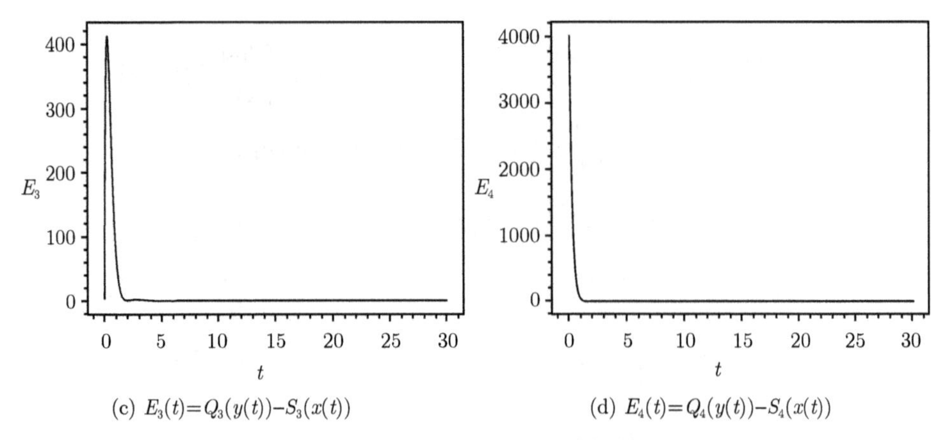

(c) $E_3(t)=Q_3(y(t))-S_3(x(t))$　　(d) $E_4(t)=Q_4(y(t))-S_4(x(t))$

图 9.3(续)　Q-S 同步误差行为

§9.3　全局 (滞后) 同步的反馈控制方法

首先给出混沌系统的全局指数 (滞后) 同步的定义和引理. 考虑驱动系统

$$\dot{\mathbf{x}}_d = \boldsymbol{F}(t, \boldsymbol{x}_d), \tag{9.3.1}$$

和响应系统

$$\dot{\boldsymbol{y}}_r = \boldsymbol{F}(t, \boldsymbol{y}_r) + \boldsymbol{u}, \tag{9.3.2}$$

其中下标 "d" 和 "r" 分别代表驱动和响应系统, $\boldsymbol{x}_d = (x_{1d}, x_{2d}, \cdots, x_{nd})^{\mathrm{T}}, \boldsymbol{y}_r = (y_{1r}, y_{2r}, \cdots, y_{nr})^{\mathrm{T}}$, $\boldsymbol{F}: \mathrm{R}_+ \times \mathrm{R}^n \to \mathrm{R}^n$, $\boldsymbol{u} = (u_1, u_2, \cdots, u_n)^{\mathrm{T}}$ 为 t 和 $(x_{id}, y_{id}, x_{ir}, y_{ir})$ 的函数.

令误差变量为 $\boldsymbol{e}(t) = (e_1(t), e_2(t), \cdots, e_n(t))^{\mathrm{T}} = (x_{1d}(t-\tau) - y_{1r}(t), x_{2d}(t-\tau) - y_{2r}(t), \cdots, x_{nd}(t-\tau) - y_{nr}(t))^{\mathrm{T}}$ $(\tau \geqslant 0)$. 那么误差动力系统为

$$\dot{\mathbf{e}}(t) = \boldsymbol{F}(t-\tau, \boldsymbol{x}_d(t-\tau)) - \boldsymbol{F}(t, \boldsymbol{y}_r(t)) - \boldsymbol{u}. \tag{9.3.3}$$

定义 9.3.1[453]　对于任意给定的驱动 – 响应系统 (9.3.1) 和 (9.3.2) 的初始函数：$(x_{1d}(t), x_{2d}(t), \cdots, x_{nd}(t))$ 和 $(y_{1r}(t), y_{2r}(t), \cdots, y_{nr}(t)) \in \mathrm{R}^n$, $t \in [\tau, 0]$, 如果误差系统 (9.3.3) 满足 $\sum_{i=1}^{n} e_i^2(t) \leqslant K(e(t_0)) \exp(-\alpha(t-t_0))$, 其中 $K(e(t_0)) > 0$ 为与初值 $e(t_0)$ 有关的常数, $\alpha > 0$ 与 $e(t_0)$ 无关的常数, 那么误差系统 (9.2.44) 的零解是全局指数稳定的, 因此驱动 – 响应系统 (9.3.1) 和 (9.3.2) 是(i) 全局指数滞后同步的 $(\tau > 0)$; (ii) 全局指数同步的 $(\tau = 0)$.

引理 9.3.2[453]　误差动力系统 (9.3.3) 的零解是全局指数稳定的, 即驱动 – 响应系统 (9.3.1) 和 (9.3.2) 是(i) 全局指数滞后同步的 $(\tau > 0)$; (ii) 全局指数同步的 $(\tau = 0)$, 如果存在一个正定的二次多项式 $V = (e_1\, e_2\, \cdots\, e_n)P(e_1\, e_2\, \cdots\, e_n)^{\mathrm{T}}$ 以至于

$\frac{dV}{dt} = -(e_1\ e_2\ \cdots\ e_n)Q(e_1\ e_2\ \cdots\ e_n)^{\mathrm{T}}$. 并且误差动力系统 (9.3.3) 的负Lyapunov指数估计成立：

$$\sum_{i=1}^{n} e_i^2(t) \leqslant \frac{\lambda_{\max}(P)}{\lambda_{\min}(P)} \sum_{i=1}^{n} e_i^2(t_0) \exp\left[-\frac{\lambda_{\min}(Q)}{\lambda_{\max}(P)}(t-t_0)\right],$$

其中 $P = P^{\mathrm{T}} \in \mathrm{R}^{n\times n}$ 和 $Q = Q^{\mathrm{T}} \in \mathrm{R}^{n\times n}$ 都是正定矩阵, $\lambda_{\max}(P)$ 和 $\lambda_{\min}(P)$ 分别为 P 的最大和最小特征值, $\lambda_{\min}(Q)$ 为 Q 的最小特征值.

证明 类似于文 [454,455] 中引理的证明, 该引理证明如下：因为 $P = P^{\mathrm{T}} \in \mathrm{R}^{n\times n}$ 和 $Q = Q^{\mathrm{T}} \in \mathrm{R}^{n\times n}$ 都是正定矩阵, 所以有

$$\lambda_{\min}(P)\sum_{i=1}^{n} e_i^2(t) \leqslant (e_1\ \ e_2\ \ \cdots\ \ e_n)\ P\ (e_1\ \ e_2\ \ \cdots\ \ e_n)^{\mathrm{T}} \leqslant \lambda_{\max}(P)\sum_{i=1}^{n} e_i^2(t),$$

$$\lambda_{\min}(Q)\sum_{i=1}^{n} e_i^2(t) \leqslant (e_1\ \ e_2\ \ \cdots\ \ e_n)\ Q\ (e_1\ \ e_2\ \ \cdots\ \ e_n)^{\mathrm{T}} \leqslant \lambda_{\max}(Q)\sum_{i=1}^{n} e_i^2(t).$$

因此, 得到

$$\begin{aligned}\frac{dV}{dt} &= -(e_1\ \ e_2\ \ \cdots\ \ e_n)\ Q\ (e_1\ \ e_2\ \ \cdots\ \ e_n)^{\mathrm{T}} \leqslant -\lambda_{\min}(Q)\sum_{i=1}^{n} e_i^2(t)\\ &\leqslant -\frac{\lambda_{\min}(Q)}{\lambda_{\max}(P)}(e_1\ \ e_2\ \ \cdots\ \ e_n)\ P\ (e_1\ \ e_2\ \ \cdots\ \ e_n)^{\mathrm{T}} = -\frac{\lambda_{\min}(Q)}{\lambda_{\max}(P)}V,\end{aligned}$$

这导致

$$\lambda_{\min}(P)\sum_{i=1}^{n} e_i^2(t) \leqslant V(t) \leqslant V(t_0)\exp\left[-\frac{\lambda_{\min}(Q)}{\lambda_{\max}(P)}(t-t_0)\right],$$

即

$$\begin{aligned}\textstyle\sum_{i=1}^{n} e_i^2(t) &\leqslant \frac{V(t_0)}{\lambda_{\min}(P)} e^{-\frac{\lambda_{\min}(Q)}{\lambda_{\max}(P)}(t-t_0)}\\ &\leqslant \frac{\lambda_{\max}(P)}{\lambda_{\min}(P)}\sum_{i=1}^{n} e_i^2(t_0)\exp\left[-\frac{\lambda_{\min}(Q)}{\lambda_{\max}(P)}(t-t_0)\right].\end{aligned}$$

因此引理得证.

线性反馈方法和自适应反馈方法已经被应用于研究混沌系统的完全同步 [242]. 下面我们利用三种反馈方法：(i) 线性反馈方法; (ii) 自适应反馈方法; 和 (iii) 线性和自适应组合反馈方法来同时研究混沌系统的全局混沌 (滞后) 同步问题. 利用 LC 混沌系统来展示这三种反馈方法.

考虑 LC 混沌系统 [456,457] 作为驱动系统

$$\begin{cases} \dot{x}_d = ax_d + y_d z_d, \\ \dot{y}_d = -by_d - x_d z_d, \\ \dot{z}_d = -cz_d - x_d y_d \end{cases} \tag{9.3.4}$$

和响应系统为

$$\begin{cases} \dot{x}_r = ax_r + y_r z_r + u_1, \\ \dot{y}_r = -by_r - x_r z_r + u_2, \\ \dot{z}_r = -cz_r - x_r y_r + u_3, \end{cases} \tag{9.3.5}$$

其中 u_i's 为 $(x_d, y_d, z_d, x_r, y_r, z_r)$ 的未知函数.

令误差状态为 $\mathbf{e}(t) = (e_x(t), e_y(t), e_z(t))^{\mathrm{T}} = [x_d(t-\tau) - x_r(t), y_d(t-\tau) - y_r(t), z_d(t-\tau) - z_r(t)]^{\mathrm{T}}$, 其中 $\tau \geqslant 0$. 那么从 (9.2.45) 和 (9.3.5), 得误差动力系统:

$$\begin{cases} \dot{e}_x(t) = ae_x(t) + y_d(t-\tau)z_d(t-\tau) - y_r(t)z_r(t) - u_1, \\ \dot{e}_y(t) = -be_y(t) - x_d(t-\tau)z_d(t-\tau) + x_r(t)z_r(t-\tau) - u_2, \\ \dot{e}_z(t) = -ce_z(t) - x_d(t-\tau)y_d(t-\tau) + x_r(t)y_r(t) - u_3. \end{cases} \tag{9.3.6}$$

首先给出 (9.3.6) 中非线性项的一些分解:

$$y_d(t-\tau)z_d(t-\tau) - y_r(t)z_r(t) = y_d(t-\tau)e_z(t) + z_r(t)e_y(t), \tag{9.3.7a}$$

$$y_d(t-\tau)z_d(t-\tau) - y_r(t)z_r(t) = y_r(t)e_z(t) + z_d(t-\tau)e_y(t), \tag{9.3.7b}$$

$$x_d(t-\tau)z_d(t-\tau) - x_r(t)z_r(t) = x_d(t-\tau)e_z(t) + z_r(t)e_x(t), \tag{9.3.7c}$$

$$x_d(t-\tau)z_d(t-\tau) - x_r(t)z_r(t) = x_r(t)e_z(t) + z_d(t-\tau)e_x(t), \tag{9.3.7d}$$

$$x_d(t-\tau)y_d(t-\tau) - x_r(t)y_r(t) = x_d(t-\tau)e_y(t) + y_r(t)e_x(t), \tag{9.3.7e}$$

$$x_d(t-\tau)y_d(t-\tau) - x_r(t)y_r(t) = x_r(t)e_y(t) + y_d(t-\tau)e_x(t). \tag{9.3.7f}$$

§9.3.1 线性反馈控制

定理 9.3.3[453] 对于给定的驱动系统 (9.3.4), 响应系统 (9.3.5) 和误差动力系统 (9.3.6), 假设 $M_{x_d}, M_{x_r}, M_{y_d}, M_{y_r}, M_{z_d}$ 和 M_{z_r} 分别为 $|x_d(t-\tau)|$, $|x_r(t)|$, $|y_d(t-\tau)|, |y_r(t)|$, $|z_d(t-\tau)|$ 和 $|z_r(t)|$ 的上界, 如果下面任意一组线性反馈控制器施加于响应系统:

(i) $u_1 = k_1 e_x(t)$, $u_2 = k_2 e_y(t)$, $u_3 = 0$, 其中 $k_1 > a$,

$$k_2 > \min\left[\frac{(M_{x_d}+M_{x_r})^2}{4c}, \frac{(M_{z_d}+M_{z_r})^2}{4(k_1-a)} + \frac{\min(M_{x_r}^2, M_{x_d}^2)}{c}\right] - b;$$

(ii) $u_1 = k_1 e_x(t)$, $u_2 = 0$, $u_3 = k_3 e_z(t)$, 其中 $k_1 > a$,

$$k_3 > \min\left[\frac{(M_{x_d}+M_{x_r})^2}{4b}, \frac{(M_{y_d}+M_{y_r})^2}{4(k_1-a)} + \frac{\min(M_{x_r}^2, M_{x_d}^2)}{b}\right] - c;$$

(iii) $u_1 = k_1 e_x(t)$, $u_2 = k_2 e_y(t)$, $u_3 = 0$, 其中

$$k_2 > \frac{4(k_1-a)\min(M_{x_r}^2, M_{x_d}^2)}{4c(k_1-a)-(M_{y_d}+M_{y_r})^2} - b, \quad k_1 > \frac{(M_{y_d}+M_{y_r})^2}{4c} + a;$$

(iv) $u_1 = k_1 e_x(t)$, $u_2 = 0$, $u_3 = k_3 e_z(t)$, 其中

$$k_3 > \frac{4(k_1-a)\min(M_{x_r}^2, M_{x_d}^2)}{4b(k_1-a)-(M_{z_d}+M_{z_r})^2} - c, \quad k_1 > \frac{(M_{z_d}+M_{z_r})^2}{4b} + a,$$

那么误差动力系统 (9.3.6) 的零解是全局指数稳定的, 因此驱动 − 响应系统 (9.3.4) 和 (9.3.5) 是(i)全局指数滞后同步的 ($\tau > 0$) 和(ii) 全局指数同步的 ($\tau = 0$).

证明 (i) 对于该情况, 选择正定的 Lyapunov 函数:

$$V(t) = \frac{1}{2}\left[e_x^2(t) + e_y^2(t) + e_z^2(t)\right], \tag{9.3.8}$$

从中可知 $P = \mathrm{diag}[0.5, 0.5, 0.5]$ 且 $\lambda_{\min} = \lambda_{\max} = 0.5$. 微分 (9.3.8) 并结合 (9.3.7), 得

$$\begin{aligned}
\frac{dV(t)}{dt} &= e_x(t)\dot{e}_x(t) + e_y(t)\dot{e}_y(t) + e_z(t)\dot{e}_z(t) \\
&= ae_x^2(t) + y_d(t-\tau)z_d(t-\tau)e_x(t) - y_r(t)z_r(t)e_x(t) - k_1 e_x^2(t) \\
&\quad -be_y^2(t) - x_d(t-\tau)z_d(t-\tau)e_y(t) + x_r(t)z_r(t)e_y(t) - k_2 e_y^2(t) \\
&\quad -ce_z^2(t) - x_d(t-\tau)y_d(t-\tau)e_z(t) + x_r(t)y_r(t)e_z(t) \\
&= \begin{cases}
ae_x^2(t) + y_d(t-\tau)e_z(t)e_x(t) + z_r(t)e_y(t)e_x(t) - k_1 e_x^2(t) - be_y^2(t) \\
\qquad -x_d(t-\tau)e_z(t)e_y(t) - z_r(t)e_x(t)e_y(t) - k_2 e_y^2(t) - ce_z^2(t) \\
\qquad -y_d(t-\tau)e_x(t)e_z(t) - x_r(t)e_y(t)e_z(t), \\
ae_x^2(t) + y_d(t-\tau)e_z(t)e_x(t) + z_r(t)e_y(t)e_x(t) - k_1 e_x^2(t) - be_y^2(t) \\
\qquad -z_d(t-\tau)e_x(t)e_y(t) - x_r(t)e_z(t)e_y(t) - k_2 e_y^2(t) - ce_z^2(t) \\
\qquad -y_d(t-\tau)e_x(t)e_z(t) - x_r(t)e_y(t)e_z(t), \\
ae_x^2(t) + z_d(t-\tau)e_y(t)e_x(t) + y_r(t)e_z(t)e_x(t) - k_1 e_x^2(t) - be_y^2(t) \\
\qquad -x_d(t-\tau)e_z(t)e_y(t) - z_r(t)e_x(t)e_y(t) - k_2 e_y^2(t) - ce_z^2(t) \\
\qquad -x_d(t-\tau)e_y(t)e_z(t) - y_r(t)e_x(t)e_z(t)
\end{cases}
\end{aligned}$$

$$
= \begin{cases} (a-k_1)e_x^2(t)-(k_2+b)e_y^2(t)-ce_z^2(t)-[x_d(t-\tau)+x_r(t)]e_y(t)e_z(t), \\ (a-k_1)e_x^2(t)-(k_2+b)e_y^2(t)-ce_z^2(t)-[z_d(t-\tau)-z_r(t)]e_x(t)e_y(t) \\ \qquad -2x_r(t)e_y(t)e_z(t), \\ (a-k_1)e_x^2(t)-(k_2+b)e_y^2(t)-ce_z^2(t)+[z_d(t-\tau)-z_r(t)]e_x(t)e_y(t) \\ \qquad -2x_d(t-\tau)e_y(t)e_z(t) \end{cases}
$$

$$
\leqslant \begin{cases} -(k_1-a)e_x^2(t)-(k_2+b)e_y^2(t)-ce_z^2(t)+(M_{x_d}+M_{x_r})|e_y(t)||e_z(t)|, \\ -(k_1-a)e_x^2(t)-(k_2+b)e_y^2(t)-ce_z^2(t)+(M_{z_d}+M_{z_r})|e_x(t)||e_y(t)| \\ \qquad +2M_{x_r}|e_y(t)||e_z(t)|, \\ -(k_1-a)e_x^2(t)-(k_2+b)e_y^2(t)-ce_z^2(t)+(M_{z_d}+M_{z_r})|e_x(t)||e_y(t)| \\ \qquad +2M_{x_d}|e_y(t)||e_z(t)| \end{cases}
$$

$$
= \begin{cases} -(|e_x(t)| \ \ |e_y(t)| \ \ |e_z(t)|)\ Q_1\ (|e_x(t)| \ \ |e_y(t)| \ \ |e_z(t)|)^{\mathrm{T}}, \\ -(|e_x(t)| \ \ |e_y(t)| \ \ |e_z(t)|)\ Q_2\ (|e_x(t)| \ \ |e_y(t)| \ \ |e_z(t)|)^{\mathrm{T}}, \\ -(|e_x(t)| \ \ |e_y(t)| \ \ |e_z(t)|)\ Q_3\ (|e_x(t)| \ \ |e_y(t)| \ \ |e_z(t)|)^{\mathrm{T}}, \end{cases}
$$

其中 $Q_i=Q_i^{\mathrm{T}}\ (i=1,2,3)$ 为

$$
Q_1=\begin{bmatrix} k_1-a & 0 & 0 \\ 0 & k_2+b & -\frac{1}{2}(M_{x_d}+M_{x_r}) \\ 0 & -\frac{1}{2}(M_{x_d}+M_{x_r}) & c \end{bmatrix},
$$

$$
Q_2=\begin{bmatrix} k_1-a & -\frac{1}{2}(M_{z_d}+M_{z_r}) & 0 \\ -\frac{1}{2}(M_{z_d}+M_{z_r}) & k_2+b & -M_{x_r} \\ 0 & -M_{x_r} & c \end{bmatrix},
$$

$$
Q_3=\begin{bmatrix} k_1-a & -\frac{1}{2}(M_{z_d}+M_{z_r}) & 0 \\ -\frac{1}{2}(M_{z_d}+M_{z_r}) & k_2+b & -M_{x_d} \\ 0 & -M_{x_d} & c \end{bmatrix}.
$$

如果任一个 Q_i 是正定矩阵, 即下面的条件成立, 那么易知误差动力系统 (9.3.6) 的零解是全局指数稳定的.

$$
Q_1: \begin{cases} k_1-a>0, \\ (k_1-a)(k_1+b)>0, \\ (k_1-a)\left[c(k_2+b)-\frac{1}{4}(M_{x_d}+M_{x_r})^2\right]>0; \end{cases}
$$

$$Q_2:\begin{cases}k_1-a>0,\\(k_1-a)(k_2+b)-\dfrac{1}{4}(M_{z_d}+M_{z_r})^2>0,\\c[(k_1-a)(k_2+b)-\dfrac{1}{4}(M_{z_d}+M_{z_r})^2]-(k_1-a)M_{x_r}^2>0;\end{cases}$$

$$Q_3:\begin{cases}k_1-a>0,\\(k_1-a)(k_2+b)-\dfrac{1}{4}(M_{z_d}+M_{z_r})^2>0,\\c\left[(k_1-a)(k_2+b)-\dfrac{1}{4}(M_{z_d}+M_{z_r})^2\right]-(k_1-a)M_{x_d}^2>0;\end{cases}$$

即

$$Q_1:\quad k_1>a,\quad k_2>\frac{1}{4c}(M_{x_d}+M_{x_r})^2-b;$$

$$Q_2:\quad k_1>a,\quad k_2>\frac{(M_{z_d}+M_{z_r})^2}{4(k_1-a)}+\frac{M_{x_r}^2}{c}-b;$$

$$Q_3:\quad k_1>a,\quad k_2>\frac{(M_{z_d}+M_{z_r})^2}{4(k_1-a)}+\frac{M_{x_d}^2}{c}-b.$$

因此利用引理 9.3.2, 得到情况 Q_1 的指数估计:

$$\begin{aligned}&e_x^2(t)+e_y^2(t)+e_z^2(t)\\\leqslant&\frac{\lambda_{\max}(P)}{\lambda_{\min}(P)}\left[e_x^2(t_0)+e_y^2(t_0)+e_z^2(t_0)\right]e^{-\frac{\lambda_{\min}(Q)}{\lambda_{\max}(P)}(t-t_0)}\\=&\left[e_x^2(t_0)+e_y^2(t_0)+e_z^2(t_0)\right]e^{-\min\left[2(k_1-a),\ k_2+b+c-\sqrt{(k_2+b-c)^2+(M_{x_d}+M_{x_r})^2}\right](t-t_0)}.\end{aligned}$$

类似地, 也可以得到情况 Q_2 和 Q_3 的指数估计, 这里并不列出. 这就完成了情况 (i) 的证明.

(ii) 选择同样的 Lyapunov 函数 (9.3.8), 并且利用 (9.3.7), 可得

$$\begin{aligned}\frac{dV(t)}{dt}=&\ e_x(t)\dot e_x(t)+e_y(t)\dot e_y(t)+e_z(t)\dot e_z(t)\\\leqslant&\begin{cases}-(k_1-a)e_x^2(t)-e_y^2(t)+(M_{x_d}+M_{x_r})|e_y(t)||e_z(t)|\\\qquad-(k_3+c)e_z^2(t),\\-(k_1-a)e_x^2(t)-be_y^2(t)-(k_3+c)e_z^2(t)+2M_{x_r}|e_y(t)||e_z(t)|\\\qquad+(M_{y_d}+M_{y_r})|e_x(t)||e_z(t)|,\\-(k_1-a)e_x^2(t)-e_y^2(t)-(k_3+c)e_z^2(t)+2M_{x_d}|e_y(t)||e_z(t)|\\\qquad+(M_{y_d}+M_{y_r})|e_x(t)||e_z(t)|\end{cases}\\=&\begin{cases}-(|e_x(t)|\ \ |e_y(t)|\ \ |e_z(t)|)\ Q_1\ (|e_x(t)|\ \ |e_y(t)|\ \ |e_z(t)|)^{\mathrm T},\\-(|e_x(t)|\ \ |e_y(t)|\ \ |e_z(t)|)\ Q_2\ (|e_x(t)|\ \ |e_y(t)|\ \ |e_z(t)|)^{\mathrm T},\\-(|e_x(t)|\ \ |e_y(t)|\ \ |e_z(t)|)\ Q_3\ (|e_x(t)|\ \ |e_y(t)|\ \ |e_z(t)|)^{\mathrm T},\end{cases}\end{aligned}$$

其中 $Q_i = Q_i^{\mathrm{T}}$ $(i = 1, 2, 3)$ 为

$$Q_1 = \begin{bmatrix} k_1 - a & 0 & 0 \\ 0 & b & -\frac{1}{2}(M_{x_d} + M_{x_r}) \\ 0 & -\frac{1}{2}(M_{x_d} + M_{x_r}) & k_3 + c \end{bmatrix},$$

$$Q_2 = \begin{bmatrix} k_1 - a & 0 & -\frac{1}{2}(M_{y_d} + M_{y_r}) \\ 0 & b & -M_{x_r} \\ -\frac{1}{2}(M_{y_d} + M_{y_r}) & -M_{x_r} & k_3 + c \end{bmatrix},$$

$$Q_3 = \begin{bmatrix} k_1 - a & 0 & -\frac{1}{2}(M_{y_d} + M_{y_r}) \\ 0 & b & -M_{x_d} \\ -\frac{1}{2}(M_{y_d} + M_{y_r}) & -M_{x_d} & k_3 + c \end{bmatrix}.$$

如果任一个 Q_i 是正定矩阵, 即下面的条件成立, 那么易知误差动力系统 (9.3.6) 的零解是全局指数稳定的.

$$Q_1: \begin{cases} k_1 - a > 0, \\ (k_1 - a)b > 0, \\ (k_1 - a)[b(k_3 + c) - \frac{1}{4}(M_{x_d} + M_{x_r})^2] > 0; \end{cases}$$

$$Q_2: \begin{cases} k_1 - a > 0, \\ (k_1 - a)b > 0, \\ (k_1 - a)[(k_3 + c)b - M_{x_r}^2] - \frac{1}{4}b(M_{y_d} + M_{y_r})^2 > 0; \end{cases}$$

$$Q_3: \begin{cases} k_1 - a > 0, \\ (k_1 - a)b > 0, \\ (k_1 - a)[(k_3 + c)b - M_{x_d}^2] - \frac{1}{4}b(M_{y_d} + M_{y_r})^2 > 0; \end{cases}$$

即

$$\begin{aligned} &Q_1: \quad k_1 > a, \quad k_3 > \frac{1}{4b}(M_{x_d} + M_{x_r})^2 - c; \\ &Q_2: \quad k_1 > a, \quad k_3 > \frac{(M_{y_d} + M_{y_r})^2}{4(k_1 - a)} + \frac{M_{x_r}^2}{b} - c; \\ &Q_3: \quad k_1 > a, \quad k_3 > \frac{(M_{y_d} + M_{y_r})^2}{4(k_1 - a)} + \frac{M_{x_d}^2}{b} - c; \end{aligned}$$

从上面的条件可知, 定理在情况 (ii) 下也是成立的.

(iii) 这种情况, 同样选择 (9.3.8) 作为 Lyapunov 函数, 因此得到

$$\frac{dV(t)}{dt} = e_x(t)\dot{e}_x(t) + e_y(t)\dot{e}_y(t) + e_z(t)\dot{e}_z(t)$$

$$\leqslant \begin{cases} -(k_1-a)e_x^2(t) - (k_2+b)e_y^2(t) - ce_z^2(t) + 2M_{x_r}|e_y(t)||e_z(t)| \\ \qquad +(M_{y_d}+M_{y_r})|e_x(t)||e_z(t)|, \\ -(k_1-a)e_x^2(t) - (k_2+b)e_y^2(t) - ce_z^2(t) + 2M_{x_d}|e_y(t)||e_z(t)| \\ \qquad +(M_{y_d}+M_{y_r})|e_x(t)||e_z(t)| \end{cases}$$

$$= \begin{cases} -(|e_x(t)| \quad |e_y(t)| \quad |e_z(t)|)\ Q_1\ (|e_x(t)| \quad |e_y(t)| \quad |e_z(t)|)^{\mathrm{T}}, \\ -(|e_x(t)| \quad |e_y(t)| \quad |e_z(t)|)\ Q_2\ (|e_x(t)| \quad |e_y(t)| \quad |e_z(t)|)^{\mathrm{T}}, \end{cases}$$

其中 Q_1 和 Q_2 为

$$Q_1 = \begin{bmatrix} k_1-a & 0 & -\frac{1}{2}(M_{y_d}+M_{y_r}) \\ 0 & k_2+b & -M_{x_r} \\ -\frac{1}{2}(M_{y_d}+M_{y_r}) & -M_{x_r} & c \end{bmatrix},$$

$$Q_2 = \begin{bmatrix} k_1-a & 0 & -\frac{1}{2}(M_{y_d}+M_{y_r}) \\ 0 & k_2+b & -M_{x_d} \\ -\frac{1}{2}(M_{y_d}+M_{y_r}) & -M_{x_d} & c \end{bmatrix}.$$

如果任一个 Q_i 是正定矩阵, 即下面的条件成立, 那么易知误差动力系统 (9.3.6) 的零解是全局指数稳定的.

$$Q_1: \begin{cases} k_1-a>0, \\ (k_1-a)(k_2+b)>0, \\ (k_1-a)[c(k_2+b)-M_{x_r}^2] - \frac{1}{4}(k_2+b)(M_{z_d}+M_{z_r})^2 > 0; \end{cases}$$

$$Q_2: \begin{cases} k_1-a>0, \\ (k_1-a)(k_2+b)>0, \\ (k_1-a)[c(k_2+b)-M_{x_d}^2] - \frac{1}{4}(k_2+b)(M_{z_d}+M_{z_r})^2 > 0; \end{cases}$$

即

$$Q_1:\quad k_1 > \frac{1}{4c}(M_{y_d}+M_{y_r})^2 + a, \quad k_2 > \frac{4(k_1-a)M_{x_r}^2}{4c(k_1-a)-(M_{y_d}+M_{y_r})^2} - b;$$

$$Q_2:\quad k_1 > \frac{1}{4c}(M_{y_d}+M_{y_r})^2 + a, \quad k_2 > \frac{4(k_1-a)M_{x_d}^2}{4c(k_1-a)-(M_{y_d}+M_{y_r})^2} - b;$$

从而可以知道定理在情况 (iii) 下是正确的.

(iv) 这种情况, 同样选择 (9.3.8) 作为 Lyapunov 函数, 因此得到

$$\frac{dV(t)}{dt} = e_x(t)\dot{e}_x(t) + e_y(t)\dot{e}_y(t) + e_z(t)\dot{e}_z(t)$$

$$\leqslant \begin{cases} -(k_1-a)e_x^2(t) - be_y^2(t) - (k_3+c)e_z^2(t) + 2M_{x_r}|e_y(t)||e_z(t)| \\ \qquad +(M_{z_d}+M_{z_r})|e_x(t)||e_y(t)|, \\ -(k_1-a)e_x^2(t) - be_y^2(t) - (k_3+c)e_z^2(t) + 2M_{x_r}|e_y(t)||e_z(t)| \\ \qquad +(M_{z_d}+M_{z_r})|e_x(t)||e_y(t)| \end{cases}$$

$$= \begin{cases} -(|e_x(t)| \;\; |e_y(t)| \;\; |e_z(t)|)\, Q_1\, (|e_x(t)| \;\; |e_y(t)| \;\; |e_z(t)|)^{\mathrm{T}}, \\ -(|e_x(t)| \;\; |e_y(t)| \;\; |e_z(t)|)\, Q_2\, (|e_x(t)| \;\; |e_y(t)| \;\; |e_z(t)|)^{\mathrm{T}}, \end{cases}$$

其中 Q_1 和 Q_2 为

$$Q_1 = \begin{bmatrix} k_1-a & -\frac{1}{2}(M_{z_d}+M_{z_r}) & 0 \\ -\frac{1}{2}(M_{z_d}+M_{z_r}) & b & -M_{x_r} \\ 0 & -M_{x_r} & k_3+c \end{bmatrix},$$

$$Q_2 = \begin{bmatrix} k_1-a & -\frac{1}{2}(M_{z_d}+M_{z_r}) & 0 \\ -\frac{1}{2}(M_{z_d}+M_{z_r}) & b & -M_{x_d} \\ 0 & -M_{x_d} & k_3+c \end{bmatrix}.$$

如果任一个 Q_i 是正定矩阵, 即下面的条件成立, 那么易知误差动力系统 (9.3.6) 的零解是全局指数稳定的.

$$Q_1: \begin{cases} k_1-a>0, \\ (k_1-a)b - \frac{1}{4}(M_{z_d}+M_{z_r})^2 > 0, \\ (k_3+c)[(k_1-a)b - \frac{1}{4}(M_{z_d}+M_{z_r})^2] - (k_1-a)M_{x_r}^2 > 0; \end{cases}$$

$$Q_2: \begin{cases} k_1-a>0, \\ (k_1-a)b - \frac{1}{4}(M_{z_d}+M_{z_r})^2 > 0, \\ (k_3+c)[(k_1-a)b - \frac{1}{4}(M_{z_d}+M_{z_r})^2] - (k_1-a)M_{x_d}^2 > 0; \end{cases}$$

即

$$Q_1:\; k_1 > \frac{1}{4b(M_{z_d}+M_{z_r})^2} + a,\; k_3 > \frac{4(k_1-a)M_{x_r}^2}{4(k_1-a)b-(M_{z_d}+M_{z_r})^2} - c;$$

$$Q_2:\; k_1 > \frac{1}{4b(M_{z_d}+M_{z_r})^2} + a,\; k_3 > \frac{4(k_1-a)M_{x_d}^2}{4(k_1-a)b-(M_{z_d}+M_{z_r})^2} - c.$$

因此完成定理的证明.

注 9.3.4 关于定理有如下的注释：

(i) 四组线性控制器被获得用于研究 (9.3.4) 和 (9.3.5) 的 (i) 全局指数滞后同步 ($\tau > 0$) 和(ii) 全局指数同步 ($\tau = 0$). 这些控制器比已知的包含三个线性函数的控制器更简单 [458]. 当然, 比非线性控制器更简单 [459].

(ii) 或许可以用一个线性函数来进一步简化控制器. 如令 $k_2 = 0$, $k_3 = 0$. 那么定理中的控制器可简化为

$$u_1 = k_1 e_x(t),\ k_1 > a,\ bc > \frac{1}{4}(M_{x_d} + M_{x_r})^2,$$

$$u_1 = k_1 e_x(t),\quad k_1 > \min\left[\frac{c(M_{z_d} + M_{z_r})^2}{4(bc - M_{x_r}^2)} + a, \frac{b(M_{y_d} + M_{y_r})^2}{4(bc - M_{x_r}^2)} + a\right],\ bc > M_{x_r}^2,$$

$$u_1 = k_1 e_x(t),\ k_1 > \min\left[\frac{c(M_{z_d} + M_{z_r})^2}{4(bc - M_{x_d}^2)} + a, \frac{b(M_{y_d} + M_{y_r})^2}{4(bc - M_{x_d}^2)} + a\right],\ bc > M_{x_d}^2.$$

但是, 应该指出：很困难保证参数满足条件：$bc > \frac{1}{4}(M_{x_d} + M_{x_r})^2$, 或 $bc > M_{x_r}^2$, 或 $bc > M_{x_d}^2$, 因为 M_{x_d} 和 M_{x_r} 与 b, c 有关. 即使这些条件满足, 但相应的 b, c 的值或许不能使得 (9.3.4) 为混沌系统.

§9.3.2 自适应反馈控制

定理 9.3.5[453] 对于驱动系统 (9.3.4), 响应系统 (9.3.5) 和误差系统 (9.3.6), 如果下面任一组自适应反馈控制器被选择给响应系统 (9.3.5)：

(i) $u_1 = K_1(t)e_x(t),\ u_2 = K_2(t)e_y(t),\ u_3 = 0,\ \dot{K}_1(t) = c_1 e_x^2(t),\ \dot{K}_2(t) = c_2 e_y^2(t)$, 其中 $c_1 > 0,\ c_2 > 0,\ K_1(0) = K_2(0) = 0$;

(ii) $u_1 = K_1(t)e_x(t),\ u_2 = 0,\ u_3 = K_3(t)e_y(t),\ \dot{K}_1(t) = c_1 e_x^2(t),\ \dot{K}_3(t) = c_3 e_z^2(t)$, 其中 $c_1 > 0,\ c_3 > 0,\ K_1(0) = K_3(0) = 0$;

那么误差动力系统 (9.3.6) 的零解是全局稳定的, 因此驱动–响应系统 (9.3.4) 和 (9.3.5) 是(i) 全局滞后同步的 ($\tau > 0$); (ii) 全局同步的 ($\tau = 0$).

证明 下面分别证明这两种情况.

(i) 选择下面的正定的 Lyapunov 函数：

$$V(t) = \frac{1}{2}\left[e_x^2(t) + e_y^2(t) + e_z^2(t) + \frac{1}{c_1}(K_1(t) - K_1^*)^2 + \frac{1}{c_2}(K_2(t) - K_2^*)^2\right],$$

其中 K_1^* 和 K_2^* 待定的常数. 因此得到

$$\begin{aligned}
\frac{dV(t)}{dt} =& e_x(t)\dot{e}_x(t) + e_y(t)\dot{e}_y(t) + e_z(t)\dot{e}_z(t) + \frac{1}{c_1}(K_1 - K_1^*)\dot{K}_1(t) \\
&+ \frac{1}{c_2}(K_2 - K_2^*)\dot{K}_2(t) \\
=& ae_x^2(t) + y_d(t)e_z(t)e_x(t) + z_r(t-\tau)e_y(t)e_x(t) - K_1e_x^2(t) - be_y^2(t) \\
&- x_d(t)e_z(t)e_y(t) - z_r(t-\tau)e_x(t)e_y(t) - ce_z^2(t) - y_d(t)e_x(t)e_z(t) \\
&- x_r(t-\tau)e_y(t)e_z(t) + (K_1 - K_1^*)e_x^2(t) + (K_2 - K_2^*)e_y^2(t) - K_2e_y^2(t) \\
=& (a - K_1^*)e_x^2(t) - (K_2^* + b)e_y^2(t) - ce_z^2(t) - [x_d(t) + x_r(t-\tau)]e_y(t)e_z(t) \\
\leqslant& -(K_1^* - a)e_x^2(t) - (K_2^* + b)e_y^2(t) - ce_z^2(t) + (M_{x_d} + M_{x_r})|e_y(t)||e_z(t)| \\
=& -(|e_x(t)| \ \ |e_y(t)| \ \ |e_z(t)|)\ Q\ (|e_x(t)| \ \ |e_y(t)| \ \ |e_z(t)|)^{\mathrm{T}},
\end{aligned}$$

其中 $Q = Q^{\mathrm{T}}$ 为

$$Q = \begin{bmatrix} K_1^* - a & 0 & 0 \\ 0 & K_2^* + b & -\dfrac{1}{2}(M_{x_d} + M_{x_r}) \\ 0 & -\dfrac{1}{2}(M_{x_d} + M_{x_r}) & c \end{bmatrix}.$$

易知当 $K_1^* > a$ 和 $K_2^* > \dfrac{1}{4c}(M_{x_d} + M_{x_r})^2 - b$ 时, 对称矩阵 Q 是正定的, 因此 (9.3.6) 的零解是全局稳定的.

(ii) 选择下面的正定的 Lyapunov 函数:

$$V(t) = \frac{1}{2}\left[e_x^2(t) + e_y^2(t) + e_z^2(t) + \frac{1}{c_1}(K_1(t) - K_1^*)^2 + \frac{1}{c_3}(K_3(t) - K_3^*)^2\right],$$

其中 K_1^* 和 K_3^* 待定的常数. 因此得到

$$\begin{aligned}
\frac{dV(t)}{dt} =& e_x(t)\dot{e}_x(t) + e_y(t)\dot{e}_y(t) + e_z(t)\dot{e}_z(t) + \frac{1}{c_1}(K_1 - K_1^*)\dot{K}_1(t) \\
&+ \frac{1}{c_3}(K_3 - K_3^*)\dot{K}_3(t) \\
=& ae_x^2(t) + y_d(t)e_z(t)e_x(t) + z_r(t-\tau)e_y(t)e_x(t) - y_d(t)e_x(t)e_z(t) - be_y^2(t) \\
&- x_d(t)e_z(t)e_y(t) - z_r(t-\tau)e_x(t)e_y(t) - K_3e_z^2(t) - ce_z^2(t) - K_1e_x^2(t) \\
&- x_r(t-\tau)e_y(t)e_z(t) + (K_1 - K_1^*)e_x^2(t) + (K_3 - K_3^*)e_z^2(t) \\
=& (a - K_1^*)e_x^2(t) - be_y^2(t) - (K_3^* + c)e_z^2(t) - [x_d(t) + x_r(t-\tau)]e_y(t)e_z(t) \\
\leqslant& -(K_1^* - a)e_x^2(t) - be_y^2(t) - (K_3^* + c)e_z^2(t) + (M_{x_d} + M_{x_r})|e_y(t)||e_z(t)| \\
=& -(|e_x(t)| \ \ |e_y(t)| \ \ |e_z(t)|)\ Q\ (|e_x(t)| \ \ |e_y(t)| \ \ |e_z(t)|)^{\mathrm{T}},
\end{aligned}$$

其中 $Q=Q^{\mathrm{T}}$ 为

$$Q=\begin{bmatrix} K_1^*-a & 0 & 0 \\ 0 & b & -\frac{1}{2}(M_{x_d}+M_{x_r}) \\ 0 & -\frac{1}{2}(M_{x_d}+M_{x_r}) & K_3^*+c \end{bmatrix}.$$

因此, 当 $K_1^*>a$ 和 $K_3^*>\dfrac{1}{4b}(M_{x_d}+M_{x_r})^2-c$ 时, 对称矩阵 Q 是正定的, 因此 (9.3.6) 的零解是全局稳定的. 这就完成了定理的证明.

§9.3.3 线性和自适应反馈的组合控制

定理 9.3.6[453] 对于给定的驱动系统 (9.3.4), 响应系统 (9.3.5) 和误差动力系统 (9.3.6), 假设 $M_{x_d},M_{x_r},M_{y_d},M_{y_r},M_{z_d}$ 和 M_{z_r} 分别为 $|x_d(t-\tau)|$, $|x_r(t)|$, $|y_d(t-\tau)|$, $|y_r(t)|$, $|z_d(t-\tau)|$ 和 $|z_r(t)|$ 的上界, 如果下面任意一组线性和自适应反馈的组合控制器被选择给响应系统:

(i) $u_1=k_1e_x(t)$, $u_2=K_2(t)e_y(t)$, $u_3=0$, 其中 $k_1>a$, $\dot{K}_2(t)=c_2e_y^2(t)$, 且 $c_2>0$, $K_2(0)=0$;

(ii) $u_1=k_1e_x(t)$, $u_2=0$, $u_3=K_3(t)e_z(t)$, 其中 $k_1>a$, $\dot{K}_3(t)=c_3e_z^2(t)$, 且 $c_3>0$, $K_3(0)=0$;

(iii) $u_1=K_1(t)e_x(t)$, $u_2=k_2e_y(t)$, $u_3=0$, 其中 $K_1(t)$ 满足 $\dot{K}_1(t)=c_1e_x^2(t)$, $k_2>\min\left[\dfrac{(M_{x_d}+M_{x_r})^2}{4c},\ \dfrac{(M_{z_d}+M_{z_r})^2}{4(k_1-a)}+\dfrac{\min(M_{x_r}^2,M_{x_d}^2)}{c},\ \dfrac{4(k_1-a)\min(M_{x_r}^2,M_{x_d}^2)}{4c(k_1-a)-(M_{y_d}+M_{y_r})^2}\right]-b$, 且 $c_1>0$, $K_1(0)=0$;

(iv) $u_1=K_1(t)e_x(t)$, $u_2=0$, $u_3=k_3e_z(t)$, 其中 $K_1(t)$ 满足 $\dot{K}_1(t)=c_1e_x^2(t)$, $k_3>\min\left[\dfrac{(M_{x_d}+M_{x_r})^2}{4b},\ \dfrac{(M_{y_d}+M_{y_r})^2}{4(k_1-a)}+\dfrac{\min(M_{x_r}^2,M_{x_d}^2)}{b},\ \dfrac{4(k_1-a)\min(M_{x_r}^2,M_{x_d}^2)}{4b(k_1-a)-(M_{z_d}+M_{z_r})^2}\right]-c$, 且 $c_1>0$, $K_1(0)=0$.

那么误差动力系统 (9.3.6) 的零解是全局稳定的, 因此驱动 – 响应系统 (9.3.4) 和 (9.3.5) 是(i) 全局滞后同步的 $(\tau>0)$; (ii) 全局同步的 $(\tau=0)$.

证明 (i) 选择下面的正定的 Lyapunov 函数:

$$V(t)=\frac{1}{2}\left[e_x^2(t)+e_y^2(t)+e_z^2(t)+\frac{1}{c_2}(K_2(t)-K_2^*)^2\right],$$

其中 K_2^* 为待定的常数. 因此得到

$$\begin{aligned}\frac{dV(t)}{dt}=&e_x(t)\dot{e}_x(t)+e_y(t)\dot{e}_y(t)+e_z(t)\dot{e}_z(t)+\frac{1}{c_2}(K_2-K_2^*)\dot{K}_2(t)\\=&ae_x^2(t)+y_d(t)e_z(t)e_x(t)+z_r(t-\tau)e_y(t)e_x(t)-k_1e_x^2(t)-be_y^2(t)\end{aligned}$$

$$
\begin{aligned}
&-x_d(t)e_z(t)e_y(t) - z_r(t-\tau)e_x(t)e_y(t) - ce_z^2(t) - y_d(t)e_x(t)e_z(t)\\
&-x_r(t-\tau)e_y(t)e_z(t) + (K_2 - K_2^*)e_y^2(t) - K_2(t)e_y^2(t)\\
=&(a-k_1)e_x^2(t) - (K_2^*+b)e_y^2(t) - ce_z^2(t) - [x_d(t)+x_r(t-\tau)]e_y(t)e_z(t)\\
\leqslant&-(k_1-a)e_x^2(t) - (K_2^*+b)e_y^2(t) - ce_z^2(t) + (M_{x_d}+M_{x_r})|e_y(t)||e_z(t)|\\
=&-(|e_x(t)|\ \ |e_y(t)|\ \ |e_z(t)|)\, Q\, (|e_x(t)|\ \ |e_y(t)|\ \ |e_z(t)|)^{\mathrm{T}},
\end{aligned}
$$

其中 $Q=Q^{\mathrm{T}}$ 为

$$
Q=\begin{bmatrix} k_1-a & 0 & 0\\ 0 & K_2^*+b & -\dfrac{1}{2}(M_{x_d}+M_{x_r})\\ 0 & -\dfrac{1}{2}(M_{x_d}+M_{x_r}) & c \end{bmatrix}.
$$

因此, 当 $k_1>a$ 和 $K_2^*>\dfrac{1}{4c}(M_{x_d}+M_{x_r})^2-b$ 时, 对称矩阵 Q 是正定的, 因此 (9.3.6) 的零解是全局稳定的. 类似地, 也可以证明情况 (ii)~(iv) 也是正确的. 这就完成了该定理的证明.

§9.3.4　仿真与图像分析

下面利用数值仿真来验证所得到的控制器的有效性. 取系统的参数为 $a=0.4, b=12, c=5$. 这里仅仅考虑情况 $\tau=0$.

对于定理 9.3.3 的情况 (i), 取驱动系统 (9.3.4) 的初值为和响应系统 (9.3.5) 的初值分别为

$$(x_d, y_d, z_d)=(0.2, 0.1, 0.3),\quad (x_r, y_r, z_r)=(-0.1, 0.4, -0.8).$$

当 $k_1=0.9$, $k_2=248$ 时, 在线性反馈控制器作用下, 图 9.4(a)~(c) 展示误差变量 e_x, e_y 和 e_z 的时间序列. 因为由 Lyapunov 函数所得到的控制器的条件是充分的但不是必要的, 因此可以选择更小的参数值 k_1 和 k_2. 当 $k_1=0.9, k_2=20$ (这些参数值并不满足定理 9.3.3 中情况 (i) 的条件) 时, 图 9.4(d) 展示了误差变量 e_x 的时间序列. 对于固定的参数 k_1, 从图 9.4(a) 和 (d) 可知：当 k_2 变小时, 误差状态 e_x 更慢地趋于零.

对于定理 9.3.3 的情况 (ii), 取驱动系统 (9.3.4) 的初值和响应系统 (9.3.5) 的初值分别为

$$(x_d, y_d, z_d)=(0.2, 0.1, 0.3),\quad (x_r, y_r, z_r)=(0.5, -0.6, 0.9).$$

当 $k_1=0.9$, $k_3=103$ 时, 在线性反馈控制器作用下, 图 9.5(a) 展示误差变量 e_x 的时间序列. 类似于情况 (i), 可以选择更小的参数值 k_3. 当 $k_1=0.9, k_3=9$ 时, 图 9.5(b) 展示了误差变量 e_x 的时间序列, 并且收敛速度比较慢.

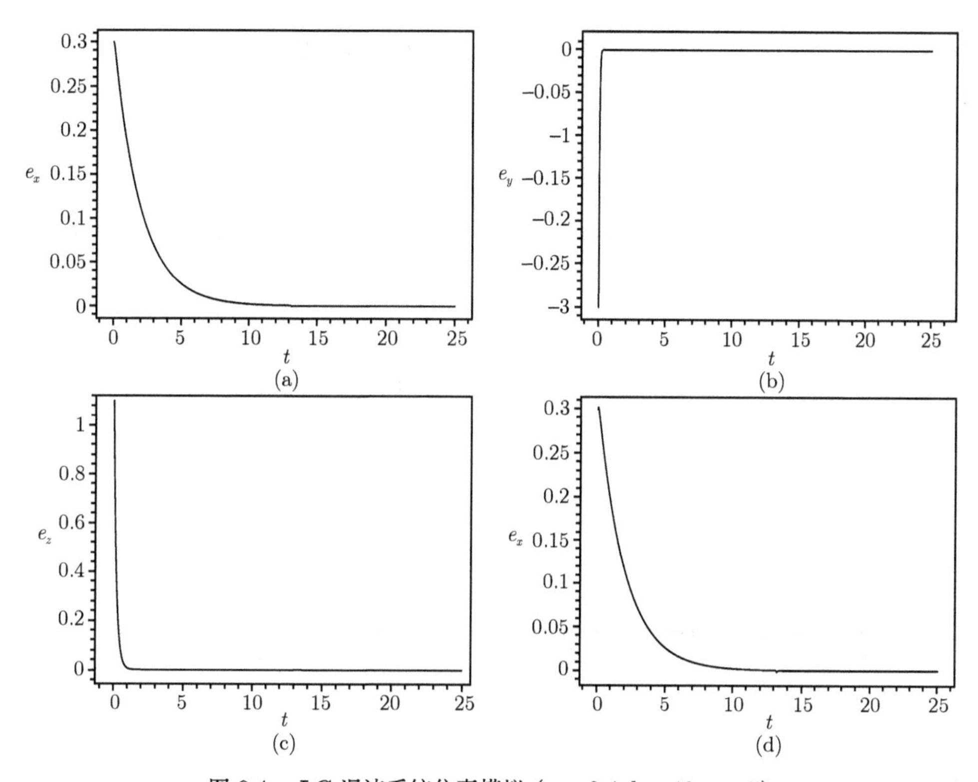

图 9.4 LC 混沌系统仿真模拟 $(a = 0.4, b = 12, c = 5)$

(a) ~ (c) 当 $k_1 = 0.9, k_2 = 248$ 时, 在定理 9.3.3 中情况 (i) 的线性控制器作用下, 误差变量 e_x, e_y 和 e_z 的变化状态. (d) 当 $k_1 = 0.9, k_2 = 20$ 时, 误差变量 e_x 的变化状态.

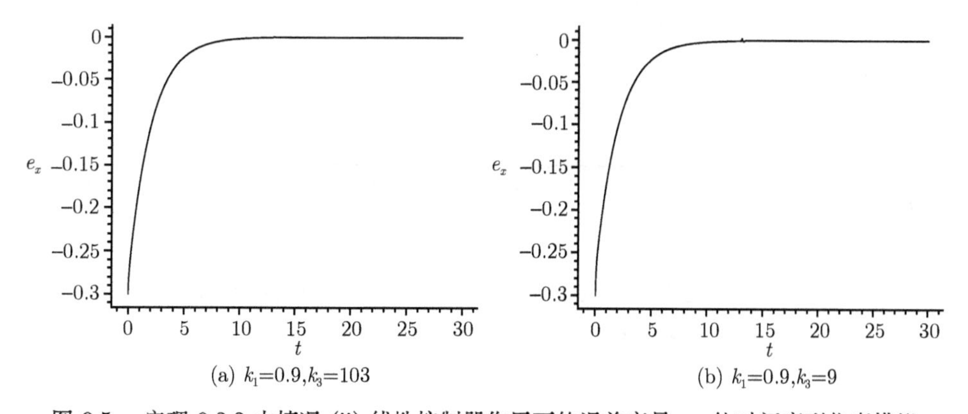

(a) k_1=0.9,k_3=103 (b) k_1=0.9,k_3=9

图 9.5 定理 9.3.3 中情况 (ii) 线性控制器作用下的误差变量 e_x 的时间序列仿真模拟

对于定理 9.3.5 的情况 (i), 取驱动系统 (9.3.4) 的初值和响应系统 (9.3.5) 的初值分别为

$$(x_d, y_d, z_d) = (0.2, 0.1, 0.3), \quad (x_r, y_r, z_r) = (2.5, -9, 1).$$

固定 $c_2 = 0.9$, 让 c_1 在 $[0.8, 20.8]$ 变化, 图 9.6(a1)~(c3) 展示了误差变量 e_x 的时间序列. 并且 c_1 越大, e_x 收敛就越快. 但是从图 9.6(a1), (b1) 和 (c1) 可知: 在 $t = 13$ 附近, e_x 变化非常快, 这些很大的变化是由于在 $t = 13$ 附近函数 $K_2(t)$ 的变化导致的 (图 9.6(a3), (b3) 和 (c3)). 如果让 c_2 增加, 比如 $c_2 = 2.8$, 那么这些突然的跳跃变化变得光滑 (图 9.6(d)).

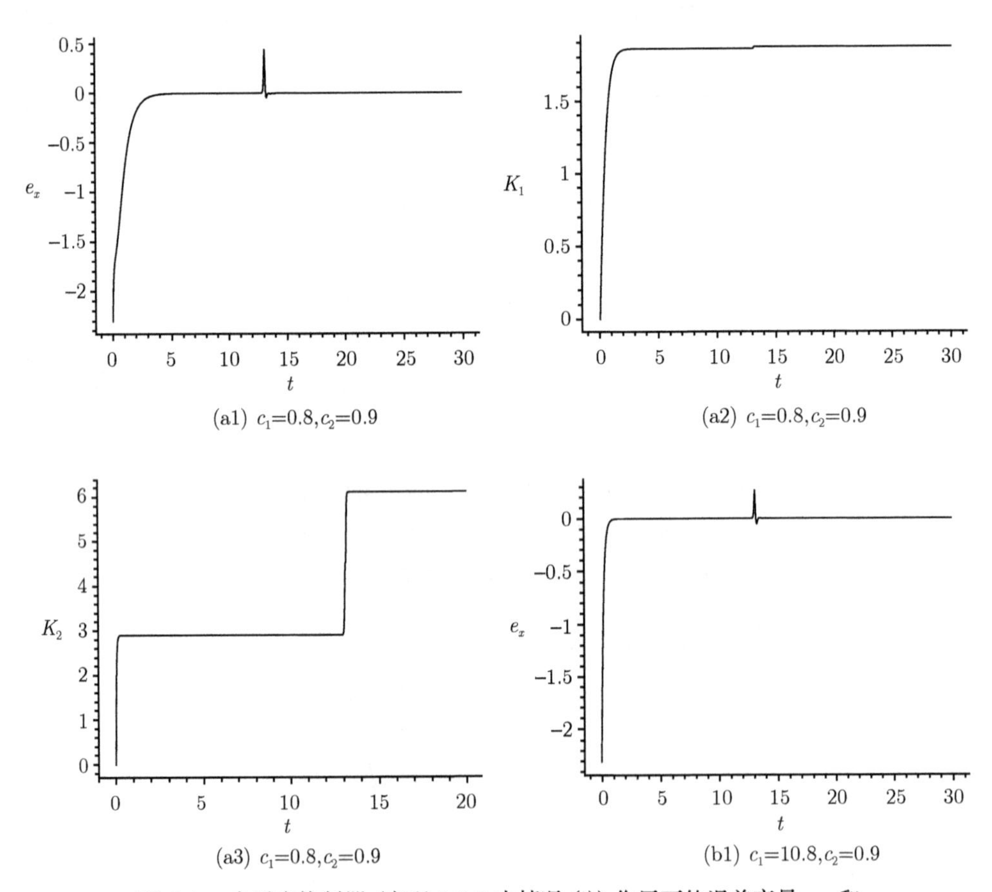

(a1) c_1=0.8,c_2=0.9　　(a2) c_1=0.8,c_2=0.9

(a3) c_1=0.8,c_2=0.9　　(b1) c_1=10.8,c_2=0.9

图 9.6　自适应控制器 (定理 9.3.5 中情况 (i)) 作用下的误差变量 e_x 和函数 $K_1(t)$, $K_2(t)$ 的时间序列仿真模拟

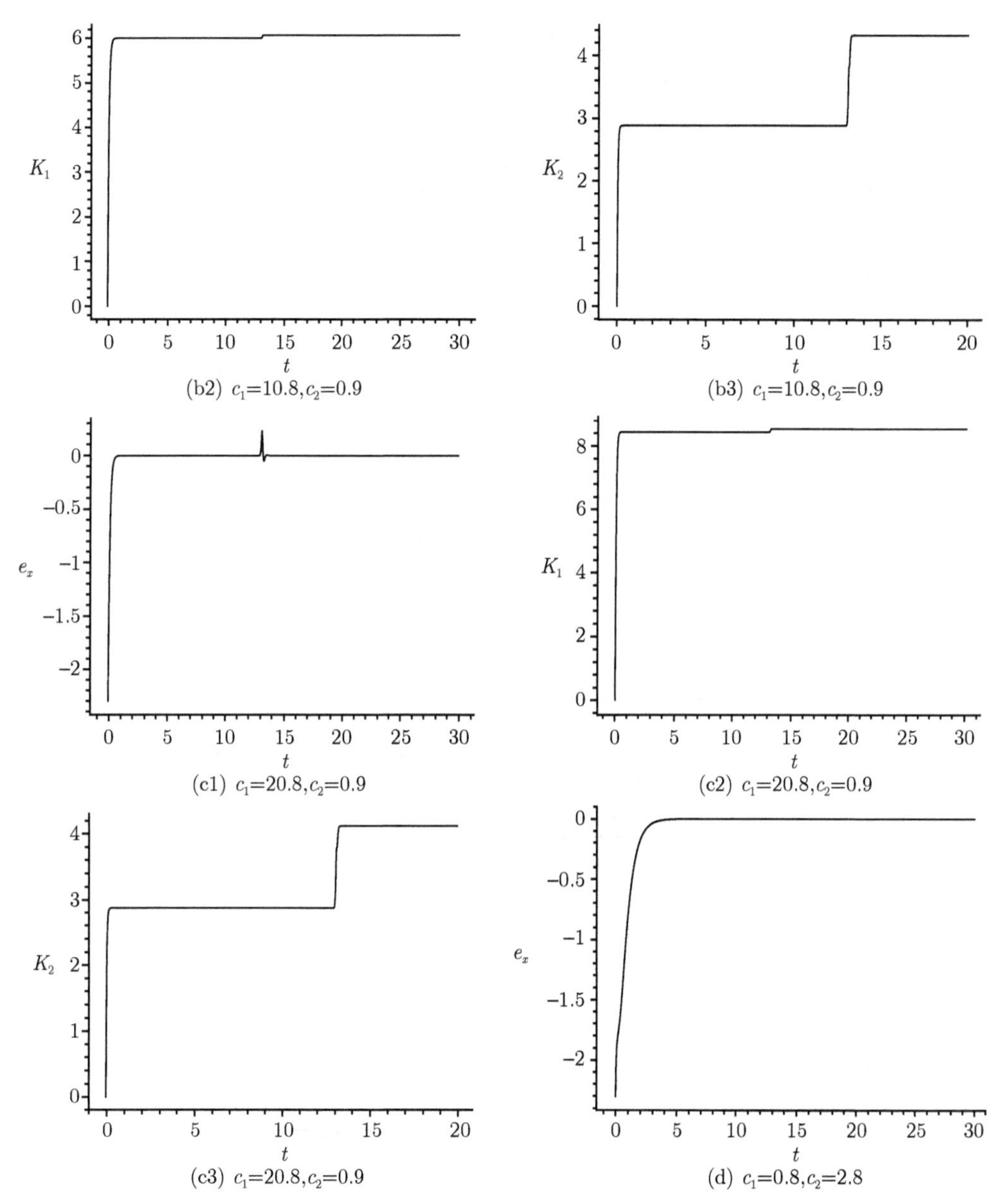

(b2) c_1=10.8, c_2=0.9 (b3) c_1=10.8, c_2=0.9

(c1) c_1=20.8, c_2=0.9 (c2) c_1=20.8, c_2=0.9

(c3) c_1=20.8, c_2=0.9 (d) c_1=0.8, c_2=2.8

图 9.6(续) 自适应控制器 (定理 9.3.5 中情况 (i)) 作用下的误差变量 e_x 和函数 $K_1(t)$, $K_2(t)$ 的时间序列仿真模拟

对于定理 9.3.6 的情况 (i) 中的线性和自适应组合的反馈控制器, 取驱动系统 (9.3.4) 的初值为 $(x_d, y_d, z_d) = (0.2, 0.1, 0.3)$ 和响应系统 (9.3.5) 的初值为 $(x_r, y_r, z_r) = (-0.1, 6, -0.8)$. 固定 $K_1 = 0.9$, 让 c_2 在 $[2.6, 12.6]$ 上变化, 图 9.7(a1), (b1) 和 (c1) 展示了误差变量 e_x 的时间序列. 虽然这些图类似于图 9.6, 但由于将线性和自适应控

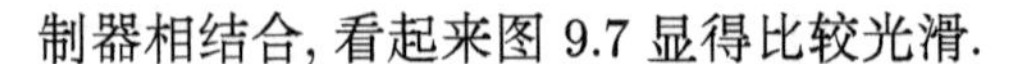
制器相结合, 看起来图 9.7 显得比较光滑.

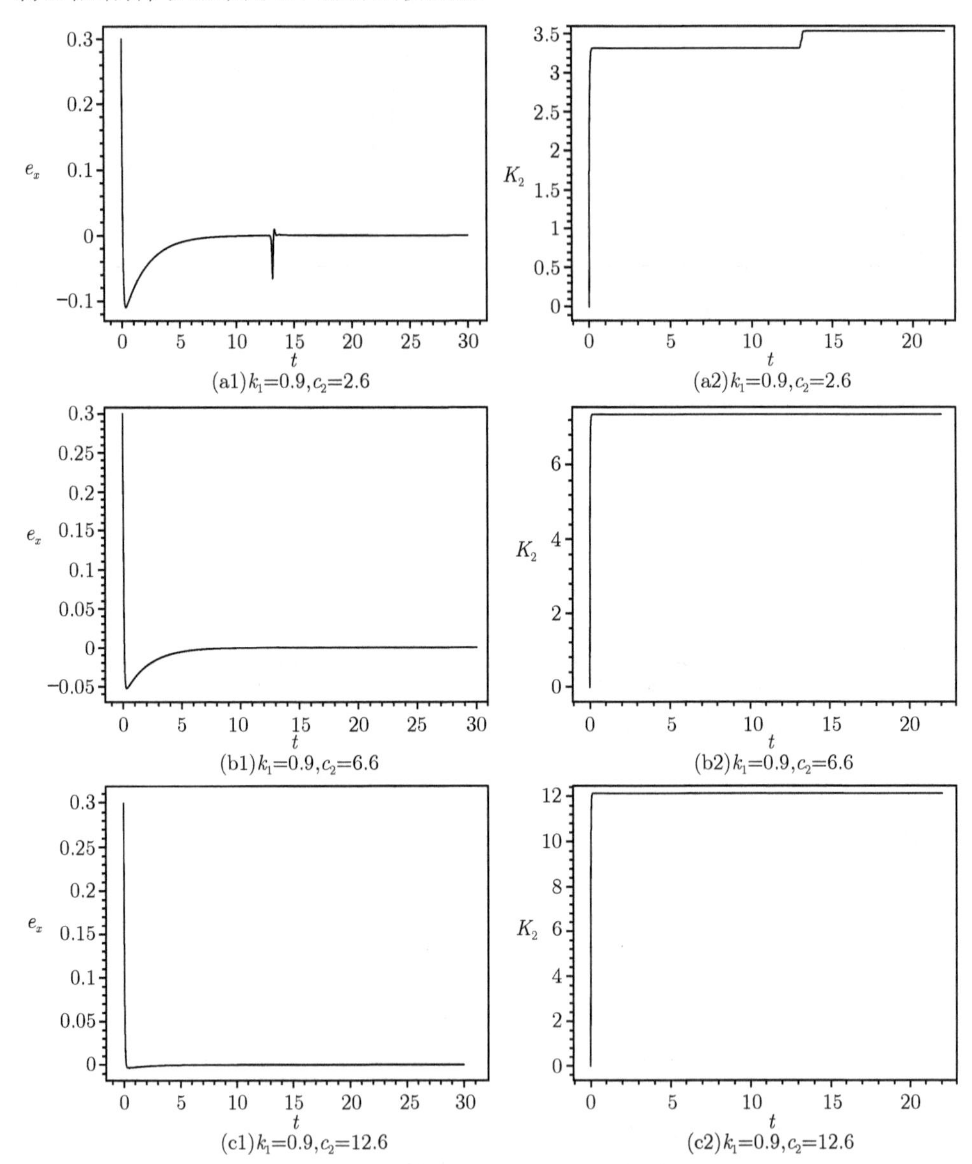

(a1) k_1=0.9, c_2=2.6　(a2) k_1=0.9, c_2=2.6

(b1) k_1=0.9, c_2=6.6　(b2) k_1=0.9, c_2=6.6

(c1) k_1=0.9, c_2=12.6　(c2) k_1=0.9, c_2=12.6

图 9.7　自适应控制器 (定理 9.3.6 中情况 (i)) 作用下的误差变量 e_x 和函数 $K_2(t)$ 的时间序列仿真模拟

例 9.3.7 下面考虑另一个混沌系统 [460]

$$\begin{cases} \dot{x} = \dfrac{\alpha\beta}{\alpha+\beta}x + yz + \gamma, \\ \dot{y} = -\alpha y - xz, \\ \dot{z} = -\beta z - xy, \end{cases} \tag{9.3.9}$$

其中 $\alpha > 0,\ \beta > 0,\ |\gamma| < 19.2$. 当 $\gamma = 0$ 时, 系统 (9.3.9) 约化为 (9.3.4) 的特例.

考虑 (9.3.9) 作为驱动系统:

$$\begin{cases} \dot{x}_d = \dfrac{\alpha\beta}{\alpha+\beta}x_d + y_d z_d + \gamma, \\ \dot{y}_d = -\alpha y_d - x_d z_d, \\ \dot{z}_d = -\beta z_d - x_d y_d \end{cases} \tag{9.3.10}$$

和响应系统为

$$\begin{cases} \dot{x}_r = \dfrac{\alpha\beta}{\alpha+\beta}x_r + y_r z_r + \gamma + u_1, \\ \dot{y}_r = -\alpha y_r - x_r z_r + u_2, \\ \dot{z}_r = -\beta z_r - x_r y_r + u_3, \end{cases} \tag{9.3.11}$$

其中 u_i's 为 $(x_d, y_d, z_d, x_r, y_r, z_r)$ 的待定函数.

令误差变量为 $\boldsymbol{e}(t) = (e_x(t), e_y(t), e_z(t))^{\mathrm{T}} = [x_d(t-\tau) - x_r(t), y_d(t-\tau) - y_r(t), z_d(t-\tau) - z_r(t)]^{\mathrm{T}}$, $(\tau \geqslant 0)$. 则可知误差动力系统为

$$\begin{cases} \dot{e}_x(t) = \dfrac{\alpha\beta}{\alpha+\beta}e_x(t) + y_d(t-\tau)z_d(t-\tau) - y_r(t)z_r(t) - u_1, \\ \dot{e}_y(t) = -\alpha e_y(t) - x_d(t-\tau)z_d(t-\tau) + x_r(t)z_r(t) - u_2, \\ e_z(t) = -\beta e_z(t) - x_d(t-\tau)y_d(t-\tau) + x_r(t)y_r(t) - u_3, \end{cases} \tag{9.3.12}$$

其中 $u_i, i = 1, 2, 3$ 为控制器.

令 $\dfrac{\alpha\beta}{\alpha+\beta} = a,\ \alpha = b,\ \beta = c$, 那么误差系统 (9.3.12) 变为 (9.3.6). 因此从定理 9.3.3, 9.3.5 和 9.3.6, 可推出相应的控制器, 这些控制器导致 (9.3.10) 和 (9.3.11) 是同步的. 这里不再列出详细结果.

注 9.3.8 根据线性反馈控制, 自适应反馈控制以及线性和自适应反馈控制的组合形式研究了一些混沌系统的完全 (滞后) 同步问题, 这些控制方法也可以推广到其他的混沌 (超混沌) 系统.

§9.4 小　　结

本章主要研究连续型混沌系统的一些同步问题. 首先研究了一大类具有严格反馈形式的连续型混沌系统的广义 Q-S 型同步的 Backstep 自动推理格式, 并且借助于符号 – 数值计算, 该格式可以在计算机上实现. 特别地, 将该格式应用于研究两个一致超混沌系统和两个不同超混沌系统的广义 Q-S 型同步, 并且利用数值仿真分析了误差状态的变换规律. 另外, 这种格式也可以自动地研究两个一致混沌系统的完全同步问题, 也可以用于跟踪某一信号.

另外, 利用三种反馈方法：(i) 线性反馈控制法; (ii) 自适应反馈控制法; (iii) 线性和自适应反馈控制的组合法, 来研究 LC 混沌系统的全局 (滞后) 同步, 并且利用数值仿真和图像, 分析了各种不同控制器作用下误差状态的发展规律.

虽然我们给出了一些研究混沌同步的格式, 但还存在其他混沌同步的类型, 如完全同步、滞后同步、预期同步、广义同步、相同步、广义 (滞后或预期) 同步、Q-S 同步、Q-S(预期或滞后) 同步、部分同步、脉冲同步、射影同步等. 通过这些同步类型, 人们可以驾驭混沌系统, 将利用它们的优点应用于现实生活中, 如混沌同步在混沌保密通信等应用方面具有潜在的价值. 另外, 如果混沌现象对人们是有用的, 那么可以通过控制器来加强混沌信号, 这就是混沌反控制或混沌化 [242]. 如今, 混沌系统已经出现在很多非线性科学很多领域中, 并且越来越具有重要的作用.

第十章　离散混沌同步

本章主要研究离散混沌系统的同步. 首先简单介绍离散混沌系统和连续系统离散化. 然后给出了一种广义 Q-S 同步的 Backstep 离散格式, 该格式用于一大类具有严格反馈形式的离散混沌系统的广义同步研究. 借助于符号 – 数值计算, 这种格式可以在计算机上实现自动推理, 并且给出了具体的例子.

§10.1　离散混沌系统和连续系统离散化

在非线性科学领域, 如物理学、生物学、化学、电子电路、信息科学、大气学、海洋学、宇宙、天体物理、社会学、金融、生命科学等等, 同样存在大量的离散混沌系统, 研究离散混沌系统的基本性质、控制和同步也具有重要的意义. 如 1964 年法国天文学家 Hénon 提出了著名的 Hénon 映射 [276]：

$$\begin{cases} x_{n+1} = 1 - \alpha x_n^2 + y_n, \\ y_{n+1} = \beta x_n. \end{cases} \tag{10.1.1}$$

1976 年美国数学生态学家 May 提出了著名的 Logistic 映射 (虫口模型)[275]：

$$x_{n+1} = r x_n(1 - x_n), \quad r > 0. \tag{10.1.2}$$

Duffing 映射：

$$\begin{cases} x_{n+1} = y_n, \\ y_{n+1} = -b x_n + a y_n - y_n^3. \end{cases} \tag{10.1.3}$$

Circle 映射 [461]：

$$\theta_{n+1} = \theta_n + \Omega - \frac{K}{2\pi}\sin(2\pi\theta_n). \tag{10.1.4}$$

Kaplan-Yorke 映射 [462]：

$$\begin{cases} x_{n+1} = 2x_n \ (\mathrm{mod}\ 1), \\ y_{n+1} = \alpha y_n + \cos(4\pi x_n). \end{cases} \tag{10.1.5}$$

Tent 映射：

$$x_{n+1} = \begin{cases} \mu x_n, & x_n < 0.5, \\ \mu(1 - x_n), & x_n \geqslant 0.5. \end{cases} \tag{10.1.6}$$

还有广义 Hénon 映射、离散 Lorenz 系统、网络映射等.

另外, 连续混沌系统可以通过一步欧拉算法将它们离散化 [463], 例如对于 Lorenz 系统

$$\begin{cases} \dot{x}=\sigma(y-x), \\ \dot{y}=x(r-z)-y, \\ \dot{z}=xy-bz, \end{cases} \tag{10.1.7}$$

选择间隔时间 $\Delta t=h$, 用 $\dfrac{x(t+h)-x(t)}{h}$, $\dfrac{y(t+h)-y(t)}{h}$, $\dfrac{z(t+h)-z(t)}{h}$ 来分别代替 $\dot{x}$, $\dot{y}$, $\dot{z}$, 则 (10.1.7) 约化为

$$\begin{cases} x(t+h)=\sigma hy(t)+(1-\sigma h)x(t), \\ y(t+h)=hx(t)[r-z(t)]+(1-h)y(t), \\ z(t+h)=hx(t)y(t)+(1-bh)z(t), \end{cases} \tag{10.1.8}$$

令 $x_0=x(0), y_0=y(0), z_0=z(0), x_1=x(h), y_1=y(h), z_1=z(h)$, 那么 Lorenz 系统可离散化为如下的动力系统:

$$\begin{cases} x_{n+1}=\sigma hy_n+(1-\sigma h)x_n, \\ y_{n+1}=hx_n(r-z_n)+(1-h)y_n, \\ z_{n+1}=hx_ny_n+(1-bh)z_n. \end{cases} \tag{10.1.9}$$

通常人们采用 Lyapunov 指数、Poincaré 截面、时间序列、分形维、同宿轨和异宿轨、吸引子、分岔、倍周期等研究离散混沌的动力行为. 这里我们主要研究离散混沌系统的同步和控制问题. 研究离散混沌系统的同步同样是有意义的, 一些方法已经被提出来研究离散混沌系统同步问题 [242~259,463,464].

§10.2 广义 Q-S 同步的 Backstep 离散格式

§10.2.1 定义和判定命题

定义 10.2.1[466] 考虑两个离散混沌系统

$$x(k+1)=F(x(k),k), \tag{10.2.1}$$

$$y(k+1)=G(y(k),k)+u(x(k),y(k),k), \tag{10.2.2}$$

其中 $(x(k),y(k))\in \mathrm{R}^{m\times n}$, $k\in \mathrm{Z}/\mathrm{Z}^-$, $u(x(k),y(k),k)\in \mathrm{R}^n$ 为控制器, 令 $Q(y(k),k)=[Q_1(y(k),k),Q_2(y(k),k),\cdots,Q_h(y(k),k)]^{\mathrm{T}}$ 和 $S(x(k),k)=[S_1(x(k),k),S_2(x(k),k),\cdots,S_h(x(k),k)]^{\mathrm{T}}$ 为两个有界向量函数, 误差变量为 $E(k)=[E_1(k),\cdots,E_h(k)]^{\mathrm{T}}=Q(y(k),$

$k)-S(x(k-\tau),k-\tau)=[Q_1(y(k),k)-S_1(x(k-\tau),k-\tau),\cdots,Q_h(y(k),k)-S(x(k-\tau),k-\tau)]^{\mathrm{T}}$ $(\tau\in \mathrm{Z})$. 则驱动系统 (10.2.1) 和响应系统 (10.2.2) 之间的误差系统为

$$\begin{aligned}E(k+1)=&Q(y(k+1),k+1)-S(x(k+1-\tau),k+1-\tau)\\=&Q[G(y(k),k)+u(x(k),y(k),k),k+1]-S(x(k+1-\tau),k+1-\tau).\end{aligned}\tag{10.2.3}$$

我们说驱动系统 (10.2.1) 和响应系统 (10.2.2) 关于 $Q(y,k)$ 和 $S(x,k)$ 是(i) 全局Q-S同步的 $(\tau=0)$; (ii) Q-S预期同步 $(\tau\in \mathrm{Z}^-)$; (iii) Q-S滞后同步 $(\tau\in \mathrm{Z}^+)$, 如果存在恰当的控制器 $u(x,y,k)$ 以至于 $\lim_{k\to+\infty}[Q_i(y(k),k)-S_i(x(k-\tau),k-\tau)]=0, i=1,2,\cdots,h$.

命题 10.2.2　对于离散误差系统 (10.2.3), 令 $L(E_1(k),\cdots,E_h(k))$ 为正定Lyapuonv函数, 且 $L(E_1(k),\cdots,E_h(k))\big|_{[E_i(k)\equiv 0\ (i=1,2,\cdots,h)]}=0$, 驱动系统 (10.2.1) 和响应系统 (10.2.2) 关于 $Q(y,k)$ 和 $S(x,k)$ 是全局Q-S(预期或滞后) 同步的, 如果 $\Delta L(k)=L(k+1)-L(k)\leqslant 0$, 且等号成立当且仅当 $E_i(k)\equiv 0$, $i=1,2,\cdots,h$.

§10.2.2　广义 Backstep 离散格式的构造

考虑自治离散混沌系统. 驱动系统为

$$\left\{\begin{array}{l}x_1(k+1)=f_1(x_1(k),x_2(k),\cdots,x_n(k)),\\x_2(k+1)=f_2(x_1(k),x_2(k),\cdots,x_n(k)),\\\qquad\cdots\cdots\cdots\cdots\\x_i(k+1)=f_i(x_1(k),x_2(k),\cdots,x_n(k)),\\\qquad\cdots\cdots\cdots\cdots\\x_n(k+1)=f_n(x_1(k),x_2(k),\cdots,x_n(k))\end{array}\right.\tag{10.2.4}$$

和具有严格反馈形式的响应系统 [440,441]

$$\left\{\begin{array}{l}y_1(k+1)=g_1(y_1(k))y_2(k)+h_1(y_1(k)),\\y_2(k+1)=g_2(y_1(k),y_2(k))y_3(k)+h_2(y_1(k),y_2(k)),\\\qquad\cdots\cdots\cdots\cdots\\y_i(k+1)=g_i(y_1(k),\cdots,y_i(k))y_{i+1}(k)+h_i(y_1(k),\cdots,y_i(k)),\\\qquad\cdots\cdots\cdots\cdots\\y_n(k+1)=g_n(y_1(k),y_2(k),\cdots,y_n(k))+u(x,y),\end{array}\right.\tag{10.2.5}$$

其中 $x=[x_1,x_2,\cdots,x_n]^{\mathrm{T}}$, $y=[y_1,y_2,\cdots,y_n]^{\mathrm{T}}\in \mathrm{R}^n$, $u(x,y)$ 为标量待定控制器, $f_i(\cdot),g_i(\cdot)\neq 0$ 和 $h_i(\cdot),(i=1,2,\cdots,n)$ 为有界函数且第 j $(j=0,1,\cdots,n-i)$ 次迁移函数也是有界的.

下面给出广义 Q-S 同步的 Backstep 离散格式的自动推理步骤 [466]:

• **步骤 1.** 引入第一个误差变量 $E_1(k)=Q_1(y_1(k))-S_1(x(k-\tau))$, 其中 $\tau\in\mathrm{Z}$ 和 $Q_1(y_1(k))$ 为 $y_1(k)$ 的可逆函数. 简单地可取 $Q_1(y_1(k))=y_1(k)$. 因此得

$$E_1(k)=y_1(k)-S_1(x(k-\tau)), \tag{10.2.6}$$

从 (10.2.4), (10.2.5) 和 (10.2.6), 可得

$$E_1(k+1)=g_1(y_1(k))y_2(k)+h_1(y_1(k))-S_1(x(k+1-\tau)), \tag{10.2.7}$$

取第一个正定的 Lyapunov 函数：$L_1(k)=|E_1(k)|$ 和第二个变量为

$$E_2(k)=Q_2(y(k))-S_2(x(k-\tau))=E_1(k+1)-c_{11}E_1(k), \tag{10.2.8}$$

其中 $c_{11}\in\mathrm{R}$ 且

$$\begin{cases} Q_2(y(k))=g_1(y_1(k))y_2(k)+h_1(y_1(k))-c_{11}y_1(k), \\ S_2(x(k-\tau))=S_1(x(k+1-\tau))-c_{11}S_1(x(k-\tau)). \end{cases}$$

因此从 (10.2.8), 得 $L_1(k)$ 的导数

$$\Delta L_1(k)=|E_1(k+1)|-|E_1(k)|\leqslant(|c_{11}|-1)|E_1(k)|+|E_2(k)|. \tag{10.2.9}$$

• **步骤 2.** 根据 (10.2.8), (10.2.4) 和 (10.2.5), 可知

$$\begin{aligned} E_2(k+1)=&E_1(k+2)-c_{11}E_1(k+1) \\ =&g_1(y_1(k+1))g_2(y_1(k),y_2(k))y_3(k)-S_1(x(k+1-\tau)) \\ &+g_1(y_1(k+1))h_2(y_1(k),y_2(k))+h_1(y_1(k+1))-c_{11}E_1(k+1), \end{aligned} \tag{10.2.10}$$

取第二个正定 Lyapunov 函数 $L_2(k)=L_1(k)+d_1|E_2(k)|$ 和第三个变量为

$$E_3(k)=Q_3(y(k))-S_3(x(k-\tau))=E_2(k+1)-c_{21}E_1(k)-c_{22}E_2(k), \tag{10.2.11}$$

其中 $d_1>1, c_{21}, c_{22}\in R$, 且

$$\begin{cases} Q_3(y(k))=g_1(y_1(k+1))\left[g_2(y_1(k),y_2(k))y_3(k)+h_2(y_1(k),y_2(k))\right] \\ \qquad\qquad +h_1(y_1(k+1))-c_{11}y_1(k+1)-c_{21}y_1(k)-c_{22}Q_2(y(k)), \\ S_3(x(k-\tau))=-c_{11}S_1(x(k+1-\tau))-c_{21}S_1(x(k-\tau))-c_{22}S_2(x(k-\tau)), \end{cases}$$

因此从 (10.2.10) 和 (10.2.11), 得 $L_2(k)$ 的导数

$$\begin{aligned} \Delta L_2(k)=&L_2(k+1)-L_2(k) \\ \leqslant&(d_1|c_{21}|+|c_{11}|-1)|E_1(k)|+(d_1|c_{22}|+1-d_1)|E_2(k)|+d_1|E_3(k)|. \end{aligned} \tag{10.2.12}$$

• **步骤 3.** 根据 (10.2.11), (10.2.4) 和 (10.2.5), 可知

$$\begin{aligned}E_3(k+1) =& E_2(k+2) - c_{21}E_1(k+1) - c_{22}E_2(k+1)\\ =& g_1(y_1(k+2))g_2(y_1(k+1), y_2(k+1))g_3(y_1(k), y_2(k), y_3(k))y_4(k)\\ &+g_1(y_1(k+2))g_2(y_1(k+1), y_2(k+1))h_3(y_1(k), y_2(k), y_3(k))\\ &+g_1(y_1(k+2))h_2(y_1(k+1), y_2(k+1)) + h_1(y_1(k+2), y_2(k+2))\\ &-S_1(x(k+2-\tau)) - c_{11}E_1(k+2) - c_{21}E_1(k+1) - c_{22}E_2(k+1),\end{aligned} \tag{10.2.13}$$

取第三个正定 Lyapunov 函数 $L_3(k) = L_2(k) + d_2|E_3(k)|$ 和第四个变量为

$$\begin{aligned}E_4(k) &= Q_4(y(k)) - S_4(x(k-\tau))\\ &= E_3(k+1) - c_{31}E_1(k) - c_{32}E_2(k) - c_{33}E_3(k),\end{aligned} \tag{10.2.14}$$

其中 $d_2 > d_1 > 1, c_{31}, c_{32}, c_{33} \in R$, 且

$$\begin{cases}Q_4(y(k)) = g_1(y_1(k+2))g_2(y_1(k+1), y_2(k+1))g_3(y_1(k), y_2(k), y_3(k))y_4(k)\\ \qquad +g_1(y_1(k+2))g_2(y_1(k+1), y_2(k+1))h_3(y_1(k), y_2(k), y_3(k))\\ \qquad +h_1(y_1(k+2), y_2(k+2)) + g_1(y_1(k+2))h_2(y_1(k+1), y_2(k+1))\\ \qquad -c_{11}y_1(k+2) - c_{21}y_1(k+1) - c_{22}Q_2(y(k+1))\\ \qquad -c_{31}y_1(k) - c_{32}Q_2(y(k)) - c_{33}Q_3(y(k)),\\ S_4(x(k-\tau)) = -(1+c_{11})S_1(x(k+2-\tau)) - c_{21}S_1(x(k+1-\tau))\\ \qquad -c_{33}S_3(x(k-\tau)) - c_{31}S_1(x(k-\tau)) - c_{32}S_2(x(k-\tau)) - c_{22}S_2(x(k+1-\tau)),\end{cases}$$

因此可得 $L_3(k)$ 的导数

$$\begin{aligned}\Delta L_3(k) =& L_3(k+1) - L_3(k)\\ \leqslant& \big(d_1|c_{21}| + d_2|c_{31}| + |c_{11}| - 1\big)|E_1(k)| + d_2|E_4(k)|\\ &+\big(d_1(|c_{22}|-1) + d_2|c_{32}| + 1\big)|E_2(k)| + \big(d_1 + d_2(|c_{33}|-1)\big)|E_3(k)|.\end{aligned}$$

• **步骤** i. $3 < i < n$. 从第 $i-1$ 步, 可得

$$E_i(k+1) = E_{i-1}(k+2) - \sum_{j=1}^{i-1} c_{i-1,j}E_j(k+1), \tag{10.2.15}$$

其中 $3 < i < n$, $c_{i-1,j} \in R$. 令第 i 个正定的 Lyapunov 函数为 $L_i(k) = L_{i-1}(k) + d_{i-1}|E_i(k)|$, 并且第 $i+1$ 个误差变量为

$$E_{i+1}(k) = Q_{i+1}(y(k)) - S_{i+1}(x(k-\tau)) = E_i(k+1) - \sum_{j=1}^{i} c_{ij}E_j(k), \tag{10.2.16}$$

其中 $d_{i-1} > d_{i-2} > \cdots > d_2 > d_1 > 1$, $c_{ij} \in R$, 且

$$\begin{cases} Q_{i+1}(y(k)) = \prod_{r=1}^{i} g_r[y_1(k+i-r), \cdots, y_r(k+i-r)]y_{i+1}(k) \\ \qquad +h_1(y_1(k+i-1)) - \sum_{j=1}^{i}\sum_{r=1}^{j} c_{jr}Q_r(y(k+i-j)) \\ \qquad +\sum_{j=1}^{i-1}\prod_{r=1}^{j} g_r[y_1(k+i-r), \cdots, y_r(k+i-r)] \\ \qquad \times h_{j+1}[y_1(k+i-j-1), \cdots, y_{j+1}(k+i-j-1)], \\ S_{i+1}(x(k-\tau)) = S_1(x(k+i-1-\tau)) - \sum_{j=1}^{i}\sum_{r=1}^{j} c_{jr}S_r(k+i-j-\tau), \end{cases}$$

因此可得 $L_i(k)$ 的导数

$$\begin{aligned} \Delta L_i(k) =& L_i(k+1) - L_i(k) = \Delta L_{i-1}(k) + d_{i-1}(|E_i(k+1)| - |E_i(k)|) \\ \leqslant& \left[|c_{11}| - 1 + \sum_{r=2}^{i} d_{r-1}|c_{r1}|\right]|E_1(k)| + \left[1 - d_1 + \sum_{r=2}^{i} d_{r-1}|c_{r2}|\right]|E_2(k)| \\ &+ \sum_{j=3}^{i}\left(d_{j-2} - d_{j-1} + \sum_{r=j}^{i} d_{r-1}|c_{rj}|\right)|E_j(k)| + d_{i-1}|E_{i+1}(k)|. \end{aligned}$$

步骤 n. 根据上面的步骤, 可得

$$\begin{aligned} E_n(k+1) =& -\sum_{j=1}^{n-1} c_{n-1,j}E_j(k+1) + h_1(y_1(k+n-1)) \\ &+ \prod_{r=1}^{n} g_r[y_1(k+n-r), \cdots, y_s(k+n-r)] \\ &+ \sum_{j=1}^{n-2}\prod_{r=1}^{j} g_r[y_1(k+n-r), \cdots, y_r(k+n-r)] \\ &\times h_{j+1}[y_1(k+n-j-1), \cdots, y_{j+1}(k+n-j-1)] \\ &+ \prod_{r=1}^{n-1} g_r[y_1(k+n-r), \cdots, y_r(k+n-r)]u(x(k), y(k)). \end{aligned} \tag{10.2.17}$$

令正定的 Lyapunov 函数为 $L(k) = L_{n-1}(k) + d_{n-1}|E_n(k)|$, 且

$$E_n(k+1) = \sum_{j=1}^{n} c_{nj}E_j(k). \tag{10.2.18}$$

那么 (10.2.17) 代入 (10.2.18), 得到控制器 ($g_i(\cdot)\neq 0$):

$$u=\prod_{r=1}^{n-1} g_r^{-1}[y_1(k+n-r),\cdots,y_r(k+n-r)]\Big\{\sum_{j=1}^{n} c_{nj}E_j(k)+\sum_{j=1}^{n-1} c_{n-1,j}E_j(k+1)$$

$$-\sum_{j=1}^{n-2}\prod_{r=1}^{j} g_r[y_1(k+n-r),\cdots,y_r(k+n-r)]h_{j+1}[y_1(k+n-j-1),\cdots,y_{j+1}(k+n-j-1)]$$

$$-\prod_{r=1}^{n} g_r[y_1(k+n-r),\cdots,y_s(k+n-r)]-h_1(y_1(k+n-1))\Big\}, \tag{10.2.19}$$

因此可得 $L(k)$ 的导数

$$\begin{aligned}\Delta L(k)=&L(k+1)-L(k)\\ \leqslant&\big(|c_{11}|-1+\sum_{r=2}^{n} d_{r-1}|c_{r1}|\big)\big|E_1(k)\big|\\ &+\left(1-d_1+\sum_{r=2}^{n} d_{r-1}|c_{r2}|\right)\big|E_2(k)\big|\\ &+\sum_{j=3}^{n}\left(d_{j-2}-d_{j-1}+\sum_{r=j}^{n} d_{r-1}|c_{rj}|\right)\big|E_j(k)\big|,\end{aligned} \tag{10.2.20}$$

要想使得 (10.2.20) 的右边是负定的, 那么 $d_i(i=1,2,\cdots,n-1)$ 和 $c_{ij}(1\leqslant j\leqslant i\leqslant n)$ 需满足下面的条件:

$$\begin{cases}1<d_i<d_{i+1},\quad i=1,2,\cdots,n-2,\\ |c_{11}|+\sum_{r=2}^{n} d_{r-1}|c_{r1}|<1,\\ \sum_{r=2}^{n} d_{r-1}|c_{r2}|<d_1-1,\\ \sum_{r=3}^{n} d_{r-1}|c_{r3}|<d_2-d_1,\\ \qquad\cdots\cdots\cdots\cdots\\ \sum_{r=j}^{n} d_{r-1}|c_{rj}|<d_{j-1}-d_{j-2},\quad j=4,\cdots,n-1,\\ \qquad\cdots\cdots\cdots\cdots\\ |c_{nn}|<(d_{n-1}-d_{n-2})/d_{n-1},\end{cases} \tag{10.2.21}$$

因此存在很多解 $\{(d_l, c_{ij})|l=1,2,\cdots,n-1, 1\leqslant j\leqslant i\leqslant n\}$ 满足 (10.2.21). 例如, 取 $d_l = l+1, c_{ij}=0$.

从上面可知 $E(k)=[E_1(k),E_2(k),\cdots,E_{n-1}(k),E_n(k)]^{\mathrm{T}}$ 满足如下的系统:

$$\begin{bmatrix} E_1(k+1)\\ E_2(k+1)\\ E_3(k+1)\\ \vdots\\ E_{n-1}(k+1)\\ E_n(k+1)\end{bmatrix} = C\begin{bmatrix} E_1(k)\\ E_2(k)\\ E_3(k)\\ \vdots\\ E_{n-1}(k)\\ E_n(k)\end{bmatrix}, \tag{10.2.22}$$

$$C=\begin{bmatrix} c_{11} & 1 & 0 & 0 & \cdots & 0 & 0\\ c_{21} & c_{22} & 1 & 0 & \cdots & 0 & 0\\ c_{31} & c_{32} & c_{33} & 1 & \cdots & 0 & 0\\ \vdots & \vdots & \vdots & \vdots & & \vdots & \vdots\\ c_{n-1,1} & c_{n-2,2} & c_{n-3,3} & c_{n-4,4} & \cdots & c_{n-1,n-1} & 1\\ c_{n1} & c_{n2} & c_{n3} & c_{n4} & \cdots & c_{n,n-1} & c_{nn}\end{bmatrix}.$$

命题 10.2.3　对于给定的正的实参数 $d_{i+1}>d_i>1\ (i=1,2,\cdots,n-2)$, 如果参数 c_{ij}'s 满足 (10.2.21), 那么误差系统 (10.2.22) 是全局渐近稳定的, 即

$$\lim_{k\to+\infty} E_i(k) = \lim_{k\to+\infty}[Q_i(y(k)) - S_i(x(k-\tau))] = 0.$$

这表明: 在控制器 (10.2.19) 作用下, 驱动系统 (10.2.4) 和响应系统 (10.2.5) 关于函数 $Q_i(y(k))$ 和 $S_i(x(k))$ 是Q-S (预期或滞后) 同步的.

注 10.2.4　(i) 如果驱动系统 (10.2.4) 是由响应系统 (10.2.5) 在变换 $y\to x$ 作用下产生, 并且 $S_1(x(k-\tau))=x_1(k), n=3\ [c_{11}=c_{21}=c_1, c_{22}=c_2, c_{33}=c_3, c_{31}=c_{32}=0]$, 那么这个格式约化为已知的 [440,441]; (ii) 如果 $S_1(x(k-\tau))=r(k)$, $n=2\ [c_{11}=c_1, c_{22}=c_2, c_{21}=0]$, 那么这个格式变为 Backstep 控制格式 [465]. 但是我们的格式包含更多的参数 c_{ij}, 这使得使用起来更容易调节.

注 10.2.5　这种Q-S (预期或滞后) 同步格式可以用于离散系统的六种同步研究: (i) 完全同步 ($\tau=0, Q_i(y(k))=y(k), S_i(x(k))=x(k)$); (ii) 预期同步 ($\tau\in \mathrm{Z}^-, Q_i(y(k))=y(k), S_i(x(k))=x(k)$); (iii) 滞后同步 ($\tau\in\mathrm{Z}^+, Q_i(y(k))=y(k), S_i(x(k))=x(k)$); (iv) Q-S 完全同步 ($\tau=0$); (v) Q-S 预期同步 ($\tau\in\mathrm{Z}^-$); (vi) Q-S 滞后同步 ($\tau\in\mathrm{Z}^+$).

注 10.2.6　如果函数 $S_1(x(k-\tau))$ 为一个参考信号, 那么该格式可以用于跟踪信号.

注 10.2.7 事实上, 该格式不仅可以用于具有严格反馈形式而且可以用于具有参数的严格反馈形式的离散系统的Q-S(预期或滞后) 同步. 另外或许用于离散混沌保密通信.

注 10.2.8 借助于符号计算, Q-S(预期或滞后) 同步的 Backstep 格式可以在计算机上自动获得控制器, 另外为了模拟控制器的有效性, 需要数值来展示误差信号的趋势. 因此符号 – 数值算法总结为如下的步骤:

输入:

步骤 1 驱动系统 (10.2.4);

步骤 2 具有严格反馈形式的响应系统 (10.2.5);

步骤 3 选择合适的函数 $S_1(x(k-\tau))$, 常数 $\tau \in \mathrm{Z}$ 和参数 $d_i, c_{rj},(i=1,2,\cdots,n-1; 1 \leqslant j \leqslant r \leqslant n)$ 满足 (10.2.26);

步骤 4 选择 (10.2.4) 和 (10.2.5) 的初值 (初始函数) 且 $u=0$.

输出:

步骤 5 $E_1(k)=y_1(k)-S_1(x(k-\tau))$;

步骤 6 $E_i(k)=E_{i-1}(k+1)-\sum\limits_{j=1}^{i-1} c_{i-1,j}E_j(k), i=2,3,\cdots,n$;

步骤 7 求解 $E_n(k+1)-\sum\limits_{j=1}^{n} c_{nj}E_j(k)=0$ 得到标量控制器 $u(x,y)$;

步骤 8 根据上面的结果推导关于 $\{E_i|i=1,2,\cdots,n\}$ 的误差系统的初值;

步骤 9 当 $k \to +\infty$ 时, 数值仿真误差状态 E_i $(i=1,2,\cdots,n)$. 借助于符号计算, 该格式可以在计算机上实现自动推理.

注 10.2.9 很多已知的离散动力系统都具有严格反馈形式, 如:

- Hénon 映射 [276]:

$$\{y_1(k+1)=y_2(k)+1-ay_1^2(k), \quad y_2(k+1)=by_1(k)\}.$$

- Lozi's 映射 [467]:

$$\{y_1(k+1)=y_2(k), \quad y_2(k+1)=1+y_1(k)-a|y_2(k)|\}.$$

- Banerjee-Ranjan-Grebogi 映射 [467]:

$\{y_1(k+1)=y_2(k),\ y_2(k+1)=q_1y_2(k)-q_2y_1(k)+1+0.5[(p_1-q_1)y_2(k)-|(p_1-q_1)y_2(k)|]\}$.

- Yamakawa's chip[468]:

$\{y_1(k+1)=y_2(k)-\beta y_1(k),\ y_2(k+1)=f(y_2(k))-\alpha y_1(k)\}$, 其中 $f(\cdot)$ 为分段线性函数.

- Rulkov 神经细胞模型 [469]：

$$\{y_1(k+1)=y_2(k)+\frac{4.3}{1+y_1^2(k)},\quad y_2(k+1)=y_2(k)-0.01[y_1(k)+1]\}.$$

- Fold系统 [470]：

$$\{y_1(k+1)=y_2(k)+ay_1(k),\quad y_2(k+1)=y_1^2(k)+b]\}.$$

- 网络映射 [471]：

$$\{y_1(k+1)=y_2(k),\quad y_2(k+1)=-y_1(k)-k\sin(y_2(k))\}.$$

- 修正Arnold映射 [472]：
$\{y_1(k+1)=y_2(k)+2y_1(k)(\mathrm{mod}\ 1), y_2(k+1)=y_2(k)+y_1(k)+\delta\cos(2y_1(k)\pi)(\mathrm{mod}\ 1)\}$.
- 粒子映射 [473]：
$\{y_1(k+1)=y_2(k)+y_1(k)-V_0y_1(k)[1+y_1^2(k)]^{-(\beta/2+1)}, y_2(k+1)=y_2(k)-V_0y_1(k)[1+y_1^2(k)]^{-(\beta/2+1)}\}$.
- Konishi-Kokame映射 [474]：

$$\begin{cases} y_1(k+1)=0.1y_2(k)-0.2y_1(k), \\ y_2(k+1)=0.4y_3(k)-0.5y_1(k)+f(y_2(k),1.9,c_1(k)), \\ y_3(k+1)=0.3y_2(k)+f(y_3(k),1.8,c_2(k)), \end{cases}$$

其中 $c_1(k)$ and $c_2(k)$ 为 k 的给定函数, $f(\cdot,\cdot,\cdot)$ 为非线性函数.

- 广义超混沌Hénon 映射 [475]：

$$\begin{cases} y_1(k+1)=-by_2(k), \\ y_2(k+1)=y_3(k)+1-ay_2^2(k), \\ y_3(k+1)=by_2(k)+y_1(k). \end{cases}$$

- 广义 n 阶Hénon映射 [476]：

$$\begin{cases} y_1(k+1)=y_2(k), \\ \qquad\cdots\cdots\cdots\cdots \\ y_i(k+1)=y_{i+1}(k),\quad 1<i<n \\ \qquad\cdots\cdots\cdots\cdots \\ y_n(k+1)=a-y_2^2(k)-by_1(k). \end{cases}$$

- 离散动力系统 [477]：

$$\begin{cases} y_1(k+1) = y_2(k) + 2y_1(k) + \dfrac{3y_1^3(k)}{1+y_1^2(k)}, \\ y_2(k+1) = 2y_2(k)\cos(y_1(k)) + \dfrac{3y_1(k)y_2^2(k)}{0.1+y_2^2(k)}, \end{cases}$$

$$\begin{cases} y_1(k+1) = \dfrac{1+(1+a)y_1^2(k)}{1+y_1^2(k)} y_2(k) + by_1(k)\cos(y_1(k)), \\ y_2(k+1) = ay_1(k)\cos(y_2(k)) + by_2(k)\sin(y_1(k)), \quad a > 0, \end{cases}$$

$$\begin{cases} y_1(k+1) = y_2(k) + 0.5y_1^2(k) + 0.8y_1(k)\sin(y_1(k)), \\ y_2(k+1) = y_3(k) + 0.5y_1(k)y_2(k) + 0.8y_2(k)\cos(y_1(k)), \\ y_3(k+1) = 0.5y_1(k)y_2(k)y_3(k) + 0.8y_3^2(k). \end{cases}$$

- 离散Rössler系统 [258]：

$$\begin{cases} y_1(k+1) = a_3\delta y_2(k) + (a_4\delta + 1)y_1(k), \\ y_2(k+1) = a_2\delta y_3(k) + a_1\delta y_1(k) + y_2(k), \\ y_3(k+1) = a_5\delta + a_6\delta y_2(k)y_3(k) + (a_7\delta + 1)y_3(k). \end{cases}$$

§10.3 广义 Backstep 离散格式的应用

§10.3.1 二维离散混沌系统的广义同步

考虑离散 Lorenz 系统 [470]：

$$\begin{cases} x_1(k+1) = (1+\alpha\beta)x_1(k) - \beta x_1(k)x_2(k), \\ x_2(k+1) = (1-\beta)x_2(k) + \beta x_1^2(k) \end{cases} \tag{10.3.1}$$

和被控的 Fold 系统 [470]：

$$\begin{cases} y_1(k+1) = y_2(k) + ay_1(k), \\ y_2(k+1) = b + y_1^2(k) + u(x,y) \end{cases} \tag{10.3.2}$$

分别为驱动和响应系统. 当 $(\alpha, \beta, a, b) = (1.25, 0.75, -0.1, -1.7)$ 时, 图 10.1 和图 10.2 分别表示离散 Lorenz 系统 (初值为 $[x_1(0) = 0.1, x_2(0) = 0.2]$) 和 Fold 系统 (初值为 $[y_1(0) = -0.5, y_2(0) = -0.3]$) 的吸引子.

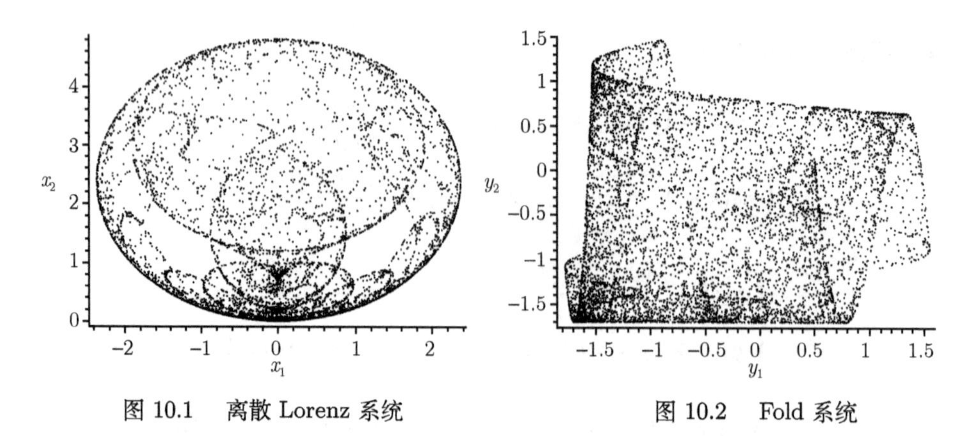

图 10.1　离散 Lorenz 系统　　　图 10.2　Fold 系统

令 $Q_1(y_1(k)) = y_1(k), S_1(x(k-\tau)) = \sin(x_1(k-\tau))$. 借助于符号计算, 可以一步一步地获得下面的结果:

情况 1. (Q-S 同步) 当 $\tau = 0$ 时, 得

$$E_1(k) = Q_1(y_1(k)) - S_1(x(k)) = y_1(k) - \sin(x_1(k)), \tag{10.3.3}$$

$$E_2(k) = Q_2(y(k)) - S_2(x(k)) = E_1(k+1) - c_{11}E_1(k), \tag{10.3.4}$$

其中

$$\begin{cases} Q_2(y(k)) = y_2(k) + (a - c_{11})y_1(k), \\ S_2(x(k)) = \sin[(1+\alpha\beta)x_1(k) - \beta x_1(k)x_2(k)] - c_{11}\sin(x_1(k)). \end{cases}$$

从 (10.3.1)~(10.3.4) 和差分方程 $E_2(k+1) - c_{21}E_1(k) - c_{22}E_{22}(k) = 0$, 可以确定标量控制器为

$$\begin{aligned} u = & -b - y_1^2(k) - ay_2(k) - a^2y_1(k) + (c_{11}+c_{22})y_2(k) + \sin\big[(\alpha\beta+1)^2x_1(k) \\ & + (\beta^2 - 2\beta)(1+\alpha\beta)x_1(k)x_2(k) - \beta^2(1+\alpha\beta)x_1^3 + (\beta^2-\beta^3)x_1(k)x_2^2(k) \\ & + \beta^3x_1^3(k)x_2(k)\big] + (c_{11}a + c_{22}a + c_{21} - c_{11}c_{22})y_1(k) + c_{22}c_{11}\sin(x_1(k)) \\ & - c_{21}\sin(x_1(k)) - (c_{11}+c_{22})\sin\big((1+\alpha\beta)x_1(k) - \beta x_1(k)x_2(k)\big). \end{aligned} \tag{10.3.5}$$

情况 2. (Q-S 预期同步) 当 $\tau \in \mathrm{Z}^-$, 不失一般性, 不妨取 $\tau = -1$. 因此有

$$\begin{aligned} E_1(k) = & Q_1(y_1(k)) - S_1(x(k+1)) \\ = & y_1(k) - \sin[(1+\alpha\beta)x_1(k) - \beta x_1(k)x_2(k)], \end{aligned} \tag{10.3.6}$$

$$E_2(k) = Q_2(y(k)) - S_2(x(k+1)) = E_1(k+1) - c_{11}E_1(k), \tag{10.3.7}$$

其中

$$\begin{cases} Q_2(y(k)) = y_2(k) + (a - c_{11})y_1(k), \\ S_2(x(k+1)) = \sin\{(1+\alpha\beta)[(1+\alpha\beta)x_1(k) - \beta x_1(k)x_2(k)] - \beta[(1+\alpha\beta)x_1(k) \\ \qquad -\beta x_1(k)x_2(k)][(1-\beta)x_2(k) + \beta x_1^2(k)]\} \\ \qquad -c_{11}\sin[(1+\alpha\beta)x_1(k) - \beta x_1(k)x_2(k)]. \end{cases}$$

借助于符号计算, 从 (10.3.1), (10.3.2), (10.3.6) 和 (10.3.7) 以及差分方程 $E_2(k+1) - c_{21}E_1(k) - c_{22}E_2(k) = 0$, 可以推出控制器:

$$\begin{aligned} u =& (c_{11}a + c_{22}a + c_{21} - c_{11}c_{22})y_1(k) + (c_{11} + c_{22})y_2(k) \\ &+ \sin\big[(1+\alpha\beta)((1+\alpha\beta)((1+\alpha\beta)x_1(k) - \beta x_1(k)x_2(k)) - \beta((1+\alpha\beta)x_1(k) \\ &- \beta x_1(k)x_2(k))((1-\beta)x_2(k) + \beta x_1(k)^2)) - \beta((1+\alpha\beta)((1+\alpha\beta)x_1(k) \\ &- \beta x_1(k)x_2(k)) - \beta((1+\alpha\beta)x_1(k) - \beta x_1(k)x_2(k))((1-\beta)x_2(k) + \beta x_1(k)^2)) \\ &\times ((1-\beta)((1-\beta)x_2(k) + \beta x_1(k)^2) + \beta((1+\alpha\beta)x_1(k) - \beta x_1(k)x_2(k))^2)\big] \\ &+ (c_{11} + c_{22})\sin\big[-(1+\alpha\beta)((1+\alpha\beta)x_1(k) - \beta x_1(k)x_2(k)) + \beta((1+\alpha\beta)x_1(k) \\ &- \beta x_1(k)x_2(k))((1-\beta)x_2(k) + \beta x_1(k)^2)\big] + (c_{22} - c_{21})\sin\big[(1+\alpha\beta)x_1(k) \\ &- \beta x_1(k)x_2(k)\big] - b - y_1^2(k) - ay_2(k) - a^2y_1(k). \end{aligned} \tag{10.3.8}$$

情况 3. (Q-S 滞后同步) 当 $\tau \in \mathrm{Z}^+$, 不失一般性, 不妨取 $\tau = 1$. 因此有

$$E_1(k) = Q_1(y_1(k)) - S_1(x(k-1)) = y_1(k) - \sin[x_1(k-1)], \tag{10.3.9a}$$

$$E_2(k) = Q_2(y(k)) - S_2(x(k+1)) = E_1(k+1) - c_{11}E_1(k), \tag{10.3.9b}$$

其中

$$\begin{cases} Q_2(y(k)) = y_2(k) + (a - c_{11})y_1(k), \\ S_2(x(k+1)) = \sin(x_1(k) - c_{11}\sin(x_1(k-1)). \end{cases}$$

借助于符号计算 (Maple), 从 (10.3.1), (10.3.2), (10.3.9) 和 (10.3.10) 以及差分方程 $E_2(k+1) - c_{21}E_1(k) - c_{22}E_2(k) = 0$, 可以推出控制器:

$$\begin{aligned} u = & -b - y_1^2(k) + (c_{11} - a)[y_2(k) + ay_1(k)] + c_{21}[y_1(k) - \sin(x_1(k-1))] \\ & + c_{22}[y_2(k) + (a - c_{11})y_1(k) + c_{11}\sin(x_1(k-1)) - \sin(x_1(k))] \\ & - c_{11}\sin(x_1(k)) + \sin[(1+\alpha\beta)x_1(k) - \beta x_1(k)x_2(k)]. \end{aligned} \tag{10.3.10}$$

令 Lyapunov 函数为 $L(k) = |E_1(k)| + d_1|E_2(k)|$ $(d_1 > 1)$. 因此从 (10.3.3)~(10.3.5) 或 (10.3.6)~(10.3.8) 或 (10.3.9a,b)~(10.3.10), 得到 Lyapunov 函数的导数为

$$\begin{aligned} \Delta L(k) =& L(k+1) - L(k) \\ &\leqslant (d_1|c_{21}| + |c_{11}| - 1)|E_1(k)| + (d_1(|c_{22}| - 1) + 1)|E_2(k)|. \end{aligned}$$

如果参数 c_{11}, c_{21} 和 c_{22} 满足 $\{d_1|c_{21}| + |c_{11}| < 1,\ |c_{22}| < (d_1 - 1)/d_1\}$, 那么 $\Delta L(k)$ 为负定的, 这表明下面的离散误差系统:

$$\begin{bmatrix} E_1(k+1) \\ E_2(k+1) \end{bmatrix} = \begin{bmatrix} c_{11} & 1 \\ c_{21} & c_{22} \end{bmatrix} \begin{bmatrix} E_1(k) \\ E_2(k) \end{bmatrix},$$

是全局渐近稳定的, 并且 $\lim_{k\to+\infty} E_i(k) = \lim_{k\to+\infty}[Q_i(y(k)) - S_i(x(k-\tau))] = 0, (i = 1, 2, \tau = 0, -1, 1)$, 即离散 Lorenz 系统 (10.3.1) 和 Fold 系统 (10.3.2)($u(x, y)$ 由 (10.3.5) 或 (10.3.8) 或 (10.3.10) 确定) 关于函数

$$\begin{cases} Q(y(k)) = [y_1(k), y_2(k) + (a - c_{11})y_1(k)]^{\mathrm{T}}, \\ S(x(k)) = [\sin(x_1(k), \sin[(1+\alpha\beta)x_1(k) - \beta x_1(k)x_2(k)] - c_{11}\sin(x_1(k))]^{\mathrm{T}}, \end{cases}$$

或

$$\begin{cases} Q(y(k)) = [y_1(k), y_2(k) + (a - c_{11})y_1(k)]^{\mathrm{T}}, \\ S(x(k+1)) = [\sin[(1+\alpha\beta)x_1(k) - \beta x_1(k)x_2(k)], \sin\left\{(1+\alpha\beta)[(1+\alpha\beta)x_1(k)\right. \\ \qquad -\beta x_1(k)x_2(k)] - \beta[(1+\alpha\beta)x_1(k)\beta x_1(k)x_2(k)][(1-\beta)x_2(k) + \beta x_1^2(k)]\left.\right\} \\ \qquad -c_{11}\sin[(1+\alpha\beta)x_1(k) - \beta x_1(k)x_2(k)]]^{\mathrm{T}}, \end{cases}$$

或

$$\begin{cases} Q(y(k)) = [y_1(k), y_2(k) + (a - c_{11})y_1(k)]^{\mathrm{T}}, \\ S(x(k)) = [\sin(x_1(k-1)), \sin(x_1(k)) - c_{11}\sin(x_1(k-1))]^{\mathrm{T}}, \end{cases}$$

是 Q-S(预期或滞后) 同步的.

下面用数值仿真来验证得到的控制器 (10.3.5) 的有效性. 取参数 $(\alpha, \beta, a, b) = (1.25, 0.75, -0.1, -1.7)$, $(d_1, c_{11}, c_{21}, c_{22})$=(2,−0.2,−0.25, 0.4), 假设 (10.3.1) 和 (10.3.2) 且 $u = 0$ 的初值为 $[x_1(0) = 0.1, x_2(0) = 0.2]$ 和 $[y_1(0) = 0.8, y_2(0) = 0.3]$. 从 (10.3.3)~(10.3.6) 可得到 $[E_1(0) = 0.7001665834, E_2(0) = -0.978329460e - 1]$. 图 10.3(a),(b) 展示了 Q-S 完全同步误差状态的变化规律. 类似地, 也可以检验控制器 (10.3.8) 的有效性, 这里就不再详细说明.

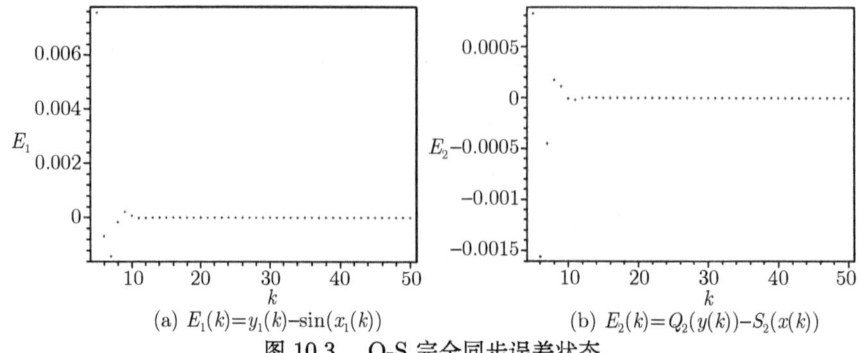

(a) $E_1(k)=y_1(k)-\sin(x_1(k))$　　(b) $E_2(k)=Q_2(y(k))-S_2(x(k))$

图 10.3　Q-S 完全同步误差状态

§10.3.2 三维广义 Hénon 映射的同步

Hitzl 和 Zele[478] 引入广义 Hénon 映射：

$$\begin{cases} x_1(k+1) = -bx_2(k), \\ x_2(k+1) = x_3(k) + 1 - ax_2^2(k), \\ x_3(k+1) = bx_2(k) + x_1(k), \end{cases} \tag{10.3.11}$$

当 $a = 1.07, b = 0.3$, 且初值为 $[x_1(0), x_2(0), x_3(0)] = [0.2, 0.7, 0.06]$ 时, 图 10.4 展示了广义 Hénon 映射吸引子. 当控制器加到 (10.3.11) 的第一个方程或第二个方程时, 两个一致的系统 (10.3.11) 的同步已经被研究 [479,480].

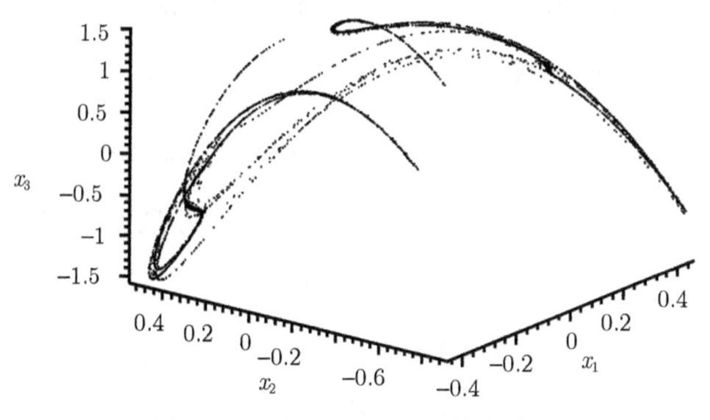

图 10.4 广义 Hénon 映射吸引子

下面, 我们利用上面给出的 Backstep 格式, 研究当控制器加到第三个方程时, 两个一致系统 (10.3.11) 的同步的问题 [481]. 另外还可以研究它们的广义 Q-S(预期或滞后) 同步问题, 这里不再详细讨论.

考虑 (10.3.11) 为驱动系统, 且下面的被控系统

$$\begin{cases} y_1(k+1) = -by_2(k), \\ y_2(k+1) = y_3(k) + 1 - ay_2^2(k), \\ y_3(k+1) = by_2(k) + y_1(k) + u(x,y) \end{cases} \tag{10.3.12}$$

为响应系统, 其中 $u(x,y)$ 为待定的控制器.

假设误差状态为 $e_1(k) = y_1(k) - x_1(k), e_2(k) = y_2(k) - x_2(k), e_3(k) = y_3(k) - x_3(k)$. 因此从 (10.3.11) 和 (10.3.12), 得离散误差系统：

$$\begin{cases} e_1(k+1) = -be_2(k), \\ e_2(k+1) = e_3(k) - ay_2^2(k) + ax_2^2(k), \\ e_3(k+1) = be_2(k) + e_1(k) + u(x,y). \end{cases} \tag{10.3.13}$$

• **步骤 1.** 令 $E_1(k) = e_1(k)$ 且第一个部分 Lyapunov 函数为 $L_1(k) = |E_1(k)|$ 以及第二个误差状态为

$$E_2(k) = E_1(k+1) - c_{11}E_1(k), \tag{10.3.14}$$

其中 $c_{11} \in R$. 因此, 得到 $L_1(k)$ 的导数

$$\Delta L_1(k) = |E_1(k+1)| - |E_1(k)| \leqslant (|c_{11}| - 1)|E_1(k)| + |E_2(k)|. \tag{10.3.15}$$

• **步骤 2.** 从 (10.3.12) 和 (10.3.14), 得

$$\begin{aligned} E_2(k+1) &= E_1(k+2) - c_{11}E_1(k+1) = -be_2(k+1) - c_{11}e_1(k+1) \\ &= -be_3(k) + aby_2^2(k) - abx_2^2(k) + bc_{11}e_2(k). \end{aligned} \tag{10.3.16}$$

令第二个部分 Lyapunov 函数为 $L_2(k) = L_1(k) + d_1|E_2(k)|$ 且新的变量为

$$E_3(k) = E_2(k+1) - c_{21}E_1(k) - c_{22}E_2(k), \tag{10.3.17}$$

其中 $d_1 > 1$, $c_{21}, c_{22} \in R$. 因此从 (10.3.15) 和 (10.3.17) 推得 $L_2(k)$ 的导数

$$\begin{aligned} \Delta L_2(k) =& L_2(k+1) - L_2(k) \\ =& \Delta L_1(k) + d_1(|E_2(k+1)| - |E_2(k)|) \\ \leqslant& (d_1|c_{21}| + |c_{11}| - 1)|E_1(k)| + d_1|E_3(k)| \\ & + (d_1|c_{22}| + 1 - d_1)|E_2(k)|. \end{aligned} \tag{10.3.18}$$

• **步骤 3.** 令

$$E_3(k+1) - c_{31}E_1(k) - c_{32}E_2(k) - c_{33}E_3(k) = 0, \tag{10.3.19}$$

从 (10.3.19) 可得到控制器

$$\begin{aligned} u =& ae_3^2(k) + [2ax_3(k) - 2a^2e_2^2(k) + 2a - 4a^2e_2(k)x_2(k) - 2a^2x_2^2(k) + c_{22} \\ & + c_{33} + c_{11}]e_3(k) + a^3e_2^4(k) + 4a^3e_2^3(k)x_2(k) + [-c_{33}a + 6a^3x_2^2(k) \\ & - 2x_3(k)a^2 - 2a^2 - c_{11}a - c_{22}a]e_2^2(k) + [c_{32} + 4a^3x_2^3(k) - 2\,c_{22}ax_2(k) \\ & - b + c_{21} - 4x_3(k)a^2x_2(k) - c_{33}c_{11} - 4a^2x_2(k) - 2\,c_{33}ax_2(k) - 2\,c_{11}ax_2(k) \\ & - c_{22}c_{11} - c_{33}c_{22}]e_2(k) + b^{-1}[c_{32}c_{11} - c_{31} + c_{33}c_{21} - c_{33}c_{22}c_{11} - b]e_1(k), \end{aligned} \tag{10.3.20}$$

因此有

$$E_3(k+1) = -c_{33}be_3(k) + c_{33}bae_2^2(k) + (c_{31} - c_{32}c_{11} - c_{33}c_{21} + c_{33}c_{22}c_{11})e_1(k)$$

$$+[-c_{32}b+2c_{33}bax_2(k)+c_{33}c_{11}b+c_{33}c_{22}b]e_2(k). \tag{10.3.21}$$

令 Lyapunov 函数为 $L(k)=L_2(k)+d_2|E_3(k)|$, $(d_2>d_1>1)$, 则得 $L(k)$ 的导数

$$\begin{aligned}\Delta L(k)=&L_3(k+1)-L_3(k)\\=&\Delta L_2(k)+d_2(|E_3(k+1)|-|E_3(k)|)\\\leqslant&\Big(d_1|c_{21}|+d_2|c_{31}|+|c_{11}|-1\Big)|E_1(k)|+\Big(d_1+d_2(|c_{33}|-1)\Big)|E_3(k)|\\&+\Big(d_1(|c_{22}|-1)+d_2|c_{32}|+1\Big)|E_2(k)|.\end{aligned} \tag{10.3.22}$$

如果下面条件成立:

$$\begin{cases}|c_{11}|+d_1|c_{21}|+d_2|c_{31}|<1,\\d_1|c_{22}|+d_2|c_{32}|<d_1-1,\\|c_{33}|<\dfrac{d_2-d_1}{d_2},\end{cases} \tag{10.3.23}$$

那么 (10.3.22) 的右侧为负定的. 易知存在很多解 $\{c_{ij}|1\leqslant j\leqslant i\leqslant 3\}$ 满足 (10.2.23), 例如 $c_{ij}=0$.

从 (10.3.14), (10.3.17) 和 (10.3.19), 有如下的关于 $E(k)=[E_1(k),E_2(k),E_3(k)]^{\mathrm{T}}$ 的误差系统:

$$\begin{bmatrix}E_1(k+1)\\E_2(k+1)\\E_3(k+1)\end{bmatrix}=\begin{bmatrix}c_{11}&1&0\\c_{21}&c_{22}&1\\c_{31}&c_{32}&c_{33}\end{bmatrix}\begin{bmatrix}E_1(k)\\E_2(k)\\E_3(k)\end{bmatrix}, \tag{10.3.24}$$

因此对于给定的正实数 $d_2>d_1>1$, 如果 c_{ij}'s 满足 (10.2.23), 那么可知系统 (10.3.24) 是全局渐近稳定的, 即 $\lim_{k\to+\infty}E_i(k)=0(i=1,2,3)$. 从 $E_1(k)=e_1(k)$, (10.3.16) 和 (10.3.21), 有如下的性质:

命题 10.3.1 如果控制器由 (10.3.20) 确定, 并且参数满足 (10.3.23), 那么两个一致的3-D广义Hénon 映射 (10.3.11) 和被控系统 (10.3.12) 混沌同步的, 即离散误差系统 (10.3.12) 是全局渐近稳定的且 $\lim_{k\to+\infty}e_i(k)=0$, $i=1,2,3$.

下面验证所得到控制器的有效性. 令参数 $(a,b)=(1.07,0.3)$, $d_1=3$, $d_2=9$, $c_{11}=0.01$, $c_{21}=0.02$, $c_{22}=0.05$, $c_{31}=-0.03$, $c_{32}=-0.04$, $c_{33}=-0.01$ 满足 (10.3.23), 取 (10.3.11) 和 (10.3.12) 且 $u=0$ 的初值为 $[x_1(0)=0.2,\ x_2(0)=0.7,\ x_3(0)=0.06]$, $[y_1(0)=-0.4,\ y_2(0)=0.3,\ y_3(0)=0.1]$. 因此可得到 (10.3.13) 的初值: $[E_1(0)=-0.6,\ E_2(0)=-0.4,\ E_3(0)=-0.04]$. 图 10.5(a)~(c) 展示了离散混沌同步误差状态的变化规律.

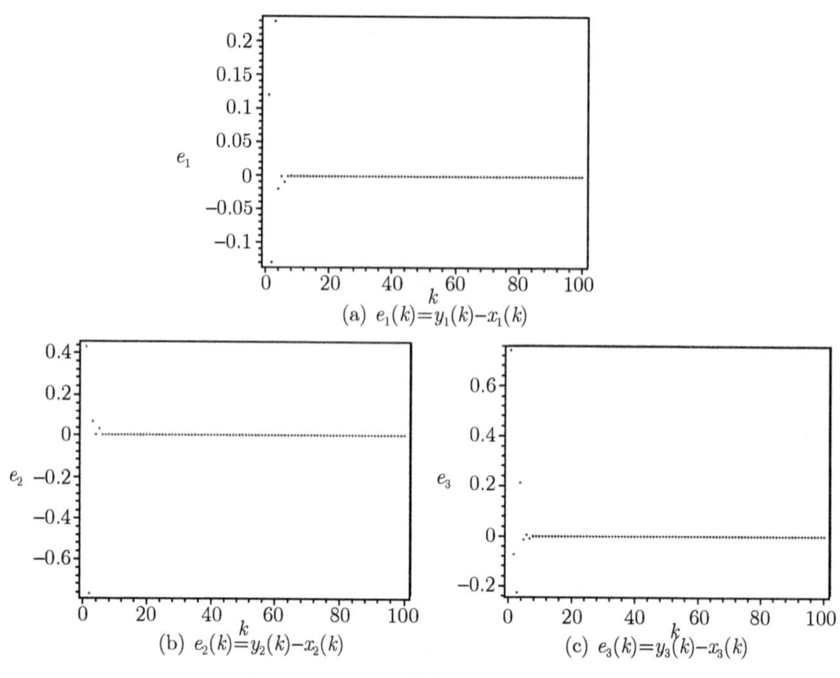

图 10.5　Q-S 完全同步误差状态

§10.4　小　结

目前, 存在很多类型的离散混沌系统, 很多系统都具有严格的反馈形式 (参看注 10.2.8). 本章主要考虑了离散混沌系统的广义同步问题, 基于 Backstep 算法, 给出了一类具有严格反馈形式的离散混沌系统的自动推理格式. 借助于符号 − 数值计算软件, 还编制了该算法的软件包, 该算法可以在计算机上实现. 另外, 利用该算法考虑了两个二维和三维离散混沌系统的同步问题. 还存在其他的混沌同步算法, 这将在以后讨论. 因此研究混沌系统的基本性质, 特别是混沌同步和控制具有重要的意义 [242~259,482~484].

随着人们对事物认识的不断深入, 发现自然科学和社会科学中存在着一种很普遍的现象 —— 复杂网络 (complex network). 可以说复杂网络无处不在, 无时不有. 如社会网络、信息网络或知识网络、生物网络、WWW 网、Internet 网、细胞神经网络、高速公路网、航空路线网等. 较早的复杂网络为 1959 年 Erdos 和 Renyi[485] 提出的随机图; 1998 年 Watts 和 Strogatz[486] 提出小世界 (small-world) 网络模型; 1999 年 Barabasi 和 Albert[487] 提出无尺度 (scale-free) 网络模型等. 关于复杂网络论述参看文献 [488~493]. 另外复杂网络的同步问题也被研究 [494~499].

如今, 量子混沌也越来越受到人们的重视 [500~502].

第十一章　超混沌控制

本章主要研究连续超混沌系统的控制. 首先, 利用几种不同的反馈方法, 研究了超混沌 Chen 系统的控制, 并且数值仿真证明了控制器的有效性. 然后, 基于已知的 Chen 系统, 通过引入新的状态变量及其反馈, 获得了一个新的超混沌系统. 另外, 研究它的控制问题.

§11.1　超混沌系统

前面两章已经讨论了连续和离散混沌系统的同步问题, 这一章主要考虑超混沌系统的控制问题. 超混沌系统是指具有两个或以上的正 Lyapunov 指数的混沌系统, 比一般的混沌系统更复杂, 或许更使用于混沌保密通信. 目前已经存在很多超混沌系统, 如超混沌 R̈ossler 系统 [272]、超混沌 Matsumoto-Chua-Kobayashi(MCK) 电路 [273]、超混沌 Chua 电路 [452]、超混沌 Tamasevicius-Namajunas-Cenys(TNC) 系统 [451] 以及超混沌 Tamasevicius-Cenys-Namajunas (TCN) 系统 [503]. 目前, 存在很多反馈控制方法, 如线性反馈控制、非线性反馈控制、自适应控制、速度控制、脉冲控制、函数控制等 [242~259,454,455].

§11.2　超混沌 Chen 系统的控制

最近, 基于已知的 Chen 系统 [267]

$$\begin{cases} \dot{x} = a(y-x), \\ \dot{y} = dx - xz + cy, \\ \dot{z} = xy - bz. \end{cases} \tag{11.2.1}$$

Li 等人 [274] 通过施加一个动力控制器 w, 获得了一个新的超混沌系统 (简称超混沌 Chen 系统):

$$\begin{cases} \dot{x} = a(y-x) + w, \\ \dot{y} = dx - xz + cy, \\ \dot{z} = xy - bz, \\ \dot{w} = yz + rw. \end{cases} \tag{11.2.2}$$

这里 $(a,b,c,d,r) \in \mathrm{R}^5$. 四维系统 (11.2.2) 有如下几种情况:

- 当 $a=35,\ b=3,\ c=12,\ d=7,\ 0\leqslant r\leqslant 0.085$ 时, 系统 (11.2.2) 为混沌系统;
- 当 $a=35,\ b=3,\ c=12,\ d=7,\ 0.085<r\leqslant 0.798$ 时, 系统 (11.2.2) 为超混沌系统;
- 当 $a=35,\ b=3,\ c=12,\ d=7,\ 0.798<r\leqslant 0.90$ 时, 系统 (11.2.2) 是周期的.

特别地, 对于第二种情况, 当 $a=35,\ b=3,\ c=12,\ d=7,\ r=0.5$, 图 11.1～ 图 11.4 为超混沌系统 (11.2.2) 的吸引子.

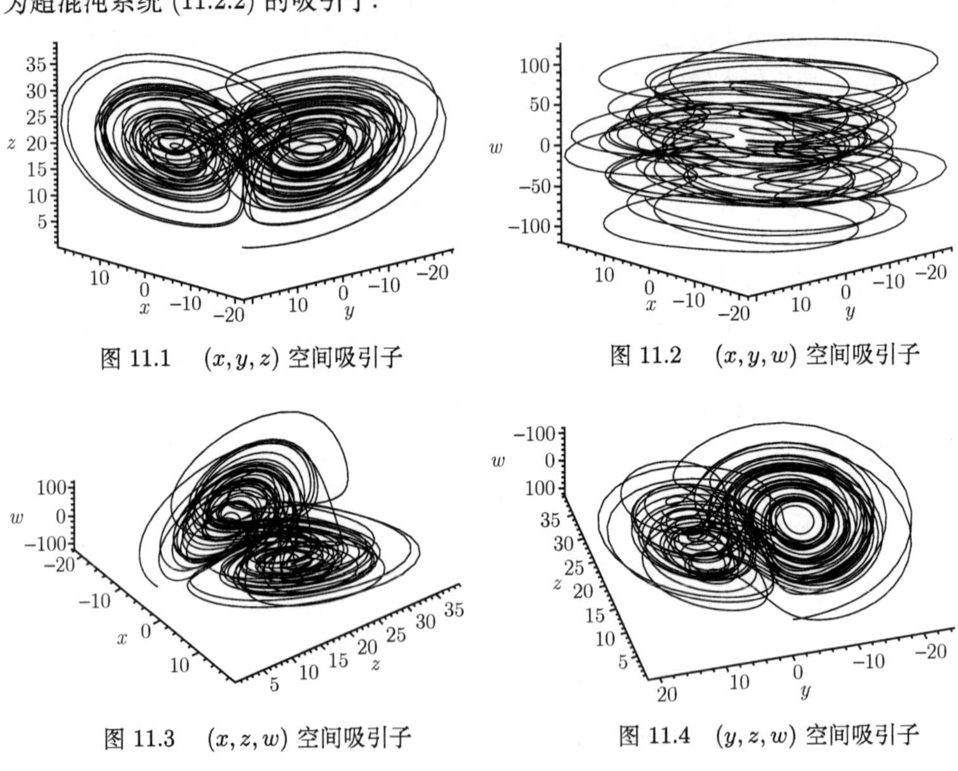

图 11.1 (x,y,z) 空间吸引子　　图 11.2 (x,y,w) 空间吸引子

图 11.3 (x,z,w) 空间吸引子　　图 11.4 (y,z,w) 空间吸引子

§11.2.1 平衡点及其稳定性

下面考虑超混沌的情况 [504]. 当 $a=35,\ b=3,\ c=12,\ d=7,\ 0.085<r\leqslant 0.798$, 可知超混沌 Chen 系统 (11.2.2) 仅仅拥有一个平衡点 $O(0,0,0,0)$. 与超混沌系统 (11.2.2) 有关的相空间中的元素 $\delta X(t)=\delta x\delta y\delta z\delta w$ 的体积 $X(t)$ 的变化由如下的轨道流确定:

$$\bigtriangledown X=\frac{\partial X}{\partial x}+\frac{\partial X}{\partial y}+\frac{\partial X}{\partial z}+\frac{\partial X}{\partial w}=c-(a+b)+r=r-26<0, \tag{11.2.3}$$

因此可推出 (11.2.2) 是一个耗散系统, 且以指数率收敛, 即

$$\frac{dX(t)}{dt}=e^{c-(a+b)+r}X(t),$$

换句话说, 体积元 X_0 在时间 t 时收缩为 $X_0e^{-(a+b-c-r)t}$, 即当 $t\to+\infty$ 时, 含有系统轨线的体积元以 $-(a+b-c-r)$ 的指数率收敛为零.

定理 11.2.1(Routh-Hurwitz定理)[505] 对于如下的特征方程:

$$|\lambda I-A|=\lambda^n+b_1\lambda^{n-1}+\cdots+b_{n-1}\lambda+b_n=0,$$

其中 I 为 $n\times n$ 的单位矩阵, A 为 $n\times n$ 的实矩阵. 如果系数满足条件 $\Delta_i>0$ $(i=1,2,\cdots,n)$:

$$\Delta_k=\begin{bmatrix} b_1 & 1 & 0 & 0 & 0 & 0 & \cdots & 0\\ b_3 & b_2 & b_1 & 1 & 0 & 0 & \cdots & 0\\ b_5 & b_4 & b_3 & b_2 & b_1 & 1 & \cdots & 0\\ \vdots & \vdots & \vdots & \vdots & \vdots & \vdots & & \vdots\\ b_{2k-1} & b_{2k-2} & b_{2k-3} & b_{2k-4} & b_{2k-5} & b_{2k-6} & \cdots & b_k \end{bmatrix},$$

那么特征方程的所有特征值都具有负实部.

命题 11.2.2 当参数满足 $a=35,\ b=3,\ c=12,\ d=7,\ 0.085<r\leqslant 0.798$ 时, 超混沌Chen系统 (11.2.2) 的平衡点 $O(0,0,0,0)$ 是不稳定的.

证明 系统 (11.2.2) 在平衡点 $O(0,0,0,0)$ 的 Jacobi 矩阵为

$$J_0=\begin{bmatrix} -a & a & 0 & 1\\ d & c & 0 & 0\\ 0 & 0 & -b & 0\\ 0 & 0 & 0 & r \end{bmatrix}, \tag{11.2.4}$$

因此可得到相应的特征方程

$$\lambda^4+b_1\lambda^3+b_2\lambda^2+b_3\lambda+b_4=0, \tag{11.2.5}$$

其中

$$\begin{cases} b_1=a-c+b-r,\\ b_2=-ar-da+cr-br-cb+ab-ac,\\ b_3=-acb+acr-abr+dar+cbr-dab,\\ b_4=acbr+dabr. \end{cases} \tag{11.2.6}$$

当 $a=35,\ b=3,\ c=12,\ d=7,\ 0.085<r\leqslant 0.798$ 时, 可知 $b_1b_2-b_3=-676r-13501+26r^2<0$. 根据 Routh-Hurwitz 定理, 易知平衡点 $O(0,0,0,0)$ 是不稳定的.

§11.2.2 超混沌 Chen 系统控制

为了控制超混沌 Chen 系统 (11.2.2) 的不稳定的平衡点 $O(0,0,0,0)$, 令 u_1, u_2, u_3 和 u_4 为控制器, 考虑被控的超混沌系统 [504]:

$$\begin{cases} \dot{x} = a(y-x) + w + u_1, \\ \dot{y} = dx - xz + cy + u_2, \\ \dot{z} = xy - bz + u_3, \\ \dot{w} = yz + rw + u_4. \end{cases} \tag{11.2.7}$$

情况 1. 线性反馈控制

假设控制器 u_i's 具有如下线性形式:

$$u_1 = -k_1 x, \quad u_2 = -k_2 y, \quad u_3 = -k_3 z, \quad u_4 = -k_4 w, \tag{11.2.8}$$

其中 k_i's 为反馈系数. 因此被控系统 (11.2.7) 改写为

$$\begin{cases} \dot{x} = a(y-x) + w - k_1 x, \\ \dot{y} = dx - xz + cy - k_2 y, \\ \dot{z} = xy - bz - k_3 z, \\ \dot{w} = yz + rw - k_4 w, \end{cases} \tag{11.2.9}$$

Jacobi 矩阵为

$$J = \begin{bmatrix} -a-k_1 & a & 0 & 1 \\ d & c-k_2 & 0 & 0 \\ 0 & 0 & -b-k_3 & 0 \\ 0 & 0 & 0 & r-k_4 \end{bmatrix}, \tag{11.2.10}$$

J 的特征方程为

$$(\lambda - r + k_4)(\lambda + b + k_3)[\lambda^2 + (k_1 + k_2 - c + a)\lambda + (k_2 - c)(k_1 + a) - ad] = 0, \tag{11.2.11}$$

从这个代数方程解得

$$\lambda_1 = r - k_4, \quad \lambda_2 = -b - k_3, \quad \lambda_3 = \frac{1}{2}(-A + \sqrt{\Delta}), \quad \lambda_4 = \frac{1}{2}(-A - \sqrt{\Delta}),$$

其中 $A = k_1 + k_2 - c + a, \Delta = (k_1 + k_2 - c + a)^2 - 4[(k_2 - c)(k_1 + a) - ad]$.

因此如果控制系数 k_i's 满足条件:

$$k_4 > r, \quad k_3 > -b, \quad k_1 + k_2 > c - a, \quad (k_2 - c)(k_1 + a) - ad > 0, \tag{11.2.12}$$

那么 Jacobi 矩阵 J 拥有四个负实部的特征值. 因此可有如下的命题的成立:

命题 11.2.3 当 k_i's 满足 (11.2.12) 时, 被控的超混沌Chen系统 (11.2.7) 在平衡点 $O(0,0,0,0)$ 是渐近稳定的.

注 11.2.4 当 $a=35, b=3, c=12, d=7, 0.085<r\leqslant 0.798$, 可知 $k_4>r, k_3>-3, k_1=0, k_2>19$ 显然满足条件 (11.2.12).

取 $a=35$, $b=3$, $c=12$, $d=7$, $r=0.5$, 且反馈系数为 $k_1=0, k_2=20, k_3=-2, k_4=1$, 选择超混沌系统的初始值为 $[x(0)=-0.1, y(0)=0.2, z(0)=-0.6, w(0)=0.4]$. 图 11.5~ 图 11.8 为被控系统的状态 (x,y,z,w) 的渐近稳定行为.

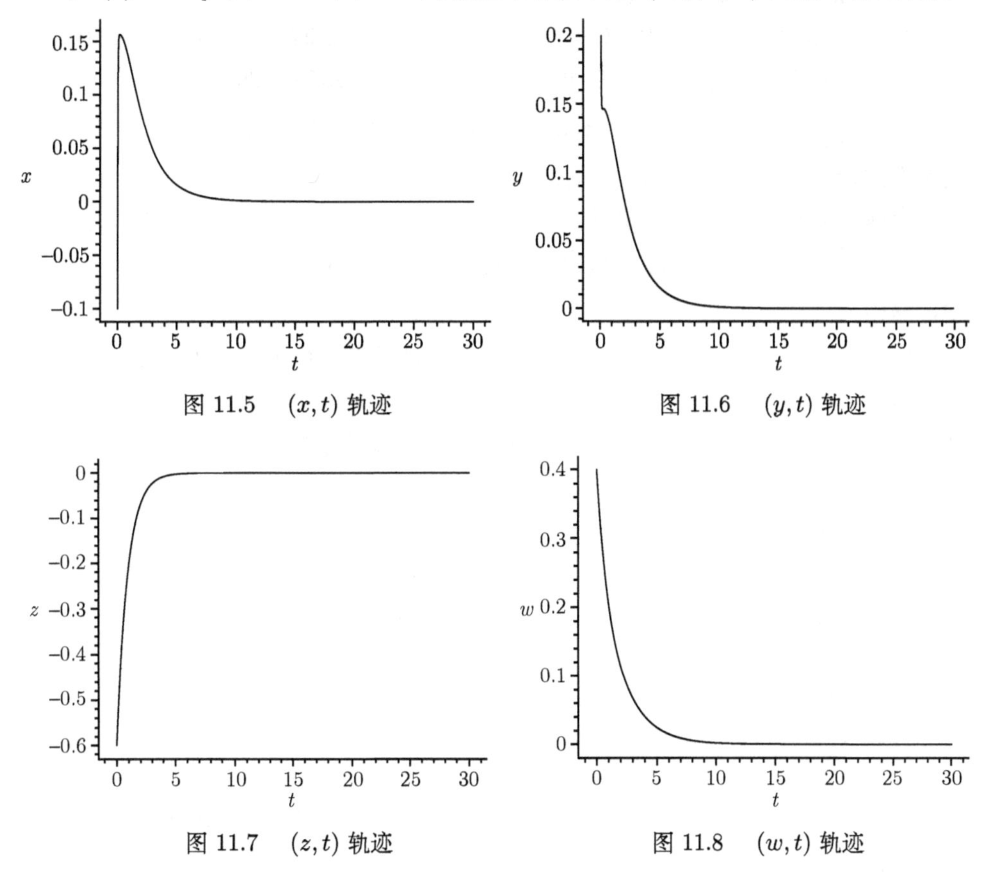

图 11.5 (x,t) 轨迹

图 11.6 (y,t) 轨迹

图 11.7 (z,t) 轨迹

图 11.8 (w,t) 轨迹

情况 2. 速度反馈控制

假设 $u_1=u_2=u_3=0$, u_4 具有速度形式 $u_4=-k\dot{y}$, 其中 k 为速度反馈系数. 因此, 被控系统 (11.2.7) 改写为

$$\begin{cases}\dot{x}=a(y-x)+w,\\ \dot{y}=dx-xz+cy,\\ \dot{z}=xy-bz,\\ \dot{w}=yz+rw-k\dot{y}=yz+rw-k(dx-xz+cy).\end{cases} \tag{11.2.13}$$

其在原点的 Jacobi 矩阵为

$$J = \begin{bmatrix} -a & a & 0 & 1 \\ d & c & 0 & 0 \\ 0 & 0 & -b & 0 \\ -kd & -kc & 0 & r \end{bmatrix}, \tag{11.2.14}$$

因此特征方程为 $(\lambda+b)(\lambda^3+c_1\lambda^2+c_2\lambda+c_3)=0$, 其中 $c_1=a-r-c, c_2=dk-da-ac+cr-ar, c_3=acr+dar$.

当 $a=35, b=3, c=12, d=7, 0.085<r\leqslant 0.798$ 时, $c_1=23-r>0, c_3=665r>0$. 从条件 $c_1c_2-c_3>0$, 即 $(161-7r)k-15295-529r+23r^2>0$, 可得 $k>\dfrac{15295+529r-23r^2}{161-7r}$. 根据 Routh-Hurwitz 定理, 那么 Jacobi 矩阵 J 拥有四个负实部的特征值. 因此可有如下的命题的成立.

命题 11.2.5　当 $a=35, b=3, c=12, d=7, 0.085<r\leqslant 0.798$, 且 $k>\dfrac{15295+529r-23r^2}{161-7r}$ 时, 被控的超混沌Chen系统 (11.2.13) 在平衡点 $O(0,0,0,0)$ 是渐近稳定的.

取 $a=35,\ b=3,\ c=12,\ d=7,\ r=0.5$, 且反馈系数为 $k=100$, 选择超混沌系统的初始值为 $[x(0)=0.1, y(0)=0.2, z(0)=0, w(0)=0.4]$. 图 11.9~ 图 11.12 为被控系统 (11.2.13) 的状态变量 (x,y,z,w) 的渐近稳定行为.

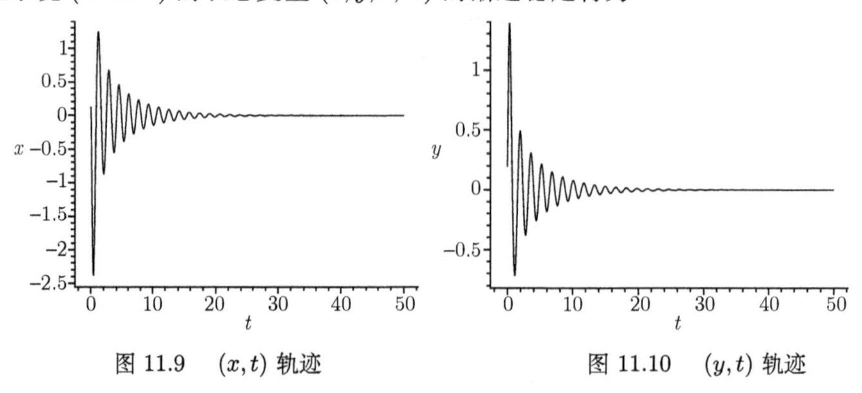

图 11.9　(x,t) 轨迹　　　　图 11.10　(y,t) 轨迹

情况 3. 椭圆函数反馈控制

假设 $u_1=u_2=u_3=0$ 和 $u_4=-k\mathrm{sn}(x+2y;m)$, 其中 k 为反馈系数, 且 $0<m<1$ 为 Jacobi 椭圆函数的模. 因此, 被控系统 (11.2.7) 改写为

$$\begin{cases} \dot{x}=a(y-x)+w, \\ \dot{y}=dx-xz+cy, \\ \dot{z}=xy-bz, \\ \dot{w}=yz+rw-k\mathrm{sn}(x+2y;m), \end{cases} \tag{11.2.15}$$

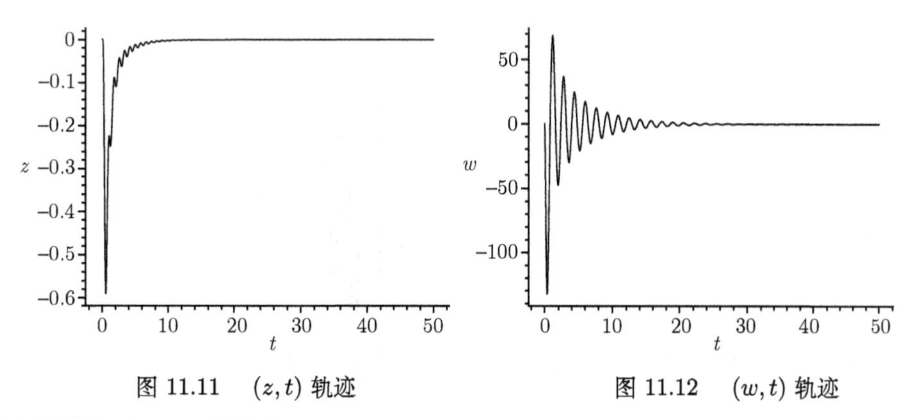

图 11.11 (z,t) 轨迹 图 11.12 (w,t) 轨迹

其在原点的 Jacobi 矩阵为

$$J=\begin{bmatrix}-a & a & 0 & 1\\ d & c & 0 & 0\\ 0 & 0 & -b & 0\\ -k & -2k & 0 & r\end{bmatrix},\tag{11.2.16}$$

因此特征方程为 $(\lambda+b)(\lambda^3+c_1\lambda^2+c_2\lambda+c_3)=0$, 其中 $c_1=23-r, c_2=-665+k-23r, c_3=665r+2k$.

可知当 $a=35, b=3, c=12, d=7, 0.085<r\leqslant 0.798$ 时, $c_1=23-r>0$. 从 $c_1c_2-c_3>0$ and $c_3>0$, 即 $(21-r)k-15295-529r+23r^2>0, 665r+2k>0$, 推出 $k>\dfrac{15295+529r-23r^2}{21-r}$. 根据 Routh-Hurwitz 定理, 那么 Jacobi 矩阵 J 拥有四个负实部的特征值. 因此可有如下的命题的成立.

命题 11.2.6 当 $a=35, b=3, c=12, d=7, 0.085<r\leqslant 0.798$, 且 $k>\dfrac{15295+529r-23r^2}{21-r}$ 时, 被控的系统 (11.2.15) 在平衡点 $O(0,0,0,0)$ 是渐近稳定的.

取 $a=35$, $b=3$, $c=12$, $d=7$, $r=0.5$ 且反馈系数为 $k=900$, 选择超混沌系统的初始值为 $[x(0)=0.1, y(0)=0.2, z(0)=-0.5, w(0)=0.4]$. 图 11.13～ 图 11.16 为被控系统 (11.2.15) 的状态变量 (x,y,z,w) 的渐近稳定行为.

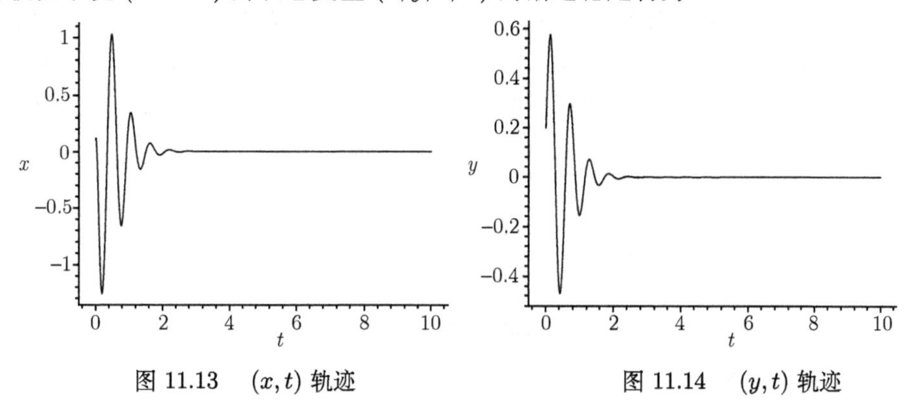

图 11.13 (x,t) 轨迹 图 11.14 (y,t) 轨迹

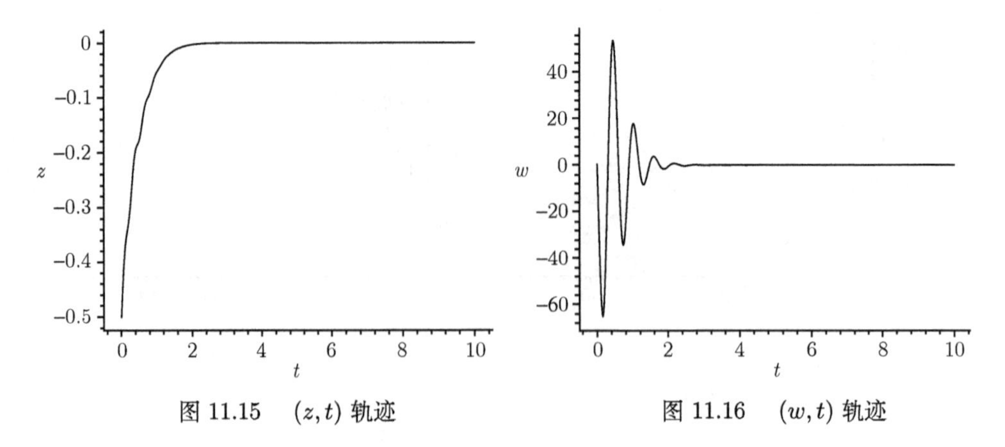

图 11.15 (z,t) 轨迹　　图 11.16 (w,t) 轨迹

注 11.2.7 还可以选择其他的控制函数, 如 $u_1=u_2=u_3=0, u_4=-k\sinh(2x+5y)$. 可证当 $a=35, b=3, c=12, d=7, 0.085<r\leqslant 0.798$ 且 $k>\dfrac{23(665+23r-r^2)}{35-2r}$ 时, 被控系统 (11.2.7) 在平衡点 $O(0,0,0,0)$ 是渐近稳定的.

§11.3 一个新的超混沌系统及其控制

§11.3.1 新的超混沌系统

基于正则的混沌系统, 可以产生新的超混沌系统. 如 (i) 超混沌 Rössler 系统 (1.2.6) 是如下构成的：分别在 Rössler 系统 (1.2.3) 的第二、三个方程中引入一个线性反馈变量 w 和 cz, 并且增加一个关于新的线性方程; (ii) §11.2 中所讨论的超混沌 Chen 系统 (11.2.1) 是如下得到的：在系统的第一个方程中引入一个线性反馈 w, 且增加一个关于新的非线性方程.

很显然, 超混沌 Rössler 系统和超混沌 Chen 系统的共同特征是：仅仅增加一个新的状态和旧的状态的线性反馈. 为了从 Chen 系统获得新的超混沌系统, 我们将已知状态 $\{x,y,z\}$ 的非线性反馈和新状态 w 的线性反馈施加于 Chen 系统 (11.2.1) 的第三个方程, 并且引入一个新的非线性方程, 即引入第四个状态 w 且将多项式 $-yz+xz-w$ 加于 (11.2.1) 的第三个方程. 因此, 得到一个新的四维非线性动力系统 [506]：

$$\begin{cases}\dot{x}=a(y-x),\\ \dot{y}=(c-a)x-xz+cy,\\ \dot{z}=-bz+xy-yz+xz-w,\\ \dot{w}=-dw+yz-xz,\end{cases}\tag{11.3.1}$$

其中 d 为新引入的参数.

当 $a = 37,\ b = 3,\ c = 26,\ d = 38$ 时, 可以计算知道系统 (11.3.1) 拥有如下的 Lyapunov 指数：$\lambda_1 = 1.319,\ \lambda_2 = 0.146,\ \lambda_3 = -20.148$ 和 $\lambda_4 = -56.337$. 两个正的 Lyapunov 指数表明系统 (11.3.1) 是超混沌系统.

为了清晰地观察这个新的超混沌系统 (11.3.1) 的运动轨迹, 数值仿真图列举如下：图 11.17~ 图 11.20 分别展示了超混沌系统 (11.3.1) 在 $x-y-z$, $x-y-w$, $x-z-w$ 和 $y-z-w$ 空间中的射影. 图 11.21~ 图 11.26 分别展示了超混沌系统 (11.3.1) 在所有二维平面中的射影轨迹.

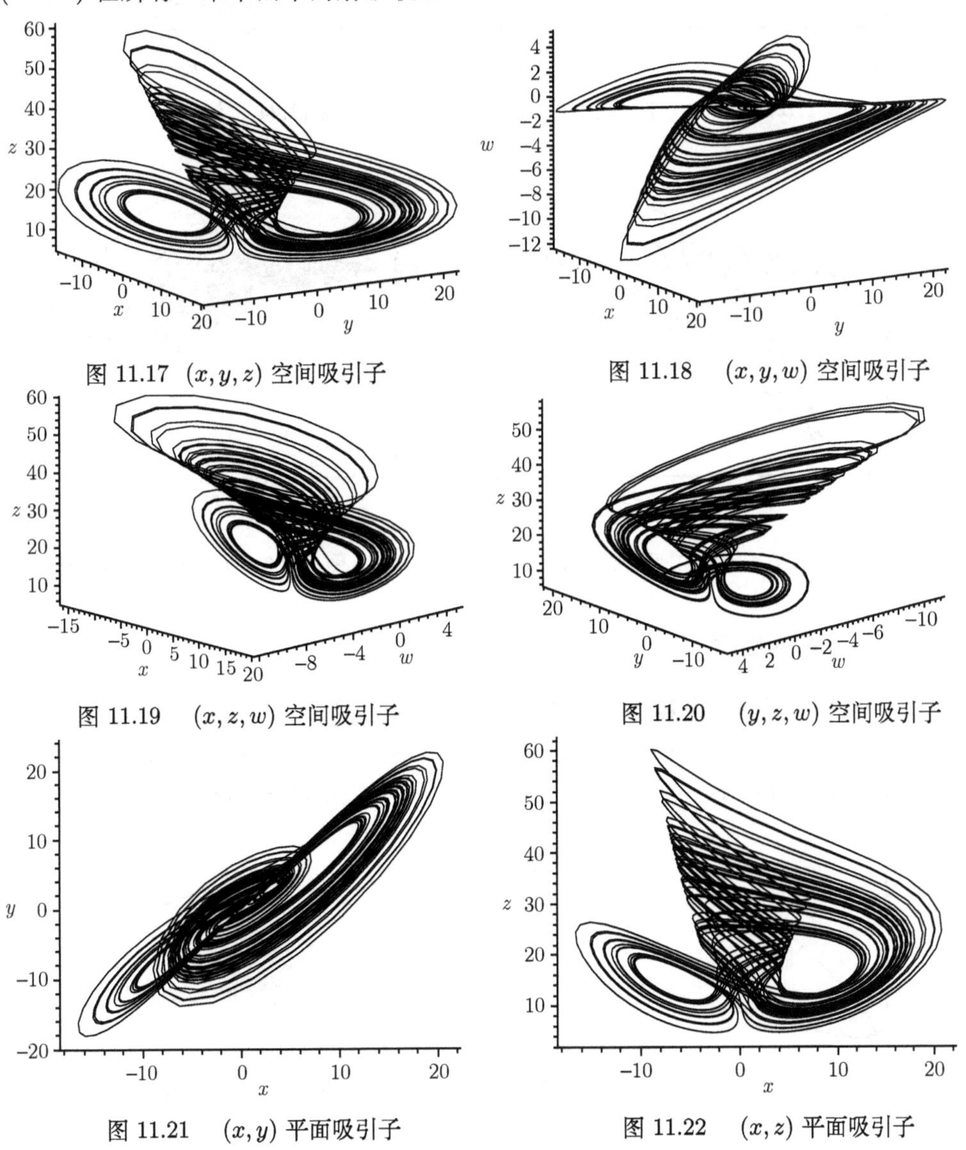

图 11.17 (x, y, z) 空间吸引子

图 11.18 (x, y, w) 空间吸引子

图 11.19 (x, z, w) 空间吸引子

图 11.20 (y, z, w) 空间吸引子

图 11.21 (x, y) 平面吸引子

图 11.22 (x, z) 平面吸引子

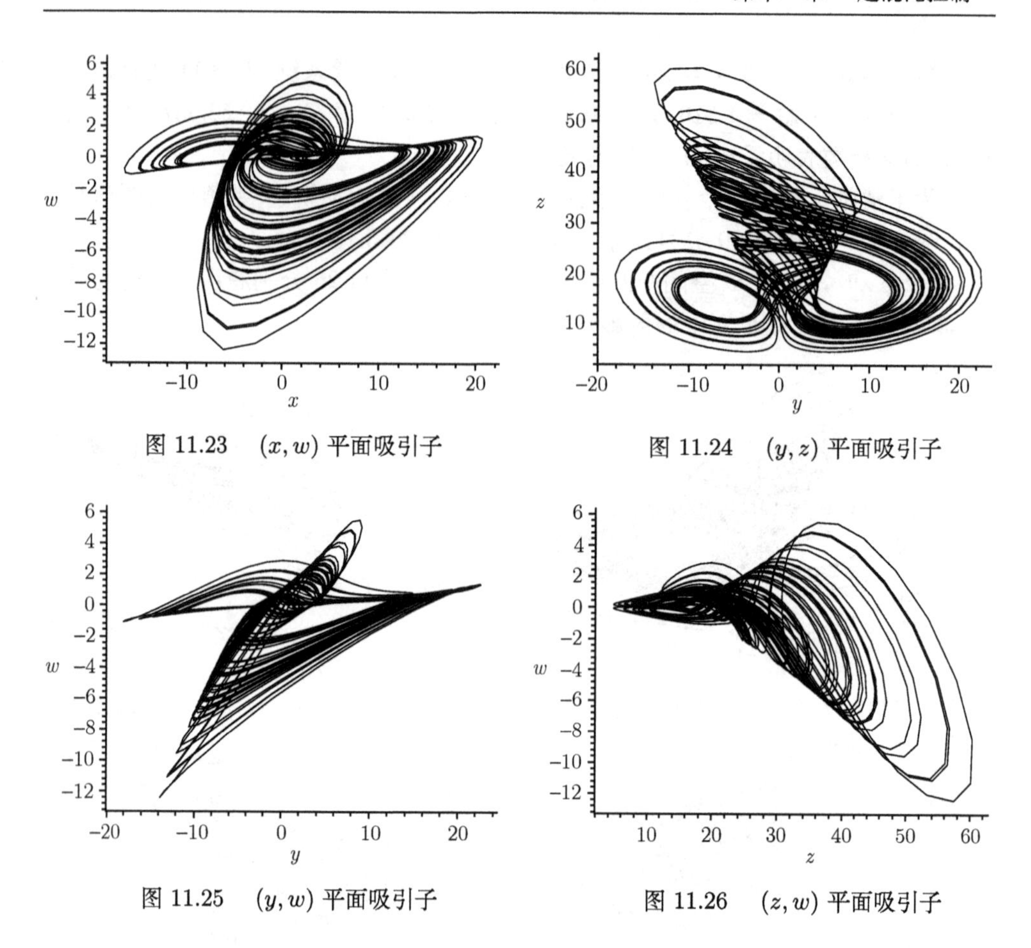

图 11.23　(x, w) 平面吸引子

图 11.24　(y, z) 平面吸引子

图 11.25　(y, w) 平面吸引子

图 11.26　(z, w) 平面吸引子

§11.3.2　基本性质

对于其他不同的参数, 超混沌系统 (11.3.1) 也能拥有极限环. 如 (i) 当 $a = 37$, $b = 3$, $d = 38$, $c = 33.6$, 图 11.27 和图 11.28 展示了单个的极限环情形; (ii) 当 $a = 37$, $b = 3$, $d = 38$, $c = 32.6$ 时, 图 11.29 和图 11.30 展示了双极限环的情形.

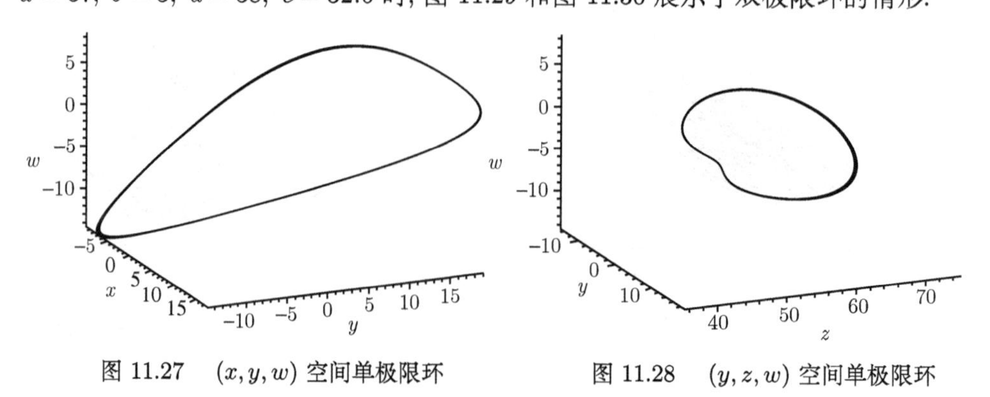

图 11.27　(x, y, w) 空间单极限环

图 11.28　(y, z, w) 空间单极限环

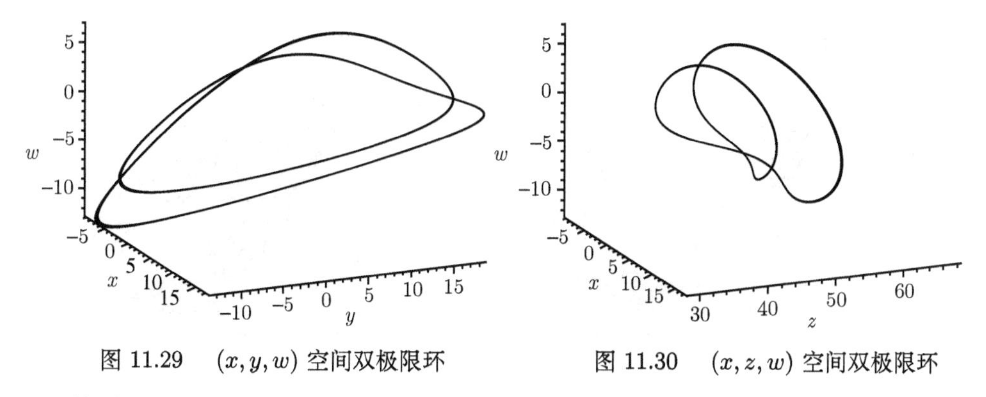

图 11.29 (x,y,w) 空间双极限环　　图 11.30 (x,z,w) 空间双极限环

特别地, 考虑超混沌系统 (11.3.1) 的三维子系统, 即 $w\equiv 0$ 情况. 因此获得在三维 (x,y,z) 空间中的子混沌系统

$$\begin{cases}\dot{x}=a(y-x),\\ \dot{y}=(c-a)x-xz+cy,\\ \dot{z}=-bz+xy-yz+xz.\end{cases}\tag{11.3.2}$$

与 Chen 系统 (11.2.1) 相比较, 混沌系统 (11.3.2) 拥有更有两个更多的非线性项 yz 和 xz. 当 $a=37,b=3,c=26$ 时, 图 11.31~图 11.34 展示了 (11.3.2) 的混沌吸引子.

另外, 当 $a=35,b=3,c=28$ 时, 图 11.35~ 图 11.38 展示了 (11.2.1) 在不同空间中的混沌吸引子. 从图 11.31~ 图 11.38 可以比较, 混沌系统 (11.3.2) 和 Chen 系统 (11.2.1) 是不同的.

从超混沌系统 (11.3.1) 的图像, 可知它并没有拥有简单的对称. 与超混沌系统 (11.3.1) 有关的相空间中的元素 $\delta X(t)=\delta x\delta y\delta z\delta w$ 的体积 $X(t)$ 的变化由如下的轨道流确定:

$$\nabla X=\frac{\partial\dot{x}}{\partial x}+\frac{\partial\dot{y}}{\partial y}+\frac{\partial\dot{z}}{\partial z}+\frac{\partial\dot{w}}{\partial w}=c-(a+b+d)+x-y,\tag{11.3.3}$$

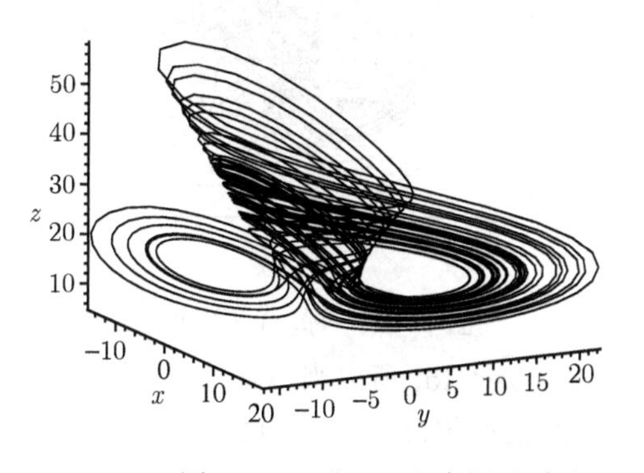

图 11.31 (x,y,z) 空间吸引子

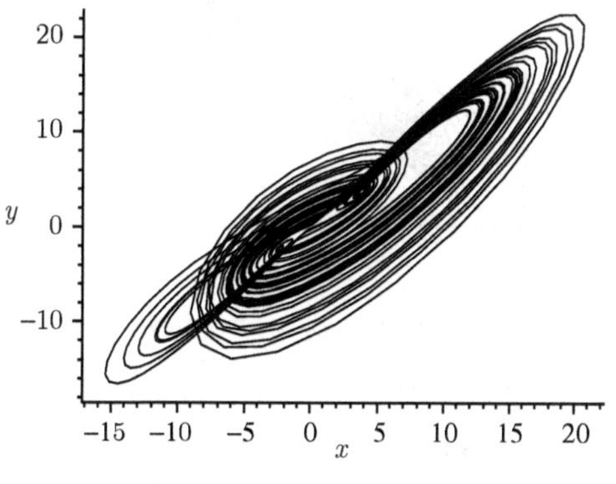

图 11.32 (x,y) 平面吸引子

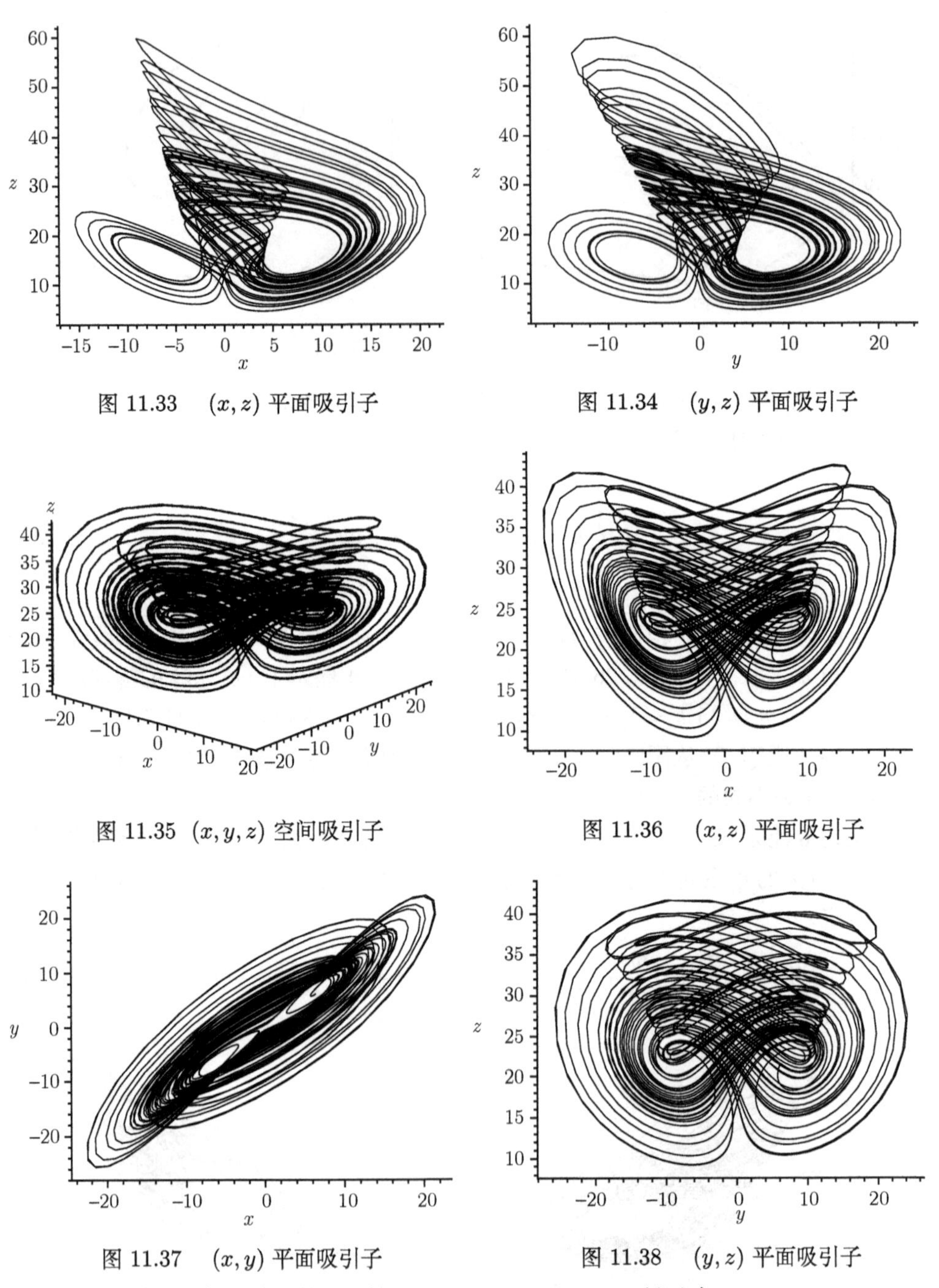

图 11.33　(x, z) 平面吸引子

图 11.34　(y, z) 平面吸引子

图 11.35 (x, y, z) 空间吸引子

图 11.36　(x, z) 平面吸引子

图 11.37　(x, y) 平面吸引子

图 11.38　(y, z) 平面吸引子

因为从超混沌吸引子的图可知 $-11 < x - y < 15$, 所以当 $a = 37, b = 3, c = 26, d = 38$ 时, 有 $c - (a + b + d) + x - y < 0$ 时, 因此超混沌系统 (11.3.1) 是耗散的, 且以指数率收敛, 即

$$\frac{dX(t)}{dt} < -(a+b+d-c-15)X(t), \tag{11.3.4}$$

换句话说, 体积元 X_0 在时间 t 时收缩为小于 $X_0e^{-(a+b+d-c-15)t}$ 的函数, 即当 $t \to +\infty$ 时, 含有系统轨线的体积元以小于 $-(a+b+d-c-15)$ 的指数率收敛为零.

计算可知, 超混沌系统 (11.3.1) 拥有三个平衡点:

$$E_0 = (0,0,0,0), \quad E_{\pm} = (\pm\sqrt{b(2c-a)},\ \pm\sqrt{b(2c-a)},\ 2c-a,\ 0), \tag{11.3.5}$$

其中当 $b(2c-a) > 0$ 时, $E_{\pm}$ 是存在的.

为了确定平衡点 E_0 的稳定性, 超混沌系统 (11.3.1) 在 E_0 点的 Jacobi 矩阵为

$$J\Big|_{E_0} = \begin{bmatrix} -a & a & 0 & 0 \\ c-a & c & 0 & 0 \\ 0 & 0 & -b & -1 \\ 0 & 0 & 0 & -d \end{bmatrix}. \tag{11.3.6}$$

其的特征多项式的特征根为

$$\lambda_{1,2} = \frac{1}{2}\left[c-a \pm \sqrt{(a-c)^2+4a(2c-a)}\right], \quad \lambda_3 = -b, \quad \lambda_4 = -d. \tag{11.3.7}$$

当 $a>0$, $b>0$, $d>0$ 和 $2c>a$ 时, 可知 $\lambda_1>0$, $\lambda_2<0$, $\lambda_3<0$, $\lambda_4<0$. 因此, 平衡点 E_0 为超混沌系统 (11.3.1) 的鞍点.

关于其他两个平衡点 $E_{\pm}$, 我们仅仅考虑 E_+, 其对应的 Jacobi 矩阵为

$$J\Big|_{E_+} = \begin{bmatrix} -a & a & 0 & 0 \\ -c & c & -\sqrt{b(2c-a)} & 0 \\ \sqrt{b(2c-a)}+2c-a & \sqrt{b(2c-a)}-2c+a & -b & -1 \\ a-2c & 2c-a & 0 & -d \end{bmatrix}, \tag{11.3.8}$$

其的特征多项式为

$$\lambda^4 + (a-c+b+d)\lambda^3 + \left[-cd+bd+ad+bc+(a-2c)\sqrt{b(2c-a)}\right]\lambda^2$$
$$+\left[(a-2c-2cd+d)\sqrt{b(2c-a)} - 2ba^2 + 4acb + cbd\right]\lambda - 2bda^2 + 4abcd = 0.$$

利用 Routh-Hurwitz 准则可知: 当 $a=37$, $b=3$, $c=26$, $d=38$ 时, Jacobi 矩阵 (11.3.8) 的特征多项式拥有正实部的特征值. 因此, 平衡点 $E_{\pm}$ 是不稳定的.

§11.3.3　平衡点与超混沌控制

考虑控制超混沌系统 (11.3.1) 的平衡点, 用 (x^*,y^*,z^*,w^*) 来表示超混沌系统 (11.3.1) 的任一平衡点. 令

$$x_c = x - x^*, \quad y_c = y - y^*, \quad z_c = z - z^*, \quad w_c = w - w^*. \tag{11.3.9}$$

为了控制超混沌系统 (11.3.1), 使得它的所有轨迹收敛于平衡点 (x^*,y^*,z^*,w^*), 考虑如下的被控的系统:

$$\begin{cases} \dot{x}_c = a(y_c - x_c) - u_1, \\ \dot{y}_c = (c-a)x_c + cy_c - xz + x^*z^* - u_2, \\ \dot{z}_c = -bz_c + xy - x^*y^* - z(y-x) + z^*(y^*-x^*) - w_c - u_3, \\ \dot{w}_c = -dw_c + z(y-x) - z^*(y^*-x^*) - u_4, \end{cases} \tag{11.3.10}$$

其中 u_i's 为待定的控制函数.

情况 1.　考虑平衡点 $E_0=(0,0,0,0)$. 被控系统 (11.3.10) 约化为

$$\begin{cases} \dot{x}_c = a(y_c - x_c) - u_1, \\ \dot{y}_c = (c-a)x_c + cy_c - xz - u_2, \\ \dot{z}_c = -bz_c + xy - z(y-x) - w_c - u_3, \\ \dot{w}_c = -dw_c + z(y-x) - u_4. \end{cases} \tag{11.3.11}$$

定理 11.3.1　当 $a>c,\ d>0$ 时, 若选择如下的任一控制器:

(1)　$u_1=0$,　$u_2=k_2y_c$,　$u_3=k_3z_c+(y_c-x_c-1)w_c$,　$u_4=0$;

(2)　$u_1=0$,　$u_2=k_2y_c$,　$u_3=k_3z_c+(y_c-x_c)w_c$,　$u_4=-z_c$;

(3)　$u_1=0$,　$u_2=k_2y_c+z_cw_c$,　$u_3=k_3z_c-(x_c+1)w_c$,　$u_4=0$;

(4)　$u_1=0$,　$u_2=k_2y_c+z_cw_c$,　$u_3=k_3z_c-x_cw_c$,　$u_4=-z_c$;

(5)　$u_1=\frac{c-a}{a}z_cw_c$,　$u_2=k_2y_c$,　$u_3=k_3z_c+y_cw_c$,　$u_4=-z_c$;

(6)　$u_1=\frac{c-a}{a}z_cw_c$,　$u_2=k_2y_c+z_cw_c$,　$u_3=k_3z_c$,　$u_4=-z_c$,

其中 $k_2>c,\ k_3>-b+M_y+M_x$, 则系统 (11.3.11) 的零解是全局渐近指数稳定的, 即平衡点 E_0 是全局渐近指数稳定的.

证明　对于情况 (1), 选择如下的正定的 Lyapuonv 函数:

$$V(t) = \frac{1}{2}\left[\frac{a-c}{a}x_c^2(t) + y_c^2(t) + z_c^2(t) + w_c^2(t)\right]. \tag{11.3.12}$$

则得

$$\begin{aligned}\left.\frac{dV(t)}{dt}\right|_{(11.3.11)} =&\frac{a-c}{a}x_c(t)\dot{x}_c(t)+y_c(t)\dot{y}_c(t)+z_c(t)\dot{z}_c(t)+w_c(t)\dot{w}_c(t)\\ =&(c-a)x_c^2+(a-c)x_cy_x+(c-a)x_cy_c+cy_c^2-k_2y_c^2\\ &-x_cy_cz_c-bz_c^2+x_cy_cz_c-y_cz_c^2+x_cz_c^2-w_cz_c\\ &-k_3z_c^2-(y_c-x_c-1)w_cz_c-dw_c^2+(y_c-x_c)z_cw_c\\ =&(c-a)x_c^2+(c-k_2)y_c^2+(-b-y+x-k_3)z_c^2-dw_c^2\\ \leqslant&(c-a)x_c^2+(c-k_2)y_c^2+(-b-k_3+M_y+M_x)z_c^2-dw_c^2\\ =&-\left[(a-c)x_c^2+(k_2-c)y_c^2+(k_3+b-M_y-M_x)z_c^2+dw_c^2\right]\\ \leqslant&0.\end{aligned} \tag{11.3.13}$$

这就完成了情况 (1) 的证明. 其他情况 (2)~(6) 可类似地得到验证.

情况 2. 考虑平衡点 $E_{\pm}=\left(\pm\sqrt{b(2c-a)},\ \pm\sqrt{b(2c-a)}],\ 2c-a,\ 0\right)$. 被控系统 (11.3.10) 约化为

$$\begin{cases}\dot{x}_c=a(y_c-x_c)-u_1,\\ \dot{y}_c=(c-a)x_c+cy_c-xz\pm(2c-a)\sqrt{b(2c-a)}-u_2,\\ \dot{z}_c=-bz_c+xy-b(2c-a)-z(y-x)-w_c-u_3,\\ \dot{w}_c=-dw_c+z(y-x)-u_4.\end{cases} \tag{11.3.14}$$

定理 11.3.2 当 $a>c$, $d>0$ 时, 若选择如下任一控制器:

$$\text{(A)}\quad\begin{cases}u_1=\dfrac{a}{a-c}[-zy_c+yz_c+(2c-a)(z_c-w_c)],\\ u_2=k_2y_c+(2c-a)(w_c-z_c),\\ u_3=k_3z_c+(y-x-1)w_c,\\ u_4=0;\end{cases}$$

$$\text{(B)}\quad\begin{cases}u_1=\dfrac{a(2c-a)}{c-a}w_c,\\ u_2=k_2y_c-zx_c+(2c-a)(w_c-z_c),\\ u_3=k_3z_c+[2c-a+y]x_c+(y-x-1)w_c,\\ u_4=0;\end{cases}$$

$$(\mathrm{C})\quad \begin{cases} u_1 = 0, \\ u_2 = k_2 y_c - z x_c + (2c-a)(w_c - z_c), \\ u_3 = k_3 z_c + [2c - a + y]x_c + (y - x)w_c, \\ u_4 = (a - 2c)x_c - z_c; \end{cases}$$

$$(\mathrm{D})\quad \begin{cases} u_1 = 0, \\ u_2 = k_2 y_c - z x_c + (2c-a)z_c, \\ u_3 = k_3 z_c + (2c - a + y)x_c + (y - x - 1)w_c, \\ u_4 = (2c - a)(y_c - x_c), \end{cases}$$

其中 $k_2 > c$, $k_3 > M_y + M_x - b$, 且 M_y 和 M_x 分别为 $|y(t)|$ 和 $|x(t)|$ 上确界, 则系统 (11.3.11) 的零解是全局渐近指数稳定的, 即平衡点 $E_\pm$ 是全局渐近指数稳定的.

证明 仅仅考虑情况 (A). 选择如下的正定的 Lyapuonv 函数:

$$V(t) = \frac{1}{2}\left[\frac{a-c}{a}x_c^2(t) + y_c^2(t) + z_c^2(t) + w_c^2(t)\right]. \tag{11.3.15}$$

因此, 根据 (11.3.14), 可得

$$\begin{aligned} \left.\frac{dV(t)}{dt}\right|_{(11.3.14)} =& \frac{a-c}{a}x_c(t)\dot{x}_c(t) + y_c(t)\dot{y}_c(t) + z_c(t)\dot{z}_c(t) + w_c(t)\dot{w}_c(t) \\ =& (c-a)x_c^2 + (a-c)x_c y_c + z x_c y_c - y x_c z_c - (2c-a)x_c(z_c - w_c) \\ & + (c-a)x_c y_c + c y_c^2 + x_c y_c z_c - x y_c z_c - z x_c y_c - k_2 y_c^2 \\ & + (2c-a)y_c(z_c - w_c) - b z_c^2 - x_c y_c z_c - x y_c z_c - y x_c z_c \\ & + (x-y)z_c^2 - (2c-a)(y_c - x_c)z_c - w_c z_c - k_3 z_c^2 - d w_c^2 \\ & - (y - x - 1)z_c w_c + (y-x)z_c w_c + (2c-a)(y_c - x_c)w_c \\ =& (c-a)x_c^2 + (c-k_2)y_c^2 + (-b - k_3 - y + x)z_c^2 - d w_c^2 \\ \leqslant& (c-a)x_c^2 + (c-k_2)y_c^2 + (-b - k_3 + M_y + M_x)z_c^2 - d w_c^2 \\ =& -\left(e_x(t)\ \ e_y(t)\ \ e_z(t)\ \ e_w(t)\right) Q \left(e_x(t)\ \ e_y(t)\ \ e_z(t)\ \ e_w(t)\right)^{\mathrm{T}}, \end{aligned} \tag{11.3.16}$$

其中

$$Q = \mathrm{diag}\Big(a - c,\ k_2 - c,\ k_3 + b - M_y - M_x,\ d\Big). \tag{11.3.17}$$

因为 $a > c$, $k_2 > c$, $k_3 > M_y + M_x - b$ 和 $d > 0$, 所以从 (11.3.16) 和 (11.3.17) 可知定理关于情况 (A) 是成立的, 其他情况类似可证得.

下面利用数值仿真来证明所得到的控制器的有效性. 考虑定理 11.3.2 中情况 (A), 选择被控系统 (11.3.11) 的初始值为 $(x_c, y_c, z_c, w_c) = (1, -1.8, -0.5, 0.3)$. 图 11.39～ 图 11.42 展示了在控制器 (A) ($k_2 = 28$ 和 $k_3 = 40$) 作用下被控变量 x_c, y_c, z_c 和 w_c 变化轨迹.

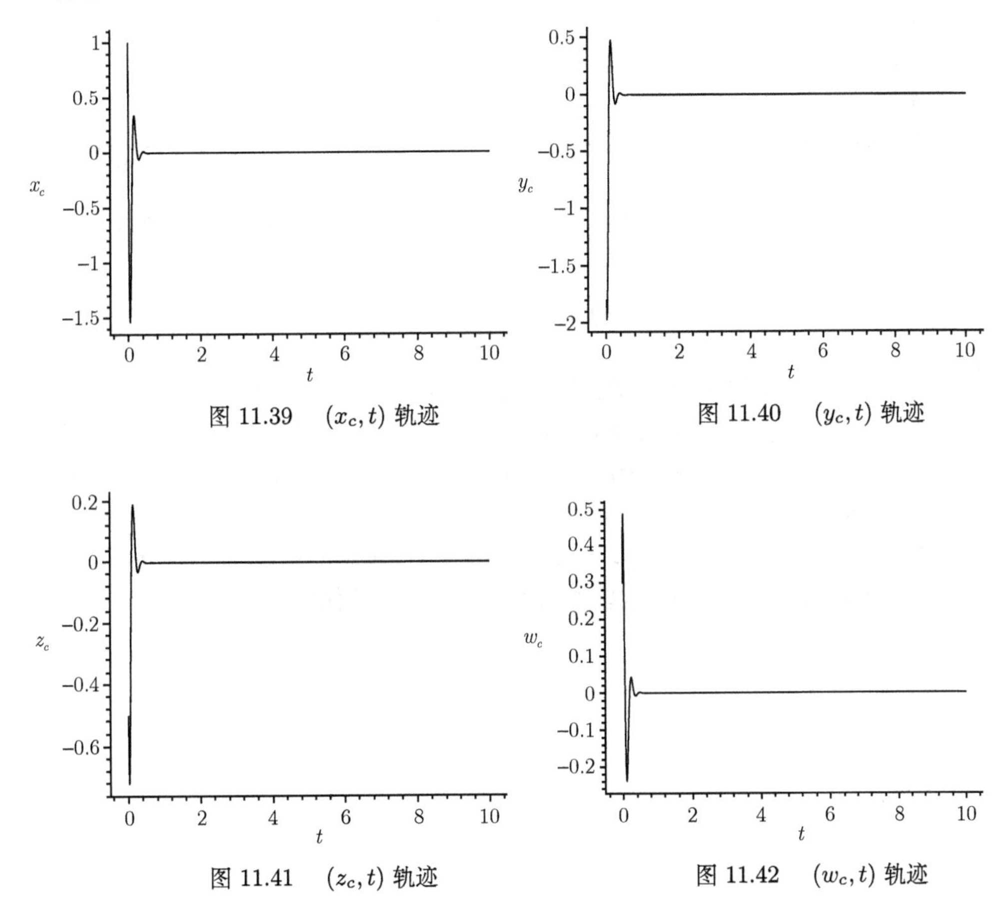

图 11.39 (x_c, t) 轨迹

图 11.40 (y_c, t) 轨迹

图 11.41 (z_c, t) 轨迹

图 11.42 (w_c, t) 轨迹

注 11.3.3 因为所得到的控制器是充分的, 或许可以选择更小的参数 k_2 和 k_3. 例如, 图 11.43 表示了在控制器(A) ($k_2 = 10, k_3 = 18$) 作用下的 x_c 的变化轨迹. 图 11.44 表示了在控制器(A) ($k_2 = 8, k_3 = 20$) 作用下的 x_c 的变化轨迹. 图 11.39～ 图 11.44 表明被控系统 (11.3.11) 是全局指数收敛到平衡点 $E_0 = (0, 0, 0, 0)$ 的.

注 11.3.4 还存在很多控制器, 使得被控系统 (11.3.10) 收敛到平衡点. 这里不再详细列举.

注 11.3.5 另外, 关于超混沌系统 (11.3.1) 的全局（滞后）同步问题, 我们也已经作了一些研究 [506].

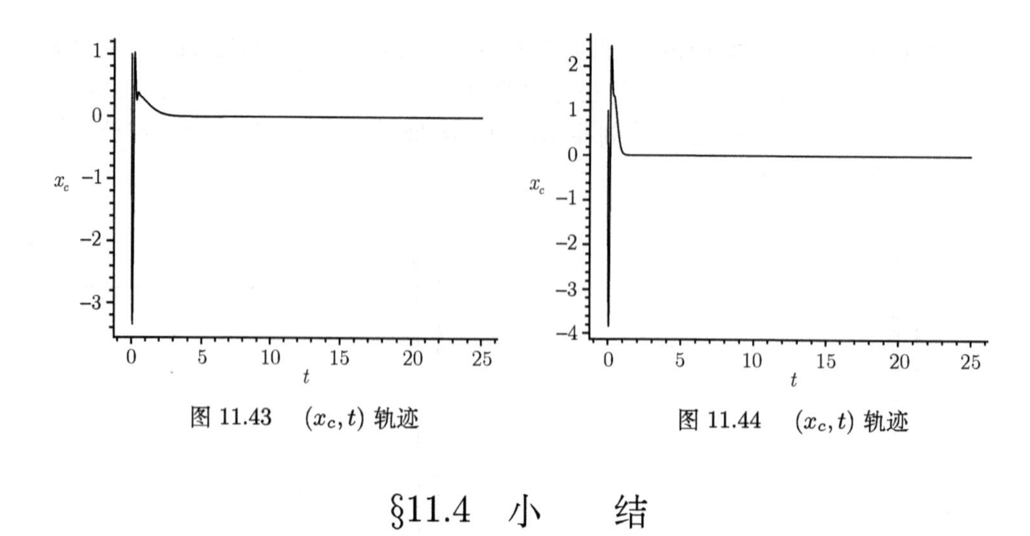

图 11.43　(x_c, t) 轨迹　　图 11.44　(x_c, t) 轨迹

§11.4　小　　结

本章主要研究超混沌系统的控制问题. 超混沌系统或许有更好潜在的应用价值. 第一, 利用几种不同的反馈方法, 研究了超混沌 Chen 系统的控制问题, 并且数值仿真证明了所得到的控制器的有效性. 第二, 首先, 基于已知的三维 Chen 混沌系统, 通过引入第四个状态 w 且将多项式 $-yz+xz-w$ 加于 Chen 系统 (11.2.1) 的第三个方程, 并且引入一个新的非线性方程, 获得了一个新的超混沌系统. 然后, 研究了它的基本性质与控制问题. 这些方法也可以推广到其他的超混沌系统中.

参 考 文 献

[1] Russell J S. Report on waves. Fourteen meeting of the British association for the advancement of science. London: John Murray, 1844, 311.

[2] Airy G B. Tides and waves. Encyclopedia Metropolotana, 1845, 5: 241.

[3] Stokes G. On the theory of oscillatory waves. Trans. Camb. Phil. Soc., 1847, 8: 441.

[4] Boussinesq M J. Théorie de l'intumescence appelee onde solitaire ou de translationse propageant dans un canal rectangulaire. C. R. Acad. Sc. Paries, 1871, 72: 755.

[5] Boussinesq M J. Théorie des ondes et des remous qui se propagent le long d'un canal rectangulaire horizontal. J. Math. Pure Appl., 1872, 17: 55.

[6] Rayleigh L. On waves. Philos. Mag., 1976, 1: 257.

[7] Korteweg D J, de Vries G. On the change of form of long waves advancing in a rectangular canal, and on a new type of long stationry waves. Philos. Mag., 1895, 39: 422.

[8] Fermi A, Pasta J, Ulam S. Studies of nonlinear problems. Los Alamos Report., 1955, LA1940.

[9] Perring J K, Skyrme T H R. A model unified field equation. Nucl. Phys., 1962, 31: 550.

[10] Seeger A, Donth H, Kochendörfer A. Theorie der versetzungen in eindimensionalen. atomreihen: III. versetzungen, eigenbewegungen und ihre wechselwirkung. Z. Phys., 1953, 134: 173.

[11] Zabusky N J, Kruskal M D. Interaction of solitons in a collisionless plasma and the recurrence of initial states. Phys. Rev. Lett., 1965, 15: 240.

[12] Whithamn M A. Linear and Nolinear Waves. New York: J. Wiley, 1974.

[13] Ablowitz M J, Segur H. Solitons and the Inverse Scattering Transformations. SIAM: Philadelphia, 1981.

[14] Ablowitz M J, Clarkson P A. Solitons, Nonlinear Evolution equations and Inverse Scattering. Cambridge: Cambridge University Press, 1991.

[15] Kosmann-Schwarzbach Y, Tamizhmani K M, Grammaticos B. Integrability of Nonlinear Systems. Berlin: Springer, 2004.

[16] Scott A C et al. The Solitons: a new concept in applied science. Prog. IEEE, 1973, 61: 1443.

[17] Miura R M. The Korteweg-de Vries equation: a survey of results. SIAM Review, 1976, 18: 412.

[18] Lamb G L. Elements of Soliton Theory. New York: Wiley, 1980.

[19] Bullough R K, Caudrey P J. Solitons. Berlin: Springer-Verlag, 1980.

[20] Eilenberger G. Solitons: Mathematical methods for physicists. Berlin: Springer-Verlag, 1981.

[21] Dodd R K et al. Solitons and Nonlinear Wave Equations. New York: Academic Press, 1982.

[22] Newell A C. Soliton in Mathematics and Physics. SIAM: Philadelphia, 1985.

[23] Drazin P G, Johnson R S. Solitons: an introduction. Cambridge: Cambridge University Press, 1989.

[24] Toda M. Nonlinear waves and solitons. Boston: Kluwer Academic Publishers, 1989.

[25] Fordy AP. Soliton theory: a survey of results. New York: Manchester University Press, 1990.

[26] Chen S S. A course on nonlinear waves. London: Kluwer Academic Publishers, 1993.

[27] Korsunsky S. Nonlinear Waves in Disperesive and Dissipative Systems with Coupled Fields. Essex: Addison Wesley Longman Limited, 1997.

[28] Blaszak M. Multi-Hamiltonian theory of dynamical systems. Berlin: Springer, 1998.

[29] Remoissenet M. Waves called solitons: concepts and experiments. Berlin: Springer, 1999.

[30] Clarkson P A, Nijhoff F W. Symmetries and integrability of difference equations. Cambridge: Cambridge University Press, 1999.
[31] Remoissenet M. Waves Called Solitons: concepts and experiments. Berlin: Spinger, 1999.
[32] Chowdhury A R. Painlevé Analysis and its Applications. Boca Raton: Chapman and Hall/CRC, 2000.
[33] Lakshmanan M, Rajasekar S. Nonlinear Dynamics: Integrability, Chaos, and Patterns. Berlin: Springer, 2003.
[34] Hasegawa A. Optical Solitons in Fibers. Berlin: Springer, 2003.
[35] Greco A M. Direct and inverse methods in nonlinear evolution equations. Berlin: Springer, 2003.
[36] Grammaticos B et al. Discrete integrable system. Berlin: Springer, 2004.
[37] Kosmann-Schwarzbach Y et al. Integrability of nonlinear system. Berlin: Springer, 2004.
[38] Infeld E, Rowlands G. Nonlinear waves, Solitons and Chaos. Cambridge: Cambridge University Press, 2000.
[39] Akhmediev N, Ankiewicz A. Dissipative solitons. Berlin: Springer, 2005.
[40] Faddeev L D, Takhtajan L A. Hamiltonian Method in the Theory of Solitons. Berlin: Springer-Verlag, 1987.
[41] Konopelchenko B G. Nonlinear integrable equations: recursion operators, group theoretical and Hamiltonian structures of soliton equations. Berlin: Springer-Verlag, 1987.
[42] Miwa T, Jimbo M, Date E. Solitons: differential equations, symmetries and infinite dimensional algebras. Cambridge: Cambridge University Press, 2000.
[43] Matveev V B, Salle M A. Darboux Transformation and Solitons. Berlin: Springer, 1991.
[44] Rogers C, Schief W K. Bäcklund and Darboux transformations: geometry and modern applications in soliton theory. Cambridge: Cambridge University Press, 2002.
[45] 郭柏灵, 庞小峰. 孤立子. 北京: 科学出版社, 1987.
[46] 谷超豪等. 孤立子理论与应用. 杭州: 浙江科技出版社, 1990.
[47] 谷超豪等. 孤立子理论中的 Darboux 变换及其几何应用. 上海: 上海科技出版社, 1999.
[48] 李翊神. 孤子与可积系统. 上海: 上海科技出版社, 1999.
[49] 陈陆君, 梁昌洪. 孤立子理论及其应用 —— 光孤子理论与光孤子通信. 西安: 西安电子科技大学出版社, 1997.
[50] 庞小峰. 孤子物理学. 重庆: 重庆科技出版社, 2000.
[51] 潘祖梁. 非线性问题的数学方法及其应用. 杭州: 浙江大学出版社, 1998.
[52] 刘式适, 刘式达. 物理学中的非线性方程. 北京: 北京大学出版社, 2000.
[53] A. V. Bäcklund. Über flächentransformationen. Math. Ann., 1876, 9 :207.
[54] Wahlquist H D, Estabrook F B. Bäcklund transformation for soliton of the KdV equation. Phys. Rev. Lett., 1973, 31: 1386.
[55] Weiss J, Tabor M, Carnevale G. The Painlevé property for partial differential equations. J. Math. Phys., 1983, 24: 522.
[56] Weiss J. On classes of integrable systems and the Painlevé property. J. Math. Phys., 1984, 25: 13.
[57] Yan Z Y. New families of nontravelling wave solutions to a new (3+1)-dimensional potential-YTSF equation. Phys. Lett. A, 2003, 318: 78.
[58] Gao Y T, Tian B. New families of exact solutions to the integrable dispersive long wave equations in (2+1)-dimensional spaces. J. Phys. A, 1996, 29: 2895.

[59] Gao Y T, Tian B. New family of overturning soliton solutions for a typical breaking soliton equation. Comput. Math. Appl., 1995, 30: 97.

[60] 范恩贵. 可积系统与计算机代数. 北京: 科学出版社, 2004.

[61] 范恩贵. 孤立子与可积系统. 大连理工大学博士论文, 1998.

[62] Fan E G. Extended tanh-function method and its applications to nonlinear equations. Phys. Lett. A, 2000, 277: 212.

[63] Darboux G. Sur une proposition relative auxéquations linéaires. C. R. Acad. Sci. Paris, 1882, 94: 1456.

[64] Wadati M, Sanuki H, Konno K. Relationships among inverse method, Bäcklund transformation and infinite number of conservation laws. Prog. Theor. Phys., 1975, 53: 419.

[65] Gu C H. On the interaction of solitons for a class of Bäcklund transformations for generalized hierarchies of KdV equations. Lett. Math. Phys., 1986, 11: 325.

[66] Gu C H, Zhou Z X. On the Darboux matrix of Bäcklund transformations of the AKNS system. Lett. Math. Phys., 1987, 13: 179.

[67] Zeng Y B et al. Canonical explicit Bäcklund transformation with spectrality for constrained flows of the soliton hierarchies. Physica A, 2002, 303: 321

[68] Matveev V B, Sklyanin E K. On Bäcklund transformations for many-body systems. J. Phys. A, 1998, 31: 2241.

[69] Hone A N W et al. Bäcklund transformations for many-body systems related to KdV. J. Phys. A, 1999, 32: L299.

[70] Choudhury A G, Chowhury A R. Canonical and Baklund transformations for discrete integrable systems and classical r-matrix. Phys. Lett. A, 2001, 280: 37.

[71] Lie S. Üeber die integration durch bestimmte integration von einer classe linearer partieller differentialgleichungen. Arch. Math., 1881, 6: 328.

[72] Bateman H. The transformations of the electrodynamical equations. Proc. London Math. Soc., 1909, 8: 223.

[73] Cunningham E. The principle of relativity in electrodynamics and an extension thereof. Proc. London Math. Soc., 1909, 8: 77.

[74] Noether E. Invariante variationsprobleme. Nachr. Konig. Gesell Wissen. Gottinggen, Math. Phys. KL., 1918, 235.

[75] Ovsiannikov L V. Groups and group-invariant solutions of differential equations. Dokl. Akad. Nauk. USSR, 1958, 118: 439.

[76] Ovsiannikov L V. Group Analysis of Differential Equations. New york: Academic Press, 1982.

[77] Venikov V A. Theory of Similarity and Simulation. London: Mac Donald Technical and Scientific, 1969.

[78] Bluman G W, Cole J D. The general similarity solution of the heat equation. J. Math. Mech., 1969, 18: 1025.

[79] Bluman G et al., New classes of symmetries for partial differential equations. J. Math. Phys., 1988, 29: 806.

[80] Bluman G, Reid G. New symmetries for ordinary differential equations. IMA J. Appl. Math., 1988, 40: 87.

[81] Clarkson P A, Kruskal M D. New similarity solutions of the Boussinesq equation. J. Math. Phys., 1989, 30: 2201.

[82] Olver P J. Evolution equations possessing infinitely many symmetries. J. Math. Phys., 1977, 18: 1212.

[83] Bluman G W, Cole J D. Similarity Method for Differential Equation. New York: Springer-Verlag, 1974.

[84] Bluman G W, Kumei S. Symmetries and Differential Equations. Berlin: Springer-Verlag, 1989.

[85] Olver P J. Applications of Lie Group to Differential Equations. New York: Springer-Verlag, 1986.

[86] Olver P J. On the Hamiltonian Structure of Evolution Equations. Math. Proc. Camb. Phill Soc., 1980, 88: 71.

[87] Fuchsseiner B, Fokas A S. Symplectic structures, their Bäcklund transformations and hereditary symmetries. Physica D, 1981,4: 47.

[88] Chen H H, Lee Y C. A new hierarchy of symmetries for the integrable nonlinear evolution equations. in Advances in Nonlinear Waves, Vol. II. Editor L. Debnath, Research Notes in Mathematics, Vol 111, Boston: Pitman, 1985, 233.

[89] 李翊神, 朱国诚. 一个谱可变演化方程的对称. 科学通报, 1986, 16: 1449.

[90] 田畴. 方程的变换与对称的变换. 应用数学学报, 1989, 12: 238.

[91] Lou S Y. A note on the new similarity reductions of the Boussinesq equation. Phys. Lett. A, 1990, 151: 133.

[92] Clarkson P A. New similarity solutions for the modified Boussinesq equation. J. Phys. A, 1989, 22: 2355.

[93] Clarkson P A. Nonclassical symmetry reductions of the Boussinesq equation. Chaos, Solitons and Fractal, 1995, 5: 2261.

[94] Clarkson P A, Hood S. Nonclassical symmetry reduction and exact solutions of the Zabolotskaya-Khokhlov equations. Euro. J. Appl. Math., 1992, 3: 381

[95] Lou S Y. Nonclassical symmetry reductions for the dispersive wave equations in shallow water. J. Math. Phys., 1992, 33: 4300.

[96] Lou S Y, Ruan H Y. Nonclassical analysis and Painlevé property for the Kupershmidt equations. J. Phys. A, 1993, 26: 4679.

[97] Qu C Z. Nonclassical symmetry reductions for the integrable super KdV equations. Commun. Theor. Phys., 1995, 24: 177.

[98] Lou S Y. Symmetries of the Kadomtsev-Petviashvili equation. J. Phys. A, 1993, 26: 4387.

[99] 闫振亚, 张鸿庆. 非线性 MDWW 方程的对称约化和显式精确解. 力学与实践, 1999, 21: 48.

[100] 闫振亚, 张鸿庆. 具有阻尼项的非线性波动方程的相似约化. 物理学报, 2000, 49: 2113.

[101] Yan Z Y. Symmetry reductions and soliton-like solutions for the variable coefficient MKdV equations. Commun. Nonlinear Sci. Numer. Simul., 1999, 4: 284.

[102] 王烈衎. K(m,n) 方程的对称性约化物理学报. 2000, 49: 181.

[103] Nucci M C, Clarkson P A. The nonclassical method is more general than the direct method for symmetry reductions: an example of the Fitzhugh-Nagumo equation. Phys. Lett. A, 1992, 164: 49.

[104] Olver P J. Direct reduction and differential constraintsProc. R. Soc. Lond. A, 1994, 444: 509.

[105] Pucci E. Similarity reductions of partial differential equations. J. Phys. A, 1992, 25: 2631.

[106] Arrigo P J et al. Nonclassical Symmetry Solutions and the Methods of Bluman-Cole and Clarkson-Kruskal. J. Math. Phys., 1993, 34: 4692.

[107] Lou S Y. Symmetries of the Kadomtsev-Petviashvili equation. J. Phys. A, 1993, 26: 4387.

[108] 范恩贵. 齐次平衡法、Weiss-Tabor-Carnevale 法及 Clarkson-kruskal 约化法之间的联系. 物理学报, 2000, 49: 1409.

[109] Lou S Y et al. Similarity and conditional similarity reductions of a (2+1)-dimensional KdV equation via a direct method. J. Math. Phys., 2000, 41: 8286.

[110] Bluman G, Yan Z Y. Nonlinear potential solutions of partial differential equations. Euro. J. Appl. Math., 2005, 16: 239.

[111] 梅凤翔. 李群和李代数在约束系统中的应用. 北京: 科学出版社, 1999.

[112] Hopf E. The partial differential equation $u_t + uu_x = u_{xx}$. Commun. Pure Appl. Math., 1950, 3: 201.

[113] Cole J D. On a quasi-linear parabolic equations occurring in acrodynamics. Quart. J. Appl. Math., 1951, 9: 225.

[114] Yan Z Y. Abundant new explicit exact soliton-like solutions and Painlevé test for the generalized Burger equation in (2+1)-dimensional space. Commun. Theor. Phys., 2001, 36: 135.

[115] Yan Z Y. Study of the Thomas equation: a more general transformation (auto-Bäcklund transformation) and exact solutions. Czech. J. Phys., 2003, 53: 297.

[116] Wei G M et al. On the Thomas equation for the ion-exchange operations. Czech. J. Phys., 2002, 52: 749.

[117] Chen Y, Yan Z Y, Zhang H Q. Obtaining exact solutions for a family of reaction-Duffing equations with variable coefficients using a Bäcklund transformation. Theor. Math. Phys., 2002, 132: 970.

[118] Yan Z Y. The investigation for (2+1)-dimensional Eckhaus-type extension of the dispersive long wave equation. J. Phys. A, 2004, 37: 841.

[119] Gardner C S et al. Method for solving the Korteweg-de Vries equation. Phys. Rev. Lett., 1967, 19: 1095.

[120] Lax P D. Integrals of nonlinear equations of evolution and solitary waves. Commun. Pure Appl. Math., 1968, 21: 467.

[121] Wadati M. The exact solution of the modified Korteweg-de Vries equation. J. Phys. Soc. Jpn., 1972, 32: 1681.

[122] Ablowitz M J et al. Method for solving the sine-Gordon equation. Phys. Rev. Lett., 1973, 30: 1262.

[123] Wahlquist H D, Estabrook F B. Prolongation structures of nonlinear evolution equations. J. Math. Phys., 1975, 16: 1.

[124] Wu K, Guo H Y, Wang S K. Prolongation structures of nonlinear systems in higher dimensions. Commun. Theor. Phys., 1983, 2: 1425.

[125] Wang S K, Guo H Y, Wu K. Inverse scattering transform and regular Riemann-Hilbert problem. Commun. Theor. Phys., 1983, 2: 1169.

[126] Case K M, Kac M. A discrete version of the inverse scattering problem. J. Math. Phys., 1973, 14: 594.

[127] Flaschka H. The Toda lattice II: inverse scattering solution. Prog. Theor. Phys., 1974, 51: 703.

[128] Ablowitz M J, Ladik J F. Nonlinear differential-difference equations. J. Math. Phys., 1975, 16: 598.

[129] Miura R M. Korteweg-de Vries equation and generalizations I: A remarkable explicit nonlinear transformation. J. Math. Phys., 1968, 9: 1202.

[130] Ablowitz M J et al. A note on Miura's transformation. J. Math. Phys., 1979, 20: 999.

[131] Hirota R. Exact solution of the Korteweg-de Vries equation for multiple collisions of solitons. Phys. Rev. Lett., 1971, 27: 1192.
[132] Hirota R. The Direct Method in Soliton Theory. Cambridge: Cambridge University Press, 2004.
[133] Satsuma J. A Wronskian representation of N-solitons of non-linear evolution equations. J. Phys. Soc. Jpn., 1979, 46: 359.
[134] Freeman N C, Nimmo J J C. Soliton solutions of the Korteweg-de Vries and the Kadomtsev-Petviashvili equations: The Wronskian technique. Proc. R. Soc. Lond. A, 1983, 389: 319.
[135] Freeman N C, Nimmo J J C. Soliton solutions of the Korteweg-de Vries and Kadomtsev-Petviashvili equations: The wronskian technique Phys. Lett. A, 1983, 95: 1.
[136] Nimmo J J C, Freeman N C. A method of obtaining the N-soliton solution of the Boussinesq equation in terms of a wronskian. Phys. Lett. A, 1983, 95: 4.
[137] Matsukidaira J, Satsuma J. Integrable Four-Dimensional Nonlinear Lattice Expressed by Trilinear Form. J. Phys. Soc. Jpn., 1990, 59: 3413.
[138] Takahashi D, Satsuma J. A Soliton Cellular Automaton. J. Phys. Soc. Jpn., 1990, 59: 3514.
[139] Hu X B. Rational solutions of integrable equations via nonlinear superposition formulae J. Phys. A, 1997, 30: 8225.
[140] Boiti M et al. On the spectral transform of a Korteweg-de Vries equation in two spatial dimensions. Inv. Probl., 1986, 2: 271.
[141] Boiti M et al. On a spectral transform of a KDV-like equation related to the Schrödinger operator in the plane. Inv. Probl., 1987, 3: 25.
[142] Boiti M et al. Integrable two-dimensional generalisation of the sine and sinh-Gordon equations. Inv. Probl., 1987, 3: 37.
[143] Boiti M et al. Spectral transform for a two spatial dimension extension of the dispersive long wave equation. Inv. Probl., 1987, 3: 371.
[144] Radha R, Lakshmanan M. Singularity analysis and localized coherent structures in (2+1)-dimensional generalized Korteweg-de Vries equations. J. Math. Phys., 1994, 35: 4746.
[145] Lou S Y. Generalized dromion solutions of the (2+1) -dimensional KdV equation. J. Phys. A, 1995, 28: 7227.
[146] Zhang J F. Abundant dromionlike structures to the (2+1)-dimensional KdV equation. Chin. Phys., 2000, 9: 1.
[147] Lou S Y, Ruan H Y. Revisitation of the localized excitations of the (2+1)-dimensional KdV equarion. J. Phys. A, 2001, 34: 305.
[148] Rosenau P, Hyman M. Compactons: Solitons with finite wavelength. Phys. Rev. Lett., 1993, 70: 564.
[149] Rosenau P. Nonlinear dispersion and compact structures. Phys. Rev. Lett., 1994, 73: 1737.
[150] Olver P J, Rosenau P. Tri-Hamiltonian duality between solitons and solitary-wave solutions having compact support. Phys. Rev. E, 1996, 53: 1900.
[151] Dusuel S et al. From kinks to compactonlike kinks. Phys. Rev. E, 1998, 57: 2320.
[152] Wazwaz A M. Compactons dispersive structures for variants of the K(n,n) and the KP equations. Chaos, Solitons and Fractal, 2002, 13: 1053.
[153] Yan Z Y. New similarity reductions and compacton solutions for Boussinesq-like equations with fully nonlinear dispersion. Commun. Theor. Phys., 2001, 36: 385.
[154] Yan Z Y. New symmetry reductions, dromions-like and compacton solutions for a 2D BS(m,n) equations hierarchy with fully nonlinear dispersion. Commun. Theor. Phys.,2002, 37: 269.

[155] Yan Z Y. Abundant symmetries and exact compacton-like structures in the two-parameter family of the Estevez-Mansfield-Clarkson equations. Commun. Theor. Phys., 2002, 37: 27.

[156] Yan Z Y. New soliton solutions with compact support for a family of two-parameter regularized long-wave Boussinesq equations. Commun. Theor. Phys., 2002, 37: 641.

[157] Yan Z Y. New families of solitons with compact support for Boussinesq-like B(m,n) equations with fully nonlinear dispersion. Chaos Solitons Fractal, 2002, 14: 1151.

[158] Yan Z Y. New compacton soliton solutions and solitary patterns solutions of nonlinearly dispersive Boussinesq equations. Comput. Phys. Comm., 2002, 149: 11.

[159] Yan Z Y. Modified nonlinearly dispersive mK(m, n, k) equations: II. Jacobi elliptic function solutions. Comput. Phys. Comm., 2003, 153: 1.

[160] Yan Z Y. Modified nonlinearly dispersive mK(m, n, k) equations: I. New compacton solutions and solitary pattern solutions. Comput. Phys. Comm., 2003, 152: 25.

[161] Kevrekidis P G et al. Discrete compactons: some exact results. J. Phys. A, 2002, 35: L641.

[162] Yan Z Y. Envelope compactons and solitary patterns. Phys. Lett. A, 2006, 355: 212.

[163] Wang M L. Solitary wave solutions for variant Boussinesq equations. Phys. Lett. A, 1995, 199: 169.

[164] Wang M L et al. Applications of a homogeneous balance method to exact solutions of nonlinear equations in mathematical physics. Phys. Lett. A, 1996, 216: 67.

[165] Li Z B, Wang M L. Exact solutions for two nonlinear wave equations. Adv. in Math., 1997, 26: 129.

[166] Fan E G, Zhang H Q. New exact solutions to a system of coupled KdV equations. Phys. Lett. A, 1998, 246: 403.

[167] 张解放. 长水波近似方程的多孤子解. 物理学报, 1998, 47: 1416.

[168] 闫振亚, 张鸿庆. 非线性浅水长波近似方程组的显式精确解物理学报, 1999, 48: 1962.

[169] Lou S Y. On the coherent structures of Nizhnik-Novikov- Veselov equation. Phys. Lett. A, 2000, 277: 94.

[170] Novikov S P. Periodic problem for the Korteweg de Vries equation. Funkt. Anal. Pril., 1974, 8: 54.

[171] Dubrovin B A. Inverse scattering problem for periodic finite-gap potetials. Funct. Anal. Appl., 1975, 9: 65.

[172] Lax P D. Periodic solutions of the KdV equation. Commun. Pure Appl. Math., 1975, 28: 141.

[173] Marchenko V A. The periodic Korteveg-de-Vries problem. Dokl. Akad. Nauk, SSSR, 1974, 217: 276.

[174] Its A R, Matveev V B. The periodic Korteveg-de-Vries equation. Fun. Anal. Appl., 1975, 9: 65.

[175] Kac M, van Moerbeke P. On some periodic Toda lattices. Proc. Natl. Acad. Sci. USA, 1975, 72: 1627.

[176] Belokolos E D et al. Algebro-geometric approach to nonlinear integrable equations. Berlin: Springer-Verlag, 1994.

[177] Gesztesy F, Ratnaseelan R. An alternative approach to algebro-geometric solutions of the AKNS hierarchy. Rev. Math. Phys., 1998, 10: 345.

[178] Cao C W. Nonlinearization of the Lax system for AKNS hierarchy. Sci. China, A, 1990, 33: 528.

[179] Miller P D et al. Finite genus solutions to the Ablowitz-Ladik equations. Commun. Pure Appl. Math., 1996, 48: 1369.

[180] Date E. On quasi-periodic solutions of the field equation of the classical massive thirring model. Prog. Theor. Phys., 1978, 59: 265.

[181] Zhou R G. The finite-band solution of Jaulent - Miodek equation. J. Math. Phys., 1997, 38: 2335.

[182] Gesztesy F, Weikand R. A characterization of all elliptic algebro-geometric solutions of the AKNS hierarchy. Acta Math., 1998, 181: 63.

[183] Geng X G, Wu Y T. Finite-band solutions of the classical Boussinesq–Burger equations. J. Math. Phys., 1999, 40: 2971.

[184] Cao C W et al. Relation between the Kadometsev-Petviashvili equation and the confocal involutiv system. J. Math. Phys., 1999, 40: 3948.

[185] Geng X G, Dai H H. Algebro-geometric solutions of (2+1)-dimensional coupled modified Kadomtsev-Petviashvili equations. J. Math. Phys., 2000, 21: 337.

[186] Korpel A. Solitary wave formation through nonlinear coupling of finite exponential waves. Phys. Lett. A, 1978, 68: 179.

[187] Hereman W et al. Exact solitary wave solutions of nonlinear evolution and wave equations using a direct algebraic method. J. Phys. A, 1986, 19: 607.

[188] Ma W X. Travelling wave solutions to a seventh order generalized KdV equation. Phys. Lett. A, 1993, 180: 221.

[189] Yang Z J. Travelling wave solutions to nonlinear evolution and wave equations. J. Phys. A, 1994, 27: 2837.

[190] Lou S Y et al. Exact solitary waves in a convecting fluid. J. Phys. A, 1991, 24: L584.

[191] Malfliet W. Solitary wave solutions of nonlinear wave equations. Amer. J. phys., 1992, 57: 650.

[192] Lou S Y, Ni G J. The relations among a special type of solutions in some (D+1) dimensional nonlinear equations. J. Math. Phys., 1989, 30: 1614.

[193] Ablowitz M J et al. Connection between nonlinear evolution equations and ordinary differential equations of P-type I. J. Math. Phys., 1980, 21: 715.

[194] Jimbo M et al. Painlevé test for the self-dual Yang-Mills equations. Phys. lett. A, 1982, 92: 59.

[195] Fordy A P, Pickering A. Analysing negative resonances in the Painlevé test. Phys. Letts. A, 1991, 160: 347.

[196] Zeng Y B. The Lax pair and Bäcklund transforamtion for semisimple Toda lattice associated with A_l. Acta Math. Sin., 1992, 35: 457.

[197] Whitham G B. Nonlinear dispersive waves. Proc. Roy. Soc. London A, 1965, 283: 238.

[198] M. D. Kruskal and N. J. Zabusky. Progress on the Fermi-Pasta-Ulam nonlinear string problem. Princeton Plasma Physics Laboratory Annual Report, MATT-Q-21, Princeton, 1963, 301.

[199] Kruskal M D et al. Korteweg-de Vries equation and generalizations V-Uniqueness and nonexistence of polynomial conservation laws. J. Math. Phys., 1970, 11: 952.

[200] 屠规彰, 秦孟兆. 非线性演化方程的不变群与守恒律 —— 对称方法. 中国科学, 1980, 5A: 421.

[201] 屠规彰. Boussinesq 方程的 Bäcklund 变换与守恒律. 应用数学学报, 1981, 4: 63.

[202] Zeng Y B. Darboux transformation for AKNS hierarchy with sources. Acta Math. Sci., 1995, 15: 337.

[203] 李翊神. 一类发展方程和谱的变形. 中国科学, 1982, 5A: 385.

[204] 屠规彰. Boussinesq 方程的 Bäcklund 变换与守恒律. 应用数学学报, 1981, 4: 63.

[205] Arnold V I. Mathematical method of classical mechanics. Berlin: Springer-Verlag, 1978.

[206] Wahlquist H D, Estabrook F B. Prolongation structures of nonlinear evolution equations. J. Math. Phys., 1976, 17: 1403.

[207] Date E et al. Transformation groups for soliton equations I the τ-function of the KP equation. Proc. Japan Acad. Ser. A, 1981, 57: 3423

[208] Gu C H, Hu H S. On the determination of nonlinear partial differential equations admitting integrable systems. Sci. China. A, 1986, 29: 704.

[209] 曹策问. 保谱方程的换位表示. 科学通报, 1989, 34: 330.

[210] 马文秀. 杨族可积发展方程的换位表示. 科学通报, 1990, 35: 1843.

[211] 乔志军. 三族保谱方程的换位表示. 数学年刊, 1993, 14A: 31.

[212] 斯仁道尔吉. 等谱和非等谱 TD 族, Lax 表示与零曲率表示. 高校应用数学学报, 1995, 10: 375.

[213] 许太喜, 顾祝全. 高阶 Heisenberg 旋转链方程的 Lax 表示. 科学通报, 1989, 34: 1437.

[214] Tu G Z. A new hierarchy of coupled degenerate Hamiltonian equations. Phys. Lett. A, 1983, 94: 340.

[215] Boiti M, Tu G Z. Bäcklund transformations via gauge transformations. Nuovo Cimento B, 1983, 75: 145.

[216] Boiti M et al. On a new hierarchy of Hamiltonian soliton equations. J. Math. Phys., 1983, 24: 2035.

[217] Tu G Z. The trace identity-a powerful tool for constructing the Hamiltonian structure of integrable systems. J. Math. Phys., 1989, 30: 330.

[218] Tu G Z. Liouville integrability of zero curvature equations. Nonlinear Physics, Research Reports in Physics, (eds.) Gu C H, et al. Berlin: Springer, 1990, 2.

[219] Tu G Z, Meng D Z. Trace identity — a powerful tool to Hamiltonian structure of integrable system. Acta Math. Appl. Sin., 1989, 5: 89.

[220] 徐西祥. 一族新的 Lax 可积系及其 Liouville 可积性. 数学物理学报 (增刊), 1997, 17: 57.

[221] 郭福奎. 两族可积的 Hamilton 方程. 应用数学, 1996, 9: 495.

[222] 马文秀. 一个新的 Liouville 可积的广义 Hamilton 方程族及其约化. 数学年刊, 1992, 12A: 115.

[223] Hu X B. An approach to generat supperextensions of integrable systems. J. Phys. A, 1997, 30: 619.

[224] 郭福奎. 可积的与 Hamilton 形式的 NLS-MKdV 方程族. 数学学报, 1997, 40: 801.

[225] Cao C W. Nonlinearization of the Lax system for AKNS hierarchy. Sci. China A, 1990, 33: 528.

[226] Cao C W, Geng X G. Neumann and Bargmann systems associated with the coupled KdV soliton hierarchy. J. Phys. A, 1990, 23: 4117.

[227] Zeng Y B, Li Y S. Integrable Hamiltonian systems related to the polynomial eigenvalue problem. J. Math. Phys., 1990, 31: 2835.

[228] 斯仁道尔吉. 由伴随坐标得到的 Dirac 族的可积约束流. 数学学报, 1999, 42: 845.

[229] Ma W X. Binary Nonlinearization for the Dirac Systems. Chin. Ann. of Math., 1997, 18B: 79.

[230] Ma W X, Strampp W. An explicit symmetry constraint for the Lax pairs and the adjoint Lax pairs of AKNS systems. Phys. Lett. A, 1994, 185: 277.

[231] Zhou R G. Dynamical r-matrix for the constrained Harry-Dym flows. Phys. Lett. A, 1996, 220: 320.

[232] Eilbeck J C et al. Linear r-matrix algebra for systems separable in parabolic coordinates. Phys. Lett. A, 1993, 180: 208.

[233] Zhou R G. The restricted Boussinesq flows, their Lax representations and r-matrix. Commun. Theor. Phys., 2000, 33: 75.

[234] Qiao Z, Strampp W. A gauge equivalent pair with two different r-matrices. Phys. Lett. A, 1999, 236: 365.

[235] Shi Q Y, Zhu S. A finite-dimensional integrable system and the r-matrix method. J. Math. Phys., 2000, 41: 2157.

[236] Sklyanin E K. Separation of variables in the classical integrable SL(3) magnetic chain. Commun. Math. Phys., 1992, 150: 181.

[237] Kuznetsov V B. Quadrics on real Riemannian spaces of constant curvature: separation of variables and connetion with Gaudin magnet. J. Math. Phys., 1992, 33: 3240.

[238] Zeng Y B. Separation of variables for the constrained flows. J. Math. Phys., 1997, 38: 321.

[239] Zeng Y B, Lin R L. Families of dynamical r-matrices and Jacobi inversion problem for nonlinear evolution equations. J. Math. Phys., 1998, 39: 5964.

[240] Ge M L. Quantum group and quantum integrable systems. Singapore: World Scientific, 1992.

[241] Chowdhury A R, Choudhury A G. Quantum integrable systems. London: Chapman & Hall/CRC, 2004.

[242] Chen G, Dong X. From Chaos to Order: Methodologies, Perspectives and Applications. Singapore: World Scientific, 1998.

[243] 郝柏林. 分岔、混沌、奇怪吸引子、湍流及其他. 物理学进展, 1983, 3: 335.

[244] 郝柏林. 从抛物线谈起 -混沌动力学引论. 上海: 上海科学教育出版社, 1993.

[245] 方锦清. 非线性系统中的混沌控制、同步及其应用前景 (一). 物理学进展, 1996, 16: 1.

[246] 方锦清. 非线性系统中的混沌控制、同步及其应用前景 (二). 物理学进展, 1996, 16: 137.

[247] Sparrow C. The Lorenz Equations: Bifurcations, Chaos, and Strange Attractors. New York: Springer-Verlag, 1982.

[248] Lorenz E N. The essence of Chaos. Washington: University of Washington Press, 1994.

[249] 陈式刚. 映象与混沌. 北京: 国防工业出版社, 1992.

[250] 刘式达, 刘式适. 非线性动力学和复杂现象. 北京: 北京理工大学出版社, 1992.

[251] 胡岗, 萧井华, 郑志刚. 混沌控制. 上海: 上海科学教育出版社, 1993.

[252] 黄润生, 黄浩. 混沌及其应用 (第二版). 武汉: 武汉大学出版社, 2005.

[253] 王光瑞, 于熙龄, 陈式刚. 混沌的控制、同步与应用. 北京: 国防工业出版社, 2001.

[254] 方锦清. 驾驭混沌与发展高新技术. 北京: 原子能出版社, 2002.

[255] 关新平等. 混沌控制及其在保密通信中的应用, 北京: 国防工业出版社, 2002.

[256] 刘式达. 自然科学中混沌和分形. 北京: 北京大学出版社, 2003.

[257] 张化光等. 混沌系统的控制理论. 沈阳: 东北大学出版社, 2003.

[258] 王兴元. 复杂非线性系统中的混沌. 北京: 电子工业出版社, 2003.

[259] 陈关荣, 吕金虎. Lorenz 系统族的动力学分析、控制与同步. 北京: 科学出版社, 2003.

[260] Lorenz E N. Deterministic nonperiodic flow. J. Atmos. Sci., 1963, 20: 130.

[261] Li T Y, Yorke J A. Period three implies chaos. Amer. Math. Monthly, 1975, 82: 985.

[262] Sarkovskii A N. Coexistence of cycles of a continuous map of a line into itself. Ukrain. Mat. Z., 1964, 16: 61.

[263] Devaney R L. A first course in chaotic dynamical systems: theory and experiment. London: Addison-Wesley Publishing Company, 1992.

[264] Robinson C. Dynamical Systems: stability, symbolic dynamics, and chaos. New York: CRC Press, 1999.
[265] Chen G. Control and anticontrol of chaos. Proc. of Int. Confer. on Control of Oscillations and Chaos. 1997, 181.
[266] Banks J et al. On Devaney's definition of chaos. Amer. Math. Monthly, 1992, 99: 332.
[267] Chen G, Ueta T. Yet another chaotic attractor. Int. J. Bifurcation and Chaos, 1999, 9: 1465.
[268] Lü J H, Chen G. A new chaotic attractor coined. Int. J. Bifurcation and Chaos, 2002, 12: 659.
[269] Rössler O E. An equation for continuous chaos. Phys. Lett. A, 1976, 57: 397.
[270] Matsumoto T. Chaotic Attractor from Chua's Circuit. IEEE Trans. Cuicirt Syst., 1984, 31: 1055.
[271] Chen G, Celikovsky S. On a generalized Lorenz canonical form of chaotic systems. Int. J. Bifurcation and Chaos, 2002, 12: 1789.
[272] Rössler O E. Continuous chaos-Four proto type equations. in Bifurcation Theory Applicat. Sci. Disciplines, Annals New York Academy. Sci., 1979, 316: 376.
[273] Matsumoto T, Chua L O, Kobayashi K. Hyperchaos: Laboratory experiment and numerical confirmation. IEEE Trans. Circuits Syst., 1986, 33: 1143.
[274] Li Y, Tang S K, Chen G. Generating hyperchaos via state feedback control. Int. J. Bifurcation and Chaos, 2005, 15: 3367.
[275] May R M. Simple mathematical models with very complicated dynamics. Nature, 1976, 261: 459.
[276] Henon M. Two-dimensional mapping with a strange attractor. Commun. Math. Phys., 1976, 50: 69.
[277] Ott E, Grebogi G, Yorke J A., Controlling Chaos. Phys. Rev. Lett., 1990, 64: 1196.
[278] Boccaletti S et al. The control of chaos: theory and applications. Phys. Rep., 2000, 392: 103.
[279] Oyyino J M. The kinematics of mixing: stretching chaos and transport. Cambridge: Cambridge Univerisyt Press, 1989.
[280] Yang W M, Ding M Z. Preserving chaos: Control strategies to preserve complex dynamics with potential relevance to biological disorders. Phys. Rev. E, 1995, 51: 102.
[281] Schwartz I B, Triandaf I. Sustaining chaos by using basin boundary saddles. Phys. Rev. Lett., 1996, 77: 4740.
[282] Fujisaka H, Yamada T. Stability theory of synchronized motion in coupled-oscillator systems. Prog. Theor. Phys., 1983, 69: 32.
[283] Pecora L M, Carroll T L. Synchronization in chaotic systems. Phys. Rev. Lett., 1990, 64: 821.
[284] Boccaletti S et al. The synchronization of chaotic systems. Phys. Rep., 2002, 366: 1.
[285] 赵耿, 方锦清. 混沌通信分类及其保密通信的研究. 自然杂志, 2003, 25: 21.
[286] 赵耿, 方锦清. 现代信息安全与混沌保密通信应用研究的进展. 物理学进展, 2003, 23: 212.
[287] 汪小帆, 李翔, 陈关荣. 复杂网络理论及其应用. 北京: 清华大学出版社, 2006.
[288] 吴文俊. 初等几何判定问题与机械化证明. 中国科学, 1977, 6A: 507.
[289] 吴文俊. 几何定理机械证明的基本原理. 北京: 科学出版社, 1984.
[290] 吴文俊. 吴文俊论数学机械化. 济南: 山东教育出版社, 1995.
[291] 吴文俊. 数学机械化. 北京: 科学出版社, 2003.
[292] Gao X S, Chou S C. A zero structure theorem for differential parameteric systems. J. Symb. Comput., 1994, 16: 585.
[293] Chou S C, Gao X S, Zhang J Z. Mechine proofs in geometry. Singopore: World Scientific, 1994.

[294] 王东明. 消去法. 北京: 科学出版社, 2003.

[295] 张鸿庆. 弹性力学方程组一般解的统一理论. 大连理工大学学报, 1978, 18: 23.

[296] 石赫. 机械化数学引论. 长沙: 湖南教育出版社, 1998.

[297] Sun X D, Wang S K, Wu K. Classification of six-vertex-type solutions of the colored Yang-Baxter equation. J. Math. Phys., 1995, 36: 6043.

[298] 朱思铭, 施齐焉. 现代数学和力学. 上海: 上海大学出版社, 1997, 482.

[299] Fan E G. Soliton solutions for a generalized Hirota-Satsuma coupled KdV equation and a coupled MKdV equation. Phys. Lett. A, 2001, 282: 18.

[300] 李志斌, 张善卿. 非线性波动方程准确孤立行波解的符号计算. 数学物理学报, 1997, 17: 81.

[301] Li Z B, Liu Y P. Rath: A Maple package for finding travelling solitary wave solutions to nonlinear evolution equations. Comput. Phys. Commun., 2002, 148: 256.

[302] Gao Y T, Tian B. Generalized hyperbolic-function method with computerized symbolic computation to construct the solitonic solutions to nonlinear equations of mathematical physics. Comput. Phys. Commun., 2001, 133: 158.

[303] Chen Y, Li B, Zhang H Q. Exact solutions for a new class of nonlinear evolution equations with nonlinear term of any order. Chaos, Solitons and Fractal, 2003, 17: 675.

[304] Li B, Chen Y, Zhang H Q. Auto-Bäcklund transformation and exact solutions for compound KdV-type and compound KdV-Burger-type equations with nonlinear terms of any order. Phys. Lett. A, 2002, 305: 377.

[305] Schwarz F. Automatically determining symmetries of partial differential equations. Computing, 1985, 34: 450

[306] Schwarz F. Symmetries of differential equations: From Sophus Lie to computer algebra. SIAM Rev., 1988, 30: 450.

[307] Hereman W. Exact solitary wave solutions of coupled nonlinear evolution equations using Macsyma. Comput. Phys. Commun., 1991, 65: 143.

[308] Champagne B, Hereman W, Winternitz P. The computer calculation of Lie point symmetries of large systems of differential equations, Comput. Phys. Commun., 1991, 66: 319.

[309] Reid G J. Algorithms for reducing a system of PDEs to standard form determining the dimension of its solution space and calculating its Taylor series solution. Euro. J. Appl. Math., 1991, 2: 293.

[310] Pankrat'ev E V. Computations in dierential and dierence modules. Acta. Appl. Math., 1989, 16: 167.

[311] Clarkson P A, Mansfield E L. Algorithms for the nonclassical method of symmetry reductions. SIAM J. Appl. math., 1994, 54: 1693.

[312] Mansfield E L, Clarkson P A. Symmetries and exact solutions for a (2+1)-dimensional shallow water wave equation. Math. Comput. Simul., 1997, 43: 39.

[313] Baldwin D et al. Symbolic computation of exact solutions expressible in hyperbolic and elliptic functions for nonlinear PDEs. J. Symbolic Comput., 2004, 37: 669.

[314] Trillo S, Torruellas W E. Spatial solitons. Berlin: Springer, 2001.

[315] Manton N, Sutcliffe P. Topological solitons. Cambridge: Cambridge University Press, 2004.

[316] Belinski V, Verdaguer E. Gravitational solitons. Cambridge: Cambridge University Press, 2001.

[317] Samsonov A M. Strain solitons in solids and how to construct them. London: Chapman & Hall/CRC, 2001.

[318] Manneville P. Propagation in systems far from equilibrium. (eds.) Weisfreid J, et al. Berlin: Spinger-Verlag, 1988, 265.

[319] Kuramoto Y, Tsuzuki T. Persistent propagation of concentration waves in dissipative media far from thermal equilibrium. Prog. Theor. Phys., 1976, 55: 356.

[320] Kawachara T. Formation of Saturated Solitons in a Nonlinear Dispersive System with Instability and Dissipation. Phys. Rev. Lett., 1983, 51: 381.

[321] Satsuma J, Hirota R. A coupled KdV equation is one case of the four-reduction of the KP hierarchy. J. Phys. Soc. Jpn., 1982, 51: 3390.

[322] Camassa R, Holm D D. An integrable shallow water equation with peaked solitons. Phys. Rev. Lett., 1993, 71: 1661.

[323] Yan C T. A simple transformation for nonlinear waves. Phys. Lett. A, 1996, 224: 77.

[324] Yan Z Y, Zhang H Q. New explicit and exact travelling wave solutions for a system of variant Boussinesq equations in mathematical physics. Phys. Lett. A, 1999, 252: 291.

[325] 闫振亚, 张鸿庆, 范恩贵. 一类非线性演化方程新的显示行波解. 物理学报, 1999, 48: 1.

[326] Ma W X, Fuchssteiner B. Explicit and exact solutions to a Kolmogorov-Petrovskii-Piskunov equation. Int. J. Non-linear Mech., 1996, 31: 329.

[327] Whitham G B. Variational methods and applications to water waves. Proc. R. Soc. London Ser. A, 1967, 299: 6.

[328] Kaup D J. A higher-order water-wave equation and the method for solving it. Prog. Theor. Phys., 1975, 54: 396.

[329] Kupershmidt B A. Mathematics of dispersive water waves. Commun. Math. Phys., 1985, 99: 51.

[330] Yan Z Y, Zhang H Q. New explicit solitary wave solutions and periodic wave solutions for Whitham-Broer-Kaup equation in shallow water. Phys. Lett. A, 2001, 285: 355.

[331] Fan E G, Zhang H Q. Bäcklund transformation and exact solutions of Whitham-Broer-Kaup shallow-water wave equation. Appl. Math. Mech., 1998, 19: 713.

[332] Yan Z Y. New explicit travelling wave solutions for two new integrable coupled nonlinear evolution equations. Phys. Lett. A, 2001, 292: 100.

[333] Yan Z Y. Generalized method and its application in the higher-order nonlinear Schrödinger equation in nonlinear optical fibres. Chaos, Solitons and Fractal, 2003, 16: 759.

[334] Bountis T C et al. On the integrability of nonlinear ODE's with superposition principles. J. Math. Phys., 1986, 27: 1215.

[335] Conte R, Musette M. Link between solitary waves and projective Riccati equations. J. Phys. A, 1992, 25: 5609.

[336] Zhang G X, Li Z B, Duan Y S. Exact solitary wave solutions of nonlinear wave equations. Sci. Chin. A, 2001, 44: 396.

[337] Yan Z Y. Jacobi elliptic function solutions of nonlinear wave equations via the new sinh-Gordon equation expansion method. J. Phys. A, 2003, 36: 1961.

[338] Yan Z Y. A sinh-Gordon equation expansion method to construct doubly periodic solutions for nonlinear differential equations. Chaos, Solitons and Fractal, 2003, 16: 291.

[339] Yan Z Y. The new constructive algorithm and symbolic computation applied to exact solutions of nonlinear wave equations. Phys. Lett. A, 2004, 331: 193.

[340] Yan Z Y. A new sine-Gordon equation expansion algorithm to investigate some special nonlinear differential equations. Chaos, Solitons and Fractal, 2005, 23: 767.

[341] Yan Z Y. New Weierstrass semi-rational expansion method to doubly periodic solutions of soliton equations. Commun. Theor. Phys., 2005, 43: 391.

[342] Yan Z Y. New doubly periodic solutions of nonlinear evolution equations via Weierstrass elliptic function expansion algorithm. Commun. Theor. Phys., 2004, 42: 645.

[343] Fan E G. Multiple travelling wave solutions of nonlinear evolution equations using a unified algebraic methodJ. Phys. A: Math. Gen., 2002, 35: 6853.

[344] Yan Z Y. An improved algebra method and its applications in nonlinear wave equations. Chaos, Solitons and Fractal, 2004, 21: 1013.

[345] Yan Z Y. A Rreduction mKdV method with symbolic computation to construct new doubly-periodic solutions for nonlinear wave equations. Int. J. Mod. Phys. C, 2003, 14: 661.

[346] Zhou Y B et al. Periodic wave solutions to a coupled KdV equations with variable coefficients. Phys. Lett. A, 2003, 308: 31.

[347] Raju T S et al. Exact Solitary Wave Solutions of the Nonlinear Schrödinger Equation with a Source. J. Phys. A, 2005, 38: L271.

[348] Yan Z Y. Envelope exact solutions for the generalized nonlinear Schr?dinger equation with a source. J. Phys. A, 2006, 39: L401.

[349] Whittaker E T, Watson G N. A course of modern analysis. Cambridge: Cambridge University Press, 1952.

[350] Chandrasekharan K. Elliptic function. Berling: Springer-Verlag, 1985.

[351] Yan Z Y. New Jacobian elliptic function solutions of modified KdV equation I. Commun. Theor. Phys., 2002, 38: 143.

[352] Yan Z Y. New Jacobian elliptic function solutions of modified KdV equation II. Commun. Theor. Phys., 2002, 38: 400.

[353] Yan Z Y. New Jacobian elliptic function solutions of modified KdV equation III. Commun. Theor. Phys., 2003, 39: 144.

[354] Yan Z Y. Abundant families of Jacobi elliptic function solutions of the (2+1)-dimensional integrable Davey-Stewartson-type equation via a new method. Chaos Solitons Fractal, 2003, 18: 299.

[355] Yan Z Y. Extended Jacobian elliptic function algorithm with symbolic computation to construct new doubly-periodic solutions of nonlinear differential equations. Comput. Phys. Commun., 2002, 148: 30.

[356] Fu Z et al. New Jacobi elliptic function expansion and new periodic solutions of nonlinear wave equations. Phys. Lett. A, 2001, 290: 72.

[357] Liu S et al. Jacobi elliptic function expansion method and periodic solutions of nonlinear wave equations Phys. Lett. A, 2001, 289: 69.

[358] 张卫国, 马文秀. 广义 Pochhammer-Chree 方程的显式精确孤波解. 应用数学和力学, 1999, 20:625.

[359] Yan Z Y, Zhang H Q. Symbolic computation and abundant new families of exact solutions for the coupled modified KdV-KdV equation. Lecture Notes Ser. Comput., Singapore: World Sci. Publishing, 2001, 193.

[360] Yan Z Y. Optical solitary wave solutions to nonlinear Schrödinger equation with cubic-quintic nonlinearity in non-Kerr media. J. Phys. Soc. Jpn., 2004, 73: 2397.

[361] Yan Z Y. New soliton solutions with compact support for a family of two-parameter regularized long-wave Boussinesq equations. Commun. Theor. Phys., 2002, 37: 641.

[362] Yan Z Y, Bluman G. New compacton soliton solutions and solitary patterns solutions of nonlinearly dispersive Boussinesq equations. Comput. Phys. Commun., 2002, 149: 11.

[363] Yan Z Y. The Riccati equation with variable coefficients expansion algorithm to find more exact solutions of nonlinear differential equations. Comput. Phys. Commun., 2003, 152: 1.

[364] Veselov A P, Novikov S P. Finite-zone, two-dimensional Schrödinger operators Potential operators Sov. Math. Dokl., 1984, 30: 705.

[365] Novikov S P, Veselov A P. Two-dimensional Schrödinger operators: Inverse scattering transform and evolutional equations. Physica D, 1986, 18: 267.

[366] Lou S Y. (2+1)-dimensional integrable models from the constraints of the KP equation. Commun. Theor. Phys., 1997, 27: 249.

[367] Liu Q P. New constraint on the KP equation and a coupled Burger system. Phys. Lett. A, 1995, 198: 178.

[368] Ruan H Y, Chen Y X. Study of a (2+1)-dimensional Broer-Kaup equation. Chin. Phys., 1998, 7: 241.

[369] 闫振亚, 张鸿庆. 非线性浅水长波近似方程组的显式精确解. 物理学报, 1999, 48: 1962.

[370] Yan Z Y, Zhang H Q. Symbolic computation and new families of exact soliton-like solutions to the integrable BK equations in (2+1)-dimensional spaces. J. Phys. A, 2001, 34: 1785.

[371] Yan Z Y, Zhang H Q. Constructing families of soliton-like solutions to a (2+1)-dimensional breaking soliton equation using symbolic computation. Comput. Appl. Math., 2002, 44: 1439.

[372] Yu S et al. N-soliton solutions to the Bogoyavlenskii-Schiff equation and a quest for the soliton solution in (3+1)-dimensions. J. Phys. A, 1998, 31: 3337.

[373] Schiff J. Painlevé transendent, their asymtoptics and physical applications, New York: Pleum, 1992, 393.

[374] Yan Z Y. New families of nontravelling wave solutions to a new (3+1)-dimensional potential-YTSF equation. Phys. Lett. A, 2003, 318: 78.

[375] Yan Z Y. Symmetry reductions and soliton-like solutions for the variable coefficient MKdV equations. Commun. Nonlinear Sci. Numer. Simul., 1999, 4: 284.

[376] 闫振亚, 张鸿庆. 具有三个任意函数的变系数 KdV-MKdV 方程的精确类孤子解. 物理学报, 1999, 48: 1957.

[377] Yan Z Y. Envelope compact and solitary pattern structures for the GNLS(m,n,p,q) equations. Phys. Lett. A, 2006, 357: 196.

[378] 田涌波, 田畴. Lax 方程组的求解公式. 数学年刊, 1998, 19A: 541.

[379] Chan W L, Li K S. Nonpropagating solitons of the variable coefficient and nonisospectral Korteweg-de Vires equation. J. Math. Phys., 1989, 30: 2521.

[380] Brugarino W T. Painlevé property, auto-Bäcklund transformation, Lax pairs, and reduction to the standard form for the Korteweg-de Vries equation with nonuniformities. J. Math. Phys., 1989, 30: 1013.

[381] Yan Z Y, Zhang H Q. New Bäcklund transformation and exact solutions for the variable coefficient KdV equation. Chin. Phys., 1999, 8: 889.

[382] 谷超豪等. 应用偏微分方程. 北京: 高等教育出版社, 1993.

[383] 朱佐侬. 推广的 KdV 方程的孤波解. 物理学报, 1992, 41: 1057.

[384] Yan Z Y, Zhang H Q. Some conclusions for (2+1)-dimensional generalized KP equation: Darboux transformation, nonlinear superposition formula and soliton-like solutions. Computer mathematics, Lecture Notes Ser. Comput., Vol 8 Singapore: World Sci. Publishing, 2000, 239.

[385] Ablowitz M J, Ramani A, Segur H. A connection between nonlinear evolution equations and ordinary differential equations of P-type I. J. Math. Phys., 1980, 21: 715.

[386] 闫振亚, 张鸿庆. 具有阻尼项的非线性波动方程的相似约化. 物理学报, 2000, 49: 2113.

[387] Yan Z Y et al. Symmetry reductions, integrability and solitary wave solutions to high-order modified Boussinesq equations with damping term. Commun. Theor. Phys., 2001, 36: 1.

[388] Ablowitz M J et al. On the extension of the Painlevé property to difference equations. Nonlinearity, 2000, 13: 889.

[389] Yan Z Y. Abundant new explicit exact soliton-like solutions and Painlevé test for the generalized Burger equation in (2+1)-dimensional space. Commun. Theor. Phys., 2001, 36: 135.

[390] Yan Z Y. A transformation with symbolic computation and abundant new soliton-like solutions for the (2+1)-dimensional generalized Burger equation. J. Phys. A, 2002, 35: 9923.

[391] Rosales R, Majda A. Weakly nonlinear detonation waves. SIAM J. Appl. Math., 1983, 43: 1086.

[392] Majda A. Reacting Flows: combusion and chemical reactors. Amer. Math. Soc., 1986, 109.

[393] Rigano M A, Torrisi M. Lie symmetries of a simplified model for reacting mixtures. Int. J. Eng. Sci., 1995, 33: 293.

[394] Senthilvelan M, Torrisi M. Potential symmetries and new solutions of a simplified model for reacting mixtures. J. Phys. A, 2000, 33: 405.

[395] Yan Z Y. Painlevé analysis, auto-Bäcklund transformations and exact solutions for a simplified model for reacting mixtures. Physica A, 2003, 326: 344.

[396] Ma W X, Fuchssteiner B. The bi-Hamiltonian structure of the perturbation equations of the KdV hierarchy. Phys. Lett. A, 1996, 213: 49.

[397] Nayfeh A H. Perturbation Methods. New York: Wiley, 1973.

[398] Ma W X. A bi-Hamiltonian formulation for triangular systems by perturbations. J. Math. Phys., 2002, 46: 1408.

[399] Sakovich S Y. On integrability of a (2+1)-dimensional perturbed KdV equation. J. Nonlinear Math. Phys., 1998, 5: 230.

[400] Fan E G. A new algebraic method for finding the line soliton solutions and doubly periodic wave solution to a two-dimensional perturbed KdV equation. Chaos, Solitons and Fractal, 2003, 15: 567.

[401] Yan Z Y. The (2+1)-dimensional integrable coupling of KdV equation: Auto-Bäcklund transformation and new non-traveling wave profiles. Phys. Lett. A, 2005, 345: 362.

[402] Toda M. Nonlinear Waves and Solitons. Holland: Kulwei Academic Publishers, 1989.

[403] Baldwin D et al. Symbolic computation of hyperbolic tangent solutions for nonlinear differential-difference equations. Comput. Phys. Commun., 2004, 162: 203.

[404] Yan Z Y. Discrete exact solutions of modified Volterra and Volterra lattice equations via the new discrete sine-Gordon expansion algorithm. Nonlinear Analysis, 2006, 64: 1798.

[405] Aratyn H et al. Toda and Volterra lattice equations from discrete symmetries of KP hierarchies. Phys. Lett. B, 1993, 316: 85.

[406] Gatz S, Herrmann J. Soliton propagation in materials with saturable nonlinearity. J. Opt. Soc. Am. B, 1991, 8: 2296.

[407] Khare A et al. Exact solutions of the saturable discrete nonlinear Schrödinger equation. J. Phys. A, 2005, 38: 807.

[408] Yan Z Y. Doubly periodic solutions of the saturable discrete nonlinear Schrödinger equation (to be submitted).

[409] Adomian G. Nonlinear Stochastic systems and Application to Physics. Boston: Kluwer Academic Publishers, 1989.

[410] Adomian G. Solving Frontier Problem of Physics: the Decomposition Method. Boston: Kluwer Academic Publishers, 1994.

[411] Cherruault Y, Adomian G. Decomposition method: a new proof of convergence. Math. Comput. Modelling, 1993, 13: 103.

[412] Wazwaz A M. A computational approach to soliton solutions of the Kadomtsev-Petviashili equation. Appl. Math. Comput., 2001, 123: 205.

[413] Kaya D, El-Sayed S M. Numerical Soliton-Like Solutions of the Potential Kadomtsev-Petviashvili equation by the decomposition method. Phys. Lett. A, 2003, 320: 192.

[414] Yan Z Y. New families of solitons with compact support for Boussinesq-like B(m,n) equations with fully nonlinear dispersion. Chaos, Solitons and Fractal, 2002, 12: 1151.

[415] Guellal S et al. Numerical study of Lorenz equations by Adomian's method. Comput. Math. Appl., 1997, 33: 25.

[416] Yan Z Y. Approximate Jacobi elliptic function solutions of the modified KdV equation via the decomposition method. Appl. Math. Comput., 2005, 166: 571.

[417] Chen Y et al. New explicit solitary wave solutions for (2+1)-dimensional Boussinesq equation and (3+1)-dimensional KP equation. Phys. Lett. A, 2003, 307: 107.

[418] Yan Z Y. Abundant symmetries and exact compacton-like structures in the two-parameter family of the Estevez-Mansfield-Clarkson equations. Commun. Theor. Phys., 2002, 37: 27.

[419] Yan Z Y. Abundant similarity reductions and dromion-like solutions to the generalized Korteweg-de Vries equation in the (2+1)-dimensional space. Commun. Theor. Phys., 2001, 36: 513.

[420] Fuchssteiner B. Coupling of completely integrable systems: the perturbation bundle. in Applications of Analytic and Geometic Methods to Nonlinear Differential Equations (P. A. Clarkson, ed.) Dordrecht: Kluwer, 1993, 125.

[421] Ma W X. Fuchssteiner B. Integrable theory of the perturbation equations. Chaos, Solitons and Fractal, 1996, 7: 1227.

[422] Ma W X. Integrable couplings of soliton equations by perturbations I-a general theory and application to the KdV hierarchy. Methods Appl. Anal., 2000, 7: 21.

[423] Zhang Y F, Zhang H Q. A direct method for integrable couplings of TD hierarchy. J. Math. Phys., 2002, 43: 466.

[424] Yan Z Y, Zhang H Q. A family of new integrable couplings with two arbitrary functions of TC hierarchy. J. Math. Phys., 2002, 43: 4978.

[425] Forkas A S, Anderson R L. On the use of isospectral eigenvalue problems for obtaining hereditary symmetries for Hamiltonian systems. J. Math. Phys., 1982, 23: 1066.

[426] Tu G Z. An extension of a theorem on gradients of conserved densities of integrable systems. Northeast. Math. J., 1990, 6: 26.

[427] Ma W X, Zhou R G. Adjoint symmetry constraints leading to binary nonlinearization. J. Nonl. Math. Phys. (Supplement), 2002, 9: 106.

[428] Ma W X, Zhou Z X. Binary symmetry constraints of N-wave interaction equations in 1+1 and 2+1 dimensions. J. Math. Phys., 2001, 42: 4345.

[429] Yan Z Y, Zhang H Q. Lax Representation, Classical Poisson Structures, r-Matrices and Liouville Integrability for Constrained Flows of Guo Hierarchy. Math. Appl., 2000, 13: 56.
[430] Rosenblum M G et al. From phase to lag synchronization in coupled chaotic oscillators. Phys. Rev. Lett., 1997, 78: 4193.
[431] Voss H U. Anticipating chaotic synchronization. Phys. Rev. E, 2000, 61: 5115.
[432] Rulkov N F et al. Generalized synchronization of chaos in directionally coupled chaotic systems. Phys. Rev. E., 1995, 51: 980.
[433] Yang X S. A framework for synchronization theory. Chaos, Solitons and Fractal, 2000, 11: 1365.
[434] Yan Z Y. Q-S (lag or anticipated) synchronization backstepping scheme in a class of continuous-time hyperchaotic systems — a symbolic-numeric computation approach. Chaos, 2005, 15: 023902.
[435] Rosenblum M G et al. Phase Synchronization of Chaotic Oscillators. Phys. Rev. Lett., 1996, 76: 1804.
[436] Osipov G V et al. Phase synchronization effects in a lattice of nonidentical Rössler oscillators. Phys. Rev. E, 1997, 55: 2353.
[437] Pyragas K. Weak and strong synchronization of chaos. Phys. Rev. E, 1996, 54: 4508.
[438] Yang T, Chua L O. Impulsive stabilization for control and synchronization of chaotic systems: theory and application to secure communication. IEEE Trans. Circuit Syst. I, 1997, 44: 976.
[439] Mainieri R, Rehacek J. Projective Synchronization in Three-demensional Chaotic System. Phys. Rev. Lett., 1999, 82: 3042.
[440] Kanellakopoulos I et al. Systematic design of adaptive controllers for feedback linearizable systems. IEEE Trans Autom Control, 1991, 36: 1241.
[441] Krstic M, Kanellakopouls I, Kokotovic P V. Nonlinear and Adaptive Control Design. New York: John Wiley, 1995
[442] Wang C, Ge S S. Adaptive synchronization of uncertain chaotic systems via backstepping design. Chaos, Solitons and Fractal, 2001, 12: 1199.
[443] Wang C, Ge S S. Synchronization of two uncertain chaotic systems via adaptive backstepping. Int. J. Bifurcation Chaos, 2001, 11: 1115.
[444] Suykens J A K et al. A family of n-scroll attractors from a generalized Chua's circuit. Archiv Fur Elektronik und Ubertragungstechnik, 1997, 51: 131.
[445] Wang Y et al. Impulsive control for synchronization of a class of continuous systems. Chaos, 2004, 14: 199.
[446] Hindmarsh J L, Rose R M. A model of neuronal bursting using three coupled first order differential equations. Philos. Trans. Roy. Soc. London Ser. B, 1984, 221:87.
[447] Li Q S, Xu W C. A chemical model for Chua's equation. Int. J. Bifurcation Chaos, 2002, 12: 877.
[448] Sprott J C. Simplest dissipative chaotic flow. Phys. Lett. A, 1977, 228: 271.
[449] Linz S J, Sprott J C. Elementary chaotic flow. Phys. Lett. A, 1999, 259: 240.
[450] Sprott J C. Some simple chaotic flows. Phys. Rev. E, 1994, 50: R647.
[451] Tamasevicius A et al. Simple 4D chaotic ocillator. Electron. Lett., 1996, 32: 957.
[452] Yin Y Z. Synchronization of chaos in a modified Chua's circuit using continuous control. Int. J. Bifurcation Chaos, 1996, 6: 2101.
[453] Yan Z Y, Yu P. Linear feedback control, adaptive feedback control and their combination for

chaos (lag) synchronization of LC chaotic systems. Chaos, Solitons and Fractal, 2006 (to appear).

[454] Liao X, Yu P. Study of globally exponential synchronization for the family of Rossler systems. Int. J. Bifurcation and Chaos, 2006, 16 (to appear).

[455] Liao X, Yu P. Analysis on the global exponent synchronization of Chua's circuit using absolute stability theory. Int. J. Bifurcation and Chaos, 2005, 15: 2687.

[456] Liu W B, Chen G. A new chaotic system and its generation. Int. J. Bifurcatioin and Chaos, 2003, 13: 261.

[457] Liu W B, Chen G. Can a three-dimensional smooth autonomous quadratic chaotic system generate a singal four-scroll attractor? Int. J. Bifurcation and Chaos, 2004, 14: 1395.

[458] Yassen M T. Controlling chaos and synchronization for new chaotic system using linear feedback control. Chaos, Solitons and Fractal, 2005, 26: 913.

[459] Luo H, Jian J, Liao X. Chaos synchronization for a 4-scroll chaotic system via nonlinear control. Lect. Notes in Comput. Sci., 2005, 3644: 797.

[460] Lü J H, Chen G R, Cheng D Z. A new chaotic system and beyond: The generalized Lorenz-like system. Int. J. Bifurcation and Chaos, 2004, 14: 1507.

[461] Rasband S N. Chaotic Dynamics of Nonlinear Systems. New York: Wiley, 1990.

[462] Kaplan J L, Yorke J A. Functional differential equations and approximations of fixed points. (eds.) Peitgen H O, Walther H O. Berlin: Springer-Verlag, 1979, 204.

[463] Martelli M. Introduction to discrete dynamical systems and chaos. New York: Wiley, 1999.

[464] Chen S H et al. Synchronizing strict-feedback chaotic system via a scalar driving signal. Chaos, 2004, 14: 539.

[465] Lu J G et al. Backstepping control of discrete-time chaotric systems with application to the Henon system. IEEE Trans. Circ. Syst. I, 2001, 48: 1359.

[466] Yan Z Y. Q-S (complete or anticipated) synchronization backstepping scheme in a class of discrete-time chaotic (hyperchaotic) systems: A symbolic-numeric computation approach. Chaos, 2006, 16: 013119.

[467] Douglass J et al. Noise enhancement of information transfer in crayfish mechanoreceptors by stochastic resonance. Nature, 1993, 365: 337.

[468] Yamakawa T et al. A chaotic chip. for analyzing nonlinear discrete dynamical systems. Proc. of the 2nd International Conference on Fuzzy Logic and Neural Networks, 1992, 563.

[469] Rulkov N F. Regularization of synchronized chaotic bursts. Phys. Rev. Lett., 2001, 86: 183.

[470] Itoh M et al. Conditions for impulsive synchronization of chaotic and hyperchaotic systems. Int. J. Bifurcation chaos, 2001, 11: 551.

[471] Zaslavsky G M et al. Self-similarity, renormalization, and phase space nonuniformity of Hamiltonian chaotic dynamic systems. Chaos, 1997, 7: 159.

[472] Hibbs A D et al. Signal enhancement in a rf SQUID using stochastic resonance. IL Nuovo Cimento, 1995, 17: 811.

[473] Becker A, Eckelt P. Scaling and decay in periodically driven scattering systems. Chaos, 1993, 3: 487.

[474] Konishi K, Kokame H. Observer-based delayed-feedback control for discrete-time chaotic systems. Phys. Lett. A, 1998, 248: 359.

[475] Stefanski K. Modelling chaos and hyperchaos with 3-D maps. Chaos, Solitons and Fractal, 1998, 9: 83.

[476] Baier G, Klain M. Chaotic attractors derived from spheroidal dynamics. Phys. Lett. A, 1990, 151: 281.

[477] Yeh P C, Kokotovic P V. Adaptive control of a class of nonlinear discrete-time systems. Int. J. Control., 1995, 62: 303.

[478] Hitzl D L, Zele F. An exploration of the Henon quadratic map. Physica D, 1985, 14: 305.

[479] Huang L L et al. Synchronization of generalized Henon map via backstepping design. Chaos, Solitons and Fractal, 2005, 23: 617.

[480] Xue Y, Yang S. Synchronization of generalized Henon map by using adaptive fuzzy controller. Chaos, Solitons and Fractal, 2003, 17: 717.

[481] Yan Z Y. Q-S synchronization in 3D Hénon-like map and generalized Hénon map via a scalar controller. Phys. Lett. A, 2005, 342: 309.

[482] Chen G, Yu X. Chaos control: theory and applications. Berlin: Springer, 2003.

[483] Schuster H G, Just W. Deterministic chaos: an introduction. Weinheim Wiley-VCH, 2005.

[484] Schuster H G. Handbook of chaos control. New York: Wiley-VCH, 1999.

[485] Erdos P, Renyi A. On the evolution of random graphs. Publ. Math. Inst. Hung. Acad. Sci., 1959, 5: 17.

[486] Watts D J, Strogatz S H. Collective dynamics of 'small-world' networks. Nature, 1998, 393: 440.

[487] Barabasi A L, Albert R. Emergence of scaling in random networks. Science, 1999, 286: 509.

[488] Strogatz S H. Exploring comlex networks. Nature, 2001, 410: 268.

[489] Newman M E J. The structure and function of complex networks. SIAM Rev., 2003, 45: 167.

[490] Wang X F, Chen G. Complex networks: small-world, scale-free, and beyond. IEEE Circuits and Systems Magazine, 2003, 3: 6.

[491] Albert R, Barabasi A L. Statistical mechanics of complex networks. Rev. Mod. Phys., 2002, 74: 47.

[492] Boccaletti S et al. Complex networks: Structure and dynamics. Phys. Rep., 2006, 424: 175.

[493] Dorogovtsev S N, Mendes J F F. Evolution of networks. Adv. Phys., 2002, 51: 1079.

[494] Gade P M, Hu C K. Synchronous chaos in coupled map with small-world interactions. Phys. Rev. E, 2000, 62: 6409.

[495] Wang X F, Chen G. Synchronization in small-world dynamical networks. Int. J .Bifurca. Chaos, 2002, 12: 187.

[496] Wang X F, Chen G. Synchronization in scale-free dynamical networks: Robustness and fragility. IEEE Trans. Circuit Syst. I, 2002, 49: 54.

[497] Hong H et al. Synchronization on small-world networks. Phys. Rev. E, 2002, 65: 026139.

[498] Barahona M, Pecora L M. Synchronization in Small-World Systems. Phys. Rev. Lett., 2002, 89: 054101.

[499] Ben-Naim E, Frauenfelder H, Toroczkai Z. Complex Networks. Berlin: Springer, 2004.

[500] Nakamura K. Quantum chaos: a new paradigm of nonlinear dynamics. Cambridge: Cambridge University Press, 1993.

[501] Nakamura K, Harayama T. Quantum chaos and quantum dots. Oxford: Oxford University Press, 2004.

[502] Braun D. Dissipative quantum chaos and decoherence. Berlin: Springer, 2001.

[503] Tamasevicius A et al. Hyperchaotic oscillators with gyrators. Electron Lett., 1997, 33: 542.

[504] Yan Z Y. Controlling hyperchaos in the new hyperchaotic Chen system. Appl. Math. Comput., 2005, 168: 1239.

[505] Séroul R. Programming for Mathematicians. Berlin: Springer-Verlag, 2000.

[506] Yan Z Y. Yu P. Hyperchaos synchronization and control on a new hyperchaotic attractor. Chaos, Solitons and Fractal, 2006 (to appear).